Panorama of Mathematics

数学概览

10.4

SHUXUE DE SHIJIE IV

数学的世界 IV

从阿默士到爱因斯坦
数学文献小型图书馆

— J.R. 纽曼 编

— 王作勤 陈光还 译

U0345353

高等教育出版社·北京

图书在版编目（CIP）数据

数学的世界 . Ⅳ ／（美）J. R. 纽曼编；王作勤，陈
光还译 . -- 北京：高等教育出版社，2018. 8
ISBN 978-7-04-049801-1

Ⅰ . ①数… Ⅱ . ①J… ②王… ③陈… Ⅲ . ①数学 –
普及读物 Ⅳ . ① O1-49

中国版本图书馆 CIP 数据核字（2018）第 107092 号

策划编辑	王丽萍	责任编辑	李 鹏 李华英	封面设计	王 琰
版式设计	杜微言	责任校对	殷 然	责任印制	韩 刚

出版发行	高等教育出版社	咨询电话	400-810-0598
社　　址	北京市西城区德外大街4号	网　　址	http://www.hep.edu.cn
邮政编码	100120		http://www.hep.com.cn
印　　刷	唐山市润丰印务有限公司	网上订购	http://www.hepmall.com.cn
			http://www.hepmall.com
开　　本	787mm×1092mm 1/16		http://www.hepmall.cn
印　　张	25.25	版　　次	2018 年 8 月第 1 版
字　　数	390千字	印　　次	2018 年 8 月第 1 次印刷
购书热线	010-58581118	定　　价	68.00元

《数学概览》编委会

主编： 严加安　季理真

编委： 丁　玖　李文林

林开亮　曲安京

王善平　徐　佩

姚一隽

《数学概览》序言

当你使用卫星定位系统 (GPS) 引导汽车在城市中行驶, 或对医院的计算机层析成像深信不疑时, 你是否意识到其中用到什么数学? 当你兴致勃勃地在网上购物时, 你是否意识到是数学保证了网上交易的安全性? 数学从来就没有像现在这样与我们日常生活有如此密切的联系。的确, 数学无处不在, 但什么是数学, 一个貌似简单的问题, 却不易回答。伽利略说: "数学是上帝用来描述宇宙的语言。" 伽利略的话并没有解释什么是数学, 但他告诉我们, 解释自然界纷繁复杂的现象就要依赖数学。因此, 数学是人类文化的重要组成部分, 对数学本身以及对数学在人类文明发展中的角色的理解, 是我们每一个人应该接受的基本教育。

到 19 世纪中叶, 数学已经发展成为一门高深的理论。如今数学更是一门大学科, 每门子学科又包括很多分支。例如, 现代几何学就包括解析几何、微分几何、代数几何、射影几何、仿射几何、算术几何、谱几何、非交换几何、双曲几何、辛几何、复几何等众多分支。老的学科融入新学科, 新理论用来解决老问题。例如, 经典的费马大定理就是利用现代伽罗瓦表示论和自守形式得以攻破; 拓扑学领域中著名的庞加莱猜想就是用微分几何和硬分析得以证明。不同学科越来越相互交融, 2010 年国际数学家大会 4 个菲尔兹奖获得者的工作就是明证。

现代数学及其未来是那么神秘, 吸引我们不断地探索。借用希尔伯特的一句话: "有谁不想揭开数学未来的面纱, 探索新世纪里我们这门科学发展的前景和奥秘呢? 我们下一代的主要数学思潮将追求什么样的特殊目标? 在广阔而丰富的数学思想领域, 新世纪将会带来什么样的新方法和新成就? "

中国有句古话: 老马识途。为了探索这个复杂而又迷人的神秘数学世界, 我们需要数学大师们的经典论著来指点迷津。想象一下, 如果有机会倾听像希尔伯特或克莱因这些大师们的报告是多么激动人心的事情。这样的机会当然不多, 但是我们可以通过阅读数学大师们的高端科普读物来提升自己的数学素养。

作为本丛书的前几卷, 我们精心挑选了一些数学大师写的经典著作。例如, 希尔伯特的《直观几何》成书于他正给数学建立现代公理化系统的时期; 克莱因的《数学讲座》是他在 19 世纪末访问美国芝加哥世界博览会时在西北大学所做的系列通俗报告基础上整理而成的, 他的报告与当时的数学前沿密切相关, 对美国数学的发展起了巨大的推动作用; 李特尔伍德的《数学随笔集》收集了他对数学的精辟见解; 拉普拉斯不仅对天体力学有很大的贡献, 而且还是分析概率论的奠基人, 他的《关于概率的哲学随笔》讲述了他对概率论的哲学思考。这些著作历久弥新, 写作风格堪称一流。我们希望这些著作能够传递这样一个重要观点, 良好的表述和沟通在数学上如同在人文学科中一样重要。

数学是一个整体, 数学的各个领域从来就是不可分割的, 我们要以整体的眼光看待数学的各个分支, 这样我们才能更好地理解数学的起源、发展和未来。除了大师们的经典的数学著作之外, 我们还将有计划地选择在数学重要领域有影响的现代数学专著翻译出版, 希望本译丛能够尽可能覆盖数学的各个领域。我们选书的唯一标准就是: 该书必须是对一些重要的理论或问题进行深入浅出的讨论, 具有历史价值, 有趣且易懂, 它们应当能够激发读者学习更多的数学。

作为人类文化一部分的数学, 它不仅具有科学性, 并且也具有艺术性。罗素说: "数学, 如果正确地看, 不但拥有真理, 而且也具有至高无上的美。" 数学家维纳认为"数学是一门精美的艺术"。数学的美主要在于它的抽象性、简洁性、对称性和雅致性, 数学的美还表现在它内部的和谐和统一。最基本的数学美是和谐美、对称美和简洁美, 它应该可以而且能够被我们理解和欣赏。怎么来培养数学的美感? 阅读数学大师们的经典论著和现代数学精品是一个有效途径。我们希望这套数学概览译丛能够成为在我们学习和欣赏数学的旅途中的良师益友。

严加安、季理真

2012 年秋于北京

在这个古代与现代研究相冲突的时期, 对某一个研究必定会有一些事情要谈论, 它不是从毕达哥拉斯开始, 也不是以爱因斯坦结束, 而是包括了所有最年老的和最年轻的.

哈代 (一个数学家的辩白)

引　言

引言既是问候, 也是告别. 我致力于本书如此长久, 以致难以割舍. 从我搜集选集的素材开始至今已经十五载有余, 这些素材要使人领略到数学的多样性、实用性和优美. 起初似乎感到任务不会太艰巨, 耗时也不会过分漫长, 因为我对本书所涉主题的一般文献还算熟悉, 再说我也不打算编纂一部庞大的原始资料集. 不久我发现我的估计错了. 关于数学的本质、用途和历史的通俗读物并没有带来我所期望的多样性. 于是我必须在浩如烟海的技术和学术文献中搜寻数学思想的范例, 使普通读者能够理解和喜欢. 关于数学的基础和哲学、数学同艺术和音乐的关系以及数学对于社会和经济问题的应用等容易理解的短文难以发现. 还有, 我并未计划对选集的每篇文章写引言, 但在工作的进展过程中, 显现出许多文章在结合其背景阅读时是发人深省的, 但是当单独阅读时却意味锐减. 因此必须对相关文章提供背景资料, 解释写它的动机以及它在数学思想的发展中的地位. 于是我原本打算两年完成的工作却延续了二十年中的大部分时光; 所设想的适度大小的篇幅最终呈现的规模即使是不够自我约束的作者也不得不承认是大大膨胀了.

我试图在本书中体现数学的广博、数学思想的丰富以及其层面的复杂. 数学是一个工具, 一种语言和一幅图像; 它是一件艺术作品, 是自身的终结; 它是对于完美的酷爱的实现过程. 它似乎被视为讽刺的对象, 或是幽默的元素和辩论的话题; 又似激发聪明才智的马刺和启发说书人想象力的酵母; 它使人们狂热并给大家带来愉悦. 普遍认为它是由人类所创建的但独立于人类单独存在的知识体. 我希望在这部选集中你能找到适合各种品位和接受力的素材.

　　选入本书的文章有许多篇幅较长, 这源于我厌恶残缺不全或支离破碎. 理解数学逻辑或相对论, 并不是有教养的人所必需的特质. 但是如果一个人希望了解这些科目的某些方面, 他就必须学习一些内容. 精通基本的语言, 掌握一项技术, 一步步地跟踪一个典型的推理序列, 以及理解一个问题的来龙去脉, 付出这种努力的读者将不会失望. 固然本选集中有些文章是难懂的, 但是令人感兴趣的是有多少文章即使没有超常才能或特殊训练也能够被理解. 自然, 那些有足够勇气挑战更加艰难主题的人将会赢得特殊的回报, 这有点像理解了某个论证和得到了证明后所获得的满足感. 对于每一个人这都是一种创造性活动, 就像他做出了此前从未有过的发现; 从而陶冶了人们的情操.

　　选集是颇具个人偏见的一类著作, 即使主题是数学, 也不见得比诗歌或小说这种个人偏见来得少. 例如我厌烦幻方, 但我从不厌烦概率论. 我更喜欢几何而非代数, 喜欢物理而非化学, 喜欢逻辑而非经济, 喜欢无穷数学而非数论. 我回避了某些主题, 淡化一些主题, 却对另外一些主题表现出了很高的热情. 我不为这些偏见愧疚; 我自认缺乏数学才能, 但我自由地介绍我所钟爱的数学.

　　许多人对本书的编纂提供了帮助. 对于我的朋友和过去的同事罗伯特·哈赤 (Robert Hatch) 在编辑方面的建议, 我难以表达我万分的感激. 这种帮助并非是无关紧要的或者仅仅是形式上的, 而是本书在本质上和风格上就接受了他的意见. 我的老师及朋友欧内斯特·内格尔 (Ernest Nagel) 不仅给出了不少建议和批评, 还特为本书提供了关于符号逻辑的精彩随笔. 萨姆·罗森堡 (Sam Rosenberg) 阅读了我所写的内容, 并且发挥他的智慧改善了它. 我的妻子以一如既往的聪明智慧和宽容大度鼓励我工作. Rutgers 大学文献学教授和农业系的前图书馆管理员拉尔夫·肖 (Ralph Shaw) 博士, 在原稿的准备中给了非常宝贵的帮助. 我还感谢我的出版者 —— 特别是杰克·古德曼 (Jack Goodman)、汤姆·托尔·贝文斯 (Tom Torre Bevans) 和彼得·施维德 (Peter Schwed) 的贡献 —— 他们的宽容, 本预定 1942 年出版的书一直等到了 1956 年, 以及他们在艰难的设计和制作工作中表现出的想象力和才能.

J. R. N.

目　录

第 17 部分[*]

数学与音乐

编者评注: 詹姆斯·琼斯爵士

1　音乐的数学　　　　　　　　　　　　　　　　　　　　　詹姆斯·琼斯爵士

---

[*]原书第 XXIV 部分, 本部分译者为王作勤.

编者评注

詹姆斯·琼斯爵士

詹姆斯·琼斯 (James Jeans) 是一位数学物理学家, 其作品深受塔卢拉赫·班克黑德 (Tallulah Bankhead) 的推崇. 我并不知道班克黑德小姐是被琼斯在气体理论上的贡献所打动, 还是被其在旋转液体均衡理论方面的研究所折服, 但据记载她把琼斯的最广为流传的著作 ——《神秘的宇宙》, 称为是一本所有女孩都应该阅读的书籍.[1]

琼斯的职业生涯多产而富有变化, 但大致可以分为两个阶段. 他 1877 年出生于兰开夏郡奥姆斯柯克的一个宽松的家庭中. 他的父亲是英国下议院新闻记者席的一名新闻记者, 但其兴趣却远不止日常政治中的欺诈与琐事. 琼斯的父亲曾经出版了两本关于科学的通俗读物[2], 这不仅反映了他对科学知识的推崇, 而且也反映出他的以下信念: 即学者们有义务追随像丁铎 (Tyndall)、赫胥黎 (Huxley) 和克利福德 (Clifford) 这样的巨匠们的脚步, 激起 "在普通民众中对科学的热爱"[3]. 他的观点是一种严格的维多利亚式正统教义与自由思想的奇异复合物, 而这肯定使得他的儿子深感困惑. 琼斯是一个有点早熟并有点忧郁的孩子. 他经常以记忆七位对数和剖析并研究钟表机械以自娱. 在很小的年纪他就被训练每天早上读《泰晤士报》的新闻头条给他父母听. 他的传记作者之一克劳塞对此有如下评论: "幼儿头脑的均衡的某些方面已经被这种练习所干扰."[4]

琼斯在 19 岁时进入剑桥大学三一学院. 在那里他学习数学并很快显示出了惊人的能力. 令人羡慕的是他能够在一个拥有詹姆斯·格莱舍 (J.

---

[1] 杰姆斯·杰拉尔德·克劳塞 (J. G. Crowther),《二十世纪的英国科学家》, 伦敦, 1952, 第 95 页.

[2]《钢铁时代的缔造者》(1884);《电工的生活》(1887).

[3] 克劳塞, 同上, 第 96 页.

[4] 克劳塞, 同上, 第 97 页.

Glaisher)、劳斯·鲍尔 (Rouse Ball)、阿尔弗雷德·诺斯·怀特海 (Alfred North Whitehead) 和埃德蒙·惠特克 (Edmund Whittaker) 等教员的学院度过本科生涯. 他在以困难著称且竞争极其激烈的荣誉学位考试当中名列第二, 排名比他的同学哈代 (G. H. Hardy) 高两位, 后者后来成为他这一代最杰出的英国数学家.

琼斯最初是在气体分子的能量分布问题中展现了他超强的想象力和令人生畏的数学技巧. 在克拉克·麦克斯韦 (Clerk Maxwell) 和路德维希·玻尔兹曼 (Ludwig Boltzmann) 建立的理论中, 他们把气体分子视作是极其微小的小台球 —— "刚性且几何完美的球". 尽管这些理论与观察到的事实非常吻合, 但它们却与能量守恒定律以及热力学第二定律有明显的冲突. 在琼斯的第一篇专著《气体的动力学理论》(1904) 中, 他改进了旧的理论并克服了旧理论所导致的一些原则性困难.

被广泛认为是琼斯代表作的《天体演化和恒星动力学问题》(1917) 也是与气体行为相关的. 该书讨论了天体演化中涉及 "不可压缩物质被其自身重力作用"[5] 的问题. "孤立在空间中并关于某个轴快速旋转" 的大量液体会发生什么呢? 大量的气体 (如太阳) 在旋转时形态上会发生怎样的变化, 当它们收缩时又会怎样? 这些问题对于行星的演化以及我们的太阳系会产生怎样的影响? 这类问题曾经吸引了从牛顿 (Newton)、拉普拉斯 (Laplace) 到庞加莱 (Poincaré) 以及乔治·达尔文 (George Darwin) 爵士等伟大科学家们的关注. 琼斯的专著, 虽然其结论并没有完全解决此类问题, 但依然被公认为是天文学历史上的一个里程碑, 对于解决相应的背景数学问题的贡献必将被列为 "永久性的成就, 无论将来天体演化论如何发展"[6].

有些人随着年龄的增长会转向宗教, 而琼斯则转向了宗教与大众科学的结合体. 在他五十二岁被封爵的时候, 他还以纯粹而满意的眼光来回顾他的研究以及教学生涯. 他已经在 1901 年当选为三一学院的成员, 于 1905—1910 年在普林斯顿大学任应用数学教授, 曾在剑桥大学担任斯托克斯讲师, 并于 1919—1929 年成为英国皇家学会的一名联合秘书 (他当选皇家学会会员时年仅 28 岁). 他与一位富有的美国女孩的婚姻 —— 是一桩很幸福的结合 —— 使得他不用担心经济问题; 琼斯不必去被迫完成可能影响其科研工作的教

---

[5]爱德华·亚瑟·米尔恩,《詹姆斯·琼斯爵士》, 剑桥, 1952 年, 第 110 页.
[6]米尔恩, 同上, 第 114 页及其他各处.

学任务. 到 1928 年他一共出版了 7 本专著并发表了 76 篇原创性论文, 他也由此而获得了杰出数学家的良好声望. 这时候可能正如米尔恩报道的那样, 他感觉到自己作为一名数学家已经在走下坡路了, 于是他开始放弃纯科学研究而转向普及工作.[7]

这一转变获得了巨大的成功. 他的第一本科普书籍是《我们身边的宇宙》(1929); 紧接着是《神秘的宇宙》以及好几本类似的著作, 其中最后一本于 1947 年出版. 琼斯的写作风格是 "透彻、清晰和精准. 他的科学叙述就如同处于完全控制下的大河一样流泻而出."[8] 他的那些想象力十分生动甚至有时令人屏住呼吸. 它们的目标是在浩瀚与细微处抓住读者眼球, 而这当然是一种卓越的谈话策略. 由于琼斯首先是一个数学家, 因此也显示了他对物理思想的阐述不如他对令人惊奇的数学更多着墨的反差. 一个物质的尺度, 按照他的说法, "小至电子的直径即一英尺的百万分之一的百万分之一, 大至以万亿英里为单位来度量的星云的直径"; 如果在一个宇宙模型中, 太阳的 "直径相当于 3400 分之一英寸的尘埃", 那么该宇宙模型需要沿各个方向延伸四百万英里才能包含几个岛宇宙邻居; 即使 "清空滑铁卢车站到只留下 6 颗尘埃, 它所包含的尘埃依然远比空间中所包含的星星要密集"; 一品脱水里面的水分子 "首尾相连地排起来 …… 将会形成可以环绕地球超过 2 亿圈的一条链子"; 一顶针体积的水所包含的能量可以使一艘大型轮船在大西洋两岸来回航行 20 次; 一个被加热到相当于太阳中心的温度的针头 "散发出的热量将足以杀死任何冒险停留在它一千英里以内的任何人"; 太阳每天因为辐射而减少 3600 亿吨重量, 而地球才减少 90 磅. 我们绝大多数人就是在这样的景象中长大而且从未摆脱它们对我们情感的影响, 虽然琼斯的一些最让人心惊肉跳的对比在原子时代看起来已经平平常常了.

公众对于琼斯的著作由衷地激动, 但是科学家和哲学家对此的热情却有所保留. 随着一个宗教性、情感性而神秘的暗示悄悄地却一次次地进入琼斯的一些书中, 他们受到了猛烈的抨击. 苏珊·斯特宾 (Susan Stebbing) 在其《哲学与物理学家》一书的尖刻评论中, 就琼斯和埃丁顿 (Eddington) 两人对物理理论所进行的哲学解释进行了批判[9]. "这两位作者都通过情感的渲

---

[7] 米尔恩, 同上, 第 73 页. 米尔恩在得到琼斯的第二任妻子的许可后作此报道, 后者是 1934 年琼斯第一任夫人逝世后嫁于琼斯的.

[8] 克劳塞, 同上, 第 93 页.

[9] 企鹅出版集团, 哈蒙兹沃思, 1944 年; 第一至三章以及其他各处.

染去达到他们的目的; 他们通过大量的拟人和比喻来表达自己的观点, 使得他们沦为复古主义的布道者". 琼斯的很多 "手法很明显都只是为了让读者沦陷于绝望的惊悸当中", 斯特宾小姐这样写道. 其他的批判者相对委婉一点 (也不够诙谐), 但都提出了实质上相同的异议. 人们很难不认为琼斯越来越多地在利用他的魅力以及作为科普作家的精湛技艺, 也很难不认为他屈从于内心的需要去写更多的书, 即使他的想法已经逐渐枯竭了.[10]

　　琼斯于 1946 年 9 月 16 日因心脏病病逝, 在他临死之前几天还在核对他最后一本书《物理科学的成长 》的校样.

　　这个传略虽然很简短, 但相对于一个原创科学家的琼斯, 我更多地着墨于作为一个科普作家的琼斯. 从他对科学教育的实际贡献以及目前所遭受的批判来看, 这样似乎是可取的. 他曾经是一名第一流的数学物理学家, 而他也将因此而被永远铭记. 即使琼斯的一些思想存在混乱和严重误导, 我们若因此而忽视他在更宽广的领域内对于理解科学所起到的推动作用也是不公正的; 即使在晚年他近乎成为一个雇佣文人. 总体来说, 我认为更多的人将从琼斯那生动的入门书中瞥见科学的意义, 感受到科学所带来的振奋, 科学的真以及美, 而不是被他模糊的哲学所引入歧途.

　　下文节选自琼斯的《科学与音乐》. 这是一篇关于声音科学的极好解释, 全文采用一种清晰而直白的风格来谱写, 没有掺杂神学的不和谐声音; 在关于这个主题的实验与数学两个方面的讨论都是专业的. 我节录了那些能阐明数学在分析音乐结构时所起的非凡贡献的部分, 从毕达哥拉斯 (Pythagoras) 的意义深远的发现到赫尔姆霍茨 (Helmholtz) 及其后继者的值得赞扬的工作. 琼斯在他一生中酷爱音乐; 他几乎每天都要演奏风琴三到四个小时, 甚至在他的科学工作中也采用音乐的意象进行思考.[11]他的第二任妻子是一名才华横溢的风琴手, 正是由于他们在音乐上共同的兴趣才导致他写了这本书.

---

[10] "《神秘的宇宙》在出版时收到了猛烈的抨击. 据说卢瑟福曾说琼斯告诉他, '那个同事埃丁顿写了一本书卖出了 50000 册, 我要写一本书卖 100000 册.' 而卢瑟福进一步补充道: '他做到了.'" 克劳塞, 同上, 第 136 页.

[11] 克劳塞, 同上, 第 93 页.

我同胡克先生谈论过声音的本质,而他的确让我理解了由一根弦所发出悦耳的声音的本质,强大优美;而且他告诉我只要有足够多合适的用以生成各种音调的振动,他就能够通过一只飞行中的苍蝇发出的声音(那些苍蝇在飞行中会发出嗡嗡声)所对应的音乐中的音调来告诉你该苍蝇翅膀振动了多少次.我想这可能稍微有点夸大了;但是他的谈话中对于一般声音的论述是非常细致的.

—— 塞缪尔·佩皮斯 (Samuel Pepys,《日记》,1666 年 8 月 8 日)

数量在这个世上随处可见:要把话说清楚就要做量化描述.说一个国家大是没有意义的 —— 到底有多大呢?说镭很稀缺也是不明确的 —— 到底有多稀缺呢?我们无法回避数量.你可以转向诗歌与音乐,但在节奏和音阶方面你仍然要碰到数和量.

—— 阿尔弗雷德·诺斯·怀特海 (Alfred North Whitehead)

1 音乐的数学

詹姆斯·琼斯爵士

音叉与纯音

我们已经知道每一个音调,以及每一串音调,都可以用一条曲线来表示出来.显然我们的首要问题就是要找到这样的曲线与它所表示的音调或音调串之间的联系 —— 简而言之,我们得学会解读声音曲线.

纯　音

让我们首先用一个普通的音叉来作为声源.我们之所以选择音叉而不是小提琴或管风琴是因为,就如我们马上能看到的那样,它能发出一种完全纯粹的音调.如果我们把音叉臂撞到硬物上,或者把一个小提琴弓拉过它们,它们就开始处于振动状态.我们可以从它模糊的轮廓当中看出它正在振动.我们也可以通过用手指去触摸它们来感受它的振动,此时我们将会感受到一种颤动或者发麻的感觉. 或者, 完全不必信赖自身的感官, 我们可以用一个悬在线上的轻木髓球去缓缓触碰音叉臂, 此时我们发现小球会被猛烈地弹开.

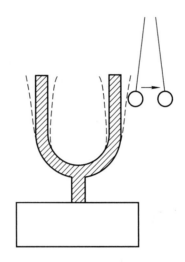

图 1 音叉的振动使得音叉臂外观模糊, 并猛烈弹开轻木髓球.

当音叉的臂在振动时, 它们将振动传播到周围的空气当中, 而后者会依次将这种振荡传递到我们的耳鼓中, 于是我们就听到了声音. 我们可以通过将振动的音叉放在一个空气泵中然后抽空其中的空气这个方法, 来验证空气是我们听到声音的必要条件. 这时音叉臂模糊的外观表明音叉依然在振动, 但我们不再能听到其声音, 因为没有空气, 则不存在传递振动到我们耳中的途径.

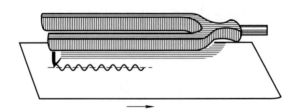

图 2 振动的音叉轨迹可以通过在其下面拖动一张纸或者烟玻璃来获得.

为了细致地研究这些振动, 我们可以将一根硬鬃毛或者一个轻唱针绑在一条音叉臂的末端, 然后当音叉在振动时我们像图 2 一样将一片烟玻璃从下面拖过, 注意玻璃一定要沿着一条直线做匀速移动. 如果音叉不振动, 唱针的针头就会在玻璃的烟色沉淀物上自然地划出一条笔直的沟槽; 如果我们把玻璃拿起来对着光源看, 它将看起来像图 3 那样. 但事实上, 我们会发现它看起来像图 4 那样, 后者是一份真实情况下的图片; 振动在烟中留下记录, 使得针头不是划出一条直线而是划出一条波浪状的沟槽. 每一个完整的波显然都对应着唱针的一次往复移动, 从而也对应着音叉臂的一次全振动.

图 3 非振动音叉的轨迹.

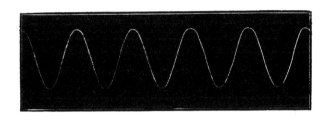

图 4 振动音叉的轨迹. 波浪线是由音叉的振动生成的, 每次全振动生成一个完整的波.

显然这条波浪状曲线必定是振动的音叉所发出声音的曲线. 因为如果我们颠倒这个过程并迫使唱针沿着这个沟槽运动的话, 针头的横向运动将会驱使与它相连的音叉臂做类似的运动, 而随之也会产生如音叉在自由振动时所发出的完全相同的声音. 事实上这整个过程有点像听唱片, 不同的是音叉取代了云母膜片, 把声音的振动传递到空气中.

这个简单的实验揭示了由音叉产生的乐音与它的曲线之间的关系, 后者我们现在发现是由一系列相似的波组成的.

这些波的极度规整性是非常引人注意的; 它们都有着完全相同的形状, 从而它们的波长都是完全一样的, 而且它们定时重现. 事实上也正是由于这种规整性, 才将音乐与单纯的噪音区分开. 只要唱针在按照节奏做有规律的往复运动我们就可以听到音乐; 而当它在唱片上做了意外的刮擦, 使得它的运动突然出现无规律的颠簸时, 我们听到的就完全是噪音了. 由此我们发现规整性是音乐的声音曲线的基本要素. 但是规整性可能会过度, 绝对无休止的规整性就会产生无趣乏味的音调. 设计一条可以产生动听音乐的曲线, 正如设计一座吸引眼球的建筑那样. 只是随随便便把某些碎片随机收集起来是无法让人满意的; 我们的审美观需要一定的规整性、韵律以及均衡. 然而这些特质如果过量了也将产生单调乏味和死气沉沉 —— 就像临时兵营或工棚的建筑以及音乐中音叉奏出的单调嗡嗡声那样.

周期、频率与音高

当音叉刚开始振动时, 我们会听到较高的音调, 但是慢慢地随着振动将其能量传递到周围空气当中, 声音强度也就在逐渐减弱. 除非音叉在一开始被猛烈敲击, 音高会在整个过程中保持不变; 如果音叉在开始受到的敲击时发出的是中央 C 音, 它在声音完全消失前会一直保持这个调.[1] 在如图 2 所示那样记录整个运动轨迹时, 我们会发现波的高度会随着声音强度的减弱而逐渐降低, 但是波长一直是保持不变的.

如果我们测量一下音叉在烟玻璃上留下轨迹的速度, 我们可以很轻易地算出唱针划出每个波所需要的时间. 这当然是音叉的一次振动的时间, 而且只是短短的一瞬; 我们称之为该振动的 "周期". 一秒钟内全振动的次数被称为该振动的 "频率". 实验显示调到钢琴中央 C 音的音叉, 无论声音是响亮还是柔和, 每秒钟都会振动 261 次.

不仅仅是音叉的声音, 所有的乐音, 无论它们是怎么产生的, 只要音高是中央 C 音, 其频率都是 261. 比如, 一秒钟喷射出 261 次气体的汽笛听起来就像中央 C 音. 我们也可以拿着卡片的一角去触碰旋转的齿轮, 如果每秒钟恰有 261 个齿碰到卡片, 那我们就又听到了中央 C 音. 如果蒸汽锯以每秒有 261 个齿切入木头的速率运转, 我们听到的依然是中央 C 音. 当电流以每秒 261 个周期的速率交替时, 发电机的嗡嗡声也是中央 C 音, 而且对于所有的电动机械都是如此. 市面上卖的电风琴其中央 C 音有时就是完全通过让电流每秒交替 261 个周期而制成的. 同样的, 当汽车以每秒活塞抽动 261 次的速率行驶时, 会产生一个频率为 261 的振动, 于是我们就可以在引擎的噪音中听到一个音高是中央 C 音的音调.

所有这些都说明声音的音高只跟产生它的振动的频率有关, 而与振动

---

[1] 如果音叉在开始时受到很猛烈的撞击, 则音高相对于正常强度的振动可能会有很轻微的锐化.

的类型无关. 因此, 我们可以说是振动的频率决定了声音的音高. 如果一种声音的频率不能准确地确定的话, 那么也就不能确定它的音高, 而这种声音也就不再悦耳了.

当一个汽笛或者蒸汽锯或者发电机增速时, 我们听到的声音的音高也会上升, 反过来也一样. 因此我们学会将较高的音高对应于高频, 反之亦然. 如果我们做实验将一组音叉分别调到对应于钢琴中间音阶的所有音调, 我们将发现如下的频率:

c^1 261.0	f^1 348.4	a^1 438.9
$\#c^1$ 276.5	$\#f^1$ 369.1	$\#a^1$ 465.0
d^1 293.0	g^1 391.1	b^1 492.7
$\#d^1$ 310.4	$\#g^1$ 414.3	c^2 522.0
e^1 328.8		

······ 这些频率乍一看只是一堆随机的数字, 但只要稍加研究就会发现事实并非如此.

我们一眼就可以看出第一个数字 261 正好是最后一个数字 522 的一半. 因此我们的实验证实了在这个特殊情形下一个八度音阶的区间对应于频率比为 2 比 1 的频率区间, 而其他的实验也证实了这一点是普适成立的 —— 频率升高一倍总会将音阶提高八度. 在任何时代任何地区八度音阶间隔都是音乐的基础; 而我们现在看到它自身的意义.

我们进一步可以注意到, 从 c 到 #c 的间隔对应于频率上六个百分点的增长, 而稍微再算算就会发现同样的规律对于所有半音阶间隔都对. 当然并非每个半音阶间隔都严格对应于百分之六的增长, 否则的话, 因为一个八度间隔是由 12 个这样的半音阶间隔组成, 于是八度音的间隔对应的频率增长就是 $1.06 \times 1.06 \times 1.06 \times \cdots$, 其中共有 12 个 1.06 的因子. 这个数在数学上记为 $(1.06)^{12}$, 其值等于 2.0122 而并非正好是 2.

像钢琴或风琴这样的乐器, 都是调成 "等乐律" 的, 即精准的 2 的间隔被平均分摊在组成八度音的十二个半音阶间隔上. 故而每个间隔对应的频率比为 1.05946, 因为它才是 2 的十二次方根 ······

简 谐 曲 线

在认识到图 4 中波的规整性和长度的意义之后, 让我们接下来剖析一下它们的形状. 显而易见它们的形状极其简单; 当然并非所有的声音曲线形状都是这么简单; 这些特殊的曲线之所以这么简单是因为他们是由最简单的乐器 —— 音叉所产生的. 精确的测量表明这条曲线具有数学家所熟知的形状, 即所谓的 "正弦" 曲线, 亦即 "简谐" 曲线, 而形成这种曲线的唱针运动被称为 "简谐运动".

这种简谐曲线和生成它们的简谐运动在力学和物理学的各个方面都至关重要, 也在科学的很多其他分支中不可或缺. 它们在振动理论中尤其重要, 这也使之在音乐的研究中特别引人注目, 因为乐音几乎总是某些机械装置 —— 如一根绷紧的弦, 一柱空气, 一张鼓皮, 或者某些金属物件, 例如钹、三角铁、铜管或铃铛 —— 的振动产生的. 正因为如此, 我们需要详尽地讨论一下振动.

振动的一般理论

一般而言, 每个物质体系都存在一种稳定的状态 —— 否则它就会是一部永动机了. 这样的状态被称为 "均衡态". 当一个体系处于该状态时, 作用在其每个质点上的力 —— 例如它自身的重量, 它附近的质点对它的推力和拉力 —— 恰好是平衡的. 任何一个微小的干扰, 比如外界的推、拉或者敲打, 都会让整个体系脱离均衡态而达到一个新的状态, 在该状态下质点的受力不再平衡均等, 于是每个质点将会受到一种 "回复力" 力图将之拉回到原始的状态去.

一开始这股力会将质点拽向起始的均衡态位置. 当质点回到该位置时, 因为它是以一定的速度到达该点的, 故在它完全停下来之前它会超过均衡点位置并向另外一边移动一定的距离. 此时又有一股新的回复力想要把它拉回均衡点, 而它再次向这股力妥协, 加速, 越过均衡位置, 如此往复不断. 显然任何一个质点的运动轨迹都是一系列的波, 就如我们在前面图 4 中看到的音叉轨迹那样.

这种类型的运动通常被冠名为 "振荡". 在特殊的情况下质点只在一段极小的距离中移动, 这样的运动被称为 "振动". 因此振动是一类特殊的振荡, 自然它也具有一般振荡所不具备的某些非常简单的特性. 就一般的振荡而言, 质点离均衡态位置越远, 拉它回来的回复力就越大. 而在振动中, 回复力与质点离均衡态位置的距离成正比; 如果把它移到两倍远的距离, 拉它回来的力就加倍了.

简单的数学研究表明当这个关系成立时, 无论质点属于何种体系它们的运动都是同样的. 这种类型的运动被定义为 "简谐运动".

图 5　一个均衡态. 秤锤仅能静止于平衡点 C. 如果我们把它拉到 B 处, 它将力图回到 C 点.

在音叉实验中我们已经看到了这种运动的一个具体实例了. 另一个例子是悬在细线上的秤锤系统 —— 这可能是我们可以想象到的最简单的系统了. 均衡态就是当秤锤处于悬挂点正下方的 C 点时的状态. 当秤锤被朝旁边拉了一小段距离到邻近的 B 位置时, 系统不再处于均衡态, 而秤锤会倾向于退回到 C. 用专业的术语来说, 有一股回复力作用在秤锤上, 力图将它拉回它的均衡态位置 C, 而找出这股力的大小是一个简单的动力学问题. 只要秤锤的位移不是太大, 我们发现回复力恰好正比于位移量 BC 的大小, 从而满足了简谐运动的条件. 事实上, 如果我们如图 6 所示那样, 在秤锤下方固定一根针, 然后在下方水平 (匀速) 地移动一张纸, 由针在纸上记录秤锤的运动轨迹, 那么我们会发现该轨迹正如音叉产生的轨迹一样是一条简谐曲线.

如果我们让挂着的秤锤摆动得更剧烈一点, 然后再记录它的运动轨迹, 我们会再次得到一条简谐曲线. 当然这些波的尺寸会更大, 但它们的周期跟之前的一致. 我们发现悬摆秤锤每秒钟摆动的次数是固定的, 跟摆动的程度无关, 只要摆动足够小使之符合振动的条件就可以. 这证明了如下众所周知的事实: 钟摆振动的周期只依赖于其摆长, 而跟摆动的幅度无关; 正是这个原因让我们的摆钟走得准.

我们在音叉实验中也能发现同样的特性: 不管我们是用力击打还是轻

图 6 记录悬摆的运动轨迹. 可以看出来其轨迹跟图 2 中振动的音叉给出的轨迹非常相似, 是一条简谐曲线.

轻地碰一下音叉, 它的振动周期都是同样的. 该特性是所有的振动所共有的 —— 振动周期与摆动的幅度及能量无关. 对于音乐学家而言, 这个现象是非常重要的. 它意味着每一件通过振动产生声音的乐器都像摆钟一样 "精准" : 不论你的演奏是轻是重, 该乐器发出的音符都有相同的频率, 从而有相同的音高. 若非如此, 就不会有我们所熟知的音乐. 要是每个音符只要不用恰当的力度演奏就会走调的话, 我们很难想象管弦乐队会有值得赞誉的表现. 渐强与减弱的音乐就只能通过增加或者减少乐器的方式来实现. 若当钢琴或其他打击乐器的音符减弱强度时, 它的音高也将改变, 那每一部音乐作品将不可避免地以噪鸣开始以尖啸结束.

同时, 每一个乐师也熟悉随着乐器柔和或者有力的演奏而产生的音高的稍微变化. 横笛吹奏手总是可以通过用力或者轻轻吹的方式让他的乐器略微变调, 而风琴演奏者对他将风推出时可以听到对应于低沉音符所发出的阴郁的哀嚎了若指掌. 我们将在后面讨论这类声音的理论, 而且我们将会发现它们并不是由如同音叉或者单摆那样非常简单的振动所产生的.

并 发 振 动

很多结构体可以以多种方式振动, 从而往往可以同时进行几种不同的振动. 在力学中有一个很一般的原理: 当任何一个结构体开始振动时, 只要每个质点的位移都很小, 那么每个质点的运动要么是简谐运动, 要么是由一

系列简谐运动叠加而成的复杂运动, 其中每个简谐运动都对应于一个行进
中的振动.

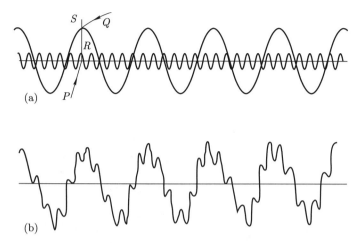

图 7　两个振动的叠加. (a) 图中的两条波线对应的周期比为 $6\frac{1}{4}$ 比 1. 将它们叠加后
我们得到曲线 (b), 它很接近音叉发出的铛音的声音曲线.

　　一个简单的例子可以说明事情怎会如此. 假设在音叉振动时我们用一
个锤子击打一个音叉臂的顶端. 我们将会听到一声尖锐的金属碰撞声, 这就
是所谓的音叉的 "铛音". 如果乐感很好的话也许可以识别出它的音高比音
叉的普通音符高大约 $2\frac{1}{2}$ 个八度音阶. 显然锤子的击打让音叉产生了一种
新的振动, 其频率要远高于初始的频率. 若我们在仅有初始振动时记下其运
动轨迹的话, 我们本该得到如图 8 所示的曲线, 也就是图 7(a) 中的长波曲线.
若我们仅记录铛音的轨迹, 那它应该如图 7(a) 中的短波曲线一样, 其对应的

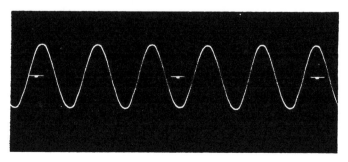

图 8　音叉产生的单音调的声音曲线. 音符的频率是 261 (中央 C 音), 而点之间的间隔
是 $1/100$ 秒.

是频率为主振动频率的 $6^1/4$ 倍的简谐运动.

　　现假定我们在两种振动并发时记录其轨迹. 在图 7(a) 中点 P 所示时刻, 我们考察的质点因主振动而移动的位移是 PQ, 而产生铛音的振动则使之移动 PR 的距离. 因此两种振动合在一起的效力将使之位移 $PQ + PR$ 的路程, 而这刚好等于 PS 的长度 (其中我们取 QS 等于 PR). 在整条曲线上实施这种位移相加, 我们就得到图 7(b) 的曲线作为两个振动并发时预期的轨迹. 真实轨迹的照片见图 9.

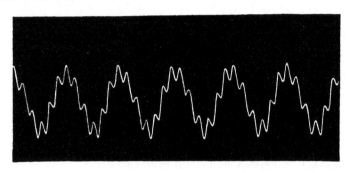

图 9　音叉发出铛音时音符的声音曲线. 铛音将短波叠加到上述图 8 的长波上, 后者代表了音叉的主音调.

　　除了刚刚提到的那种铛音之外, 我们还能常听到另一种铛音, 它比音叉的基音要高大约四个八度音阶. 事实上很难让音叉在一开始就只发出纯音而不混入任何这样的高音. 通常我们都会得到这三个音调的混合音, 但这并不影响我们使用音叉作为纯乐音的来源, 因为这些高频声音会迅速减弱消失, 从而很快耳朵就只能听到音叉发出的基音了.

　　并发振动的第二个例子可以告诉我们一些新的东西. 如果我们回过头来看悬在细线上的秤锤, 将之敲到一边, 它将会沿着如前面图 5 中的路径 AB 像钟摆似的来回摆动. 而正如我们已经看到的那样它的运动是简谐运动. 现假定当秤锤移动到 B 点时, 我们从垂直于 AB 的方向 (即垂直于图 5 所在页面的方向) 轻轻敲它一下. 这将在垂直于 AB 的方向上产生一个新的振动, 而在该方向的运动必然也是简谐运动. 因为我们已经知道摆的周期只依赖于摆长, 故新的振动与原始的振动有相同的周期. 因而整个运动是由两个周期相同的简谐运动叠加而成.

　　如果我们从秤锤的正上方来观察它, 我们将会看到它沿着一条围绕着中心点 C 的曲线路径运动. 如果第二次敲得很重, 其路径将是如图 10 中的

$AA'BB'$ 那样的细长椭圆. 如果敲得很轻, 其路径将是如图 11 中的 $AA'BB'$ 那样沿着另一个方向的细长椭圆. 但如果敲击的力度正好跟起初敲击秤锤使之沿着 AB 摆动的力度一致的话, 那么秤锤将沿着图 12 中的圆 $AA'BB'$ 运动, 从而形成一种通常称之为圆锥摆的装置. 它在其路径上的每一点处的运动速度必然是相同的, 因为它在完美的水平路径上移动, 从而没有任何理由它会在一点的速度比它在另一个点时更快.

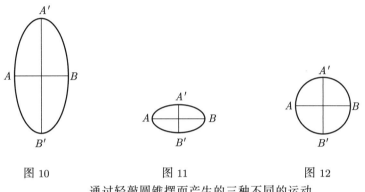

图 10　　　　　　图 11　　　　　　图 12

通过轻敲圆锥摆而产生的三种不同的运动.

　　于是我们发现图 10、11 和 12 所阐明的每个运动都可以被视为是两个具有相同周期的简谐运动的叠加. 其中最后一个显然是最有意思的, 因为它表明一个匀速的简单圆周运动可以视为是由两个方向互相垂直的简谐运动组成. 为了更明确地说明这一点, 让我们设想一下图 13 中的点 P 如同钟表上的指针那样沿着圆 $AA'BB'$ 做匀速运动. 无论 P 在哪儿, 我们作 AB, $A'B'$ 的垂线 PN, PM. 那么当 P 做匀速圆周运动时, N 点会沿着 AB 做往复运动, 而 M 点则沿着 $A'B'$ 做往复运动. 我们已经知道这两个点的运动都是简谐运动.

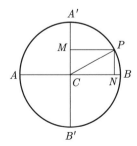

图 13 简谐运动的一个几何解释. 随着点 P 沿着圆周匀速运动, 点 N 会沿着 AB 做往复运动, 而其运动是简谐运动.

这就给了我们简谐运动的一个简单几何解释 —— 当 P 做匀速圆周运动时, 点 N 在做简谐运动. 由这个定义易见火车或汽车汽缸里活塞的运动必然近乎简谐运动.

我们也可以反过来看, 发现当点 N 沿着 AB 做往返的简谐运动时, 点 P 就绕着圆 $AA'BB'$ 做匀速圆周运动. 这个圆被称之为是简谐运动的 "参考圆". 其直径 AB 叫作该运动的 "幅度", 而其半径 CA 或 CB 则被称为是该运动的 "振幅".

能　量

振动的振幅对应着它的能量, 因为振动的能量跟其振幅的平方成正比乃是普遍规律. 比如, 若一个振动的振幅是另一个的两倍的话, 其能量是另一个的四倍; 换而言之, 它所对应的振动结构体, 其内部存储的能量做功的功率是另一个的四倍, 而在它停止之前它必须以某种方式消弭这些能量. 储存在乐器中的能量通常是以引起它周围空气振动的方式耗尽的; 而事实上正是因为它不断地向周围的空气释放能量, 我们才听到该乐器的声音.

由此可见, 如果我们想让某个振动一直维持在相同的能量水平上的话, 我们必须不断地给它提供能量 —— 例如我们得持续地推拉风琴管或者拉小提琴的弦. 如果没有能量的供给, 振动会逐渐消失 —— 例如琴弦、铃铛或者铙钹都会如此: 振幅将会逐渐下降, 而参考圆也会逐渐缩小.

如果一个结构体同时产生了好几种振动, 能量一般是不会从一个振动转移到另一个振动的. 这些振动是相互独立的, 它们各自贮有各自的能量, 仅只可能向外部的结构体如周围的空气传递能量. 因此若干个并发振动的能量可以视为是各自振动能量之和.

并　发　声　音

当一个音叉发出声音时, 它的实体上每一个质点都在作简谐运动, 而其表面上的质点则将运动传递到周围空气中. 最终的效果是, 音叉附近的空气中的每一个质点都会被引发起来作简谐运动, 其振动周期自然同音叉一致. 当振动传递到听者的耳膜时, 其周期依然不会发生改变, 这就是为什么耳朵听到的音调与音叉发出的音调具有相同的音高.

如果将两个音叉并列放在一起, 情况就复杂多了. 每个音叉都会将一个简谐运动传递到空气质点上, 于是它的运动将是这两个运动的叠加.

我们必须要仔细研究这类运动, 因为它们在实际的音乐问题中相当重要. 我们将从最简单的问题即两个具有相同周期的运动叠加开始. 这样产生的运动跟两个并列放置的同音高音叉在同时振动时加诸于空气质点的运动是一致的.

等周期的叠加振动

两个简谐运动可以以两条简谐曲线来表示, 如图 14 中的通过 X 和 Y 的两条曲线. 这两条曲线是以振幅比为 5 比 2 的比例绘制的, 即 $YN = {}^2/_5 XN$, 且该关系在整条曲线上都成立. 在点 N 时刻, 第一个简谐运动引起了距离为 XN 的位移, 而第二个则引起了距离为 YN(即 ${}^2/_5$ 倍 XN) 的位移. 因此二者的复合效应是引起了距离为 $1{}^2/_5$ 倍 XN 的位移. 这在图 14 中是由 ZN 表示的.

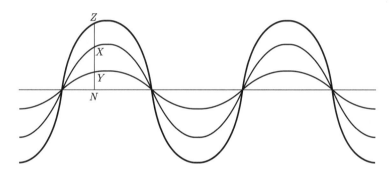

图 14 两个等周期简谐运动的叠加. 这两个振动 (由细曲线所示) 是 "等相" 的 —— 波峰在波峰上, 波谷在波谷上. 于是这两个振动相互加强, 其复合振动 (由粗曲线所示) 的振幅等于两个子振动的振幅之和.

过 Z 的粗曲线是以如下方式绘制的: 该曲线上每一点到中间水平线的距离恰等于过 X 的细曲线上相应点到中间水平线距离的 $1{}^2/_5$ 倍. 这条曲线代表的必然是我们所寻求的运动. 跟过 X 的细曲线相比, 它不过只是在垂直方向上增大了 $1{}^2/_5$ 倍, 在水平尺寸上是维持不变的. 因此新的运动是一个简谐运动, 其振幅等于组成它两个子运动的振幅之和, 而其周期跟二者的周期是相同的.

上述例子只是一般问题的一个非常特殊的情形, 因为图 14 中的两条细曲线绘制的极其特殊. 两条波线的波峰是同时出现的, 波谷亦然; 从图上来看, 波峰位于波峰的正上方, 而波谷也在波谷的正上方. 具有该性质的振动

被称为是 "等相" 的.

这些曲线也可以画成如图 15 中那样, 一组波的波峰恰好在另一组波的波谷时出现. 具有该性质的两个振动被称为是 "反相" 的. 波峰位于波谷上方, 反之亦然, 从而这两个子振动产生相反方向的位移. 同样的, 其复合运动是由粗曲线所示, 只是其振幅不再是较大子振动振幅的 $(1 + {}^2/_5)$ 倍, 而是只有 $(1 - {}^2/_5)$ 倍.

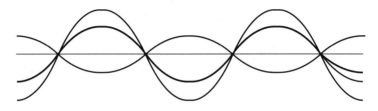

图 15 两个等周期简谐运动的叠加. 这两个振动 (由细曲线所示) 是 "反相" 的 —— 一条曲线的波峰在另一条曲线的波谷之上, 而其波谷则在波峰之上. 这两个子振动从相反的方向互相拉扯, 从而互相抵消了一部分. 其复合振动 (由粗曲线所示) 的振幅等于两个子振动的振幅之差.

然而我们不能想当然地认为两个同步发生的运动要么是等相要么是反相. 事实上那样的简单情形才是少见的, 更有可能出现的情形是一组波的波峰既不在另一组波的波峰上方, 也不在其波谷上方, 而是落在其波峰与波谷之间的某处, 如图 16 所示的那样. 如果我们在这里也用图 14 的方法将两条细曲线所代表的位移相加 (即令 $ZN = XN + YN$, 等等), 我们就会发现最终的运动是由图中的粗曲线所示. 我们用肉眼就能判断这依然是一条简谐曲线, 事实也是如此, 但我们必须采用一个新的研究方法才能说明这一点. 下面我们转入这个新方法.

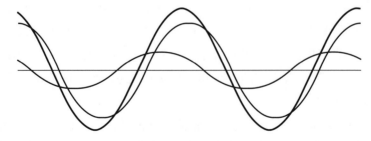

图 16 两个等周期简谐运动的叠加. 这里两个子振动 (由细曲线所示) 不再具有简单的相关系, 但其复合依然是一个简谐运动 (由粗曲线所示).

我们知道任何一个简谐运动都可以通过一个点沿着圆周匀速转动而衍生出来. 比如, 在图 13 中当点 P 绕着圆转动时, 点 N 就以简谐运动的方式在 AB 之间做往复运动. 我们想要叠加的两个简谐运动自然也可以由两个绕着各自圆做匀速旋转的点的运动衍生而出. 假定这两个点就是图 17 当中的 P 和 Q, 从而它们正下方的 N 和 O 两点所做的就是我们在考察的简谐运动.

在图 17 所示的时刻, P 点运动产生了位移 CN, 而 Q 点产生的位移是 CO, 所以总的位移就是两者之和 $CO + CN$.

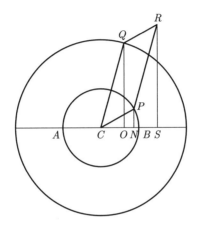

图 17 两个简谐运动的叠加. 当 P 和 Q 分别沿着各自的圆绕行时, N 和 O 会做简谐运动. 最终的运动是 S 实现的, 因为 $CO + CN = CS$.

为了在图 17 中描绘这个和, 我们从 Q 点出发, 沿着平行于 CP 的方向作一条与之长度相等的线段 QR. 因为 QR 与 CP 平行且相等, QR 正下方的 OS 必然等同于 CP 正下方的 CN. 所以我们想要的和 $CO + CN$, 也就等于 $CO + OS$, 即等于 CS.

因此当 P 和 Q 沿着各自的圆绕行时, 点 N 和 O 实现的是两个子简谐运动, 而点 S 实现的运动则是它们的叠加.

我们先假定由 N 和 O 所完成的两个简谐运动具有相同的频率, 于是半径 CP 和 CQ 以完全相同的速率旋转, 而角 PCQ 则一直保持不变. 事实上我们可以这样设想整个运动: 我们从纸板上割出平行四边形 $CPRQ$, 然后让它以与 P 和 Q 相同的速率绕着 C 点旋转. 我们发现 R 也将沿着一个圆匀速移动, 从而 S 会沿着 AB 往复作简谐运动. 这说明若两个简谐运动有相同的频率, 它们叠加的结果将是跟它们有相同的频率的第三个简谐运动. 用音乐的术语来说, 两个具有相同音高的纯音同步发声, 将会产生一个依然具有相同音高的纯音……

弦振动与谐波

我们是以讨论音叉产生的曲线开始我们对于声音曲线的研究的. 之所以选择音叉是因为它可以发出完美的纯音. 但是, 如同每个音乐家都知道的, 音叉的声音不但是完全纯正的, 而且恰因为其过于纯正性, 它对于 "音乐耳朵" 而言也是完全无趣的.

从艺术的眼光来看, 我们欣赏的不是几何学家的简单图案 —— 直线、三角形或者圆, 而是它们的某种浑然一体的组合, 其中任何一个元素单独拿出来都不是突出的. 同样的, 画家对于他颜料盒中单独一种纯粹的色彩也提不起兴趣; 他的兴趣在于用这些颜料绘出丰富多彩精美绝伦的画. 在音乐中也是如此: 我们的耳朵想要听到的不是我们迄今为止所一直研究的简单音调, 而是它们的某些错综复杂的交融. 各种各样的乐器已经为我们提供了现成的组合单元, 可以根据我们的喜好对它们做进一步地组合.

在本章中我们将考虑由拉伸的弦 —— 比如在钢琴、小提琴、竖琴、古筝和吉他中所采用的那些 —— 所发出的声音, 而且我们将会发现怎样去将它们解读成我们已经研究过的纯音的组合.

独弦琴实验

我们的声源不再是音叉, 而是一种古希腊数学家们 (尤其是毕达哥拉斯) 就已经知道的, 且在当今声学实验室中依然随处可见的乐器 —— 独弦琴.

其要件如图 18 所示. 一根金属丝, 其一端 A 牢牢地固定在结实的木头

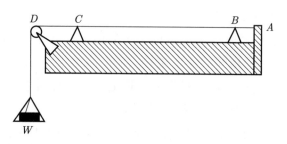

图 18 独弦琴. 弦通过悬挂重物 W 的方式保持张紧状态, 而 "梁" 跟小提琴中的一样把振动限制在 BC 范围之间. 如此设计的乐器, 其弦振动范围与弦张力都是可控的.

框架上, 越过一个固定的梁 B 和一个可移动的梁 C, 然后穿过一个滑轮 D, 而其另一端拴着重物 W. 当然这个重物将使得金属丝保持绷紧的状态, 同时我们可以通过改变重物重量的方式使得张力达到我们需要的大小. 弦上只有 BC 段可以振动, 而且因为梁 C 可以来回移动, 我们可以调节 BC 到任意我们想要的长度. 它可以通过很多不同的方式振动起来 —— 像钢琴中那样敲一下; 像小提琴中那样用琴弓拉一下; 像竖琴中那样拽一下; 甚至可以像风弦琴那样吹一下, 如同寒风天气里风吹电报线使之尖啸那般.

一旦用以上的任意一种方式让弦开始振动, 我们就可以听到具有固定音高的一个音符. 让我们在它还响着的时候用手去按一下重物 W. 此时我们会发现音高升高了, 而且我们压得越重, 音调就升得越高. 因为我们的按压只是导致弦绷得更紧了, 所以我们发现增加弦的张力将导致其发出的音声调变高. 这正是小提琴手和钢琴调音师调弦线的方式; 当某弦线发出的音调过低时, 他们就扭紧弦钮.

可以做一系列实验来揭示音高和弦的张力之间的关系. 假设起初时弦音是 c^1 (中央 C 音), 其张力为 10 磅. 为了将音升高八度到 c^2, 我们发现需要将张力提高到 40 磅; 再升高八度到 c^3, 我们得将张力提高到 160 磅, 等等. 在以上各例中每次要将弦音的频率加倍, 就得将张力提高到四倍, 而我们将发现这总是对的. 频率与张力的平方根成正比乃是普遍规律.

我们也可以重复毕达哥拉斯在大约 2500 年前所做那些实验, 以研究改变弦长的影响. 将图 18 中的梁 C 向右滑动以缩短有效弦 BC 的长度, 而保持张力 (即重物 W 的质量) 不变. 当我们缩短弦长时, 会发现音高上升了. 如果我们将长度减半, 音调正好升高了八度, 说明振动的周期也被减半了. 通过不断调整梁 C 的位置, 我们会发现周期与弦长正好成正比, 于是振动的频率是与弦长成反比. 该规律已在所有的弦乐器上得到验证了. 在小提琴中可以通过用手指触压以改变有效弦长的方式使同一根弦发出不同的音. 在钢琴中不同的音是由不同长度的琴弦发出的.

我们也可以做同样的实验来研究改变弦线的粗细和材料对其声音产生的影响.

梅 森 定 律

根据上述所有实验所得到的结论可以总结出如下定律, 它们最早是由

法国数学家梅森 (《宇宙和谐》, 1636 年) 明确阐述的:

I. 当弦及其张力保持不变, 而弦长改变时, 振动周期与弦长成正比. (毕达哥拉斯定律)

II. 当弦及其长度保持不变, 而张力改变时, 振动频率与弦张力的平方根成正比.

III. 对于等长等张力的不同弦, 振动周期与弦重的平方根成正比.

下面我们在一架普通的钢琴上来说明上述定律是怎样应用的. 造琴师可以通过使用长度不同但构架类似的弦 (其材质与张力均一样) 可以得到他想要的任意大小的频率. 但是现代钢琴的 $7^1/4$ 个八度音域含有频率从 27 到 4096 范围的音调. 若一个造琴师仅只依赖毕达哥拉斯定律, 那么其最长弦的长度将是最短弦的 150 倍, 于是要么前者过长要么后者过短. 他于是转向于利用梅森的另外两条定律. 他通过增加弦重 —— 通常是将细铜线扭曲成螺旋状 —— 的方式来避免低音弦过长. 他通过增加弦张力的方式来避免高音弦过短. 在老式木架钢琴上这一定要特别小心, 因为超过 200 根拉伸弦的合张力会对木质结构造成巨大的负担. 而现代钢制框可以安全地承受共约 30 吨的张力, 故钢琴丝可以被拧紧到过去难以实现的程度 ……

调 和 分 析

我们曾多次将两个简谐曲线重叠在一起, 然而研究叠加后得到的新曲线. 叠加过程的核心想法已经由前面的图 7(a) 和图 14 阐明了. 在这些例子里面被叠加曲线的数量都是二; 若叠加更多这样的曲线, 得到的曲线将可能具有极其复杂的形状.

数学中有一个分支叫 "调和分析", 主要研究反过来的问题, 即从叠加后的曲线中分解出其构成部分. 叠加一些曲线就像在试管中混合化学物那么简单, 人人都能做到. 但是要从最终的混合物出发找到合成它的原料就需要高超的技艺了.

幸运的是数学家面临的问题要比分析化学家的简单. 无论曲线有多复杂, 都有一个很简单的技巧将之分解成构成它的简谐曲线. 其理论基础是由著名法国数学家傅立叶 (J. B. J. Fourier, 1768—1830) 所发现的傅立叶定理.

这个定理告诉我们, 任何曲线, 无论它是什么样的形状, 也无论它最初是怎么得到的, 都可以通过叠加充分多的简谐曲线的方式把它再造出来 ——

简而言之, 任何曲线都可以通过堆积波来获得.

该定理进一步告诉我们, 我们只需要使用某些特定波长的波. 比如, 若原曲线每英尺都重复一遍 (即周期为一英尺), 那我们只需要使用那些每英尺都重复 1, 2, 3, 4, ⋯ 遍的曲线 —— 即波长为 12, 6, 4, 3, ⋯ 英寸的波. 这几乎是显然的, 因为其他长度如 18 或 5 英寸的波, 将导致复合曲线不再每英尺都重复. 如果原曲线不是有规律地重复的话, 我们就将其当作重复曲线的第一个半周期[2], 从而得到定理的一般形式. 该定理告诉我们原曲线总是由一系列简谐成分合成, 其中第一个在原曲线的范围内有一个完整的半波, 第二个在其中有两个完整的半波, 第三个有三个, 等等; 分数个半波的简谐成分根本不会被用到. 有一个相当简单的方法可以计算各个简谐成分的振幅, 但这已经超出本书的范围了.

先简单看一下怎么使用这个定理. 假设我们的原曲线是由一条拉伸弦在某一振动瞬间所形成的. 图 19、20、21 显示了几组在该弦上分别含有一个、两个或者三个完整半波的简谐曲线. 我们想象这组图可以无限延伸使之进一步显示了包含 4、5、6、7 以及所有其他数量的完整半波的简谐曲线. 这样得到的一系列曲线正是定理中需要的那列组成曲线. 我们从每个图中取出一条曲线然后将它们全部叠加; 定理指出只要恰当地挑选曲线, 最终合成的曲线就可以跟我们开始时那条曲线一致. 或者, 换而言之, 只要我们愿意, 任一曲线都可以被分解成一系列组成曲线, 其中一个是从图 19 中取出的, 一个是从图 20 中取出的, 一个是从图 21 中取出的, 等等.

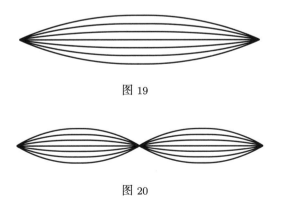

图 19

图 20

---

[2]看起来似乎把原曲线当作重复曲线的一个全周期会更简单一点, 但从数学的角度而言, 事实并非如此.

图 21

拉伸弦的本征振动. 弦分别分成一个、两个和三个相等的部分振动, 相应地它们会发出基音、八度音和十二度音.

这当然不是唯一的将一条曲线分解成一列其他曲线的方法. 事实上有无穷种方法, 就像有无穷种方法将一张纸撕成碎片一样. 但我们刚刚提到的方法在某一点上是独一无二的, 而这使之在音乐理论上极度重要. 因为当我们用这种特定的方式将振动弦曲线分解成简谐曲线时, 我们实际上在将弦的运动分解成独立的自由振动, 而它们代表的是该振动所发声音的构成音调. 随着振动的继续, 这些自由振动也将继续存在, 并且其强度将保持不变 (不过会像前面解释的那样逐渐衰减). 另一方面, 如果我们是采用任意别的方式分解振动, 那么子振动的强度将会持续改变 —— 可能每秒钟变数百次 —— 从而对主振动所产生声音的音质没有任何参照作用.

这么笼统的一个定理可能看起来极其复杂, 让人深感困惑, 但是只要一个详细的说明就可以使之异常明晰并揭示其重要性.

弹在中点的弦

让我们把拉伸弦 AB 的中点移到 C 处, 使得该弦形成如图 22 所示的扁平三角形 ACB. 弦 ACB 的形状依然可以被认为是一条曲线, 尽管它是一条不平常的曲线. 而我们的定理告诉我们该 "曲线" 可以通过一些简谐曲线叠加而成. 事实上, 图 23 展示了曲线 ACB 是怎样被分解成其简谐曲线的; 若我们将后图中的所有曲线叠加起来, 我们会发现我们还原原先的折线 ACB, 只是尺度有所不同; 图 23 在绘制时其竖直方向的尺度比水平方向大十倍, 以便我们可以清晰地看到高次谐波的起伏.

假设我们现在放开 C, 并允许弦开始自然地运动. 我们可以想象图 23 中的每条曲线都会按照自身特有的周期有节奏地上下起伏, 而且在任一瞬间这些曲线的叠加都将给出弦在该瞬间的形状. 这些曲线对应于拨动弦的中点时所发出的各种和声.

我们注意到第二、第四和第六条谐波并没有出现. 并非总是如此, 这只是我们所选例子的特性. 我们拉弦时将使得左右两个半弦必然以类似的方

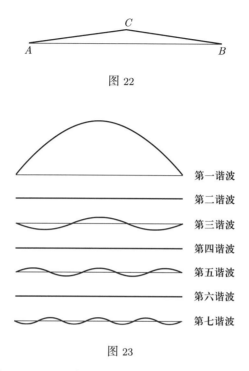

图 22

图 23

拉动弦使之组成三角形 *ACB*. 这条 "曲线" 可以被分解成如图 23 中的简谐曲线. 将它们叠加后我们可以还原图 22 当中的 "曲线" *ACB*. (图 23 中竖直方向的尺度均放大了十倍.)

式运动, 因而蕴含着两个半弦相异性振动的第二、第四和第六谐波就不可能出现了. 如果我们拉的不是中点而是任何其他地方的话, 这些谐波中至少有一些是会出现的.

声音曲线的分析

接下来让我们将傅立叶定理运用到一段声音曲线中去. 该定理告诉我们不管是什么声音曲线, 都可以用一些恰当选取的简谐波经过叠加而再造出来. 因而任何声音, 不管它有多复杂 —— 是歌手的声音还是汽车换挡的声音 —— 都可以被分解为纯音, 从而可以由一串音叉或者别的纯音音源完全复制出来. 代顿·米勒 (Dayton Miller) 教授制作了几组管风琴, 其中有的齐奏时可以发出各种元音, 而另一些则可以说爸爸和妈妈.

乐音的声音曲线是有周期的, 它在间隔完全一致的区间上不断重复. 事实上我们已经知道这是用以区分乐音与噪音的特质. 傅立叶定理告诉我们这样的声音曲线可以通过简谐曲线经过叠加形成, 并且在原曲线的每个周期内会出现这些简谐曲线的 1, 2, 3 或者其他整数个完整波. 举个例子, 若声音曲线的频率是 100, 那么它可以由频率为 100, 200, 300 等的简谐曲线叠加而成.

这些曲线中的每一条都代表着一种纯音, 由此我们得知任何频率为 100 的乐音都是由频率是其 1, 2, 3 等倍数的纯音组成的. 这些音被我们称为上述音调的 "自然泛音".

自然泛音与共振

振动总是振动结构体因受大小持续变化的力或干扰而产生的; 该力是周期的, 即每隔固定的时间段均重复变化. 傅立叶定理告诉我们按这种方式变化的力都可以被分解成一些按简谐方式变化的分力, 而这些分力变化的频率一定是合力的 1, 2, 3, ⋯ 倍. 比如, 如果这个力在一秒钟重复变化 100 次的话, 那么它的简谐分力将分别在一秒钟内重复变化 100, 200, 300 等次.

若该结构体以频率 100, 200, 300 等自由振动, 则会因为共振而产生剧烈振动, 而该结构体的任何其他频率的振动将不会被增强. 换言之, 扰动力只会因与其频率相同的 "自然泛音" 共振而增强.

这个结论对于音乐而言是极其重要的. 它解释了为什么拉伸弦会有如此出色的音乐特质; 原因很简单: 其自由振动与其基础音的自然泛音具有相同的频率, 从而当基础音发出的时候, 和声也同时出现了 ⋯⋯

听　　觉

我们已经考察了声音的产生机理以及其通过空气传播到我们耳中的过程; 最后我们还要考察一下声音是如何被耳朵接收的, 及其到大脑的传输过程.

我们知道当空气中有声波传过时, 其每一点的压力都会有节奏地发生变化, 时而高于大气压, 时而低于大气压 —— 就如涟漪传过池塘表面时那样, 池内每滴水的高度会发生有节奏的变化, 时高时低, 起伏不止. 与我们耳膜接触的那一小层空气当然也是这样, 而正是这层空气的压力变化激发了我们的听觉. 压力变化越大声音就越强, 因为我们已经知道声波的能量正比于其压力变化范围的平方.

我们最熟悉的压力变化的例子就是气压计 (比如半英寸汞柱) 所示的那些. 但声音传播过程中所产生的压力变化是远小于此的; 事实上它们是如此之小以至于我们只能采用一个新的计量单位, "巴", 去度量它. 在科学里一巴 (bar)* 被定义为一达因每平方厘米 (dyn/cm²), 但是对我们而言我们只要知道一巴大约等于整个大气压的百万分之一就足够了. 如果我们把自己的耳朵与地面的高度改变三分之一英寸, 我们的耳膜所承受的压力就会改变一巴; 当我们听到一声较响的乐音时, 我们耳膜所承受的压力也改变了大约一巴.

听 觉 阈 值

假设我们从一个正持续发出乐音的地方渐渐走开. 我们的耳朵所接收到的能量逐渐减少, 因而我们也许会觉得我们能听到的声音强度也会按比例减小. 然而我们会发现事实并非如此; 声音在一段时间内会持续减少, 然后会突然变得不可闻. 这说明我们能听到声音的响度不是与我们所接收到的能量成比例; 当能量低于某特定的值时我们将什么也听不到. 我们能听到的最小的声音强度就是我们的 "听觉阈值".

我们可以通过敲击音叉然后让其振动逐渐消失的方式来获得存在该阈值的直接证据. 音叉振动很快就会到达一个时点我们就听不到声音了. 但是音叉依然在振动从而依然发出声音, 这一点可以通过将其手柄靠在一个大而坚硬的表面如桌面而得到证实. 后者在这里充当了共鸣板的作用, 将声音放大到我们能再次听到的程度. 若不放大则声音将低于听觉阈值; 放大后才能将之升到阈值之上.

在具有这种阈值方面, 听觉跟所有其他感官是完全一致的; 有了这些阈值, 在刺激没有达到相应的强度 "阈值" 时我们的大脑就意识不到其存在性. 比如我们视觉阈值对于天文学是特别重要的; 我们的肉眼能看到星光微弱到一定程度 (大约 6.5 星等) 的星星, 低于这个的我们就看不到了. 正如扩音板可以将音叉的声音升到阈值以上一样, 望远镜可以将微弱的星光提升到视觉阈值以上.

---

*这里的 "巴" 译自原文 bar, 表示压强单位, 原文将 bar 定义为 "达因每平方厘米", 因此这里的 "巴" 与我们通常表示标准大气压的 "巴" 定义不同, 鉴于行文叙述的方便, 我们没有将其变换到国标单位, 文中用到的英寸、英尺、达因等也未做转换, 特此说明. —— 编辑注.

　　我们自然想知道最少需要多少能量进入我们的耳朵才能使我们大脑产生印象呢? 换言之, 在听觉阈值上我们的耳朵接收到的能量是多少?

　　答案极大取决于我们要听的声音的音高. 耳朵对于钢琴最高八度的某音音高的敏感度是最大的, 在这里只要少量的声能就能被听见, 但是当我们移到稍高一点或者低一点的音调时, 耳朵对之就不那么灵敏, 也就是说, 需要更多的能量才能达到同样的听力效果. 当我们转到这些音调之外的其他具有很高或者很低音高的音时, 除非有大量的能量进入我们的耳朵否则我们是听不见它们的. 最后还有一些音调, 无论有多少能量我们都听不见它们, 因为它们已经超出了听觉的范围了.

　　下表含有由弗莱彻 (Fletcher) 和曼森 (Munson) 所获得的结果.[3]前面两栏给出了所讨论音调的音高和频率, 接着一栏给出了该音高刚好能被听到时的压力变化, 而最后一栏则给出了在该音高刚好能被听到时所需要的能量, 其值是与在最大听觉灵敏度 (即 f^4 时所需的最低能量之比值表示).

音调	频率 (赫)	该音刚好能被听到时的气压变化 (巴)	所需的最低能量 (以 f^4 所需能量为基准单位)
CCCC (32 英尺管风琴; 接近于听觉下限)	16	100	1 500 000 000 000
AAAA (钢琴的底音)	27	1	150 000 000
CCC (钢琴的最低 C 音)	32	2/5	25 000 000
CC	64	1/40	100 000
C	128	1/200	3 800
c^1 (中央 C 音)	256	1/1 000	150
c^2	512	1/2 500	25
c^3	1 024	1/5 000	6
c^4	2 048	1/10 000	1.5
f^4 (最大灵敏音)	2 734	1/12 500	1.0
c^5 (钢琴的顶音)	4 096	1/10 000	1.5
c^6	8 192	1/2 000	38
c^7	16 384	1/100	15 000
接近于听觉上限	20 000	500	38 000 000 000 000

---

[3]对于该问题还有很多其他的科学研究, 其结果一般而言跟表格中的结果是一致的. 例如安德雷德 (Andrade) 和帕克 (Parker) 的研究 (1937) 结果跟弗莱彻和曼森的结果非常一致.

我们发现当音调具有合适的音高时, 我们的耳朵对于很小的压力变化都会做出反应. 在钢琴的整个最高八度音中, 只要百亿分之一的大气压强就足够了; 如我们前面所提到的那样, 该压强由少于百亿分之一英寸, 也就是大约分子直径百分之一的空气移动所产生.

我们同样也看到最后一栏数值的巨大范围. 我们的耳朵对钢琴上最高音区的两个八度非常敏感, 而相对来说对于高出或者低于该范围很多的音就比较聋了; 要想听到音高为 CCCC 的纯音, 需要的能量是比之高 7 个八度音时所需能量的一万亿倍.

一个普通管风琴的结构就可以活灵活现地证实这一点. 音高 CCCC 的管子是一个巨大的 32 英尺长的怪物, 其一端开口以吸入大量的风, 然而它发出的声音却很难比一个高音部分的 3 英寸长小金属管所发出的声音更响. 一个小孩可以很轻易地就吹响后者, 但是即使一个成年男子使尽全身的力气也很难吹响 32 英尺长的管子······

声音强度级别

由十倍能量增长所产生的声音强度的变化被称为是一个 "贝" (B). 该词跟美丽或者魅力无关, 而只是电话发明者格拉哈姆 · 贝尔 (Graham Bell) 姓氏的首字母.

我们曾将十倍增长视为是由十步, 每步大约百分之二十五的增长, 所生成的. 更精确地说, 每步增长的倍数是 $\sqrt[10]{10}$, 即 1.2589. 一贝的这十步中每一步都叫作一 "分贝" (dB); 如我们知道的那样, 它大约是我们在普通情况下耳朵能感觉到的声音强度变化的最小值了.

人们通常把声音阈值处的强度当作基准点. 于是, 当我们用可听到的最小能量作为单位时:

1	单位能量产生	0	分贝
1.26	单位能量产生	1	分贝
1.58	单位能量产生	2	分贝
2	单位能量产生	3	分贝
4	单位能量产生	6	分贝
8	单位能量产生	9	分贝
10	单位能量产生	10	分贝
100	单位能量产生	20	分贝
1000	单位能量产生	30	分贝

声音响度级别

　　声音强度级别是以听觉阈值作为其基准点的, 但因为听觉阈值极大地取决于所讨论声音的音高, 该级别只有在比较两个具有相同音高声音的相对响度时才有用. 它在比较具有不同音高的两个声音时是没有用的. 为此, 我们必须引入一个新的级别, 即响度级别.

　　该级别的基准点被定义为如下响度: 假设空气中有声波在传播, 其频率为 1000, 它在听者耳膜附近造成的压强变化幅度为 $1/5000$ 巴 (即 0.0002 达因每平方厘米), 那么普通的正常耳朵刚好能听到的响度就是响度级别的基准点. 如前面所说, 这也只是关于该特殊频率下的听觉阈值而言的.

　　响度级别的单位被称为 "方" (phon). 如果我们只考虑频率为 1000 的声音, 那么方跟分贝就是一回事, 即无论是关于其数值还是关于其基准点都是一样. 因此如果频率为 1000 的某声音, 其声音强度在强度级别下为 x 分贝, 那么在新的响度级别下其响度也是 x 方. 但当声音的频率不是 1000 时, 方与分贝就不再相同了. 如果两种音高不同的声音在耳朵听起来是一样响, 那么我们就说它们具有相同方的响度. 故当某声音听起来与频率为 1000 而强度为 x 分贝的声音是一样响时, 我们就说该声音的响度是 x 方. 这种声音的强度处于频率为 1000 的声音在听觉阈值之上 x 分贝, 而不是在其自身音高的听觉阈值之上 x 分贝.[4]

疼 痛 阈 值

　　前面已经研究了我们能听到的最小声音; 接下来我们考虑最大声音. 这不是一个没有意义的问题. 因为如果我们持续给一个声源提供越来越多的能量 —— 例如越来越重地敲一个锣 —— 声音就会变得越来越响, 然后我们迟早会发现声音太大以至于让人不快. 一开始只是让人不快, 但一会儿就会由不快转变成难受. 最终在我们耳膜和内耳中的振动会变得如此剧烈以至于会使我们感到剧痛, 甚至于会伤害我们的耳朵.

　　如果我们记下我们耳朵可以忍受而没有不适感的数值, 我们会发现就像听觉阈值那样, 该数值也是依赖于音高的. 在钢琴的低音端, 该数值大约是 6 贝; 在中央 C 音时它升到了 11 贝; 而在钢琴的最高八度音处它进一步

----

[4] 这里定义的是英国标准方. 美国标准使用的是跟英国标准同样的方, 但常常用分贝来描述. 德国标准使用不同的基准点, 即 0.0003 达因每平方厘米而非 0.0002 达因每平方厘米.

升高到 12 贝, 之后它可能会迅速下降.

在听觉阈值处声音的强度, 以及在阈值之上我们可以忍受而没有不适感的强度范围, 都会随着声音音高的变化而发生很大的变化, 但是它们之和, 可以确定某种疼痛阈值, 其变化幅度就小多了. 对于音乐中所用的大部分音高范围, 该阈值的强度是由大约 600 巴的压强变化给出的, 不过它会在极大敏感度区域降到大约 200 巴.

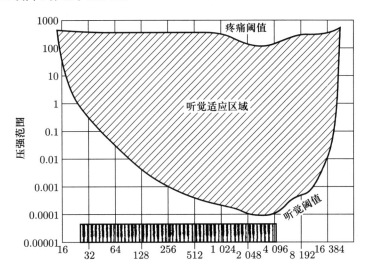

图 24 由弗莱彻和曼森所测定的听觉适应区域的界限. 图中每个点都代表具有特定频率 (由底端数值所示) 和特定强度 (由左端数值所示) 的声音. 对于阴影区域内的点, 它所代表的声音听起来舒适. 对于阴影区域上方的点, 它所代表的声音听起来会让人难受. 对于阴影区域下方的点, 它所代表的声音处于听觉阈值之下, 从而根本不能被听到.

我们可以通过图 24 来说明这一点, 其中阴影部分即听觉适应区域可以通过图 25 所示的等响度曲线被进一步分解. 这里无论是听觉适应区域的界限还是等强度曲线都是由弗莱彻和曼森测定的.

通过钢琴上半部分音域, 我们一眼就看出, 耳朵既能对一个微弱的声音最敏感, 又无法忍受过大音量的声音. 为了达到中等舒适的响度, 比如 50 或者 60 方, 高音音乐只需要很少的能量, 而低音音乐却需要很大的能量. 这一点可通过对演奏不同乐器所需的能量进行精确测量而得到证实. 下表给出了贝尔电话实验室的试验结果。

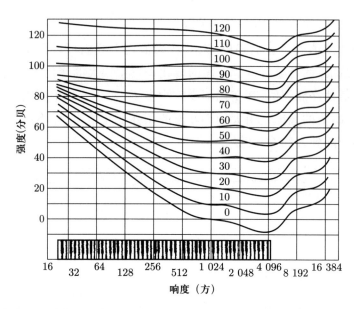

图 25　由弗莱彻和曼森所测定的听觉适应区域内声音的响度. 正如图 24, 图中每个点都代表具有特定频率 (由底端数值所示) 和特定分贝强度 (由左端数值所示) 的声音, 后者的基准点是我们能听到的频率为 1000 的最微弱声音. 一点处声音的响度 (以方为单位) 则是通过该点的曲线上所写的数值; 因此, 这些曲线都是等响度曲线.

声源	能量 (瓦)
75 人管弦乐团之最高音	70
低音鼓最高音	25
管风琴最高音	13
长号最高音	6
钢琴最高音	0.4
小号最高音	0.3
75 人管弦乐团之普通声音	0.09
短笛最高音	0.08
竖笛最高音	0.05
人类声音 { 男低音 (很强)	0.03
女低音 (很弱)	0.001
普通说话声	0.000024
音乐会中小提琴最柔和音	0.0000038

我们可能会顺带地注意到, 即使一个很高的声音其能量也是如此之小. 一个相当大的管风琴可能需要 10000 瓦的发动机去吹奏它; 其中只有 13 瓦的能量是以声音的形式再现的, 而剩余的 9987 瓦能量则被浪费于摩擦和发热了. 一个壮汉在弹奏钢琴时若让其发出最大的音响效果则很快就会疲惫不堪, 因为他自己的能量输出可能达到 200 瓦; 然后其中只有 0.4 瓦的能量转化成声音. 一千个男低音非常嘹亮地高唱所发出的能量只能点亮一盏 30 瓦的灯; 但是如果他们用同样的力量推动发动机运转, 就能点亮 6000 盏同样的灯.

上表中第一条和最后一条代表了音乐会场能听到的声音的极限范围, 而我们注意到前者超过后者一千八百万倍. 这个范围显然很大, 但它只占了 $7^1/4$ 贝的区间, 并没有比耳朵所能忍受的在高音区 12 贝范围的一半多太多.

对于一个不通乐器的人, 我们可以将小提琴演奏时最柔和的音大致估成超过我们听力阈值 1 贝左右, 于是整支管弦乐队的演奏音大约是 8.3 贝, 即 83 分贝. 将之与其他声音的强度进行对比, 结果如下表.

听觉阈值	0 分贝
树叶沙沙声	10 分贝
静谧的伦敦公园	20 分贝
4 英尺外的窃窃私语	20 分贝
宁静的伦敦郊外街道	30 分贝
纽约市中心最安静的午夜	40 分贝
12 英尺外的谈话	50 分贝
伦敦繁忙的街道	60 分贝
纽约繁忙的街道	68 分贝
纽约拥堵的街道	82 分贝
18 英尺外的狮吼	88 分贝
快车经过时的纽约地铁站	95 分贝
锅炉厂	98 分贝
2 英尺外四人打铁声	112 分贝

由于不同音高的听力阈值不同, 上表的声音并不是严格比较的, 除非它们恰好具有相同的音高. 下表列示了一些常见声音主观响度的不同.

听觉阈值............................	0 方
3 英尺外手表的滴答声..............	20 方
安静居民区街道的声音..............	40 方
静静的谈话声........................	60 方
繁忙主干道上的声音................	75 方
地铁列车上的声音....................	90 方
繁忙机械车间的声音................	100 方
飞机引擎轰鸣声......................	120 方

实验显示, 若一个微弱的声音和与它同音高的较大声音 (两者强度之差超过 1.2 贝) 混在一起时, 前者将无法被听见; 但如果两者具有不同的音高, 则需要更大的响度差. 在伦敦繁忙的街道相距 12 英尺的谈话也可以听到, 因为其强度差只有 1.0 贝; 然而如果是在纽约繁忙的街道上就听不见了, 因为强度差是 1.8 贝. 同样地, 在锅炉厂狮吼声只是刚刚能被听到, 尽管它可能希望吸引较多的纽约地铁站里人们的注意力 ……

第 18 部分*

作为文化线索的数学

编者评注: 奥斯瓦尔德·斯宾格勒

*原书第 XXV 部分, 本部分译者为王作勤.

奥斯瓦尔德·斯宾格勒

奥斯瓦尔德·斯宾格勒 (Oswald Spengler) (1880—1936) 是一名体弱多病有天启倾向的德国高中教师, 他在 31 岁时辞去工作并开始著述一部大部头的并将产生轰动性影响的历史哲学著作. 这部著作就是《西方的没落》(*The Decline of the West*) 并让这位名不见经传的学者声名鹊起. 此书构思于 1911 年并于 1917 年最终完稿. 斯宾格勒因心脏衰弱和视力缺陷而被免于兵役, 于是在战争年代他有大量的时间去潜心阐述他的主题; 但自始至终他都饱受贫穷与其他逆境的困扰, 支撑着他的正是基于他发现的关于 "历史和命运哲学" 之伟大真理这一信念的使命感[1]. 1918 年一个维也纳出版商很不情愿地出版了这本书. 该书初版印数极少但几周后就开始畅销了. 因其悲观的论调与战后的气氛正相合, 这本书在德国激起了热烈的争论; 在海外 "它赢得了文化程度不高之人的赞赏, 但却被智者所鄙视". [2]现在处于另一个战后时期, 由斯宾格勒所提出的议题再一次成为关注焦点. 尽管他的理论只有极少数拥趸, 但却激励了很多有思想的学者进行冷静思考. 正如一位评论家所注意到的那样, "批评斯宾格勒很容易, 但是要摆脱他就不那么容易了."[3]

斯宾格勒的主要思想是历史的模式是循环式的而非直线式的. 人类并没有进步. 人会经历 "出生、成长、成熟到衰老" 不可逆转的生物学发展过程; 他会调整自己适应环境以便能生存下来; 但是他的基本观念是不会改变的. 同样的道理适用于几个世纪以来人们所创造的各种文化. 文化也像生物

---

[1]引号内是斯宾格勒的词句, 取自于 1926 年在纽约出版的由查尔斯·弗兰西斯·阿特金森 (Charles Francis Atkinson) 翻译的英译版《西方的没落: 形式与现实》之前言, 第 14 页. 一些传记性及其他的细节则取材自 1952 年出版于纽约的由斯图尔特·休斯 (H. Stuart Hughes) 所著的《奥斯瓦尔德·斯宾格勒, 一个批判性评价》.

[2]斯图尔特·休斯, 同前, 第 1 页.

[3]《泰晤士报文学增刊》, 1952 年 10 月 3 日, 第 637 页.

体一样会繁荣、衰退和灭亡. 它们并没有进步; 它们只是再现. 它们的历程跟它们的创造者的历程一样是注定的. 在每一种文化的历史里都有一个可辨别的 "主要模式"[4]—— "人类精神自我实现的典型投影". 这个主要模式具现了组成该文化的每种活动. 虽然这些主要模式都是不同的, 从而将各种文化区分开来, 但他们都不可避免地要经历相同的 "形态学" 阶段. 斯宾格勒用下面这段话来概括他的宏伟蓝图:

"我希望去说明: 在宗教、艺术、政治、社会生活、经济和科学中的所有伟大产物和形态都无一例外地在各种文化中均同时出现、实现自我并最终衰亡; 一种文化的内在结构与其他所有文化的内在结构是严格对应的; 凡是在一种文化中所显现的具有深刻的外观重要性的一种现象, 无一不可以在其他每一种文化中找到其对应物; 这种对应物可以一种特定的形式在某个完全确定的时间处寻找到."[5]

即便写了洋洋洒洒的两大卷, 斯宾格勒也未能说服那些具有极强洞察力与客观判断力的人们相信他已经实现了他的承诺. 不论是他的论据还是他的表达都是易受攻击的. 文人抨击他的疏忽, 科学家抨击他的伪科学论证, 哲学家抨击他的结论, 文学评论家抨击他那浮夸而讨人嫌的风格. 有人指出历史循环的观点也是 "陈词滥调"; 说斯宾格勒是从更有才智者那里借用了主要观点的; 说他是不理性的、信口开河的、粗鲁的和夸张的. 这些指责也不完全是毫无依据的; 事实上, 有些是极其正确的. 然而《西方的没落》这本书确实含有伟大原创性的要素, 闪耀着非凡洞察力的光芒. 斯宾格勒虽然夸张但是仍然很聪明地阐明了被有理性的哲学家所忽略的历史的角落; 他的表达虽然做作但很有感染力. 最重要的是, 正如斯图尔特 · 休斯在其近期的卓越研究中所说的: "……《西方的没落》提供了我们所拥有的跟我们时代关键点最接近的东西. 它比其他任何一本书更全面地阐述了当今社会的焦躁, 后者是很多人都能感受到但很少有人能表达出来的."[6]

* * * * *

斯宾格勒确信对于他的文化并行性原理来说, 数学也不例外. 即使在这

---

[4]这是斯图尔特 · 休斯所引用的 A. L. · 克鲁伯 (A. L. Kroeber)(《文化发展的构形》, 伯克利与洛杉矶出版, 1944 年, 第 826 页) 的词语, 同上, 第 10 页.

[5]斯宾格勒, 同上, 第 112 页.

[6]休斯, 同上, 第 165 页.

个最抽象看似脱离实体的智力活动当中也没有永恒的真实. "数, 就其本身而言, 是不存在, 也不可能存在的. 就如有多种文化一样, 也有多个数的世界."[7]就像艺术或宗教或者政治那样, 数学表达了人类的基本看法, 人类对自身的认识; 数学如同文化中的其他元素一样例证了 "心灵在其外部世界的描述中设法实现自身的方式".[8]下面第一篇文章节选自 "数的意义" 这一章, 它是《西方的没落》一书中最引人关注和讨论的论述之一. 但我们没有必要受此激励而去赞同斯宾格勒的观点. 没有其他人能像他那样尝试提纲挈领地投眼于演变中的数的概念. 斯宾格勒所说的很多关于这个主题的论断给人一种牵强附会和模糊不清的印象. 但他的确是一个有才华的数学家; 他的思想不能被认为是空洞的; 而我相信读者也将发现这是一篇使人不安且让人激动的文章.

　　所选的第二篇文章不那么使人不安但同样让人激动. 它涉及 "数学真理是存在于外部世界, 还是由人为创造的?" 这个问题. 关于这个问题的理性探讨并不多. 莱斯利 · 怀特 (Leslie White) 采用的是文化人类学途径. 他的说法体现了平衡并且是有说服力的. 将斯宾格勒感情强烈的和理查德 · 冯 · 米泽斯 (Richard von Mises) 温和但清晰合理的两种观点进行比较是有价值的. 怀特博士是密歇根大学人类学系主任. 他曾在芝加哥大学、耶鲁大学、哥伦比亚大学和中国北平 (即现在的北京) 的燕京大学执教. 他是一名拥有丰富经验的普韦布洛印第安人实地调查员. 他最有名的著作是《文化的科学》, 出版于 1948 年.

---

[7]斯宾格勒, 同上, 第 59 页.
[8]同上, 第 56 页.

1 数的意义

奥斯瓦尔德·斯宾格勒

为了举例说明心灵在其外部世界的描述中设法实现自身的方式 —— 也就是为了说明 "既成" 状态中的文化能在多大程度上表达或描绘人类存在的观念 —— 我选择了 "数" (number*) 这一全部数学所依据的基本要素. 我这么做是因为数学, 虽然能彻底理解它的只有极少数人, 它在思想创造物中具有极其特殊的地位. 它如同逻辑那样, 是一种最严谨的科学, 而且更全面也更丰富; 它如同雕塑和音乐那样, 是一种真正的艺术, 因为它也需要灵感的指导并且其形式也是在公认的标准下发展起来的; 最后, 它还如同柏拉图 (Plato) 尤其是莱布尼茨 (Leibniz) 所告诉我们的那样, 是一种最高级的形而上学. 迄今为止每一种哲学都是连同属于该哲学的数学一起发展起来的. 数是因果必然性的象征. 它和上帝的概念一样, 包含有作为自然之世界的终极意义. 故数的存在可以被称为是一种神迹, 而每一种文化的宗教思想都留有数的印记.

就像所有的转化都具有方向 (不可逆性) 的原生属性一样, 所有已成的事物皆有外延属性. 但是这两个词似乎并不能令人满意, 因为在它们之间只能做出一种人为的区分. 所有已成的事物, 即根据事实本身 (在空间和物质上) 延展的事物, 其真正奥秘是由数学的数而非编年号所体现的. 数学的数

---

*英文的 number 可代表两方面的含义, 一是它所表达的意义, 二是表达它本身的符号. 所以中文译文有时译为数, 有时译为数字. —— 编辑注.

就其本质而言具有机械划分的概念, 从这个角度来说数字类似于文字, 因为后者正是以其包含与指称的事实来区隔世界印象的. 在其最深处数字与文字两者都是无法理解也不可言传的. 但是, 数学家所使用的实际数字、图形、公式、符号、图表, 简而言之他所思考、言说或者书写的准确数字符号, 都 (如准确使用的文字一样) 从一开始便是这些深层奥秘的象征, 是内外眼都可以想象、沟通和理解的, 可以被作为区隔的代表而接受. 数字的起源类似于神话的起源. 原始人把难以捉摸的自然印象 (即我们术语中的 "异己的") 提升为神灵, 守护神, 同时用一个限定它们的名称来描述和框定它们. 数字也是这样一种框定和描述自然印象的东西, 而人类的认知正是通过名称和数字去主宰世界. 归根结底, 数学的数字语言与语言的语法是结构相似的. 逻辑永远是一种数学, 反之亦然. 因而, 在所有跟数学的数字有重要关联的智力活动 —— 度量、计数、绘图、称重、排列和分割[1]—— 中, 人们也在努力界定文字的延伸, 即以证明、结论、定理和体系的形式来阐述它; 而且也只有通过这种行为 (可能或多或少是无意的), 醒悟的人才开始能够规范地运用数字去说明对象和属性、关系和差异、个体和多数等 —— 简而言之, 去指明他觉得必要的和不可动摇的, 他称之为 "自然" 和 "认知" 的世界图像的结构. 自然是可计数的, 而另一方面, 历史则是那些与数学无关的事物的集合体 —— 因而才有自然定律的数学确定性, 即伽利略 (Galileo) 的名言 "自然是以数学语言写成" 的惊人正确性, 以及康德 (Kant) 所强调的事实 "确切的自然科学所能到达的程度正是应用数学的可能性所能允许的程度". 故作为完整的区隔的符号, 一切被认知、被界定的实际事物的本质在于数字 —— 正如毕达哥拉斯 (Pythagoras) 和其他一些人借助于强大而虔诚的宗教直觉已经看到并在内心无比确信的那样. 然而, 数学 (即用数字来实际地思考的能力) 不应与远为狭义的科学的数学 (即课堂与专著里所发展的数字理论) 相混淆. 一种文化在自身之内所拥有的数学视野和思想是无法用其书面数学充分表达的, 正如其哲学视野和思想是无法用其哲学论著充分表达的一样. 数字起源于一个还具有完全不同出口的源泉. 因此在每种文化的开端处, 我们都能发现一种在古希腊和其他地方很可能被称作几何的古代风格. 在公元前 10 世纪的这一早期古典风格中 —— 在埃及第四王朝的直线和直角绝对论的庙宇风格中, 在早期基督教的石棺浮雕中, 以及在罗马式的建筑和装

---

[1] 以及 "考虑金钱".

饰中 —— 一个共同的要素就是它们都明显是数学的. 这里每根线条, 人和兽的每个有意非模仿的图案, 都在揭示着一个与死亡 (苦难) 的奥秘有直接关联的神秘数字思维.

哥特式的教堂和多利安式的庙宇都是石头形式的数学. 无疑毕达哥拉斯是古典文化中最早将数字 —— 作为标准和作为量级 —— 科学地设想为可理解事物的世界秩序之法则的人, 但实际上在他之前, 数字, 以感官—物质部件的一种宏伟排列形式, 已经在雕塑以及多立安式柱的严格标准中表现出来了. 所有伟大的艺术都是依赖于基于数字的限定的阐释模式 (例如, 考虑油画中的空间表现问题). 即便没有任何数学科学, 高超的数学天赋也能在技术领域取得成果并获得完全的自我认知.

在这样强有力的数字感面前 —— 甚至在古王朝时期[2], 就如在金字塔庙宇的测定中以及在建筑、防洪工程和公共管理 (更不用提历法了) 的技术中已得到证实的那样 —— 肯定没有人会主张新帝国时期的阿默士 (Ahmose) 那不足称道的算术代表了埃及数学的水准. 虽然在才智方面完全可算作是原始人, 但澳大利亚土著具有一种数学天分 (具体来说, 一种无法用符号或者文字进行沟通的用数字进行思考的能力), 就其对于纯空间的阐释而言是远远优于希腊人的. 他们的回飞镖的发明只能归功于他们对数字所拥有的一类我们称之为高等几何的直觉. 因此 —— 我们会在后面说明这个副词的合理性 —— 他们有一套极其复杂的仪式以及就表达亲密度而言, 如此精妙而细微的语言, 甚至不是更高级文化自身所能做到的.

在欧几里得 (Euclid) 数学和在希腊成熟的伯里克利 (Pericles) 时代, 无论对仪式性的公共生活或者是对孤独的感觉, 又一次存在着类比, 而与古典风格迥然不同的巴洛克风格, 呈献给我们的是一种空间分析的数学, 是一个凡尔赛宫和一个基于王朝关系的国家体制.

在数字的世界中所出现的是心灵的方式, 故而数字的世界所包含的远远不止科学的数字.

---

[2] 第一到第八王朝, 或者实际上第一到第六王朝. 金字塔时期与第四到第六王朝相一致. 基奥普斯、哈夫拉和美塞里努斯属于第四王朝, 那段时间修建了从阿比多斯到法雍的伟大防洪工程.

* * * * *

由此可以得到一个具有决定性意义的重要事实, 该事实迄今为止连数学家自己都未能洞明.

数, 就其本身而言, 是不存在, 也不可能存在的. 就如有多种文化一样, 也有多个数的世界. 我们发现有印度数学思想、阿拉伯数学思想、古典数学思想和西方数学思想, 而对应于每一种思想都有一类数 —— 每一类从根本上都是独特而唯一的, 是特定的世界感的表现, 是有特定有效性甚至能科学地定义的符号, 是一种反映着唯一一种心灵 (即那一特殊文化的心灵) 的核心本质的排列既成之物的原则. 因而, 存在不止一种数学. 因为, 毋庸置疑的是, 欧几里得几何的内在结构与笛卡儿几何的内在结构是截然不同的, 而阿基米德的分析绝不是高斯的分析; 这差异不仅仅是在形式、直觉和方法上的, 更是在本质上的, 是在他们各自提出并发展的数的内在和固有意义上. 这种数, 在其中可以使现象自明的视界, 从而这一被限定在给定界限并服从于其数学的特殊类别的 "自然" 或世界外延的整体, 并不是所有人类所共有的, 而是在各个情况下特定于该种确定的人类的.

因而, 任何数学形成的风格完全依赖于它所扎根的文化, 依赖于那思索它的特定人类. 心灵能将其内在的可能性付诸科学的发展, 能实际地控制这些可能性, 能在对这些可能性的处理中达到最高的水平 —— 但完全无力改变这些可能性. 欧几里得几何的思想在古典装饰的最早形式中就被实现了, 而微积分的思想在哥特式建筑的最早形式中就被实现了, 这都比相应文化中第一个渊博的数学家的出生要早好几个世纪.

一种深刻的内在经验, 或者说真实的自我觉醒 —— 可以把儿童转变成高层次的人并使之进入他的文化共同体中 —— 是以数字感的出现以及语言感的出现为标志的. 只有在这之后, 客体才会因其数量的有限性和其类型的可区分性而存在于清醒意识中; 只有在这之后, 周围世界的属性、概念、因果必然性和体系, 即世界的形式以及世界定律 (因为那被设定和被解决的是根据事实本身被限定的、被固化的、受数字控制的) 才容许确切定义. 而随之而来的, 还有对测量和计数、绘图和排列的深层次意义产生一种出乎意料的、几乎形而上的恐惧感和敬畏感.

如今, 康德已根据先验综合判断 (必然性和普遍有效性) 和后验综合判

断 (经验性的和因事而异的) 对人类知识的总体进行了分类, 其中前面一类
包含数学知识. 因而, 毫无疑问, 康德能够把强烈的内在感受归纳为抽象的
形式. 但是, 且不说在这两种判断之间根本不存在像原理中起初无条件蕴含
的那样如此严格的区分 (这在现代数学和力学中已被充分证实了), 先验本
身就是一个含有巨大困难的概念, 虽然它必定也是哲学中的最具启发性的
概念之一. 随之康德假定 —— 根本没有试图去证明那无法证明的东西 ——
所有智力活动中的形式不可改变性和对所有人的形式同一性. 结果, 一个具
有不可估量的重要性的因素 —— 由于康德时代的理智的先入观念, 尤其是
康德本人的 —— 完全被忽视了. 这一因素便是那所谓 "普遍有效性" 的伸缩
度. 无疑存在某些具有广泛有效性的性质, 它们 (似乎总是) 独立于认知个体
所属的文化和时代, 但随它们而来的必定还存在一种十分特殊的形式必然
性作为认知个体所有思想的公理基础, 并且认知个体由于从属于其自身文
化而非别种文化而受这一形式必然性的支配. 于是, 在这里我们便有了两种
截然不同的先验思想内容, 而这两者之边缘的定义, 甚至于该边缘存在性的
证明, 都是一个超越了认知的所有可能性且永远也解决不了的难题. 迄今为
止, 无人敢假定才智的所谓恒常构成是一个幻觉, 也无人敢假定展现于我们
面前的历史含有不止一种认知风格. 但是, 我们不要忘记, 对尚未发生问题
的事物的一致意见, 既可能意味着普遍真理, 也可能意味着普遍谬误. 诚然,
总有某种怀疑和晦涩感 —— 以至于从哲学家的不一致中有可能得出正确的
推测, 如同每每扫视哲学史时都能看到的那样. 但是, 这种不一致并非来自
于人类心智的瑕疵或者来自于可臻完善的知识的当下缺漏, 简言之, 它不是
来自于缺陷, 而是来自于天定和历史必然性 —— 这是一个新发现. 对深刻
和终极的事物所做的结论, 是不应通过设定一些恒量来达成, 而要通过研究
差异并发掘差异的有机的逻辑来达成. 知识形式的比较形态学是西方思想
仍待进军的一个领域.

*　*　*　*　*

　　如果数学是像天文学或矿物学那样的一种纯粹科学, 那要界定其对象
将是可能的. 但人们没有, 也从未有能力做到这一点. 我们西欧人把我们自
己关于数字的科学概念用于去完成雅典和巴格达数学家们所从事的相同的
任务. 但问题依然在于, 在雅典和巴格达时期具有类似名称之科学的主题、

目的和方法与我们自己的很不一样. 一元化的数学是不存在的, 存在的是各种不同的数学. 我们称之为 "数学史" 的东西 —— 本意仅仅是指某个不变之想象的发展和实现 —— 事实上, 藏于历史的虚伪外观下的, 是一个由自足而彼此独立的进展组成的复合体, 是不断重复着的新形式世界诞生然后侵占、转化、剥落不相容形式世界的过程, 是一个在固定的时期内开花、成熟、枯萎直至死亡的系统的故事. 研究者切不可受蒙蔽. 古典的源自心灵的一元化数学几乎是从虚无中萌生出来的, 而历史构建的西方心灵, 因其已经掌握了古典科学 (不是内在地产生而是外在地学到的), 故它只能通过表面上改变和完善而实质上摧毁不相容的欧几里得体系来获得其自己的数学. 前者的实施人是毕达哥拉斯而后者的实施人是笛卡儿 (Descartes). 在这两种情况中, 本质上行为都是一样的.

就这样, 一种数学的形式语言跟与之同源的主要艺术的形式语言[3]之间的关系就毋庸置疑了. 思想家的气质与艺术家的气质差异的确很大, 但各自觉醒意识的表达方式在精神上是一致的. 雕塑家、画家、作曲家的形式感, 就其性质而言, 本质上都是数学的. 在 17 世纪的几何学分析和投影几何中所体现出来的对无穷世界作的相同的富有启发性的秩序化, 也通过从通奏低音 (thoroughbass) 的艺术中发展出来的和声 (即声音世界的几何) 使同时代的音乐生机盎然活力弥漫, 通过透视原理 (只有西方人知道的有关空间世界的感官几何) 也使得同时代的绘画显得生机盎然活力四射. 这一富有启发的秩序化正是歌德 (Goethe) 所称的 "在直觉领域直接领会其形式的理念, 而该理念纯科学无法领会, 只能观察和剖析". 数学超出了观察和剖析的范围, 在其最激动人心的时刻可以通过想象而非抽象来找到方向的. 依然是歌德, 说过如下意味深长的名言: "数学家只有到了可以从内心感受到真实之美的程度时, 他才是造诣很深的." 这里我们感受到数字的奥妙与艺术创作的奥妙之关系是何等的密切! 因此, 才华横溢的数学家是跻身于赋曲、雕塑、绘画等领域的大师们之中的; 他和他们同样地努力 —— 且必须努力 —— 去具现万物的伟大秩序, 即用符号去表达该秩序从而能够传播给那些只能在内心倾听到那秩序却无法真正有效掌握该秩序的平凡的同胞们; 同音调、线条和色彩的王国一样, 数字的王国也成了世界形式的映像. 为此, "创造性" 一词在数学领域比在纯粹科学领域意味着更多的东西 —— 牛顿 (Newton)、高斯

---

[3] 以及法律的和金钱的形式语言.

(Gauss)、黎曼 (Riemann) 都具有艺术家本性, 而我们知道, 他们提出的那些伟大概念是多么的震撼.[4] 老魏尔斯特拉斯 (Weierstrass) 曾经说过: "一个没有几分诗人才情的数学家绝不会成为一个完美的数学家."

因而, 数学是一门艺术. 就这一点而论, 它具有自己的风格和风格期. 它不像外行和哲学家 (在这件事上他们也是外行) 所认为的那样大体上是不能改变的, 而是像每种艺术一样在每个时代之间都发生了难以觉察的变化. 在探讨伟大艺术的发展时, 不应该不顺便看看 (确实不是无益的) 同时代数学的发展. 在音乐理论的变化和对无穷的分析之间存在着的深层次关系中, 细节尚未被深究过, 尽管美学从这里所学到的远远超过它从所有所谓的 "心理学" 中所学到的. 一部从研究音色和音效追求深层精神基础的角度 —— 而非 (实际上总是如此) 从产生音调的技术立场 —— 出发而写成的乐器史, 还可以揭示更多. 因为正是想用声音来填满空间无穷的这种强烈到近乎渴望的意愿, 产生了 —— 与古典的七鸣琴和舌簧 (里拉琴、齐特拉琴, 阿夫洛斯管、潘神销) 以及阿拉伯的古琵琶截然不同 —— 键盘乐器 (管风琴、钢琴等)和弓弦乐器这两大家族, 并且它们早在哥特时期就已出现. 这两大家族的发展在精神上 (可能也在技术源头上) 要归功于位于爱尔兰、威悉河和塞纳河之间的北凯尔特 – 日耳曼人. 管风琴和古钢琴当然是英格兰人的功劳, 弓弦乐器则于 1480 年至 1530 年间就在北意大利定型了, 然而管风琴主要是在德国发展成我们所知道的这种统帅空间的巨无霸, 该种形式的乐器在所有音乐史上还未曾出现过. 巴赫 (Bach) 及那个时代自由的管风琴演奏若不是一种分析 —— 对奇妙而巨大的音响世界的分析 —— 就什么也不是了. 类似地, 跟西方数字思维一致而与古典思维相反, 我们的弦乐器和管乐器也不是单独地而是成批地 (弦乐器、木管乐器、铜管乐器) 发展起来的, 是依据人的四阶音域排列的; 现代管弦乐队的历史, 随着它的所有新乐器的发明和老乐器的改良, 实际上是一个音响世界 —— 一个完全可以用高级分析的形式加以表现的世界 —— 的独立的历史.

---

[4] 庞加莱 (Poincaré) 在其《科学的方法》(第三章) 中彻底地分析了他自己的一个数学发现的 "发生". 其中每个决定性的步骤具有 "这个同样的简短但注定绝对存在的特性", 而且在大部分情形中该 "存在" 只不过是让他提出了该发现, 而其详细论述则被拖延到未来某个合适的时期再去完成.

*　*　*　*　*

大约公元前 540 年, 当毕达哥拉斯学派断言万物皆数时, 那绝非是迈出了 "数学发展中的一步", 而是诞生了一种全新的数学. 那时这一新的数学, 长久以来由形而上学式的问题提出和艺术的形式倾向预示着, 从古典心灵的深处作为一种明确表达的理论涌现而出, 是一种在一个伟大历史时刻的一幕中诞生的数学 —— 如同埃及数学的诞生, 以及巴比伦文化的代数天文学同其黄道坐标系的情形一样 —— 同时也是全新的, 因为那些古老的数学早已灭绝, 而埃及数学则从未形诸文字. 至公元 2 世纪已完成的古典数学, 亦随古典时代的转变而消失 (尽管它似乎至今依然存在, 它其实只是以其记号上的便利而存在), 并让位于阿拉伯数学. 从我们对亚历山大 (Alexander) 时期数学的了解中可以得出这么一个必然的推测: 在中东地区曾出现过一场重大的转移, 其重心想必是波斯 – 巴比伦学派 (如埃德萨 (Edessa)、贡狄萨坡拉 (Gundisapora) 和泰西封 (Ctesiphon)), 其仅有的信息则传入了古典语言地区. 尽管都有希腊名字, 亚历山大时期的数学家们 —— 如研究等周长图形的芝诺多罗斯 (Zenodorus)、探讨空间中的调和束特性的塞里纳斯 (Serenus)、介绍迦勒底人度盘分划的海普西克利斯 (Hypsicles)、特别是丢番图 (Diophantus) —— 无疑都是阿拉姆人, 而他们的著作也都无疑只是主要用叙利亚语写成的文献的一小部分. 该数学在阿拉伯 – 伊斯兰思想家们的研究中获得了其完整形式; 此后又出现了一个漫长的间断. 然后产生了一种全新的数学, 西方数学, 即我们自己的数学, 我们出于痴爱而称之为 "数学", 并视之为两千年演进的巅峰和绝对目标, 尽管事实上它只不过存在了几个世纪且快要衰竭了.

古典数学中最具价值的东西, 是其如下命题: 数是一切可由感官感知之事物的本质. 把数定义为一种计量, 它包含了一个热情地投身于 "此时"、"此地" 之心灵的全部世界感. 在这个意义下的度量意味着对某个临近而具体的事物的度量. 细想一下古典艺术作品的内容, 如自由站立的裸体人雕像; 在此, 生命的每种本质和重要的元素, 其整个节奏, 都由雕塑的外观、尺寸及各个部分间给人美感的关系详尽无疑地渲染出来了. 毕达哥拉斯学派有关数的和谐的见解, 虽然可能是从音乐中演绎而出的 —— 需要指出, 这一音乐并不知道所谓的复调或和声, 因之而形成的乐器是为了表现单一的 (近乎让人

反感的) 咕咚音 —— 似乎已成为有此理念的雕塑的最佳模式. 那被加工过
的石头仅仅就是一块有着所认为之界限以及所测度之形状的东西; 它是什
么取决于它在雕刻家的凿子下成为了什么. 离开这个它就是一团混沌, 是尚
未实现成形的东西, 事实上此时它是无价值的. 相同的感受, 转移到更大舞
台时, 会产生与混沌状态相对立的秩序状态, 对古典心灵来说后者意味着外
在世界的一种清晰状态, 一种以每种独立事物为一个界定完好的、可理解且
存在着实体的和谐秩序. 这些事物的总和不多也不少地构成了整个世界, 而
其间的间隙, 在我们看来充满了 "空间宇宙" 的生动标志, 实际上是为虚空而
存在的.

广延对于古典人类而言意味着实体, 对于我们而言意味着空间, 且对我
们而言正是作为空间的功能使事物 "呈现" 出来. 由此角度回溯, 我们也许
可以识透古典形而上学最深层次的概念, 即阿那克西曼德 (Anaximander) 的
阿派朗 (ἄπειρον)—— 这个词几乎无法用任何西方语言来翻译. 它不具有毕
达哥拉斯意义上的 "数", 没有可测度的尺寸或可界定的限度, 从而谈不上存
在; 它无法测度, 形式缺失, 如未雕之石块; 是观之无界无形的本原, 只有通
过感官分离之后才能成为某物 (即世界). 有实体性本身先验地是古典认知
的基础形式, 而在康德哲学的世界图像中, 它被代之以绝对空间, 后者是康
德所主张的万物可在其中被设想的空间.

我们现在可以理解是什么把一种数学从另外一种, 尤其是把古典数学
从西方数学, 区分开来. 成熟古典世界的整个世界感观使之仅视数学为有关
物体之量级、维度和外形之间关系的理论. 当毕达哥拉斯从该感官出发初步
形成并明确陈述那一具有决定性意义的信条时, 数于他而言已经成为一种
视觉象征 —— 通常并非形式的测度, 抽象的关系, 而是存在之领域的前哨,
更确切地说, 是其中感官经过考察能够分割并通过的部分. 整个的古典世界
无一例外地把数字设想为测度的单位, 为量级、长度或外形, 而且对它来说,
其他形式的外延都是不可想象的. 整个古典数学实际上是实体测绘学 (立体
几何学). 对欧几里得这个在公元 3 世纪就完成该体系的人而言, 三角形必定
是某物体的边界面, 而绝不是一种由三条相交直线构成的系统, 或三维空间
中的一个三点组. 他将直线定义为 "没有宽度的长度". 在我们看来, 这一定
义实在不足称道 —— 但在古典数学中它却是非凡的.

西方人的数, 同样不是如康德甚至赫尔姆霍茨 (Helmholtz) 所认为的那

样, 是作为观念的先验形式从时间中产生出来的东西, 而是明确的空间性的
东西, 因为它是同类个体的一种序 (或排序). 实际的时间 (如我们接下来将
越来越清楚地看到的那样) 与数学的事物没有一丁点的关系. 数专属于外延
的领域. 但是, 外延之有序表达的可能性 —— 从而必要性 —— 的数量跟文
化的种类是完全一样多的. 古典数是一种不是处理空间关系而是处理明显
可界定且有形之个体的思维过程, 因而自然且必然地得出如下结论: 古典数
学只知道 "自然" 数 (正数和整数), 与之相反的是在我们西方数学中, 自然
数在复数、超复数、非阿基米德数及其他数系中却只是一个极其不起眼的
部分.

　　因此, 无理数 —— 即我们的记数法中无尽不循环小数 —— 的观念在
希腊思维中是无法实现的. 欧几里得说 —— 我们本应该对他有更全面的理
解 —— 不可公度的线段间是 "不像数字那样彼此关联的". 事实上, 正是无
理数的观念, 一旦出现, 便把数的概念和大小的概念区分开了, 因为这种数
(例如 π) 的大小是无法用任何直线来定义或准确表达的. 此外, 由此可见在
考虑诸如正方形的边和对角线的关系时, 希腊人会突然遭遇到一种完全不
同的数, 这种数对于古典心灵而言从根本上是不相容的, 从而对它有一种恐
惧, 害怕揭示其存在性这个秘密会过于危险. 有一则奇特而重要的晚期希腊
传说, 依据该传说, 第一个公布无理数那隐藏的奥秘的人必将死于海难, "因
为那不可言传的、无形无态的秘密必须永远隐匿于人世."5)

　　该传说背后所潜藏的那种敬畏源自于希腊人的一种理念, 正是那种理
念阻止了哪怕是最成熟的希腊人去扩展他们的微型城邦以便在政治上更好
地组织乡村, 阻止了他们将大街小巷延伸至远景深处, 该理念使希腊人屡次

---

　　5)我们可以补充一点, 即据传说, 以发现有十二个五边形的球状体, 也就是正十二面体
(毕达哥拉斯学派视之为正四面体、正八面体、正二十面体和正方体世界的第五元素, 即以
太) 而闻名于世的希帕索斯 (Hippasus), 和毕达哥拉斯的第八代继承人阿契塔 (Archytas),
据称都被溺身海底. 派生这种正十二面体的五边形本身就涉及不可公度的数. "五角星
形" 是毕达哥拉斯学派的标志性徽章, 而不可公度性正是他们的特殊秘密. 还应当注意,
毕达哥拉斯主义一直广为流行, 直至后来它的新成员被发现在从事这些令人惊惧的、具
有颠覆性的学说, 之后他们才受到镇压和残杀 —— 这种迫害与西方历史上的某些异端
迫害可在许多深层的方面加以类比. 英文学者可参见奥尔曼 (G. J. Allman) 所著《希腊几
何: 从泰勒斯到欧几里得》(剑桥, 1889 年版), 以及他在《大不列颠百科全书(第 11 版)》里
的文章 "毕达哥拉斯", "菲洛劳斯 (Philolaus)" 和 "阿契塔".

从巴比伦天文学及其对无尽星空的洞察力前退缩, [6]还使得希腊人不敢 (在腓尼基人和埃及人敢于这么做之前很久) 沿海路走出地中海. 它是那种深层次的超自然的敬畏, 即古典存在所扎根的可理解感与现状将会坍塌, 且会将其宇宙 (主要由艺术来创造和维系的) 抛入未知的原始深渊. 而要想理解这一敬畏, 就是要理解古典数的终极意义 —— 即测度, 而非不可测度 —— 以及要把握古典数之限度的高度伦理意义. 作为一个自然研究者, 歌德也感觉到了这一敬畏 —— 因而他对数学那近乎恐惧的厌恶, 如我们现在所看到的, 实际上乃是对非古典数学, 即他那个时代自然哲学背后的微积分, 所产生的一种自然而然的反应.

古典人的宗教感越来越倾向于聚集在可以在物质世界显现的信仰上, 局限于仅单独展示一些欧几里得式的神性. 抽象化 —— 那些在思维的空间中漂浮不定的教条 —— 于它而言曾是格格不入的. 这种类型的信仰与罗马天主教教条之间的关系就像塑像与教堂机构之间的关系一样. 毫无疑问祭仪的某些方面就包含在欧几里得的数学中 —— 例如, 思量一下毕达哥拉斯学派的秘密教义, 还有正多面体的定理及其在柏拉图学派中的深奥意义. 正因为如此, 在笛卡儿的无穷分析和同时代的教义神学之间也存在深刻的关系, 因为后者经历了从宗教改革运动与反宗教改革运动的最后判定发展到完全去感觉化的自然神论的过程. 笛卡儿和帕斯卡 (Pascal) 都是数学家和詹森教派信徒, 莱布尼茨是数学家和虔信派教徒. 伏尔泰 (Voltaire)、拉格朗日 (Lagrange) 和达朗贝尔 (D'Alembert) 都是同时代人. 然而, 古典心灵认为无理数的本质 —— 它倾覆了整数的均衡有序排列以及它们自身所处的完整而自足的世界秩序 —— 本身就是对神灵的一种不敬. 在柏拉图的《蒂迈欧篇》中这一感觉是明显的. 因为从一列离散的数到连续统的转变所挑战的不仅仅是古典的数字观, 而且也是古典的世界观本身, 故而可以理解在古典数学中即使是负数 —— 在我们看来这根本没有什么概念上的困难 —— 也是不可能存在的, 更别说把零当作数字了, 该奇妙抽象能力的高超创造, 对于视之为位置编号基础的印度 (Indian Soul) 而言, 恰恰是了解存在意义的关键. 负的量是不存在的. $(-2) \times (-3) = +6$ 这种式子既不是可认知的东西, 也不能是量的表达. 数量的序列终止于 $+1$, 而在负数的图形表示

---

[6]贺拉斯 (Horace) 的诗句 (《颂歌》第一卷第十一首): 你不要去问, 知道便是罪, 对于我对于你诸神给了什么终点, 莱芜科诺艾 (Leuconoë) 啊, 别去试巴比伦星数 …… 采撷时日吧, 尽少相信下一天.

$$+3 \quad +2 \quad +1 \quad 0 \quad -1 \quad -2 \quad -3$$

中, 从零往前我们突然有了某个否定性东西的肯定性符号, 它们意味着某物, 但它们不再是某物. 但是这一幕的实现并不在古典数字思维的发展方向之内.

因而, 古典世界觉醒意识的每个产物都通过雕刻般的清晰度被提升到了现实性的级别. 凡不能被描绘出来的就不是 "数". 阿契塔和欧多克斯 (Eudoxus) 采用面积数和体积数的概念来意指我们所谓的二次方和三次方, 而且很容易理解更高的整次方的概念对他们而言是不存在的, 因为对于基于造型感的心灵而言, 四次方将立刻意味着在四维的一种延伸, 而四个物质性的维度, "完全是荒谬的". 对于我们常用的那些表达式, 例如 e^{ix}, 甚至早在奥里斯姆 (Oresme) 年代 (公元 14 世纪) 的西方数学中就已被使用的分数次指数 (如 $5^{1/2}$), 对他们而言也将是完全没有意义的. 欧几里得称乘积的因子为它的边, 而分数 (当然是有穷的) 则被视为是两条线之间的整数关系. 显然, 从这里面零作为数的概念是不可能出现的, 因为从绘图人的角度来看它是没有意义的. 我们这些具有不同心灵构成的人不应当用我们的习性去说服他们的习性, 把他们的数学看作是 "数学" 发展的 "第一步". 在古典时代的人为自己而逐步发展的世界里, 并且就目的而言, 古典数学是完整的事物 —— 只不过对我们而言它不是. 巴比伦数学和印度数学一直以来包含着古典数字感认为毫无意义的东西, 而这些东西是作为他们的数字世界的根本要素 —— 他们都不是出于无知, 因为许多希腊思想家对它们也十分了解. 必须重复一遍的是, "数学" 是一个错觉. 一种数学, 或者更一般地, 科学的思维方式, 如果能完整地表达它特有的生命感, 那它就是正确的、可信的, 是 "思维的必然". 否则它就是不可能的、无用的、无意义的, 或者如我们在我们傲慢的历史心灵中常说的, 是 "原始的". 近代数学, 尽管仅对西方精神而言是 "正确的", 确凿无疑的是该精神的杰作; 然而对于柏拉图而言, 它似乎是从通向 "真实的" —— 即古典的 —— 数学之道路的荒谬而痛苦的偏离. 对我们自己而言也是如此. 坦白地说, 我们几乎完全不明白大部分属于其他文化的让我们遭受失误的伟大理念, 因为我们的思维及其局限还不允许我们去吸收它们, 或者说 (结果是相同的) 导致我们将它们看作是错误的、多余的和无意义的东西而加以拒绝.

$$* \quad * \quad * \quad *$$

希腊数学, 作为可感知数量的一种科学, 谨慎地把自己限定在可理解的

当下的事情上, 且将它的探索及其效用局限在附近的和细小的事情上. 与
这一无懈可击的一致性相比, 西方数学的定位被视为实际上是有些非逻辑
的, 尽管只是自非欧几何的发现以来这一事实才真正地被认识到. 数是完
全去感觉化理解的意象, 是纯思维的意象, 且它们自身就包含有其抽象有效
性. 因而它们对意识经验之实在的准确应用这本身便是一个问题 —— 这是
一个经常被重新提出但却从未被解决的问题 —— 而数学体系与实证观察
之间的一致性在目前而言绝不是自明的. 尽管外行观点 —— 例如在叔本华
(Schopenhauer) 身上所看到的 —— 认为数学依赖于感官的直接迹象, 但欧几
里得几何学, 尽管表面上看起来与所有时代通行的几何学完全一样, 其实与
现象世界只是近似地且仅在较小的范围内 —— 事实上是在画图板的范围
内 —— 才是一致的. 扩大这些范围, 例如, 欧几里得平行线将会变成什么?
它们会在地平线处相交 —— 我们所有的艺术透视都是建立在这一简单事实
基础上的.

　　然而, 不可原谅的是, 康德, 作为一名西方思想家, 本应该回避来自距离
的数学, 而诉诸一组图例 —— 其最细微处也没有运用专门的西方无穷小方
法来处理. 但欧几里得, 作为一名古典时代的思想家, 当他避免通过 (比如由
观测者和两颗无穷远处的恒星所构成的三角形) 去证明他的公理的非凡正
确性时, 这与古典时代的精神是完全一致的. 因为这些既不能被画出来, 也
不能 "直观地被理解", 而他的感受正是在无理数面前退缩的感受, 是不敢给
虚无一个像零这样的值 (即一个数), 甚至在沉思宇宙关系时也不敢直面无
穷而只能固守它作为比例的符号的感受.

　　作为在公元前 288 至前 277 年间亚历山大的天文学家圈子 —— 该圈
子无疑与迦勒底 – 波斯学派有关系 —— 的一员, 萨摩斯岛的阿利斯塔克
(Aristarchus) 曾提出了一个日心说的世界体系原理.[7]由哥白尼 (Copernicus)
重新发现后, 该体系将会动摇西方人形而上学道德感的基石 —— 乔尔丹
诺·布鲁诺 (Giordano Bruno)[8]即是明证 —— 将会成为强有力预感的成就,
并将会证明早已经通过大教堂的形式而体现其对无限的信仰的浮士德式和

---

　　[7]在其仅存的著作中, 阿利斯塔克实际上主张地心说的观点; 因而可以推断他受占星
学假说的吸引只是暂时的.
　　[8]乔尔丹诺·布鲁诺, 出生于 1548 年, 作为异端被烧死于 1600 年. 他的整个一生可以
视为是代表上帝和哥白尼宇宙说的斗士, 反抗堕落的正统学说以及长期以来死硬僵化的
亚里士多德 (Aristotle) 世界观的一生.

哥特式世界感的合理性. 但是, 阿利斯塔克时的世人对他的著作毫不重视, 于是它在很短的时间里就被遗忘了 —— 我们可以推测这是故意的. 他那为数不多的信徒们几乎都是小亚细亚当地人, 其中最著名的支持者塞琉古 (Seleucus, 约公元前 150 年) 乃是来自底格里斯河流域的波斯王朝塞琉西亚城. 事实上, 阿利斯塔克学说对于古典文化并没有精神上的诉求, 而且可能实际上会危害到后者. 然而, 它和哥白尼学说的差别在于 (常被忽略的一点) 如下这个使之完全符合古典世界感的方面, 即它假定宇宙是含于一个物质上有限且视觉上可感知的中空球中, 在其中按照哥白尼路线安排的行星系统是运动的. 在古典天文学中, 地球与天体被一致地认为是两类不同的实体, 它们的运动细节被解释得各式各样. 同样地, 相反的观念即地球只是众多星星中的一颗[9]这一观念本身与托勒密 (Ptolemy) 体系或哥白尼体系并非不相符合, 事实上, 尼古拉 · 库萨 (Nicolaus Cusanus) 和列奥纳多 · 达 · 芬奇 (Leonardo da Vinci) 就曾倡导过. 但是通过这个天球的策略, 那本该危及界限的古典感观观念的无穷原理就被掩盖了. 也许有人会认为无穷的概念必然是阿利斯塔克体系所隐含的 —— 事实上在他的时代之前很久, 巴比伦的思想家就已经触及这个概念了. 但没有这样的思想体系出现. 相反, 在其有关沙子粒数的著名论述中[10], 阿基米德 (Archimedes) 论证说 [参见阿基米德选集, 数沙者, 第 420 页], 用沙子把这个立体填满 (要知道那可是阿利斯塔克的宇宙) 所需要的沙粒数是一个非常大 —— 但绝不至于无穷 —— 的数字结果. 他的这一命题, 尽管可能一再被引用, 被认为是向积分学迈出的第一步, 实际上是对我们所谓的分析这一概念的否定 (其实甚至在题目里就已经隐含了这一点). 而在我们的物理学中, 不时涌现的物质性 (即可直接感知的) 以太的假设, 一次又一次地因我们拒绝认可任何种类的物质有界性而被证否. 欧多克斯、阿波罗尼斯 (Apollonius) 和阿基米德无疑是最聪明、最大胆的古典数学家, 他们基于古典的雕塑式的边界, 主要使用直尺和圆规, 就完全地对既成之物进行纯视觉分析. 他们运用了经过深思熟虑的 (但对我们而言几乎是无法理解的) 综合法, 但这些方法甚至与莱布尼茨的定积分方法也只是形似. 他们采用了几何轨迹和坐标, 但它们通常带有特定的长度和度量单位, 而从没有如费马 (Fermat), 尤其笛卡儿那里那样, 有未指定的空间关系, 以及

---

[9]斯特伦茨 (F. Strunz),《中世纪自然科学史》, 1910 年出版, 第 90 页.

[10]在 "沙的计算", 或者 "数沙器" 中, 阿基米德设计了一种可用于表达充满像我们宇宙的大球体 的沙子粒数的量级计数法.

点依其在空间中的位置而被赋予的值. 归入这些方法一起的还应该有阿基米德的穷竭法[11], 这是在他最近被发现的致埃拉托色尼 (Eratoshenes) 的 —— 论及用内接矩形 (而不是用类似的多边形) 求抛物线所截面积的 —— 信中所给出的. 但是他这一方法的 (基于柏拉图的某些几何学观念之上的) 微妙之处和极端复杂性, 使我们认识到他与帕斯卡之间的迥然不同, 虽然二者在表面上是类似的. 且完全不说黎曼积分的想法, 这些观念与今日所谓的求面积法能有哪些更尖锐的对立呢? 如今这个名称本身不过是一种令人遗憾的残存物, "表面" 这个概念如今是由 "边界函数" 表示, 同样地描画这种说法如今已经消失. 这两种数学思想在别处也并未比此处更加接近过, 也没有在别处更加明白地显示出如此表达自身的这两种心灵之间存在这样不可逾越的鸿沟.

　　在其早期建筑的立体风格中, 埃及人可以说是隐藏了纯的数, 因害怕偶然被发现其秘密; 而对于古希腊人而言, 数也是既成之物、固化之物、凡人之物等意义的关键. 石雕和科学体系否定了生命. 数学的数, 作为广延世界 (在其中现象性存在只是唤醒人类意识的衍生物和仆人) 的形式原则, 具有因果必然性的标志, 因此跟死亡是联系在一起的, 正如编年号是与生成、生命、命运必然性联系在一起的. 我们将越来越清楚地看到, 严密的数学形式与有机生物的终结, 与有机剩余物即躯体的现象之间的这种联系, 是所有伟大艺术的起源. 我们已经提及丧葬器物和棺木的早期装饰的发展. 数字是死的象征. 僵直形式是对生命的否定, 公式和定律把刻板散播在自然的面孔上, 数字产生死亡 —— 在《浮士德》第二部中, "修女院长们" 端坐王位, 庄严而沉默, 见:

想象王国兮无定无常

……

凭空生成兮变化万端

不朽思想兮不朽上演

万物众生兮各有表象

天长地久兮恒远流传

　　在对终极奥秘之一作如此预测时歌德非常接近柏拉图. 因为他的不可

---

[11]由欧多克斯奠定基础的这种方法, 被用来计算金字塔和锥体的体积: "凭借该方法, 希腊人便可以规避无穷这一让人忌讳的概念" (海伯格 (Heiberg),《自然科学与数学的类型转变》, 1912 年版, 第 27 页.)

接近的修女院长们就是柏拉图的理念 —— 一种灵性的可能性, 一种未来的形式, 该形式有待实现为现有目标之文化, 实现为艺术、思想、政治与宗教, 存在于该灵性所规范和决定的世界中. 因此一种文化的数字思想和世界观是有关联的, 而根据这种关联, 前者被抬高到单纯的知识和经验之上而成为一种宇宙观, 故世上有多少种高级文化, 就有多少种数学 —— 即多少种数的世界. 只有这样我们才能理解一个必然事实, 即那些最伟大的数学思想家们、那些数的领域的创造性大师们, 都是经由深层次的宗教直觉引导才获得他们在诸多文化中的关键数学发现的.

我们必须视古典的、阿波罗式的数为毕达哥拉斯的创造物 —— 是他创立了一种宗教. 正是一种直觉, 引导了伟大的布里克森主教尼古拉 · 库萨 (Nicolaus Cusanus, 约 1450 年) 从自然的上帝是无休无止的这一观念转变到了无穷小的分析原理. 莱布尼兹, 两个世纪之后清楚地确立了微积分的方法和记号的人, 他本人则经由关于神圣原理及其与无穷程度之间的关系的纯粹形而上学思考, 才构建和发展出拓扑学的概念的 —— 这可能是对纯粹而不受约束的空间的所有阐释中最具启发性的 —— 其潜力后来将由格拉斯曼 (Grassmann) 在他的《扩张论》一书中发展起来, 尤其是黎曼这个拓扑学的真正创建者在用双面平面来描述方程性质的符号系统中发展起来的. 而开普勒 (Kepler) 和牛顿, 他们两人都具有严格的宗教气质, 且和柏拉图一样, 都曾经且一直深信, 只有经由数作为媒介, 他们才能直觉地领会到神圣世界秩序的本质.

＊　＊　＊　＊　＊

我们常被告知, 古典算术经由丢番图才第一次摆脱感官束缚, 被拓宽和深化了. 丢番图并没有真正地创造代数学 (未知量的科学), 而是将之引入了我们所知的古典数学框架的陈述 —— 而这是如此之突然以致我们不得不假定他是发展了一个先行存在的观念储备. 但这实际上不是丰富了而是彻底战胜了古典的世界感, 且这一不争的事实本身就足以说明, 丢番图在思想上根本就不属于古典文化. 他所拥有的是一种新的数字感, 或者毋宁说是关于实体与存在的一种新的极限感, 而不再是古希腊人那产生过欧几里得几何学、裸体雕塑和钱币的那种感官呈现的极限感. 我们不知道该新数学之形成的细节 —— 丢番图在所谓后古典数学史上是如此特立独行, 以至于有人推测他受到了印度数学的影响. 但是这里, 实际上应该还受到了早期阿拉伯学派的影响, 关于该学派的研究 (除开教条式的) 迄今还非常不完善. 在丢番图那里, 尽管是无意识的, 他可能成了他自身的本质对立面, 即他企图建立的古典基础的对立面, 彼处根据欧几里得式内涵而浮现出来的是一种我们称之为 "麻葛式 (Magian)" 的新的极限感. 丢番图并没有将数的含义扩充到具有量级的概念, 反而 (不经意地) 消除了该扩充. 从来都没有希腊人对未定义的数 a 或一个未命名的数 3 有任何的指定 —— 它们既非大小亦非线段, 而新的极限感明显地是由这类数所表达 —— 它们即便没有构成丢番图的论述本身, 至少也为之奠定了基础; 我们现今用于配备给我们自己的 (又一次重估后的) 代数的字母记号体系, 是由韦达 (Vieta) 在 1591 年首先引入的, 很明显, 即便不是有意的, 这也是为了对抗文艺复兴时期的数学中的古典化倾向的.

丢番图生活在大约公元 250 年, 即阿拉伯文化的第三世纪, 该文化的系统历史 —— 至今仍笼罩在罗马帝国和 "中世纪" 的外观之下 —— 包含了我们纪元开始之后在后来成为伊斯兰的地区所发生的一切. 正是在丢番图所在的时代, 雅典雕塑艺术的最后影子已渐渐淡去, 而我们在早期基督教－叙利亚风格建筑中看到的穹顶、马赛克和石棺浮雕的新式空间感尚未萌生. 在那个时候古代艺术和严密几何装饰曾一度出现; 也是在那个时候戴克里先 (Diocletian) 完成了将当时仅徒有其名的帝制向一个哈里发 (Caliphate) 王权的转变. 隔开欧几里得和丢番图的四个世纪, 也隔开了柏拉图和普罗提诺 (Plotinus) —— 后者既是一种已完成文化的最后集大成者, 康德式的人物, 也是一种刚刚觉醒文化的第一位经院学者, 邓斯·司各脱 (Duns Scotus) 式的人物.

正是在这里, 我们首次意识到了那些高级个人趣味的存在, 它们的出现、成长和衰败构成了历史的真正本质, 支撑着其表面那五花八门的色彩和变化. 古典灵性 —— 它在罗马人那冷静的才智中达到了其最终阶段, 而整个的古典文化及其作品、思想、功绩和废墟则构成了其 "实体" —— 已经在公元前 1100 年左右诞生于爱琴海周边国家. 在古典文明的掩盖下自奥古斯都 (Augustus) 时代开始就已经萌芽于东方的阿拉伯文化, 完全从亚美尼亚与南阿拉伯、亚历山大港、泰西封之间的区域走了出来, 因而我们不得不认为帝国的几乎所有 "晚期古典" 艺术, 东方所有朝气蓬勃而虔诚的宗教 —— 曼达派、摩尼教、基督教、新柏拉图主义等, 以及在罗马本土和帝国城镇广场那所有清真寺之开端的万神庙, 皆是这一新式心灵的表现.

至于亚历山大港和安条克的人们依然用希腊语写作, 并认为他们也是在用希腊语思考, 这一事实如同直到康德时代拉丁语还是西方人的科学语言, 以及查理曼 (Charlemagne) 大帝 "复兴" 罗马帝国一样, 都已不重要了.

在丢番图那里, 数不再是有形事物的度量和本质. 在拉韦纳的马赛克中, 人不再是一具躯体. 不知不觉地, 希腊人的那些命名已经失去了其原初的含义. 我们已经偏离了古希腊即简洁典雅和斯多葛派恬淡寡欲的王国. 诚然丢番图还不知道零和负数, 但他也停止使用毕达哥拉斯学派的数. 而反过来数的这种阿拉伯式不确定性也与后来西方数学中那受约束的可变性, 即函数的可变性, 大不一样.

麻葛式的数学 —— 我们知其概要, 但对其细节不甚了解 —— 经由丢番图 (他显然不是一个起点) 大胆而合理地改进, 在阿巴斯 (Abbassid) 时期 (公元 9 世纪) 达致极致, 我们可在花剌子密 (Al-Khwarizmi) 和阿尔西德施 (Al-sidzshi) 那里欣赏到这种数学. 这种代数学之于麻葛艺术, 之于其马赛克、阿拉伯式花纹 (萨珊 (Sassanid) 王朝及之后拜占庭所创作的风格, 带有越来越丰富而精美的确定或模糊的有机基本图案) 和 (以不确定的深度阴影间隔着前景中那些处理自如之形象的) 君士坦丁式高凸浮雕, 正如欧几里得几何学之于古希腊阿提雕像 (不同媒介的同一表现形式) 以及空间分析之于复调音乐一样. 同样地, 代数学之于古典算术和西方分析数学, 正如穹顶教堂之于多立克式庙宇和哥特式教堂. 这并不是说丢番图就是一个伟大的数学家. 恰恰相反, 很多我们通常归结到他的名字下的成就都并非是他独自做出的. 他那出乎意料的重要性在于这样一个事实, 即就我们的知识所及而言, 他是第一位明确无误地表达出这种新的数字感的数学家. 相比于那些决定一种数学之发展的大师们 —— 如阿波罗尼斯和阿基米德, 如高斯、柯西 (Cauchy) 和黎曼 —— 丢番图在其形式语言方面是相当朴素的. 这些我们至今还视之为 "古典晚期" 之衰落的朴素性, 现如今我们则应该学会去理解和重视它, 正如我们正在修正我们关于受轻视的 "古典晚期" 艺术的观念并开始视之为新生的早期阿拉伯文化之初步体现一样. 同等古旧、朴素、尚处于探索阶段的是里济厄主教尼古拉 · 奥里斯姆 (Nicolas Oresme, 1323—1382 年)[12]的数学.
奥里斯姆可以说是第一位灵活运用坐标的西方人[13], 而尤为重要的是, 他是
第一位使用分数次幂的人 —— 这两项工作均意味着一种 (可能尚不显著但
却明确无误的) 数字感, 它完全是非古典的, 同时也是非阿拉伯的. 但是, 如
果我们进一步地把丢番图和罗马藏品中的早期基督教石棺、把奥里斯姆和
德国大教堂的哥特式壁雕放在一起考虑, 我们就能看到数学家们和艺术家
们有一些共同之处, 那就是他们皆处于各自文化之抽象理解的相同 (亦即朴
素) 层次. 在丢番图所处的世界和时代, 界限的立体感 —— 之前很久就已经
在阿基米德那里达到了带有大都市人之才智所特有的精致与优雅的最终阶
段 —— 业已消失. 那整个世界的人们都是不明理、热切而神秘, 不再像雅典
人那样聪明且思想开放; 他们是植根于年轻的乡村的一群人, 不是像欧几里
得和达朗贝尔那样的都市人. 他们不再理解古典思想那深刻而复杂的形式,
而他们自己的思想又是混乱的和新生的, 远未达到都市的明晰性和整洁性.
他们的文化还处在未开化的状态, 就像所有文化在其初生时一样 —— 甚至
如同古典文化在多立克早期阶段一样, 如今我们只能通过狄斐隆陶瓶去了
解它. 只有到了公元 9 至 10 世纪的巴格达, 丢番图时代的年轻思想才由具
有柏拉图和高斯水准的资深大师而完善.

*　　*　　*　　*　　*

　　笛卡儿于 1637 年创立笛卡儿几何, 其决定性意义不在于 (如我们时常被
告知的那样) 传统几何学领域中新方法或观念的引入, 而在于新的数的思想
的确定性观念, 该观念表现为使几何学从视觉上可认知之结构的奴役中以
及从一般的已度量或可度量的线条的奴役中解放出来. 有了它, 对无穷的分
析才得以实现. 所谓笛卡儿式的固定坐标体系 —— 即一种可理想地表达可
度量长度的半欧几里得式方法 —— 早已为人所知 (奥里斯姆即为明证), 并
被认为极其重要, 而当我们对笛卡儿的思想追根究底时, 我们会发现他所做
的不是为了完善该体系, 而是为了克服它. 其最终的历史代表就是与笛卡儿
同时代的费马.

---

[12]奥里斯姆同时也是高级教士、教会改革家、学者、科学家和经济学家 —— 可算是哲
学家和领袖的典范.
[13]奥里斯姆在其《形态的幅度》一书中运用了纵坐标与横坐标, 事实上并非为了在数
值上指定, 而无疑是为了描述变化, 即实质上是为了表达函数.

取代线和面之类的具体感觉要素 —— 古典界限感的典型角色 —— 而出现的是点的抽象的、空间的、非古典的要素, 从此, "点" 被视为是一组有序的纯数字. 从古典文本和阿拉伯传统所衍生出来的量值的观念和可感知维数的观念被摧毁殆尽, 代之以空间中位置间可变化的关系与值的观念. 一般而言, 人们并没有认识到这相当于是几何学的更替, 从此之后就只能虚拟地存在于古典传统的某一面之后. "几何学" 一词有种无法扩展的阿波罗式含义, 而自笛卡儿时代开始, 所谓 "新几何学" 则是由综合 (在不必是三维的某个空间 —— 即由点组成的流形 —— 中关于点的位置的工作) 和分析 (其中数对应于点的位置) 组成. 而这种从长度到位置的更换带有一种纯空间的、并且不再是物质性的广延的概念.

在我看来, 对于沿袭的视觉限定的几何学之摧毁, 最清楚的例子莫过于把角函数 —— 在印度数学中它便是数 (该词的一种以我们的心智几乎无法理解的含义) —— 转化为周期函数, 以及它们由此到无穷数的王国的过渡, 即变成级数, 不再留有欧几里得之图形的丝毫痕迹. 在该数的王国各处, 圆周率 π 如同纳皮尔 (John Napier) 的底数 e 一样, 生成了各种各样的关系式, 它们消除了传统几何、三角与代数之分划的, 而且从本质上既非算术的亦非几何的, 再也没有人试图从这些关系式出发实际地画圆或者解出幂次.

*　　*　　*　　*　　*

在与以毕达哥拉斯为代表的古典心灵发现其自身固有的阿波罗式数 (即可度量的大小, 公元前 540 年左右) 所对应的时刻, 以笛卡儿及其同时代人 (帕斯卡、费马、笛沙格 (Desargues)) 为代表的西方心灵发现了一种作为向往无限的狂热浮士德倾向之产物的数的概念. 数作为事物的物质性存在所固有的一种纯粹的大小, 与数作为一种纯粹的关系, 是相并列的,[14] 如果我们可以把古典的 "世界", 即宇宙, 描绘为是基于对可见的界限的深刻需求, 并相应地是由物质性事物之和所构成, 那我们也可以说, 我们的世界图像是无限空间的一种具现, 在其中可见事物以近乎低阶的真实而出现, 在无限面前是受约束的. 西方文化的标志是一种观念, 这种观念是其他文化甚至从未设想过的, 即函数的观念. 函数绝不是任何先前存在的数的观念的扩展, 而是彻底摆脱了先前存在的数的观念. 有了函数, 不仅欧几里得几何学 (以及

---

[14] 类似地, 造币与复式簿记分别在古典和西方文化的货币思维中扮演着类似的角色.

随之而来的基于日常经验、儿童和外行的公共人类几何学) 而且阿基米德算术, 对于真正重要的西欧数学都不再有任何价值. 从此之后, 重要数学只在于抽象分析. 对于古典人而言, 几何和算术是独立的和完整的最高阶科学, 都有赖于感官认识, 都只关心可以被描绘或计量的大小. 然而对于我们来说, 这些东西只是日常生活有用的辅助. 加法和乘法这两种计算数量的古典方法, 已经同其姐妹几何作图一样, 彻底消失于函数过程的无穷中了. 甚至像起初在数值上表示一组乘法 (相同量的乘积) 的幂次, 如今已经通过指数 (对数) 的观念, 及它在复数、负数和分数形式中的使用, 而同数值大小的联系中分离开来, 转移到只知道表示面积和体积的两种正整数幂次的希腊人所难以理解的一种超越性关系世界中了. 例如, 想想如 e^{-x}, $\sqrt[x]{x}$, $a^{\frac{1}{i}}$ 之类的表达式.

从文艺复兴之后, 一项接一项出现的重大创造迅速出现 —— 如早在 1550 年卡尔达诺 (Cardanus) 引人的虚数和复数; 1666 年经由牛顿在二项式定理上的重大发现而在理论上建立起来的无穷级数; 莱布尼茨的微分几何和定积分; 由笛卡儿开启先河的作为一种新的数的单位的集合; 像一般积分那样的新运算; 函数向级数甚至向其他函数的无穷级数的扩展 —— 这每一项都是普遍的针对感官之数字感的胜利, 是新数学为了实现新世界感而必须赢得的胜利.

在所有的历史中, 至今还没有一种文化对待另一种已绝灭很久的文化如同我们的文化对待古典文化那样在科学方面如此崇敬与恭谦的第二个例子. 经过了漫长的岁月, 我们才有勇气去思索我们自己独有的思想. 但是, 尽管效仿古典的意图一直都存在, 我们作的每一步尝试实际上都在使我们进一步远离想象中的设想. 因而西方知识的历史, 其实就是从古典思想的一种渐次解放, 这种解放从来都不是自愿的, 而是在无意识的深处被迫的解放. 因此新数学的发展, 是由对抗数量之概念的长期、秘密且最终获得胜利的战役组成的.

* * * * *

这种古典化倾向的一个结果, 便是妨碍了我们去发现我们西方关于数的本身特有的新记号. 现在数学的符号语言歪曲了它的实际内容. 这主要是由于这样一种倾向, 即对数作为数量的依赖如今甚至在数学家当中依然占统治地位, 可它难道不是我们所有书写记号的基础吗?

但是作为要素 —— 即再也不能从视觉上加以阐述的变量关系 —— 构成新的数的体系的并不是用来表达函数的单独的符号 (例如 x、π、ζ), 而是作为整体的函数自身; 这一新的数系本应该需要新的、完全不受古典方法影响的记号. 考虑诸如 $3^x + 4^x = 5^x$ 和 $x^n + y^n = z^n$ (费马定理的方程) 这两个方程 (如果方程这一术语可用于这两个如此不同的形式) 之间的不同. 前者是由几个古典的数 —— 亦即数量 —— 构成的, 而后者则是不同类别的一种数, 只是因为是根据欧几里得—阿基米德传统被写成了与前者相同的形式而掩盖了新的数种. 在前式中, 符号 "=" 建立了那些确定而具体的数量之间的固定关系, 而在第二个式子中, 它表示在可变意象的范围内存在这样一种关系: 某些可变意象的变化必然会伴之以特定的其他一些可变意象的变化. 第一个方程的目的在于对具体数值之度量的明确说明, 即 "结果", 而第二个方程一般而言并没有 "结果", 而只是一种关系的体现和记号, 当 $n > 2$ 时这关系可能会被证明没有整数解 (这就是著名的费马问题[15]). 希腊数学家必定会觉得无法理解这种不是为了 "求解" 的运算, 其意义何在.

在费马方程中以字母作为未知数的符号完全是误导的. 在第一个方程中 x 是一个量, 是确定的和可计量的, 而我们的目的是算它. 而在第二个方程中, "确定的" 一词对于 x,y,z,n 来说毫无意义, 因而我们也不试图去算它们的 "值". 所以它们根本不是数而是符号, 表示着没有数量、形状及独特意义等标识的关系, 表示着具有类似特性的可能位置的无穷性, 表示着像数一样得以存在的一个统一的整体. 整个方程虽然是以我们这令人遗憾的符号体系被写成了几项, 但它实际上是一个单独的数, 其中 x,y,z 和 "+", "=" 一样都不再是数.

事实上, 一俟无理数这种本质上反希腊的概念被提出, 诸如明晰性与确定性之类的数字观念基础就土崩瓦解了. 从此以后, 这一系列这样的数不再是可见的一列递增的、离散的、可实际具现的数, 而是一个一维的连续统, 其中每个 (在戴德金 (Dedekind) 意义下的) "分割" 都代表一个数. 这种数已经很难和古典数一致了, 因为古典数学仅只知道介于 1 和 3 之间的一个数,

---

[15] 即 "不可能将一个立方数写成另外两个立方数之和, 将一个四次幂写成另外两个四次幂之和; 或者更一般地将一个高于二次的幂写成另外两个同样次幂的和." 费马声称证明了该命题, 但其证明并没有流传下来. 该命题最终于 1995 年被安德鲁·怀尔斯 (Andrew Wiles) 证明.

而对于西方数学来说, 1 和 3 之间数的总体乃是一个无限集. 但当我们进一步引入虚数 (如 $\sqrt{-1}$ 或 i) 并最终引入复数 (一般形式为 $a+bi$) 时, 这种线性连续统便被拓展为一种数的实体的高度超越的形式, 该数的实体即同类要素集合的内容, 其中每个 "分割" 如今代表着一个含所有具有较低 "基数" 的数之无穷集 (例如所有实数) 的 "数字表面", 在这里古典的通俗意义下的数已经杳无踪迹了. 这些自柯西和黎曼以来在函数理论中扮演着重要的角色数的表面, 乃是纯粹的思维图像. 实际上正无理数 (例如 $\sqrt{2}$) 是可以被古典心灵以一种负面的方式认识的; 事实上他们对之已有足够的认识, 才因其没有比值、不可表达而加以摈弃. 但是, 形如 $x+yi$ 的表达式已经完全超过古典思想的理解力, 然而我们正是基于把数学规律向整个复数域的扩展, 使得这些规律在其中依然有效, 才能建立起函数理论, 从而最终展现出西方数学全部的纯粹性和统一性. 直至达成那一步, 这个数学才能毫无保留地被用于与之平行的领域 —— 我们的动态的西方物理学; 而古典数学恰好适合它自己的单个物体的立体世界, 适合由留基伯 (Leucippus) 到阿基米德发展而成的静态的力学.

巴洛克数学的辉煌时期 —— 对应于爱奥尼亚时期 —— 大体上位于 18 世纪, 从牛顿和莱布尼茨的决定性发现, 经过欧拉、拉格朗日、拉普拉斯 (Laplace) 和达朗贝尔, 最后一直延伸到高斯. 一旦这种巨大的创造力生出了双翼, 它将奇迹般展翅高飞. 人们简直不敢相信自己的感觉. 那个去伪存真的怀疑主义时代居然见证了一个接一个似乎不可能的真理的诞生. 关于微分系数理论, 达朗贝尔不得不说: "前进, 真理将降临!" 逻辑自身似乎提起异议, 想要证明基础是靠不住的. 但是目标达成了.

这个世纪就是抽象和非物质思考的特有的狂欢, 在此期间伟大的分析大师们, 以及随同他们一起的巴赫、格鲁克 (Gluck)、海顿 (Haydn) 和莫扎特 (Mozart) 这一小群罕见而深邃的智者, 陶醉于他们最精妙的发明和思辨, 而歌德和康德则独行于外; 而就内容而言, 这个世纪恰好平行于爱奥尼亚最成熟的世纪, 即欧多克斯和阿契塔的世纪 (公元前 440—350 年), 而我们还可以进一步说, 这是菲狄亚斯 (Phidias)、波利克里托斯 (Polycletus)、阿尔卡姆内斯 (Alcamenes) 以及雅典卫城建筑的世纪 —— 在这个时期, 古典数学和雕塑的形式世界已展尽了它所有可能的丰富性, 并就此结束.

于是现在人们第一次有可能完全理解古典心灵和西方心灵的基本对立.

在各种历史关系数不胜数而又充满趣味的历史全貌中, 我们找不出两种事情像它们这般从根本上格格不入. 正是由于这两个极端的相遇 —— 因为在它们的分歧背后可能存在着某种深刻的共同源头 —— 我们才在西方浮士德式心灵中找到了对阿波罗式理想的这种向往的企图, 该理想是我们所热爱的唯一一种性质相异的理想, 也是我们因其在纯粹感官的当下具有热情生活的能力而羡慕的理想.

＊　＊　＊　＊　＊

回到数学. 在古典世界里, 每一形成性行为的出发点都是, 如我们所看到的, 对 "既成之物" 的秩序化, 只要它是在场的、可见的、可度量的和可计数的. 西方的、哥特式的形式感则相反, 是一种不受约束的、具有强烈意志的、无所不及的心灵之形式感, 而它所选取的表征, 是纯粹的、难以察觉的、无限的空间. 但是, 我们切不可由此认为这些象征是无条件的. 恰恰相反, 它们是完全有条件的, 尽管易于被当作具有同一的本质和有效性. 我们的无限空间之宇宙, 它的存在于我们是不言而喻的, 可于古典时代的人而言却是根本不存在. 它甚至根本无法呈现在他们的眼前. 另一方面, 希腊人的宇宙秩序, 虽然对于我们的思维方式而言是完全陌生的 (正如我们很久以前可能已发现的那样), 于希腊人而言却是自明的东西. 事实是, 我们的物理学之无限空间是依次呈现的极其繁多且极端复杂之要素的一种形式 —— 它们只是作为我们心灵的复制和表现而产生, 而且它们只是对于我们觉醒的生命类型才是现实的、必要的和自然的. 简单的观念常常也是最晦涩的. 它们简单是因为它们包括大量不仅不能由言词表达, 而且甚至无法陈述的观念, 因为对于某一特定群体的人而言它是固定在直觉当中的; 它们复杂是因为对于所有异文化的人而言, 其实际内涵事实上是难以企及的. 这种既简单又复杂的观念之一, 是我们对于 "空间" 一词特定的西方式意义. 自笛卡儿以来, 我们的数学整个地投身于对这一伟大且完全宗教之象征的理论阐释中. 自伽利略以来, 我们的物理学目标也是一样的; 但在古典数学和物理学中, 这个词的内涵根本无从知晓.

同样地, 此处那些我们从希腊文献中所承袭而来且仍在使用的古典名称, 也掩盖了真实. 几何指的是测量的知识, 算术则是计数的知识. 西方的数学早已不再与这两种定义形式有任何关系, 但它还未能为自己的要素找到

新的名称 —— 至于 "分析" 一词则是完全无法胜任的.

古典数学的开头和结尾都在考虑个别实体及其边界面的特性; 从而间接地涉及了圆锥曲线和高次曲线. 另一方面, 我们实际上只知道点的抽象空间要素, 它既不能被看到, 也不能被度量, 甚至不能被定义, 而只代表一个参照中心. 直线, 于希腊人而言只是一个可测量的边, 对于我们而言却是点的无限连续统. 莱布尼茨通过把直线描述为圆的一种极限情形而把点描述为圆的另一种极限情形 —— 前者有无限大的半径, 而后者则有无限小的半径 —— 来阐明他的无穷小原理. 但对于希腊人来说, 圆是平面的, 而他们所关心的问题是如何才能将之纳入可公度的条件. 因此, 化圆为方于古典心智而言成为有限数学最重要的问题. 看来古典世界形式中最深刻的问题便是在不改变大小的情况下, 将由各种曲线围成的面变成矩形, 从而使它们成为可度量的. 另一方面, 对于我们而言, 用代数的方式表示 π, 而不考虑任何几何图像, 是很平常的, 而且不是特别重要的.

古典数学家只知道他所看到的和所领会到的. 当确定的、起决定性作用的可见性 —— 即他思维的领域 —— 不复存在时, 他的科学也就结束了. 而西方数学家, 一旦他完全摆脱了古典偏见的束缚, 便进入到一个全然抽象的领域, 有无穷多的 n 维 (不再是 3 维) "流形", 其中他们所谓的几何, 通常可能 (一般也必须) 不需要任何常识的帮助. 当古典时代的人致力于他们的形式感的艺术表现时, 他会使用大理石和青铜去赋予那些舞蹈的或角力的人体以各种姿态, 使其表面和轮廓具有完全可把握的比例和意图. 但真正的西方艺术家却闭上他的眼睛, 陶醉于无形的音乐王国, 在那里, 和声和复调把他带入了超越一切视觉定义之可能性的完全 "超脱" 的形象中. 人们只需要思考一下 "形象" 一词在希腊雕刻家和北方对位法作曲家那里分别的意义, 这两个世界、两种数学的对立就立刻显露无遗了. 希腊数学家们一直用身体一词表示他们的实存, 正如希腊的法学家们用这个词来表达区别于物的人一样.

因此, 古典的数 —— 整的和有形的 —— 不可避免地设法将自身与有躯体之人 (即区别于物之人) 的起源联系起来. 数字 1 几乎不被视作一个实际的数, 而是被视作始基, 是数系的基本材料, 是所有真正的数的 —— 因而也是所有量、测度和物质性的 —— 起源. 在毕达哥拉斯学派中 (年代并不重要), 它的图案标识也是母体子宫的象征, 是所有生命的源泉. 数字 2, 作为第一个真正的数, 两倍的 1, 所以是和男性要素有关, 被赋予了阴茎的符号. 最后, 3, 毕达哥拉斯学派 "神圣的数", 意味着男人和女人结合的行为, 繁殖的行为 —— 这一色情的联想在加法和乘法 (对于古典时代的人仅有的两种过程, 可用于增加或繁殖数量) 中是显而易见的 —— 而它的符号则是前两者的结合. 于是, 所有这一切使得前面提及的有关揭示无理数是亵渎神明的传说彻底改观了. 无理数 —— 即在我们语言中的无限不循环十进制小数 —— 隐含着对神明所制定的系统的、有形的、生殖的秩序之毁坏. 毫无疑问, 古典宗教的毕达哥拉斯改良本身就是建立在古老的得墨忒耳 (Demeter) 崇拜基础上的. 得墨忒耳、盖亚 (Gaia) 都与大地母亲关系密切. 在加之于她们身上的荣誉与数的这一尊贵概念之间, 存在着深刻的联系.

因而, 古典文化不可避免地逐渐变成了小的文化. 其阿波罗式心灵试图借助可视界限的原则来约束既成之物的意义; 其禁忌也被集中于当下现存的且最临近的未知物上. 至于那些遥远的、不可见的东西, 事实上是 "不存在的". 希腊人和罗马人同样地献身于他们碰巧停留或者居住之地的神灵; 所有其他神灵都在视线之外. 正如希腊语 —— 我们将反复提及这种语言现象非凡的符号体系 —— 没有表示空间的词汇一样, 故希腊人自身也缺乏我们的景观、地平线、视野、距离、云彩等的感受, 缺乏对环绕伟大祖国的广袤无涯的国土的观念. 对于古典人来说, 家乡就是他从当地小镇的城堡所能看见的, 仅此而已. 所有超出这一政府基元视觉范围之外的一切都是异乡的, 是不愿踏足的; 在那狭窄之外, 会顿生恐惧, 并因而产生了使这些美丽小镇竭力互相摧毁的可怕苦难. 城邦是所有可能国家形式中最小的, 其政府非常短程, 这一点与我们自己这种无限政府之内阁外交截然不同. 类似地, 可一眼览尽的古典神庙是所有第一流建筑中形制最小的. 从阿契塔到欧几里得的古典几何 —— 如同今日仍然被其主导的中学几何 —— 所关心的只是小的、可以处理的图形和物体, 因而对制定天文尺度的图形时所产生的困难一无所知, 实际上后者常常是不符合欧几里得几何的.[16] 若非如此, 精妙严谨的雅典精神将几乎必然会得出非欧几何问题的某些概念, 因为它对著名的 "平行" 公理[17]的批判 —— 这种怀疑虽然很快引起了反对的意见, 但并未获得合

---

[16] 非欧几何今天正开始应用于天文学. 弯曲时空 —— 封闭但无界限, 在半径大约 470, 000, 000 地球的距离置以一系列固定的星星 —— 的假设, 将会导致太阳反图像的假设, 其对我们而言相当于一颗中等亮度的星星.

[17] 即通过一个给定的点, 只能有一条直线平行于给定直线 —— 这一性质无法被证明.

理的阐释 —— 使之实际上十分接近于关键性的发现. 古典心灵之不加怀疑地投身于并把自身局限于对小且近的事物的研究, 就如同我们心灵之于无限的和超视觉的事物. 西方人自身发现的或从别处借用的所有数学观念, 都自动地属于无穷小的形式语言 —— 而且远远早于实际的微积分的发明. 阿拉伯代数学、印度三角学、古典力学, 在分析中自然地被合并了. 甚至连初等算术中最 "自明的" 性质, 如 $2 \times 2 = 4$, 一旦被解析地考虑, 也变得有问题了, 而这些问题之解答则是由集合论的演绎才促成的, 且还有很多要点依然未能解决. 柏拉图和他的时代将会视这类事物不仅为妄想, 而且为一个完全非数学之心灵的迹象. 在一定程度上, 几何可以被代数地处理, 而代数亦可几何地处理, 换言之, 可以闭上眼睛, 也可以让眼睛来支配. 我们采用了前者, 而希腊人采用了后者. 在对螺线的美妙处理中, 阿基米德已经涉及了某些在莱布尼茨的定积分方法中也是基本原则的一般要素; 但是, 尽管有着现代性的表面外观, 他的方法是隶属于立体测量术原则的; 同样地, 印度数学家本该自然地发现某些三角学的阐述方式.[18]

* * * * *

从古典数与西方数的这种根本对立中, 产生了这两个数的世界中要素与要素之间关系的一个同样根本的差别. 数量之间的联系被称作比例, 而关系之间的联系则包含在函数的概念里. 这两个词的重要性不只局限于数学本身, 它们在雕塑和音乐这两种相关的艺术中也极其重要. 撇开比例在单个雕塑之部件安排中的作用不说, 雕像、浮雕、壁画之典型的古典艺术形式, 都有尺度上的扩大与缩小 ——这些词汇在音乐中毫无意义 —— 正如我们在珠宝艺术中所看到的, 那里的题材本质上是原始材料的缩小. 反过来在函数的领域, 具有决定性重要意义的是群组变换的思想, 而音乐家们也乐于承认, 类似的思想在现代作曲理论中也具有本质的地位. 为此我只需提及 18 世纪最优雅的管弦乐形式之一 —— 主题变奏.

所有的比例都具有不变性, 而所有的变换都具有组成要素的可变性. 例如, 比较一下欧几里得的全等定理, 其证明事实上依赖预先假定的 1 : 1 的比率, 以及该定理使用角函数的现代推导.

---

[18]我们不可能确切地说出, 我们所掌握的印度数学到底有多少是古老的, 即早于佛陀的.

* 　 * 　 * 　 * 　 *

古典数学自始至终都是作图 (广义上来讲也包括初等算术), 即一个个可见图形的生成. 在这种类似于雕刻的艺术中, 圆规就是它的凿子. 而另一方面, 在函数研究中, 其对象不是数值型的结果, 而是对一般形式可能性的探讨, 其做法更可被描述为是一种与音乐十分类似的作曲过程; 并且事实上, 在音乐理论中出现的大量思想 (例如基调、乐节、音阶等) 被直接运用到物理学, 至少有证据表明很多关联是可以通过这种方式说清楚的.

每一次作图都断言现象, 而每一次运算则否定现象, 因为前者所获得的结果是视觉上给定的, 而后者则消除视觉的影响. 因此我们遇到了这两种数学之间的另一个反差: 有关小事物的古典数学, 处理的是具体的单个实例, 产生的是只此一次不再重复的作图, 而有关无穷的数学, 处理的是形式上可能的整个类, 是函数、运算、方程、曲线等的群, 并且这样做不是着眼于这些东西可能达到的任何结果, 而是其过程. 所以在最近两个世纪 —— 尽管当今的数学家们几乎都没有意识到这一事实 —— 逐渐形成了数学运算的一般结构研究的想法, 而我们在近代数学作为一个整体的实际含义方面可以证实这一点. 所有这一切, 如我们将越来越明确地感觉到的, 都是西方才智与生俱来之一般倾向的一种体现, 是浮士德精神和文化所特有的而在它处看不到的. 充斥在我们的数学中、被视为 “我们的” (正如化圆为方是 “希腊的”) 问题 —— 例如, 无穷级数收敛性的研究 (柯西) 以及椭圆代数积分到多重周期函数的转化 (阿贝尔 (Abel), 高斯)—— 其中大多数在追求简单、明晰之定量结果的古代人看来, 也许不过是相当深奥之精湛技艺的一次展示罢了. 事实上甚至今天的大众思维也是这么看待它们的. 没有什么比现代数学更不 “大众” 了, 而它也包含其无穷远 (距离) 的象征主义. 所有伟大的西方作品, 从《神曲》到《珀西法尔》都是非大众的, 而一切古典的东西, 从荷马史诗到珀加蒙祭坛, 都是极度大众的.

* 　 * 　 * 　 * 　 *

因此, 最终, 西方数的思想的全部内涵都集中到了浮士德式数学中那个具有历史意义的极限问题上了, 它是打开通向无穷之门 (该浮士德式无穷与阿拉伯人和印度人世界观中的无穷非常之不同) 的钥匙. 无论数在特定情形

中以何种方式显现 —— 无穷级数、曲线或函数 —— 其本质是极限理论. 这
种极限与在古典的求圆面积问题中所出现的极限 (尽管并没有被这样称呼)
是绝对相反的. 初入 18 世纪时, 欧几里得式流行偏见依然掩盖着微分原理
的真正含义. 无穷小量的想法可以说是唾手可得, 可是无论它们被使用得有
多么娴熟, 在其附近一定会留有古典恒常的痕迹, 即数量大小的外观, 尽管
欧几里得根本就不知道它们或承认它们的存在. 因此, 零是一个常量, 是从
+1 到 −1 的线性连续统之间的一个整数; 而它在欧拉的分析研究中却是一
个巨大的障碍, 和他之后的许多人一样, 欧拉把微分看成零. 只有在 19 世纪,
经由柯西对极限思想之决定性阐述, 古典数字感的这种遗存才最终被消除,
而微积分才变得逻辑严密; 只有迈出了从 "无穷小量" 到 "每一可能有限量
的下极限" 这智力上的一步, 才会产生在任何可确定的非零数之下振荡的可
变数概念. 这种数已不再具有任何量的特征: 这样, 最终由理论所表达出的
极限, 不再是其逼近的量, 而是逼近这个过程, 这种运算本身. 它不是一种状
态, 而是一种关系. 所以, 在我们数学的这一决定性问题中, 我们突然间看到,
西方心灵的构成是多么具有历史性.

*　　*　　*　　*　　*

　　几何学从视觉中的解放, 代数学从量的概念中的解放, 以及二者在函数
论之伟大结构中 (超越了作图与计数的基本限制) 的统一 —— 这便是西方
数的思想的光辉历程. 古典数学的常数被化成变数. 几何学成为解析性的并
消除了所有具体的形式, 更换了可以从中获取精密几何值的数学实在, 代之
最终完全不能应用于感官现象的抽象空间关系. 这始于以适用于具有任意
选定 "原点" 之坐标系的几何轨迹取代欧几里得的视觉图形, 并将几何对象
的理所当然的客观存在性, 弱化为这样一个条件, 即在运算过程中 (是列方
程式的运算而不是度量的运算) 所选定的坐标系不应被改变. 但这些坐标马
上开始被视为是纯粹而简单的数值, 与其说是为了决定点作为空间基元的
位置, 不如说是为了代表或取代之. 数作为既成之物的界限, 不再像以前如
同绘画般地是以一个图形来代表, 而是象征性地以一个方程来代表. "几何
学" 改变了其意义; 作为图画的坐标系消失了, 而点成了一个完全抽象的数
组. 在建筑中, 我们发现这种从文艺复兴到巴洛克的内在转变, 是通过米开
朗琪罗 (Michael Angelo) 和维尼奥拉 (Vignola) 的创新完成的. 如同在数学中

一样, 视觉上纯粹的线条在宫殿和教堂的外观上变得无效了. "无穷小" 出现在元素的优美流动中、涡形装饰中和旋涡花饰中, 以取代我们在罗马 – 佛罗伦萨的柱廊和楼层中所看到的明确坐标. 构建被消融在装饰 —— 用数学语言来说即函数 —— 的丰富性中. 立柱和壁柱成群成簇地组合在一起, 打断了外观的连贯性, 忽聚忽散永不休止. 墙体、屋顶、楼层的平坦表面, 全都融入大量的灰泥作品和装饰中, 消失不见, 化为光与影的游戏了. 当被用来在成熟的巴洛克 —— 即从贝尼尼 (Bernini, 1650 年) 到德累斯顿、维也纳和巴黎的洛可可式建筑风格时期 —— 的形式世界中嬉戏时, 光自身已经变成了一种本质上音乐性的元素. 德累斯顿的茨温格宫[19)]就是一部交响乐. 同 18 世纪数学一起, 18 世纪建筑发展成了具有音乐特征的形式世界.

＊　＊　＊　＊　＊

我们这种数学在一定的时候必定要达到这样一种状态: 不仅人为几何形式的极限, 甚至视觉本身的极限, 都被我们的理论及心灵同样地视为限制, 视为阻碍了内在可能性之全面表达的障碍 —— 换言之, 在那种状态下, 超经验延拓之设想与直接感知之局限产生了根本冲突. 古典心灵随着对柏拉图式和斯多葛式不动心的全面放弃而屈从于感觉, 而且 (正如毕达哥拉斯学派的数的色情性隐喻所显示) 它与其说是发布不如说是感受其伟大的象征. 它根本不可能超越物质的当下. 反之, 正如毕达哥拉斯学派成员所设想的, 数 "自然地" 展示了个体的和离散的数据之本质, 而笛卡儿和他的后继者则视数为有待征服和有待榨取的东西, 视为一种与所有从感官认识到的根据全然无关, 但却能在所有场合凸显出自身之反 "自然" 的抽象关系. 自冰岛诗集埃达、大教堂和十字军的哥特最早期开始、甚至自哥特人和维京人的古老征战开始的权力意志 (以尼采 (Nietzsche) 的伟大信条说) 就已经表现出北方心灵对待其世界的态度, 同时也在超越感官的精神中显现出西方数的活力. 才智在阿波罗式数学中是眼睛的仆人, 而在浮士德式数学中则是它的主人. 因此我们看到, 数学式的 "绝对" 空间是完全非古典的, 而且从一开始 —— 虽然对希腊传统有敬意的数学家们不敢直面这一事实 —— 它就是不同于日常经验和通常绘画中那种模糊空间感的东西, 后者是康德的先验空间, 看起来像是一个完全清楚和明确的概念. 它是一种纯粹抽象, 是心灵的一种理想

[19)]1711 年为奥古斯都二世所建, 作为计划中之宫殿的外堡或者前端建筑.

的、无法实现的假定, 该心灵总是越来越不满足于感官上的表现手段, 最终强烈地把它们弃之一旁. 内在之眼觉醒了.

于是, 第一次, 那些深邃的思考者们不得不赞成, 欧几里得几何这个所有时代平民的真实且唯一的几何学, 当从更高角度来看时只不过是一种假设, 自高斯以来, 面对其他完全非感官的几何学, 我们就知道欧几里得几何的普适性是完全不可能被证明的. 这种几何的一个关键命题, 即欧几里得平行公设, 只是一种论断, 因为我们完全有自由代之以另一个论断. 事实上, 我们可以断言说, 通过一个给定的点, 没法作给定直线的平行线, 或是可以作两条平行线, 甚至作很多条平行线, 而所有这些假定都可以通向完全无懈可击的三维空间几何学, 这些几何学都可以应用于物理学甚至天文学, 且在某些情形下优于欧氏几何学.

甚至广延是无边界的 (自黎曼和弯曲空间理论以来, 无边界性就有别于无终止性) 这样一个简单的公设, 也马上与所有直接感官的本质特征相冲突, 因为后者依赖于光阻的存在性, 从而事实上是有物质性边界的. 但是, 抽象的边界原理可以被设想出来, 它在一种全新的意义下超越了视觉解释的可能性. 对深邃的思想家而言, 即使在笛卡儿几何中, 也存在超越三维的经验空间的倾向, 后者被视为是对 "数" 的象征主义的一种不必要的限制. 虽然直到 1800 年左右, 多维空间 (很遗憾找不到更合适的词) 的概念才为分析学奠定了更广泛的基础, 但是, 向此迈出的真正第一步, 是幂次 —— 实际上是对数 —— 脱离了同感觉上可认知的平面和立体之间的原始关系, 并通过无理数和复数指数的运用, 作为完全一般的关系值被纳入函数的领域. 任何一个稍微懂点数学推理的人都会承认, 当我们由视 a^3 为自然最大者转变为视 a^n 为自然最大者时, 三维空间的无条件必然性便被废除掉了.

一旦空间要素或者说 "点" 失去了其最后坚持的视觉性遗存, 且不再作为坐标线上的一个切割呈现在眼前, 而是被定义为由三个独立的数构成的一个数组, 对于用一般的数字 n 取代数字 3 便不再有任何内在的障碍. 维数的概念从根本上被改变了. 它不再是通过点在某可见体系内的位置以度量地处理点的特性之问题, 而是通过我们所愿意的任何维度来表达完全抽象的数组的特性之问题. 数组 —— 包含有 n 个独立有序的元素 —— 是点的表象, 且它被称为是一个点. 同样地, 从那里逻辑地获得的方程亦被称之为是一个平面, 且它是一个平面的表象. 而所有 n 维点的集合被称为是一个 n 维空间. [20)]在这些远离任何感官主义的超越性空间世界里, 存在着这样的关系, 它们是分析学所要研究的对象, 且它们被发现与实验物理学的数据常常是一致的. 这种高阶的空间, 正是西方心灵完全的特殊性质的一个象征. 只有这种心灵曾尝试并成功地捕获了 "既成之物" 和这些形式的外延, 通过这种形式的占用或者禁止去设想和约束 —— 即 "认识" —— 陌生之物. 直到这种数的思想的范围被达到, 而且并不是对任何人只是对少数达到的人, 像超复数系 (例如向量微积分的四元数) 这样的想象和像 ∞^n 这样显然毫无意义的符号, 才获得了某种实在的特征. 一定要明白, 正是在这里, 现实性不仅仅是指感官上的现实性. 精神为了其观念的实现, 决不会局限于感觉形式.

*　*　*　*　*

从对符号空间世界的这种卓越直觉出发, 便产生了西方数学最终的结论性的创造 —— 函数论在群中的延拓和详述. 群是同类数学意象的汇聚或集合 —— 例如, 某一类型的所有微分方程之总体 —— 其在结构和秩序上类似于戴德金的数的实体. 我们感觉到这里是全新的数的世界, 然而它们对于专家的内行视觉而言却并非是完全超越感觉的; 而现在的问题是要从那大量的抽象形式系统中, 找出相对于特定的运算群 (即系统的变换) 保持不变 —— 即具有不变性 —— 的某些要素. 用数学的语言来说, 这个问题即克莱因所概括的: 给定 n 维的流形 ("空间") 及一个变换群, 需要考察属于该流形的涉及在变换群下保持不变之性质的形式.

而伴随着这一顶峰, 我们的西方数学在耗尽了其每种内在可能性, 并达成了其作为浮士德灵魂思想的模仿和最纯粹表达的命运后, 终止了自身的发展, 恰如古典文化的数学在公元 3 世纪终结一样. 这两种科学 (仅有的如今可历史地分析其有机结构的科学) 均产生于一种全新的数的观念, 一种是毕达哥拉斯的数的观念, 另一种是笛卡儿的数的观念. 两者均在一百年后展示了其美妙, 到达其成熟阶段; 两者均在兴盛了三个世纪之后, 在各自所属的文化步入大都市文明阶段时完成了其思想的结构. 这种相互依存的深刻意义将会在适当时候阐明. 此刻只要知道, 对我们而言伟大数学家的时代已

[20)]从 "集合" (或者 "点集") 理论的角度看, 一个有序点集, 不考虑其维数图形, 皆可称为是一个 "体", 因此相对于 n 维的而言, 一个 $n-1$ 维点集被视为是一个曲面. 因此一个 "集合" 的界限 (墙、边) 代表了一个较低 "势" 的集合.

成过去就已足够了. 我们现今的工作, 就是保存、润饰、提炼、选择 —— 而
不是伟大的有活力的创造, 正如希腊晚期的亚历山大数学所具有的巧妙细
节工作的那种特征.

一个历史图表可以使之更清晰:

古典数学　　　　　　　　　　　　西方数学

1. 新的数的观念

约公元前 540 年　　　　　　　　　约公元 1630 年

数作为数量　　　　　　　　　　　数作为关系

(毕达哥拉斯学派)　　　　　　　　(笛卡儿、帕斯卡、费马)

　　　　　　　　　　　　　　　　(牛顿、莱布尼茨, 1670 年)

(约公元前 470 年, 雕塑胜过壁画)　(约公元 1670 年, 音乐胜过油画)

2. 系统发展的顶峰

公元前 450 — 前 350 年　　　　　　公元 1750 — 1800 年

柏拉图、阿契塔、欧多克斯　　　　欧拉、拉格朗日、拉普拉斯

(菲狄亚斯 (Phidias)、　　　　　　(格鲁克、海顿、

普拉克西特利斯 (Praxiteles))　　　莫扎特)

3. 图形世界在本质上的完成与总结

公元前 300—250 年　　　　　　　　公元 1 800 年之后

欧几里得、阿波罗尼乌斯、阿基米德　高斯、柯西、黎曼

(利西波斯 (Lysippus), 莱奥哈雷　　(贝多芬 (Beethoven))

斯 (Leochares))

而相异的判断都用来宣称

真理存在于某处, 只是我们不知道在哪儿.

—— 威廉·柯珀 (William Cowper)

2　数学实在的轨迹
—— 一个人类学的脚注

莱斯利·怀特

"他 [红发国王] 正在做梦," 特维德里迪说, "你觉得他正梦见什么?"

爱丽丝说: "没人能猜到这个."

"为什么, 梦见你呀!" 特维德里迪得意扬扬地拍着双手, 大声嚷道. "那么, 要是他不梦见你, 你认为你应该在哪里?"

"当然在我现在的地方," 爱丽丝说.

"不对!" 特维德里迪轻蔑地反驳道, "你什么地方也不在. 为什么呢? 因为你只是他梦里的一样东西!"

"如果国王醒了," 特维德里迪补充道, "你就一下子完了 —— 呼! —— 就像蜡烛一样突然熄灭了."

"我不会的!" 爱丽丝愤怒地大声说道, "再说, 如果我只是他梦里的一样东西, 那么, 我想知道, 你是什么呢?"

"一样的," 特维德里迪说.

"一样的, 一样的!" 特维德里迪嚷道.

他喊得如此大声, 以致爱丽丝不得不提醒道: "嘘! 你再这样大声嚷嚷恐怕会吵醒他的."

"好吧, 你所谓的吵醒他是不可能的," 特维德里迪说, "因为你只是他梦里的一样东西. 你很清楚你不是真实的."

"我是真实的!" 爱丽丝说道, 开始哭了.

"哭也不会使你更真实些," 特维德里迪指出, "没什么可哭的."

"如果我不是真实的," "我就不能哭了." 爱丽丝哭中带笑地说, 看上去非常滑稽可笑.

"但愿你不要认为那些是真实的眼泪." 特维德里迪轻蔑地打断道.

　　　　　　　　　　　　　　　　　　——《爱丽丝镜中奇遇记》

　　数学真理是存在于外部世界而被人们所发现的, 还是人造的发明物? 数学实在是独立于人类的一种存在和有效, 还是仅仅是人类神经系统的一项机能?

　　关于这个问题历来存在着意见分歧, 至今亦复如此. 一位熟知诸如约翰·赫歇尔 (John Herschel) 爵士、拉普拉斯、盖·吕萨克 (Gay Lussac)、威廉·惠威尔 (W. Whewell)、约翰·斯图尔特·米尔 (John Stuart Mill)、冯·洪堡 (von Humboldt) 男爵、法拉第 (Faraday)、居维叶 (Cuvier) 和德坎多尔 (De Candolle) 这些人或者同他们保持着通信往来, 并且其本人也是一位杰出学者[1]的英国妇女玛丽·萨默维尔 (Mary Somerville, 1780—1872), 表达了一种广为流传的观点, 她说[2]:

　　"没有什么比这些数值和数学科学的纯粹的思想观念被循序渐进地赋予人类, 并且在近年来仍以微分分析以及目前替代它的代数学继续授予人类, 更让我信奉神的统一性了, 所有这一切必然亘古以来就存在于超凡的无所不知的神的大脑中."

　　人们未免误解萨默维尔女士在观念上更倾向于神学而非科学, 有必要指出的是, 她曾因支持科学而遭到约克大教堂科伯恩 (Cockburn) 教长在讲道坛上点名道姓地公开谴责.[3]

　　在美国, 一位杰出的学者, 爱德华·埃弗雷特 (Edward Everett, 1794—1865年, 第一位在哥廷根大学获得博士学位的美国人) 表达了他那个时代的开明

---

[1]她写了如下这些著作, 其中有些书出了多个版本: 出版于 1831 年的《天空的机制》(这本书似乎是拉普拉斯所著《天体力学》一书的通俗本); 1858 年的《自然科学的关联》; 1869 年的《分子与微观科学》; 1870 年的《自然地理》.

[2]《玛丽·萨默维尔回忆录》, 由她的女儿玛莎·萨默维尔编辑, 第 140-141 页 (波士顿, 1874 年出版).

[3]同上, 第 375 页; 也见于怀特 (A. D. White) 所著《科学与神学论战史》, 第一卷, 第 225 页脚注 (纽约, 1930 年出版).

观点. 他宣称: [4)]

"在纯数学内, 我们凝神沉思于绝对真理, 它们在晨星齐唱之前就已存在于神的头脑之中, 并将一直持续存在于那里, 直至最后一缕星光消失于天幕."

在我们自己的时代, 著名的英国数学家哈代 (G. H. Hardy) 也曾表达过同样的观点, 但与华丽的辞藻相比更加技巧些: [5)]

"我相信数学实在存在于我们之外, 而我们的职责是发现或观察它, 那些被我们所证明并被我们夸大为是我们之 '发明' 的定理, 其实仅仅是我们观察的记录而已."[6)]

杰出的物理学家布里奇曼 (P. W. Bridgman) 持相反的观点, 他指出: "这是完全自明之理, 稍加观察就显而易见, 数学是人类的发明物." [7)]爱德华·卡斯纳 (Edward Kasner) 和詹姆斯·纽曼 (James Newman) 提出 "我们已经推翻了那种认为数学实在是独立且游离于我们自身头脑之外而存在的观点. 对我们来说, 甚至这样的观点曾经存在过也是奇怪的."[8)]

从心理学和人类学的角度来看, 后一观点是唯一科学上合理和有效的. 我们相信数学实在独立于人类头脑而存在, 就如同相信神话中的现实能独立于人类而存在一样. –1 的平方根是真实的. 沃旦 (Wotan) 和奥西里斯 (Osiris) 也是真实的. 今日之原始民族所信奉的诸神和鬼怪同样是真实的. 然而, 问题的本质不在于这些是否真实, 而在于它们的真实性所在何处? 仅仅将真实性与外部世界等同起来是错误的. "没有" 比一种幻觉更真实.

但是, 我们在这里所关心的并不是去确立某一种数学实在的观点为合理的, 而其他为荒谬的. 我们打算做的是以这样一种方式描述数学行为的现象, 一方面可以用来阐明为什么这么多世纪以来, 数学真理的独立存在性这个信念看起来如此有理, 让人深信不疑; 另一方面可以用来表明整个数学无

[4)]被埃里克·坦普尔·贝尔 (E. T. Bell) 在《科学的王后》第 20 页引用 (巴尔的摩, 1931 年出版).

[5)]哈代,《一个数学家的辩白》, 第 63—64 页, (英国剑桥出版社, 1941 年出版).

[6)]这位数学家当然不是唯一一位倾向于认为他的创造是发现外部世界之事物的人. 理论物理学家也抱有该信念. "对他这样一位在这个领域中的发现者而言," 爱因斯坦说, "他想象力的产物是如此必然和自然, 以至于他视之 —— 并希望别人也视之 —— 为给定的现实而非思想的创造物." ("关于理论物理学的方法", 在《我的世界观》, 第 30 页; 纽约, 1934 年出版.)

[7)]布里奇曼,《现代物理的逻辑》第 60 页 (纽约, 1927 年出版).

[8)]爱德华·卡斯纳和詹姆斯·纽曼,《数学与想象力》, 第 359 页, (纽约, 1940 年出版).

非是灵长类行为的一种特殊形式.

　　许多人会毫不犹豫地认同这一命题: "数学实在必定是要么存在于我们之内要么存在于我们之外." 难道这些不是仅有的可能性吗? 正如笛卡儿在讨论上帝的存在性时曾论证的: "我们无法对任何事物都有概念或描述, 除非实际上在某处, 要么在我们的内部要么在我们的外部, 有该事物的原型, ……" [9] (强调我们的). 然而, 虽然这个推理表面上看不容反驳, 但对于我们当下的问题来说却是不合理的, 或者至少是易引起误导的. 下述命题虽然表面上恰好互相对立, 但却是同等正确的:

　　1. 数学真理具有独立于人脑的存在性和有效性.

　　2. 脱离了人脑数学真理就失去存在性和有效性.

　　事实上, 这两个命题, 就表述方式而言是误导性的, 因为 "人脑" 一词是在两种不同的意义下被使用的. 在第一个命题中, "人脑" 指的是个人的机体; 而在第二个命题中则泛指全人类. 因而这两个命题都可以是正确的, 事实上也正是如此. 数学真理存在于个人所降生的文化传统中, 从而从外部进入他的思想. 脱离了文化传统, 数学概念既不存在也无意义, 当然离开了人类, 文化传统也不复存在了. 因此, 数学实在具有独立于个体人脑的存在, 但它的存在性却完全依赖于整个人类. 或者用人类学的术语来讲: 整个数学, 它的全部 "真理" 和 "实在" 都是人类文化的一个部分, 仅此而已. 每个人都出生在一个早已形成并独立于他的文化之中. 文化的特性具有个人意识之外并与之无关的存在性. 个人通过学习他那个群体的习俗、信仰和技术来获得文化. 但是离开了人类, 文化自身既没有、也不可能存在. 因此, 数学 —— 像语言、习俗、工具、艺术等一样 —— 是人类长期努力而积累起来的产物.

　　杰出的法国学者埃米尔·涂尔干 (Emile Durkheim, 1858—1917) 是最先阐明这一点的人之一. 他曾在《宗教生活的基本形式》一书中开宗明义地探讨了这个问题.[10] 而在《社会学方法的准则》[11] 一书中他专门陈述了文

---

[9] 《哲学原理》第一部分第十八节, 第 308 页, 维奇编著 (纽约, 1901 年出版).

[10] 《宗教生活的基本形式》(巴黎, 1912 年出版), 斯温译 (伦敦, 1915 年出版). 内森·阿特西勒 – 考特在 "几何与经验" 中引证了涂尔干关于这一点的论述 (科学月刊, 第 60 卷, 第 1 期, 第 63–66 页, 1945 年 1 月刊).

[11] 《社会学方法的准则》(巴黎, 1895 年出版; 莎拉·索洛韦和约翰·缪勒译, 乔治·卡特林编辑; 芝加哥, 1938 年出版).

化[12)的特征及其同人类思想的关系. 其他人当然也曾论述了这种关系, 并且也曾论述过人与文化之间的关系[13), 但涂尔干的阐述尤其适用于我们现在的讨论, 因此我们将时不时地引述他的话来为我们代言.

文化是人类学家的专业术语, 用以描述人类的生活方式, 无论其是原始的还是先进的. 它是一种通用术语, 而文明是其中一个特定术语. 人类的生活方式, 即文化, 区别于其他物种之处在于符号的使用. 人类是唯一一种可自由地、随心所欲地把价值或意义赋予任何事物上的生物, 即我们所谓的"使用符号". "使用符号" 的最重要也最典型的形式是有声语言. 所有文化, 所有的文明, 都因其使用符号的本领而形成、成长和发展而成为独一无二的人类种群[14).

如今的每一种文化, 无论多么简单或者原始, 都是伟大先祖的杰作. 所有人的语言、工具、习俗、信仰、艺术形式等都是代代相传, 并在传承中变化和发展, 但总与过去保持着无法隔断的联系. 人不仅仅生活在山区、平原、湖泊、森林和星空下, 人也生活在一组诸如信仰、习俗、住所、工具和礼仪中. 每一个人除了生于一个自然的世界之中, 也生于一个人造的文化世界中. 但是, 决定人类的思想、情感和行为的是文化而非自然环境. 诚然, 自然环境可能会青睐某种行为类型, 或者致使某种生活方式不能实现. 然而, 人类所做的一切, 无论是作为个人还是作为社会, 都是由他或者他们当时所处的文化决定的[15). 文化是一种世世代代流传下来伟大的激励机制, 在其流传时塑造和指导着每一代人的行为. 人类行为就是对这些文化激励的反应, 人类从一出生 —— 事实上从怀孕那一刻开始, 甚至更早 —— 每个机体就被其抓住, 且至死都信奉坚守, 此外, 文化还通过丧葬习俗和地府信仰等来影响人类.

一族群所讲的语言是其在婴儿和孩童时期所受到的语言刺激的反应. 一

---

12)涂尔干并没有使用 "文化" 这个术语, 而是提到 "集体意识", "集体表象", 等等, 涂尔干曾因其不准确的措辞而被误解, 甚至被打上神秘主义的烙印. 很明显, 但对于既懂涂尔干又懂诸如罗伯特·罗维、阿尔弗雷德·克鲁伯和克拉克·威斯勒等人类学家的人而言, 很明显他们都在讨论相同的东西 —— 文化.

13)例如, 参见爱德华·伯内特·泰勒所著《人类学》(伦敦, 1881 年出版); 罗伯特·罗维所著《文化与人类文化学》(纽约, 1917 年出版); 阿尔弗雷德·克鲁伯所写 "超有机体" (《美国人类学家》杂志, 第 19 卷, 第 163—213 页; 1917 年刊登); 克拉克·威斯勒所著《人与文化》(纽约, 1923 年出版).

14)参照莱斯利·怀特, "符号: 人类行为的起源与基础" (《科学哲学》杂志, 第 7 卷, 第 451-463 页, 1940 年刊登; 重印于《一般语义学评论》, 第 1 卷, 第 229—237 页, 1944 年出版).

15)当然, 个人的性格有不同, 因而对文化刺激的反应也有不同.

个群体被中文刺激影响, 而另一个群体被英文影响. 每个机体都无从选择, 且一旦被一种语言模化后也无法改变. 在成年之后去学习一门外语而不带口音, 或者在大部分情况下甚至去模仿其自身语言的另一种方言, 对于绝大多数人纵然不是绝无可能也是极端困难的. 其他行为领域亦是如此. 一个民族可以实践一夫多妻, 实行母系部族, 火葬遗体, 禁食猪肉或花生, 以十计数, 茶里放黄油, 胸部文身, 打领带, 信奉魔鬼, 为儿童接种疫苗, 剥下俘虏的头皮或视之为战犯, 将妻子借予客人, 使用计算尺, 玩皮纳克尔牌, 或者开平方根, 倘若人们出生所在的文化具有这些特性, 毫无疑问, 那里的人们不是选择其文化; 而是继承它. 几乎同样显然的是, 一个民族之所以有那样的行为, 是因为它拥有特定的文化 —— 或者更准确地说, 它属于该文化.

回到我们的正题. 数学当然是文化的一部分. 连同烹饪、婚姻、礼拜等的方式, 每个人都从他的先辈或当代邻里中继承了计数法、计算法及其他数学方法. 事实上, 数学是一种行为方式: 是一种特殊的灵长类生物对一组刺激的回应. 无论人是以五、十、十二还是二十为单位进行计数; 无论是只会说不超过五的基数词还是懂得最现代的和高度发达的数学概念, 他们的数学行为都是取决于影响着他们的数学文化.

现在我们可以看到, 关于数学的真理和实在存在于人脑之外的信念是如何形成和盛行的了. 它们确实存在于每个个人的头脑之外. 它们如涂尔干所说是从外部进入个人头脑的. 再次引用涂尔干的话说, 数学真理和实在就像宇宙力那样影响着人类机体. 每一位数学家通过对自身和其他人的观察都可以发现事实的确如此. 数学不是像胆汁那样是被分泌出来的东西, 而是像酒那样是可以饮入的东西. 霍屯督 (Hollentot) 族的男孩们在数学上以及其他方面的成长和行为秉承和遵从着他们文化中数学和其他方面的特性. 英国或美国青年的成长和行为同样是分别遵从各自的文化. 没有一丁点解剖学或者心理学方面的证据可以表明在数学或其他的人类行为方面, 存在着任何明显天生的、生理上的或种族上的差异. 要是牛顿是在霍屯督族文化中长大的, 他将会像霍屯督族人那样进行计算. 像哈代 (G. H. Hardy) 那样的人, 通过对自己的经验和对别人的观察, 知道数学实在是从外部世界进入头脑的, 可以理解地 —— 但是错误地 —— 得出结论说, 数学实在的起源和轨迹在于独立于人的外部世界. 错误在于, "人脑之外" (即个人头脑之外) 并不是"独立于人类的外部世界", 而是文化, 即人类的传统思想和行为的主体.

文化常常捉弄我们并扭曲我们的思想. 我们总想在文化中一方面找到 "人性" 的直接表现形式, 另一方面找到对外部世界的直接表达方式. 因此每个民族都倾向于认为他们自己的习俗和信仰乃是人性的直接和忠实的反映. 他们认为, 正是 "人性" 使他们遵守一夫一妻制、嫉妒别人的妻子、土葬、喝牛奶、只有在穿上衣服后才在大庭广众露面、称自己母亲的兄弟的孩子为 "表兄妹"、独自享有辛勤劳动之果实的权利等, 如果他们恰好有这些特殊习俗. 但人种学告诉我们, 世界各民族的习俗存在巨大的差异: 有些民族厌恶牛奶, 实行一妻多夫制, 借出妻子以示好客、惧怕土葬、无羞耻地赤裸露面、称他们母亲的兄弟的孩子为 "儿子" 或 "女儿", 以及将他们辛勤劳动所得的全部或者大部分无偿地供自己的伙伴享用等. 没有一种习俗或信仰可以说成是比其他习俗或信仰更能反映 "人性".

类似地人们一直认为外部世界的某些观念是如此简单而基本, 以至于它们立刻且忠实地反映出其结构和本性. 人们倾向于认为黄色、蓝色、绿色是任何一个正常的人都能分辨出的外部世界的几种特征, 直到他们发现克里克和纳齐兹印第安人并不区分黄色和绿色; 他们仅用一个词来表达这两种颜色. 类似地, 巧客陶人、图尼加人、克雷桑印第安村落和其他许多民族没有词汇来区分蓝色和绿色. [16]

伟大的牛顿也曾受到他的文化误导. 他理所当然地认为, 绝对空间的概念是直接立刻对应于外部世界的某物; 他认为空间是独立于人脑之外的某种存在. 他说: "我不框定假设." 但是空间这个概念与其他概念一样是智力的一种创造物. 诚然, 牛顿本人并没有建立绝对空间的假设. 这个概念是从外面进入他的头脑的, 正如涂尔干明确指出的那样. 可是尽管它如同宇宙的力量般影响着人的机体, 但其来源不同: 它不是来自宇宙而是来自人类的文化.

几世纪以来, 人们一直认为欧几里得的定理可以说只是外部世界的概念影像; 认为它们具有完全独立于人脑的正确性; 认为它们是必须且必然的. 由罗巴切夫斯基 (Lobachevsky)、黎曼和其他人创立的非欧几何学完全推翻了该观点. 如今很清楚诸如空间、直线、平面这样的概念, 作为外部世界结构的推论, 并不比绿色或者黄色的概念更加必须或必然 —— 就此而言, 也不

---

[16] 参见莱斯利·怀特的文章 "克雷桑印第安颜色术语", 密歇根科学艺术暨文学学会论文集, 第 28 卷, 第 559—563 页, 1942 (1943) 年出版.

比你用以指称你与母亲的兄弟的关系术语更加必须或必然.

让我们再引录爱因斯坦的话: [17]

"现在我们来谈谈下面这个问题: 在几何学 (即空间理论) 或它的基础中, 什么是先验确定的或必然的? 从前我们认为所有东西都是, 如今则觉得什么东西也不是. 距离的概念已然是逻辑上所任意设定的; 不需要任何事物与之相对应, 即使是大体地对应."

卡斯那和纽曼指出 "非欧几何学证明了数学 …… 是人类的创造物, 仅仅受制于思维法则所强加的界限." [18]

数学概念远非具有脱离人脑的存在性与有效性, 而都是如爱因斯坦描述物理学基本原理与概念时所说的 "人类智慧的自由创造". [19]但由于数学和科学的概念总是由外界进入个人的大脑, 直到最近每个人都认为这些概念来自外部世界而不是来自人造的文化. 事实上文化, 作为一个科学的概念, 其本身也只是一个新近的发明.

在下面这段话中, 诺贝尔物理学奖获得者埃尔温 · 薛定谔 (Erwin Schrödinger) 清楚地认识到我们的科学概念和信仰的文化本质:[20]

"从何处兴起了分子的行为是由绝对因果关系决定的这样一种广泛流传的信念, 又因何而确信其相反观点是匪夷所思的? 只是来自于习俗, 承袭于千百年来的因果式思维模式, 该模式使得有关不确定之事件以及完全本原之偶然性的观念, 看起来似乎是一派胡言, 是一种逻辑上的谬论." (薛定谔强调道)

类似地, 亨利 · 庞加莱 (Henri Poincaré) 声称几何学公理只是 "惯例", 即习俗: 它们 "既不是综合的先验判断, 也不是经验事实. 它们是约定 ……" [21]

接下来我们转向由文化观念所启发的数学的另一面. 无线电波发现者海因里希 · 赫兹 (Heinrich Hertz) 曾说过:[22]

"人们不可避免地感觉到, 这些数学公式具有独立的存在性和其自身的灵性, 它们比我们更聪慧, 甚至比发现它们的人更聪慧 [原文如此], 我们从这

---

[17]《大英百科全书》, "空间 — 时间" 条目, 第 14 版.

[18]同上, 第 359 页.

[19] "关于理论物理的方法", 载于《我眼中的世界》, 第 33 页 (纽约, 1934 年出版).

[20]《科学与人类气质》, 第 115 页 (伦敦, 1935 年出版).

[21] "关于公理的性质", 见《科学与假设》, 发表于《科学的基础》(科学出版社, 纽约, 1913 年出版).

[22]摘自贝尔,《数学精英》, 第 16 页 (纽约, 1937 年出版).

些公式所能得到的要比最初发现它们时发现者所赋予的要多."

这里, 我们再次遭遇这种见解, 即数学公式具有 "它们自己的" (即独立于人类的) 存在性, 而且, 它们是 "被发现的", 不是人创造的. 文化的观念澄清了整个情形. 数学公式, 如同文化的其他方面一样, 从某种意义上确实具有 "独立的存在性和自身的灵性". 英语, 在某种意义上也有 "其自身的独立存在性". 当然不是独立于人类, 而是独立于任何个人或人群、种族或国家. 它在一定程度上具有 "其自身的灵性". 就是说, 它按照语言自身所固有的而不是在人脑之中的规律而运转、发展和变化. 随着人对语言的自觉认识, 随着语言学的成熟, 人们发现了语言行为的原理, 并制定了其规则.

数学以及科学概念也是如此. 它们确确实实都有自己的生命. 这个生命就是文化的生命, 文化传统的生命. 正如涂尔干所表述的: 23) "集体的行为和思考方式具有脱离于时刻都遵守它的个人之外的真实性. 这些思维和行为方式因其自己而存在". 彻底且充分地描述数学、物理、货币、建筑、斧头、犁、语言或文化的任何其他方面之发展, 而根本不提及人类或其任何部分, 这是完全可能的. 事实上, 科学地研究文化的最有效方法是从假装人类并不存在而开始. 诚然, 提及首次铸币的国家或者提及发明微积分或轧棉机的人, 往往是有用的. 但这并不是必需的, 严格说来也不是相关的. 格里姆定律 (Grimm's law) 所总结的印欧语系语音演变规律只与语言现象, 与语音及其排列、组合和相互作用等有关. 它们可以被充分地论述, 而不必引述产生它们的主要机体之解剖学、生理学或心理学特性. 数学和物理学同样如此. 概念具有其自身的生命力. 再一次用涂尔干的话来说: "当它们一旦产生, [它们] 便遵循其自身的规律. 它们相互吸引, 相互排斥, 结合、分离自己和繁殖······"24)思想和其他文化特性一样, 相互作用, 形成新的综合和组合. 两三种想法碰到一起可能形成一个新观念或综合. 牛顿运动定理就是伽利略 (Galileo)、开普勒和其他人的观念的综合. 电学现象的某些想法可以说是从 "法拉第阶段" 开始萌芽, 一直发展至克拉克·麦克斯韦 (Maxwell)、赫兹、马可尼 (Marconi), 形成了现代雷达的概念. "牛顿力学对于连续分布介质的应用不可避免地导致了偏微分方程的发现和应用, 而它们又反过来首次为

---

23)《社会学方法的准则》, 第二版序言, 第 56 页.

24)《宗教生活的基本形式》, 第 424 页. 也可参见《社会学方法的准则》, 第二版序言, 第 51 页, 在该处他说到 "我们需要研究······社会代表 [即文化特性] 相互依附与相互抵制的方式, 它们是如何相互融合与分离的."

场论的定律提供了语言,"25)(强调是我们添加的). 据爱因斯坦看来, 相对论是 "并非革命性的创见, 而是可追溯数个世纪的那条线索的自然延伸."26)更直接地说: "克拉克·麦克斯韦和洛伦兹 (Lorentz) 的理论必然导致狭义相对论."27)因而我们看到, 不但任何特定的思想体系是以往经验的产物, 而且某些概念不可避免地会产生新概念和新体系. 任何工具、机器、信仰、哲学、习俗或制度都不过是以往文化特性的产物. 因此, 对文化本质的理解会使我们清楚了解, 为什么赫兹认为 "数学公式有独立存在性和其自身的灵性."

"我们从它们那里得到的比原本被放入它们的要多," 赫兹的这一感受源于这样一个事实, 即在文化特性的交互中会形成 "它们的发现者" 没有预期到的新综合, 或这些新综合中隐含了某些原先没有被发现或领会的, 只有进一步发展才使之明晰的含义. 有时, 一种新形成的综合的新奇特征甚至不能被产生于他的神经系统中的那个人发现. 因此雅克·哈达玛 (Jacques Hadamard) 告诉我们很多实例, 在其中他完全没有看到那些 "本应该使 [他] 致盲" 的东西.28)他也引用了大量实例, 在其中他未能发现他所从事的研究中 "所含想法的明显而直接的推论",29)只能留给后人去 "发现" 了.

赫兹、哈代所持的数学真理是被发现的而非人造的观点与其他人所主张观点的矛盾就这样被文化的概念解决了. 两者都对; 它们是被发现的但也是人造的. 它们是人类思维的产物. 但它们是由单个的在数学文化内成长起来的个人所遇到或发现的. 如我们所指出的, 数学发展的过程是数学各要素间的交互作用之一. 这一过程当然是基于人脑的, 正如电话交谈需要电线、接收器、话筒等一样. 但在解释数学创造和发展时我们是不必考虑到人脑的, 就像我们在解释谈话内容时无须考虑电话线一样. 这一点的证据在于如下事实, 即数学中大量的发明 (或 "发现") 是同时由两个或更多人独立作

25)爱因斯坦, "牛顿力学及其对理论物理发展的影响", 见《我的世界观》, 第 58 页.
26)"相对论的理论", 见《我的世界观》, 第 69 页.
27)爱因斯坦, "牛顿力学", 第 57 页.
28)雅克·哈达玛,《数学领域的发明心理学》, 第 50 页 (普林斯顿, 1945 年出版).
29)同上, 第 51 页.

出的.[30] 如果这些发现真是由人脑引起或是决定的, 我们将不得不把它们解释成巧合. 根据概率定律, 这些大量重复出现的巧合除了纯属奇迹无从解释. 但是, 文化学解释一下子将整个状况都弄清楚了. 一个地区的全体居民都被一种文化所环绕. 每个人都会出生于一个预先存在的由信念、工具、习俗和制度组成的组织中. 这些文化特性塑造和框定了每个人的生活, 给予其内容和方向. 当然数学只是全部文化中的一条小溪. 它在不同程度上影响着个人, 而他们则根据其构成而对它做出反应. 数学就是对数学文化的有机行为反应.

但我们已经注意到, 在数学文化的主体之内存在着各要素之间的作用和反作用. 概念与概念相互影响; 各种观点混杂、融合, 形成新的综合. 这一过程贯穿着文化的整个范围, 尽管在有些地区 (通常是中心) 比其他地区 (边缘) 更迅速和剧烈. 当这一交互和发展的过程达到了一定程度, 新的综合[31]就会自我形成. 这些综合的确是真实事件, 具有确定的时间和场所. 场所当然

---

[30] 如下数据取自威廉·奥格本所著《社会变迁》(纽约, 1923 年出版) 第 90 ~ 102 页中的一份长而多样化的表格, 其中不但列举了数学, 也列举了化学、物理、生物、机械等领域的同步发现和发明:

平方反比率: 牛顿 1666 年, 哈雷 (Halley) 1684 年;

引入小数点: 皮蒂斯卡斯 (Pitiscus) 1608~12 年, 开普勒 1616 年, 纳皮尔 (Napier) 1616~17 年;

对数: 贝基 (Burgi) 1620 年, 纳皮尔 – 布里格斯 (Napier-Briggs) 1614 年;

微积分: 牛顿 1671 年, 莱布尼兹 1676 年;

最小平方原理: 高斯 1809 年, 勒让德 (Legendre) 1806 年;

无坐标系的向量处理: 哈密尔顿 (Hamilton) 1843 年, 格拉斯曼 (Grassman) 1843 年, 其他人 1843 年;

收缩假说: 洛伦兹 1895 年, 菲茨杰拉德 (Fitzgerald) 1895 年.

双 θ 函数: 格佩尔 (Gopel) 1847 年; 罗森海因 (Rosenhain) 1847 年.

具有跟欧几里得平行公设相矛盾的公理体系的几何学: 罗巴切夫斯基 1836–40 年; 波尔约 1826–33 年; 高斯 1829 年.

半立方抛物线的求长: 范·体雷特 1659 年; 尼尔 (Neil) 1657 年; 费尔马 1657–59 年.

射影几何对偶原理: 彭赛列 (Oncelet) 1838 年; 吉尔岗尼 (Gergone) 1838 年.

至于其他领域的同步发现, 我们可以引述的有:

氧气的发现: 舍勒 1774 年; 普里斯特利 (Priestley) 1774 年.

周期律: 德·尚库尔托伊斯 1864 年; 纽兰兹 (Newlands) 1864 年; 洛萨尔·梅耶 1864 年.

化学元素周期律: 洛萨尔·梅耶 1869 年; 门捷列夫 (Mendeleff) 1869 年.

能量守恒律: 迈耶 1843 年; 焦耳 (Joule) 1847 年; 赫姆霍茨 1847 年; 科尔丁 (Colding) 1847 年; 汤姆逊 (Thomson) 1847 年.

还可以引述很多其他人. 上面所引的由奥格本所列出的名单远非一份完全的名单.

[31] 哈达玛给他书中的一章定名为 "作为综合的发现".

就是人的头脑. 由于文化进程是在一个较广的地区和人民中相当一致地发生着, 新的综合马上同时发生在许多人的头脑中. 由于我们在思考中是习惯性以人类为中心的, 因此我们倾向于认为是这些人做出了这些发现. 从生物学的意义上来说, 确实如此. 但若我们想把这种发现解释为数学发展过程中的一个事件, 我们就必须把个人完全排除出去. 从这种角度来说, 个人根本没有做出这些发现. 只是碰巧发生在他身上的事情. 他不过是被闪电击中的地方. 由三个 "独立" 工作的人同时做出的 "发现" 仅仅意味着文化 — 数学的闪电能够而且确实可以同时击中多个地方. 在通过发明或发现而表现出来的文化发展过程中, 个人仅仅是思想的 "文化" [32]成长的神经媒介. 可以说, 人脑仅仅是文化进程中的催化剂. 这个过程不能独立于神经组织而存在, 但人类神经系统的功能仅仅是使文化元素可以交互和重新合成.

无疑, 个人同催化剂、避雷针或其他媒介一样是各有差异的. 对于数学文化的发展而言, 某个人或某套大脑相对其他人而言可能是更好的媒介. 对于文化进程而言, 某个人的神经系统相对于另一个人而言可能是更好的催化剂. 因此数学文化过程更可能选择这套大脑而非别的大脑来作为它的表现媒介. 但这样很容易夸大文化进展中优异大脑的作用. 这里起作用的不仅仅是头脑的优越性. 并置在头脑旁边的还必须有交互的、综合的文化过程. 如果缺乏文化要素, 优异的头脑将毫无用处. 在基督诞生前的一万年, 在诺尔曼征服时期或者在英国历史上其他阶段, 英国就有过与牛顿一样的优秀头脑. 我们从人类化石、英国史前史和智人的神经解剖学中知道的一切都将证实这一观点. 在美洲的土著地区和在非洲最愚昧的地方都有过如牛顿一样好的头脑. 然而, 由于缺乏必要的文化要素, 微积分没有在这些另外的时间和地点内被发现或发明. 反过来, 当文化要素具备时, 发现或发明便势不可挡, 以至于会同时在两个或三个人的神经系统中独立地产生. 要是牛顿是作为牧羊人而抚养长大的话, 英国数学文化将会找其他头脑来完成其新的综合. 一个人的头脑可能会比另一个人更聪明, 就像他的听觉可能更灵敏, 或者他的脚长得更大一样. 但是, 正如 "卓越的" 将军是可以使其部队凯旋的一样, 数学或其他方面的天才, 就是重要文化综合会发生在他们神经系统的人; 他是文化历史上具有划时代意义之事件的神经轨迹.[33]

[32]这里我们在细菌学的意义上使用 "文化" 这个词语: 细菌文化在胶状媒介体里成长.
[33]著名的人类学家克罗伯 (A. L. Kroeber) 把天才定义为 "文化价值连贯模式实现的指示者", 《文化成长的形貌》, 第 839 页 (伯克利, 1944 年出版).

　　生物进化论的历史很好地解释了文化进程的性质及其与人脑的关系. 众所周知, 该理论并非由达尔文最早提出. 我们可以在达尔文诞生以前很多其他人的神经反应中以这种或那种形式发现它: 布丰 (Buffon)、拉马克 (Lamarck)、伊拉兹马斯 · 达尔文 (Erasmus Darwin) 等. 事实上, 几乎所有我们称之为达尔文主义的思想都可以在英国物理学家和人类学家普理查德 (J. C. Prichard, 1786—1848 年) 的著作中找到. 这些不同的概念一直相互作用着并与神学信仰相互影响, 数十年来互相竞争、斗争, 几经修改、组合和重新综合. 最终, 大发展的阶段到来, 神学体系瓦解倒塌, 日益高涨的科学解释的浪潮席卷大地.

　　这里, 新概念的综合再次同时出现在各自独立工作的两个人 —— 阿弗雷德 · 罗素 · 华莱士 (A. R. Wallace) 和查尔斯 · 达尔文 (Charles Darwin) —— 的神经系统中. 该事件的发生实属必然. 若达尔文早年夭折, 那么文化进程将会找到表现它的另一个神经媒介.

　　下面这个例子非常有趣, 因为达尔文用他自己的话生动描述了 "发现" (即思想的综合) 产生的过程:

　　"在 1838 年 10 月," 达尔文在他的自传手稿中写道, "即我开始系统探寻的十五个月后, 我碰巧为了消遣而阅读 '马尔萨斯的人口论', 那时我已做好充分准备去理解在长期观察动植物习性后所得知的到处都存在的生存斗争问题, 该文让我立刻意识到在这些环境中, 适应环境的变种容易被保留下来, 而不适应的变种会被淘汰. 其结果就是新物种的形成. 于是我最终得到了要研究的理论 ……" (强调是我们添加的).

　　这是一个极为有趣的启示. 在阅读马尔萨斯的著作时, 达尔文的脑子里充满了各种各样的观念 (即他被他出生和成长的文化环境所模化、塑造、驱动和装备 —— 很重要的一个方面是拥有足以过温饱生活的财产; 如果他不得不在某公司的 "会计室" 谋生的话, 今天我们或许拥有的是 "哈德森主义" 而不是达尔文主义了). 这些观念相互影响、竞争、排斥、强化和组合. 一个标有马尔萨斯名字的文化元素 (观点) 之特殊组合恰巧进入了这一情境. 马上出现了反应, 新综合形成了 —— "这里他最终得到要研究的理论". 达尔文的神经系统仅仅是文化元素聚集和形成新综合的场所. 并不是达尔文做了这件事, 而是达尔文碰巧遇上这件事.

　　这段有关生物学领域之发现的描述, 使人想起了亨利 · 庞加莱曾生动叙

述过的一则著名的数学发明轶事. 一天晚上, 在苦苦思索某个问题却毫无进展后, 他写道:[34]

"…… 不同于以往, 我喝了黑咖啡而不能入眠, 各种想法纷至沓来; 我觉得它们互相抵触直至逐对联结, 可以说是形成稳固的组合. 到第二天早上为止, 我已建立了一类富克斯函数的存在性 …… 我仅仅是花了几个小时将结果写下来而已."

庞加莱通过富于想象力的类比方法, 进一步从主观 (即神经) 方面阐述了文化的变化和发展过程.[35]他把数学思想想象成某种类似于 "伊壁鸠鲁的钩状原子. 在思维完全静止时, 这些原子是固定不动的, 可以说它们都挂在墙上". 没有形成组合. 但在思维活动时, 甚至在无意识的活动时, 某些原子 "从墙壁脱落并进入运动. 它们向空间的每个方向掠过 …… 就像气体的分子那样 …… 然后, 它们之间的相互影响可能会产生新的组合". 这只是对文化过程的主观方面的描述, 人类学家能对此进行客观描述 (即不涉及神经系统). 他可能会说在文化体系中, 各种特性之间相互作用和反作用, 消除了某些特性, 强化了另一些, 形成了新的组合和综合. 从人类学家的立场来说, 对于发明和发现的场所, 重要的不是大脑的质量, 而是在文化领域内的相对位置: 发明和发现更容易发生在文化中心, 发生在文化交互作用极其频繁的地方, 而很少发生在边缘、偏僻或闭塞的区域.

如果数学观念是从外部、从个人出生与成长所在地的文化支流进入单个数学家的头脑, 那就产生了一个问题: 一般的文化, 以及特别的数学文化, 最早起源于哪里? 它是如何产生并具备其内容的?

当然无须多言, 数学不是起源于欧几里得和毕达哥拉斯 —— 也不是起源于古埃及和美索不达米亚的思想家们. 数学是思维的产物, 始于大约一百多万年前人类和文化的开端. 诚然, 数学在悠远漫长的岁月中进展甚微. 我们在当今数学中依然能找到远古的文字出现以前的石器时代先民们所发展的体系和概念, 其残余还可以在如今的野蛮部落中找到. 十进制计数法就是源自于使用双手的手指. 玛雅天文学家的二十进制则源自于同时使用手指和脚趾. 计算 (calculate) 就是数小石子 (拉丁语 calculus), 即卵石. 直线 (line) 就是拉直的亚麻 (linen) 绳, 诸如此类.

---

[34] "数学创造", 载于《科学与方法》, 发表于《科学的基础》, 第 387 页 (科学出版社, 纽约和加里森, 1913 年出版).
[35] 同上, 第 393 页.

无可否认, 最初存在的数学想法是在个人神经系统中产生的. 不管怎样, 它们是极其简单和初级的. 要不是人类有能力将这些想法以符号形式表达出来并将它们传授给他人以便能形成新的组合, 而且这些新综合能在不断地互相作用和积累中代代相传, 那么人类就只能停留在数学的最初阶段而无法取得任何数学上的进步. 这个观点在我们对类人猿的研究中得到了证实. 它们相当聪明和灵活. 它们能很好地鉴别几何图形, 通过想象和洞察力解决问题, 还具有许多创造性.[36]但它们不能将它们的神经 – 感觉 – 肌肉的概念表示成明白的符号形式. 它们无法相互交流思想, 只能打手势, 即它们是用手势而不是用符号来交流. 因此, 这些想法不能在别人的思想中起作用以形成新的综合. 这些思想也不能以累积的方式代代相传. 于是, 每一代类人猿都是从上一代类人猿的开始处再重新开始. 既无积累又无进步.[37]

由于有清晰的发音, 人类有了更好的发展. 各种思想被置入符号形式并被给予明白的表达. 交流因而变得方便和灵活. 于是各种思想从外部冲击神经系统. 这些思想在这些神经系统中相互影响. 有些被淘汰了; 另一些则被强化了. 新的组合被形成; 新的综合被完成. 这些进展被依次交流给其他人, 传到下一代. 在一个相对短暂的时期内, 数学思想的累积超出了未受文化传统帮助的个人神经系统的创造范围. 从这个时候起, 数学的进步就是由已然存在的思想间的相互作用来产生, 而不是仅仅由人的神经系统创造的新概念来形成. 在文字发明以前的很长岁月中, 所有文化背景下的个人都有赖于其各自文化中的数学思想. 因此, 一个阿巴契印第安人的数学行为就是他对其文化中数学思想的刺激所做的反应. 对于尼安德特人以及古埃及、美索不达米亚和古希腊居民来说也是如此. 对于当今现代化国家的个人来说亦然.

因此我们看到, 数学思想最初是一百万年前当人类刚开始成为人时, 由人的神经系统产生的. 这些概念是极其粗糙的, 而且无论经过了多少代人的诞生与死亡, 未受文化传统帮助之人类神经系统永远无法超越它们. 正是文化传统的形成才让进步成为可能. 观念从一个人到另一个人的交流, 概念从

---

[36]参见沃尔夫冈·苛勒 (W. Köhler) 所著的《人猿的智慧》(纽约, 1931 年出版).

[37]参见莱斯利·怀特, "灵长类动物对工具的使用" (刊于《比较心理学杂志》, 第 34 卷, 第 369 ~ 374 页, 1942 年 12 月出版). 这篇论文试图表明, 人类具有高度发展且先进的物质文化, 而类人猿没有, 虽然类人猿也能技巧地、灵活地使用工具甚至能发明工具, 其原因在于人类会使用符号, 而类人猿不会.

一代到下一代的传承, 置入人类头脑 (即刺激他们的神经系统) 的一些思想, 通过相互作用形成新的综合, 新的综合反过来又传给他人.

最后, 让我们再回到哈代的某些观察, 以说明他关于数学实在和数学行为的观念是与我们这里介绍的文化理论相一致的, 而且事实上, 是可以被它解释的.

"我认为数学实在存在于我们之外,"[38] 他说. 如果他这里的 "我们" 指的是 "我们单个的数学家", 他是完全正确的. 它们确实存在于我们每一个人之外; 它们是我们生于其内的文化的一个部分. 哈代感到 "从某种意义上来说, 数学真理是客观现实的一部分,"[39] (此处强调是本文作者加的). 但他也将 "数学实在" 与 "物理实在" 区分开来, 并坚持 "纯几何不是 …… 物质世界时空实在的图像." [40] 那么数学实在的本质是什么呢? 哈代声称关于这一点 "无论在数学家中还是在哲学家中 …… 没有任何一致说法".[41] 我们的解释提供了答案. 数学确实具有客观实在性. 而这种实在, 正如哈代所强调的那样, 不是物质世界的实在. 但它一点儿也不神秘. 它的实在是文化上的: 就像礼仪准则、交通规则、棒球规则、英语语言或语法规则所具有的那种实在.

因此我们看到数学实在并无神秘之处. 我们不必到神的头脑或宇宙结构中去寻找数学 "真理". 数学同语言、音乐系统和刑法典一样是一种灵长类行为. 数学概念跟伦理价值、交通规则以及鸟笼一样是人创造的. 但是这并不是说 "数学命题存在于我们之外且具有客观实在性" 这样的观点是无价值的. 它们确实是存在于我们之外的. 它们在我们出生之前就已经存在. 随着我们成长, 我们在周围世界中发现了它们. 但这种客观性只是相对于个人而存在. 数学实在的所在地是文化传统, 即符号行为的连续体. 这一理论也阐明了数学的创新和发展现象. 思想在人们的神经系统中相互影响而形成新的综合. 如果这些神经系统的主人察觉到头脑中所发生的事情, 他们会如阿达玛一样称之为发明, 或如庞加莱一样称之为 "创造". 如果他们并不理解所发生的事情, 他们就称之为 "发现", 并且认为他们发现了外部世界的某种东西. 数学概念是独立于个人意识的, 但完全位于整个人类的意识, 即文化

---

[38]《一个数学家的辩白》, 第 63 页.

[39]《数学证明》, 第 4 页 (《思想》杂志, 第 38 卷, 第 1 ～ 25 页, 1929 年出版).

[40]《一个数学家的辩白》, 第 62 ～ 63 页, 第 65 页.

[41] 同上, 第 63 页.

之内. 数学发明和发现仅仅是在文化传统内以及在一个或多个神经系统内同时发生的同一件事情的两个方面. 在这两个因子中, 文化是更重要的; 数学发展的决定因素在这里. 人类神经系统只是使文化进程成为可能的催化剂.

第 19 部分*

消遣 · 谜题 · 幻想

---

*原书第 XXVI 部分, 本部分译者为王作勤.

奥古斯都·德·摩根

奥古斯都·德·摩根 (Augustus De Morgan) 是一位颇有声誉的数学家, 杰出而有影响的老师, 数理逻辑在英国发展的奠基人 (同乔治·布尔 (George Boole) 一起), 很多书籍的作者, 百科全书、杂志和学术期刊的孜孜不倦的投稿人. 他是宗教自由和言论自由的坚定倡导人, 是古怪知识、奇闻逸事、离奇乖张之观点、悖论、谜题和双关语的永不知足的收集者; 是藏书狂、机智善辩者、伪善与卑鄙动机的憎恶者, 是一位不够明智的、不受约束的、反复无常的、劳累过度的、讨人喜欢的、温和友善的和喜欢辩论的英国人. 德·摩根欣赏狄更斯 (Dickens), 憎恨乡村, 并且是 "合格的长笛表演者". 这些总结对他稍有不公正; 他甚至在数学家当中都是一个与众不同的人.

德·摩根于 1806 年出生在印度的马德拉斯邦, 他的父亲在那里受雇于东印度公司. 他早年在英国私立学校就读, 但他讨厌那里. 他在婴儿时期就有一只眼睛失去功能, 这使他羞怯和孤僻, 也使他遭到同学的作弄. 其中一个孩子 "偷偷走到他失明的那边, 将尖锐的铅笔刀对着他的脸颊, 突然大声叫他的名字. 德·摩根转过头时脸就撞上刀尖."[1] 他设法抓住并痛打那个专开这种玩笑的 "健壮的十四岁男孩". 他在那个时候, 以及之后的任何时候, 都不容许任何恃强凌弱者摆布他.

德·摩根在剑桥三一学院取得了优异的成绩. 他在数学能力上被公认为是远远超出同年级的任何人, 但他博览群书而拒绝全力以赴去进行必要的死记硬背, 导致他在数学荣誉学位考试中只拿了第四名. 这是他职业生涯诸多挫折中的第一个. 由于某些顾虑, 他反对签署剑桥大学当时要求的某些神学文件 —— 他自称是 "无组织基督教徒", 他未能继续攻读硕士学位, 也

---

[1] 索菲娅·伊丽莎白·德·摩根 (Sophia Elizabeth De Morgan),《奥古斯都·德·摩根回忆录》, 伦敦, 1882 年出版, 第 5 页.

失去了奖学金资格. 这条路对他关闭了, 于是德·摩根决定去学法律, 当进入林肯律师学院不久他就获悉他可能有机会在新成立的伦敦大学教数学. 在剑桥大学那些知道他的价值的顶尖数学教授们, 尤其是皮科克 (Peacock) 和艾里 (Airy) 的强烈支持下, 1828 年他被任命为后来成为伦敦大学数学学院的第一位数学教授. 在这个岗位, 除了中间中断五年之外, 他一共干了 30 年.

作为一名教师德·摩根是 "无与伦比的". 他的讲授如行云流水; 不像很多老师, 他希望他的听众不仅被教导, 而且要被激发兴趣. 他经常展现出 "机智的幽默" 以及他 "对学习上虚假知识和低端目标的彻底蔑视".[2] 他尤其反感竞争性考试, 绝不允许这种荒谬的做法出现在他的课堂上. 沃尔特·白芝霍特 (Walter Bagehot) 和斯坦利·杰文斯 (Stanley Jevons) 就是他众多后来很出名的学生中的两个.

在这短短的篇幅里, 就算只是列举一遍德·摩根在数学、哲学和随意的古文物方面的著作也是不可能的. 他在算术、代数、三角和微积分方面都出版了第一流的入门教材, 也写了概率论和形式逻辑方面的重要专著. 在他著名的《三角学和二元代数》中, 以及更大程度上在他的《形式逻辑》和在《剑桥哲学学报》的数篇研究报告中, 他考虑了建立逻辑微积分的可能性和以符号表达思想的基础性问题.[3] 他说 "每种繁荣过的科学都因其自身的符号而繁荣: 逻辑这门公认仅有的数百年来未有任何进步的科学也是唯一一个没有发展出符号的."[4] 他着手补救这个缺陷. 他对逻辑与纯数学之间的密切关系有深刻的鉴赏, 且认识到共同而非分别发展这些学科会产生如何巨大的发现. 虽然他自己在这个领域的成就不足以与乔治·布尔相比, 但他的逻辑学研究对启发新方向和激励他人进一步研究而言都是有高度价值的.[5]

以上提及的著作是德·摩根声望的基础; 但这只是他所有作品的一小部分. 他作为教授的收入尚不足以养活他的妻子、五个孩子以及满足他的藏

---

[2] 《英国名人辞典》; 关于德·摩根的条款.

[3] 费代里戈·恩里克斯 (Federigo Enriques),《逻辑学的历史发展》, 1929 年出版; 第 115 页, 第 117 ~ 118 页.

[4] 《剑桥哲学学会会刊》, 第 10 卷, 1864 年出版, 第 184 页.

[5] 布尔自认其研究受到德·摩根文章的影响, 而后者又毫不犹豫地表明在联合 "精确科学的两个伟大分支即数学与逻辑时, 在提升数学语言的威力方面, …… 最突出的结果" 是 "布尔博士的天才" 结果. 索菲娅·德·摩根, 同上, 第 167 页. 威廉·罗万·哈密顿 (William Rowan Hamilton) 爵士也毫不吝啬地将自己的工作归功于德·摩根, 说他的文章 "在找到四元数新数系的工作中引导和激励了他 (哈密顿)".《大不列颠百科全书》第 11 版; 斯坦利·杰文斯所写的关于德·摩根的条目.

书欲 (即使是有节制的). 他通过做家教, 提供保险咨询服务, 以及源源不断地向人物传略辞典、史学丛书、汇编作品集和百科全书等投稿来赚取外快. 在著名的小百科全书中, 他写了全部 850 篇文章中至少六分之一的文章. 他的主要领域涉及天文学、数学、物理学和生物学, 而他的主题从 "算盘" (两篇文章) 到 "托马斯·扬" 都有. 从 1831 年到 1857 年他每年都在《不列颠年鉴指南》上发表一篇文章, 其主题包括年代学、十进币制、人寿保险、目录学和科学史. 下面挑选的是 1872 年德·摩根死后出版的一本书《悖论集》的摘录. 该《集》是一系列文章、书信和评论的汇集, 其中大部分首次出现于《阅览室》杂志中. 悖论, 在德·摩根的特殊字义下, 指的是任何他在广泛阅读时偶尔发现的有关科学或科学家的古怪故事、小道传闻、精选的荒诞事例、各类谜题和双关语. 许多文章都涉及各类笨蛋想要化圆为方、三等分角或造永动机的企图. 该《集》是一本过时的书, 但有些材料很有趣. 所节选的摘录是那些更有名的史学条目.

　　德·摩根对于原则的坚守是值得被永远铭记的. 在他生命中几个关键性时刻, 他勇敢地放弃自我利益, 选择沿着荆棘之路前行而非改变自身信念. 在大学教书 30 年后, 他因一次自己并未卷入的宗教自由争端而辞去教授职务: 理事会拒绝任命一位一神论牧师来做逻辑学和哲学教授. 他写信给理事会主席说: "当我该离开学校时我没有必要去适应; 因为学校已经舍弃我了." 他拒绝了爱丁堡大学的荣誉学位, 说 "他感觉不像法学博士"; 他拒绝担任皇家协会成员, 因为那样 "太过曝光于社会影响之下" —— 在他那个时代的确如此. 也许他的一句话可以最好地阐释他的人生准则: "我充满希望和自信地把我的未来托付给万能的神; 给我们主耶稣基督的父神, 我在内心中信仰神之子但我还没有在口头上告解, 因为在我的时代这种告解只是在社会上得到更高地位的手段."

谜是不存在的.

若一个问题能被提出, 那它也能被解决.

—— 路德维希·维特根斯坦 (Ludwig Wittgenstein,《逻辑哲学论》)

疯子有疯子的快乐,

不足与外人道.

—— 约翰·德莱顿 (John Dryden)

他的姑母精神失常,

被关起来了.

—— 伊登·菲尔波茨 (Eden Phillpotts)

这些虽是疯话,

却有深意在内.

—— 莎士比亚 (Shakespeare)

1　各种各样的悖论

奥古斯都·德·摩根

数学神学

《基督教神学的数学原理》, 作者约翰·克雷格[1].
伦敦, 1699 年出版, 第 4 卷.

这是一篇著名的思辨, 已在海外再版, 回答是严肃的. 克雷格在微分学的早期享有盛名, 是一位优秀的数学家. 在假定对于历史证据的怀疑会随着时间的平方而增长的条件下, 他声称可以计算出基督教的佐证需要多久才

---

[1]约翰·克雷格 (John Craig 卒于 1731 年) 是一名苏格兰人, 但他大半生都在剑桥阅读与写作数学. 他努力将莱布尼兹的微分分析引入英国. 他的数学著作包括《求直线和曲线图像所决定面积的方法》(1685 年出版),《几何中曲边图形面积的数学准则》(1693 年出版), 以及《光线束的分析》(1718 年出版). [所选的批注均来自于大卫·尤金·史密斯 (David Eugene Smith) 所编辑的《悖论集》, 芝加哥, 1928 年出版. —— 编者]

会消失. 通过公式他发现, 如果口口相传的话, 它在公元 800 年就该消失; 但要是借助于书写记录, 它会持续到公元 3150 年. 在此期间他是根据问题 "当耶稣基督来时, 他能否在地球上找到信仰? " 来设定基督复临的 —— 该事件被推迟至佐证消失之时. 遗憾的是克雷格的理论并没有被采纳: 不然就可以省去关于世界末日的上百部专著, 后者并无比他更好的学识, 且其中很多已被事实证伪. 这些论著中最近的是 (1863 年 10 月) 一本证明路易·拿破仑 (Louis Napoleon) 是反基督教、反基督徒、第八首领等的小册子; 而当前的制度即将在 1864 年后结束.

　　为了正确评价克雷格这位在视快乐与痛苦的变化为时间的函数方面进行思索的人, 我们有必要记住在牛顿的时代, 力作为一种可被测量的量并遵守一定的变化律的观念还是非常新颖的: 同样地, 概率或者信仰作为可测量的对象的观念也是非常新颖的. 牛顿《原理》的成功, 使得很多人开始思索去将数量的概念运用于当时尚不能测量的其他事物. 克雷格模仿牛顿的书, 且显然认为他取得了进展: 但并非人人都能用参孙 (大力士) 的小母牛犁地.

　　克雷格很可能从伊斯兰教的作者们那里直接或者间接获得了提示, 后者对古兰经并非来自奇迹的争论给了回答. 他们说以基督教奇迹正日渐削弱为证据, 说明终有一天它们不再能使人确信它们是奇迹: 那时就有出现新的先知或其他奇迹的必要. 上述文字引自剑桥大学东方学家李, 而他几乎肯定没有听说过克雷格或他的理论. 这个塞缪尔·李 (Samuel Lee, 1783 — 1852) 正是那个语言学神童. 他十二岁时是个木匠学徒, 在学手艺时自学了希腊语. 在 25 岁之前他就会希伯来语、迦勒底语、撒马利亚语、波斯语和印度斯坦语, 后来成了剑桥大学希伯来语钦定讲座教授.

关于 π 的奇珍

　　著名的无尽小数 3.14159···, 即数学上被称之为 π 的数, 是圆周长与直径的比值. 但它还有成千上万的奥秘. 它不断在数学中出现: 要是算术与代数是在没有几何的情况下被研究的, π 也必然以某种方式出现, 虽然具体在什么阶段或者以什么名字出现必然是依赖于代数发现的因果关系. 这一点

在我们说 π 不过是如下无穷级数[2)]

$$1 - {}^1\!/_3 + {}^1\!/_5 - {}^1\!/_7 + {}^1\!/_9 - {}^1\!/_{11} + \cdots$$

之和的四倍时就很容易看到. 要是这么简单的级数只有一种形式就太好了. 如果这个数列只有一种情况的话就非常简单了. 事实上, 正因为我们的三角学是基于圆周的, π 才首次作为上述圆周与直径的比值出现的. 比如, 若深入研究了关于平均值的或然波动, π 本可以作为如下问题中完全不可或缺的数而出现: 掷六百万次骰子, 么点出现的次数在一百万加减 x 范围内的概率是多少? 我还没有详述所有这样的例子, 在其中悖论者以其个人的锐觉, 揭明数学探究的结果是不可能的: 事实上, 这一发现只是他的 "某事必然成立" 之悖论性陈述的一个附属物, 而且是必然的附属物. 逻辑学家开始发现马的概念与非马的概念是密不可分的: 没有后者, 前者也就不成为概念. 而显而易见的是, 正面肯定这个与数学证明相冲突的断言, 随着而来的不会仅仅只是一个说 "该证明是错的" 这个通常公开宣布的断言. 如果数学家对惩罚这种冒失感兴趣, 他将会编造一个宣称的结果把数学家绕进去以使得他的反对者看起来荒唐可笑.

　　三十多年前我有一个如今早已不在的朋友, 他是一位数学家, 但不是最前沿的那种: 他尤其对死亡率、人寿保险等相关的东西非常门儿清. 一天, 在向他解释该怎么确定 "在给定年龄范围的一大批人, 经过一段时间后依然存活之人数" 的可能性, 我不可避免地引入了 π, 对于该数我只能将之描述为圆周的周长与直径的比率. "哦, 我亲爱的朋友! 这一定是错觉; 圆跟一段时间后活着的人数有什么关系呢?" —— "我无法向你证明这一点, 但它是被证明了的." —— "啊, 伙计! 我以为你可以用你的微积分证明任何东西呢: 臆造的事物, 依赖于它." 我什么也没再说; 但几天过后, 我找到他, 严肃地告诉他我在开莱尔 (Carlisle) 表格中发现了人类死亡律的规律, 该表格是他高度赞

　　[2)]还有很多类似的无穷级数与无穷乘积. 其中包括如下很有意思的表达式:

$$\frac{\pi}{2} = \frac{2 \cdot 2 \cdot 4 \cdot 4 \cdot 6 \cdot 6 \cdot 8 \cdots}{1 \cdot 3 \cdot 3 \cdot 5 \cdot 5 \cdot 7 \cdot 7 \cdots},$$

$$\frac{\pi - 3}{4} = \frac{1}{2 \cdot 3 \cdot 4} - \frac{1}{4 \cdot 5 \cdot 6} + \frac{1}{6 \cdot 7 \cdot 8} - \cdots,$$

$$\frac{\pi}{6} = \sqrt{\frac{1}{3}} \left(1 - \frac{1}{3 \cdot 3} + \frac{1}{3^2 \cdot 5} - \frac{1}{3^3 \cdot 7} + \frac{1}{3^4 \cdot 9} - \cdots \right),$$

$$\frac{\pi}{4} = 4 \left(\frac{1}{5} - \frac{1}{3 \cdot 5^3} + \frac{1}{5 \cdot 5^5} - \frac{1}{7 \cdot 5^7} + \cdots \right) - \left(\frac{1}{239} - \frac{1}{3 \cdot 239^3} + \frac{1}{5 \cdot 239^5} - \cdots \right).$$

扬的. 我告诉他该规律涉及这种情况. 拿出期望寿命表, 任选一个年龄, 取其期望值, 然后取它最近的整数作为新的年龄, 重复以上过程, 依此类推; 无论你从哪个你喜欢的年龄开始, 你最终都会结束在这样一个位置, 该年龄等于, 或最接近等于其期望值. "你不会是说这总会发生吧?" —— "试一下." 他试了一遍又一遍; 发现和我说的一样. "这的确是个有趣的现象; 这是一个发现." 我本应该让他去鼓吹生命规律: 但我只是满足于告诉他, 无论什么图表, 只要其第一列是上升的而第二列是下降的, 相同的事都会发生; 而若一个精通高等数学的人想要臆造一个东西塞给他, 他根本不需要使用圆, 正如法国谚语所说: 对付一个海盗, 需要成为一个半海盗.[3]

旧式数学会社

思索之扩散的最非凡的证据之一是数学会社. 它兴盛于 1717 年到 1845 年间, 其主要活动地是斯皮塔佛德, 而我觉得其存在大半发生于克里斯潘街道. 它起初是一个普通的社团, 与勤奋的工匠有关. 成员们每周会面讨论一次; 而如果我没有记错的话, 他们都有自己的兴趣、自己的专长和自己的问题. 他们的一个古老规矩是, "如果在激烈的讨论或争辩过程中, 有人过于忘形也忘记了对会社的敬意, 而威胁或者攻击其他成员的话, 他将会被驱逐或处以罚款, 其数额由在场的大部分成员决定." 但是他们最著名的规则, 被以大字印于他们最后一本准则之书的扉页上: "根据会社的章程, 如果一个成员被其他成员问及关于数学或者哲学的问题, 他有责任以最平白和简单的方式来向讯问者说明." 我们将马上看到, 在古老的年代, 这个规则有着更加质朴的形式.

有人告诉我说棣·莫弗[4]也是这个会社的一员. 我无法证实这一点: 从他的境遇上看似乎不可能; 尽管法国难民扎堆在斯皮塔佛德; 他们中有很多人是会社的一员, 甚至从一定意义上来说会社就是他们建立的. 但是多兰德[5],

---

[3] "以其人之道, 还治其人之身."

[4] 亚伯拉罕·棣·莫弗 (Abraham de Moivre, 1667—1754), 居于伦敦的法国流亡者, 贫穷但依然在困境中做研究的人, 在某些方面跟德·摩根神似. 比如, 他也是一个爱书之人, 而且他也跟德·摩根一样对概率论颇有兴趣. 他将虚数引入了三角学, 这是数学史上的大事件之一, 而以他的名字命名的定理, $(\cos\phi + i\sin\phi)^n = \cos n\phi + i\sin n\phi$, 是分析学中最重要的定理之一.

[5] 约翰·多兰德 (John Dolland, 1706—1761), 丝绸纺织工, 后来成为他那个时代最伟大的光学仪器制造者.

托马斯·辛普森[6]，桑德森[7]，克罗斯利 (Crossley)，以及其他一些有名的人无疑都是成员. 数学会社逐渐衰落，到 1845 年减少至只有 19 名成员. 此时一项协议被达成，根据该协议，这些成员中的 16 名还不在天文协会中的人直接成为会员而无须贡献，而旧会社的所有书籍和其他财产则被转移到新协会. 我曾经是对此做初步探究的委员会成员，而该衰落的原因也很快就清楚了. 唯一可能出现的问题是由工匠组成的会社之成员 —— 这点仍在继续 —— 能否符合各方都认可的天文协会会员条件并且是有教养的阶层的一员. 我们发现工匠阶层已经绝迹多年，就教育、习惯、地位而论没有一个人 (虽然不是完全不可能) 是通过正常的途径成为会员. 事实是在斯皮塔佛德的生活越来越艰难: 纺织工仅能勉强糊口，无暇进行脑力劳动. 旧会社的物质基础不再存在.

会社在 1798 年举办了一些实验性演讲，在门口处收取少量的进场费: 门上挂了一个故事 —— 以及一首歌. 很多年后，我在一位已过世朋友 (他肯定与数学会社毫无关系，一生都在离伦敦很远处度过) 的书信集中发现了一首歌，其标题是 "伦敦的数学会社所唱的歌，在弗莱彻先生 (一名为会社免费辩护的律师) 的晚宴上". 天文学会助理秘书长 (前数学会社秘书长) 威廉姆斯先生还记得数学会社会员中确实有一名叫弗莱彻的律师. 很多年之后我才想起来我的老朋友本杰明·冈珀茨[8]长期以来一直是其成员，关于这件事也可能有些记忆. 下面就是他写的一封信 (1861 年 7 月 9 日) 的节录:

"就数学会社而言，我年仅 18 岁时就是其成员 [冈珀茨先生生于 1779 年]，这一点违反了规则，在 21 岁以下就被选入了. 我之所以成为该会社成员 —— 然后继续作为成员一直到它并入天文学会，那时候我是会社会长 —— 是因为: 我碰巧路过一个书商的二手书小店，店主是一位贫穷的裁缝，同时也是位优秀的数学家，约翰·格里菲思 (John Griffiths). 我非常开心能遇到数学

---

[6]托马斯·辛普森 (Thomas Simpson, 1710 — 1761)，也是一个纺织工，于纺织的闲暇在斯皮塔佛德教授数学. 他的《流数新论》(1937 年出版) 是他在伦敦开始工作仅仅两年后写的，而六年后他被任命为伍尔维奇的数学教授. 他写了很多关于数学的书籍，而用于计算三角函数表的辛普森公式至今仍出现在教科书中.

[7]尼古拉斯·桑德森 (Nicholas Saunderson, 1682 — 1739)，盲人数学家. 他在仅仅一岁时就因为天花而失去了视觉. 在 25 岁时他开始于剑桥讲授牛顿哲学原理. 他的两大卷《代数学》在很长时间内一直是该学科的权威专著.

[8]本杰明·冈珀茨 (Benjamin Gompertz, 1779 — 1865) 作为一个犹太人被排除在大学教育之外. 他私下学习数学，最终成为数学会社的会长. 德·摩根因同行对其知之甚深，因为他在保险精算方面有杰出工作.

家, 于是我问他能否教我些东西; 他的答复是我更加足以教他, 因他是一个数学家会社的成员, 他可以介绍我入会. 我接受了他的提议, 被选上了, 然后需要教很多学者, 因为会社的规则之一是, 如果有人寻求知识, 而且问了任何一个可以告诉他该知识的人, 后者就有义务教他, 否则将被处以一便士的罚款. 虽然我可以说出很多关于会社的有意思的事情, 但在这里我将只是回答一下你的问题. 我非常熟悉弗莱彻先生, 他是非常聪明且精于业务的人. 作为一名律师, 他确实在一场针对会社的诉讼中为会社辩护, 该控告人就会社对公众作的有关哲学题材的演讲而向会社索赔 5000 英镑 [因为这是一种未经当局核准的公众展示, 但却在门口收费了]. 我记得进场费是一先令, 而如果我没记错的话我们一般有两百到三百位来宾. 弗莱彻先生辩护成功了, 于是我们摆脱了麻烦. 事后有次募捐来酬谢他的帮助, 但他拒绝任何形式的酬劳: 于是我想正如你所说, 我们请他吃了顿晚饭, 大家都很开心; 毫无疑问唱了天文学歌曲和其他歌曲; 但我记不起天文学歌曲是不是祝酒歌. 我记得由那次诉讼引起的焦虑导致某些会员的退出. [无疑他们因无知而犯法了; 而根据他们所称的总数, 控告人肯定曾要求对他能证明所收取的每个先令都进行罚款.]"

我无法保证我下面要给出的歌曲就是在那次晚餐时所唱的: 我怀疑, 根据整串事件的完整性, 一定有所增加. 我那过世的朋友只不过是稍微添加了一些诗句, 或者在传到他手上之前就已经添加过了, 或者在我朋友死后, 被加过诗句的片段又几经周折才传到我这里. 然而, 我们依然可以确信原始版本大体上是含在下面所给的歌词里的, 且特色也是保留了的. 我自己也时不时地通过推测来修补因滥用而引起的缺陷.

天文学家的祝酒歌

无论谁想探索星空
　　将其秘密全部揭明, 先生,
他都应该举起酒盅
　　一杯接着一杯也行, 先生!
真正的美德是中庸
　　男人总要长醉不醒, 先生;

这两句谚语放心中

    他该每天喝上一瓶, 先生!

伟大圣贤阿基米德

    知他之人万里遥远, 先生,

纸上问题深奥难测

    发现球的弯曲表面, 先生:

他让自己声名显赫

    然后写下美丽摆线, 先生,

若他知悉现代快乐

    他必一瓶美酒每天, 先生!

托勒密在很久以前

    认为地球静止不走, 先生,

他本不会断此错言

    若他没有痛饮个够, 先生:

他将发现地球是圆

    并且还有箴言出口, 先生,

正确方式去做调研

    乃是每天喝一瓶酒, 先生!

学识渊博如哥白尼

    是其祖国骄傲榜样

葡萄美酒刷新视力

    然后看到地球旋转

描述每个行星轨迹

    月亮运行在轨道上, 先生;

他从自然得此真理

    因他日日瓶中喝光, 先生!

高贵第谷安星置辰

星星辰辰各就其位
因无鼻梁火星不准[9)]
　　这也无损他的光辉
　　若他也曾丢失口唇
　　　保证他会沮丧心灰, 先生;
他知他所想要力争
　　　只是每天喝上几杯, 先生!

冷水不会歪打正着
　　大脑正在思考神秘
小酌让开普勒智高
　　才着迷于正多面体
他的美酒改变和谐
　　　无赋扫过一片面积, 先生,
面积随着时间更迭
　　　每天一瓶进行位移, 先生!

可怜伽利略被出卖
　　在宗教裁判所之前
它确实在动绝不改
　　是他给他们的答言
无论你能证明何事
　　　地球依然还在运行, 先生;
我将移动你的牙齿
　　　因为我要每天一瓶, 先生!

伟大牛顿从未败失
　　　无论蠢材如何抓头, 先生;

---

9)他在一场同曼德鲁·帕斯伯格 (Manderupius Pasbergius) 的决斗中被砍掉了鼻梁. 他的同时代人劳勒斯 (T. B. Laurus) 暗示说他们是为了确立谁是最好的数学家而决斗! 这看起来很古怪, 因为要记住他们是在黑暗中决斗的, "在浓浓的黑暗中"; 而在黑暗中怎样削掉鼻子却不造成别的伤害是一个很有意思的问题. —— 德·摩根注.

虽然有时废寝忘食

　　但他从未忘记喝酒, 先生:

笛卡儿只喝柠檬水[10)]

　　打败他是轻松战斗, 先生;

牛顿的首个进展是

　　每天都有一瓶入口, 先生!

达朗贝尔、欧拉以及克莱罗

　　我们知识因之大增, 先生,

依然还有很多事情尚未去做

　　难道他们能喝一升, 先生!

拉格朗日、拉普拉斯同长大

　　而他们俩常常嘟哝, 先生,

那些不是傻瓜的启蒙哲学家

　　会每天把瓶子喝空, 先生!

天文学家如何帮助

　　彼人对我中伤诋毁

实验从来不会失误

　　只要你用这种设备

让其优点广泛传播

　　记住我的全部说辞, 先生;

公平科学照耀寂寞

　　他会一瓶只喝一日, 先生!

那些嘲弄不需顾虑

　　通过这个我们发现, 先生,

我们进餐要有规律

　　只为一年多喝一点, 先生:

[10)]曾被告知的一个同样著名的谎言: 但在 1800 年代对牛顿的恭维中若不嘲弄笛卡儿, 会让人觉得结构不平衡. —— 德·摩根注.

> 选好你的钟摆之后
> 　　你将不再东寻西找, 先生,
> 除非你能喝它个够
> 　　每天一瓶不能再少, 先生!

旧的时代已经改变, 旧的方式不复存在!

现在有了新的数学会, 而在写本文的时候 (1866 年), 我是其首位主席. 我们盛产最新发现, 有望在科学机构中占有一席之地. 本杰明·冈珀茨这位灭亡的旧会社主席是新旧团体的纽带: 他在去世前是我们的一名成员. 但除了水之外在我们的会议中没有出现过一滴酒: 我们所有的重要事情都是符号的跳舞; 而且我们不夸大. 而对于沉默寡言或者晦涩科学, 也不会有一便士的罚款; 至于唱一首歌, 绝无可能!

关于某些哲学无神论者

上个世纪哲学无神论者的整体走向是认为上帝这个概念是一种假设. 还剩下一种公认的可能性即模糊的某物被通过个体的、智慧的或者主管的特征以多个名字命名. 因其作品的原因拉普拉斯有时被称为是无神论者, 但从他的著作中我们无法得到该推断: 除非尊敬的皇家学会会士确实是由蠢人持有, 这些蠢人在其内心深处发问, 他投到《皇家学会哲学会刊》的稿件是否比不上《自然》杂志. 下面一则轶闻在巴黎是众所周知的, 但从未被完整地记录下来过.

拉普拉斯曾走形式地将他的 "宇宙体系论" 的某个版本献给第一执政官, 即拿破仑君王. 有些小丑曾告知拿破仑这本书完全没有提到上帝, 而拿破仑又很喜欢向人提出促狭的问题, 于是拿破仑拿到这本书的时候问道: "拉普拉斯先生, 有人告诉我说你写了这么一本关于宇宙的长篇巨著, 但是你却甚至没有提及造物主." 虽然拉普拉斯在政治上善于逢迎, 但在其哲学观点或信仰上却像殉道者一样生硬死板 (例如, 即使在查理十世时期他也从未掩盖他对教士的厌恶). 他直起身来坦率地回答道: "我不需要这个假设." 拿破仑大为所赞, 将这个回答告诉了拉格朗日, 拉格朗日也大呼: "啊! 这是一个很好的假设; 它解释了很多事情."

大家常说拉普拉斯的临终遗言是 "我们知道的东西是有限的, 我们不知道的东西则是无穷的." 这看起来像牛顿的 "海边拾贝遗言" 的拙劣模仿: 下面是准确的记述; 我是从泊松 (Poisson) 那里间接得知的. 在《天体力学》第五卷出版后 (1825 年), 拉普拉斯越来越虚弱, 随之而来的是常常冥思、出神. 他思考了很多有关存在的伟大问题, 经常喃喃自语, 这一切到底是为什么! 在病情经历多次反复之后, 他最终只能长期卧床, 以至于他的家人只能联系他最喜欢的学生泊松, 以期可以知道他最后想说的话. 泊松拜访了拉普拉斯, 寒暄了几句之后, 泊松说: "我有一个好消息告诉你, 在经度局他们刚刚收到一封来自德国的信, 信中宣布贝塞尔 (M. Bessel) 通过观察已经验证了你的关于木星卫星的理论发现." 拉普拉斯睁开双眼, 非常庄严地回答到: "人只追求虚幻." 他再也没说话, 卒于 1827 年 3 月 5 日.

这两位伟大的几何学家所说的话也证实了我之前所说的: 除了墨守万物本性之成规以外, 其他至高的具有指导性的智慧都是一种假设. 对于支配力量的绝对否定并不在高级哲学家的计划之内: 只有一些小鱼小虾才会这么做. 声称某碍手碍脚之事物不存在, 这样一个圆滑的断言是某类思想的避难所: 但它只在主观事物上才能取得成功; 客观事物则会抵抗. 一个特定等级的哲学家对着向他靠近的警察试试这招: 我否定你的存在, 他说; 但我仍然出现了, 警察答道.

欧拉笃信上帝. 下面一则故事出自于迪保尔特 (Thiébault), 见他的书《追忆柏林二十年》, 此书大约出版于 1804 年, 那时他年事已高. 这本书一般认为是值得信任的; 而马歇尔·摩伦道夫 (Marshall Mollendorff) 在 1807 年告诉巴萨诺公爵 (Duc de Bassano) 说这是一本由最诚实的人写的一本最真实的书. 迪保尔特说他本人并不知道这个故事的真实性, 但在整个北欧大家都相信它. 狄德罗 (Diderot) 受女皇的邀请拜访俄国宫廷. 他畅所欲言, 向宫廷内的年轻官员们讲述了许多生动的无神论观点. 女皇非常高兴, 但是她的一些顾问建议可能需要去检验一下他的教义. 女皇并不想直接就让她的客人封口, 所以就有了下述计划好的情节. 狄德罗被告知有一位博学的数学家能够从代数上证明上帝的存在, 要是他想听的话, 可以在全体皇室面前告诉他. 狄德罗欣然同意: 不过这位数学家的名字并没有告诉他, 是欧拉. 欧拉走到狄德罗面前, 然后以一种完全确定的语气庄重地说道:

$$\text{先生,} (a + b^n)/n = x, \text{因此上帝存在. 答毕!}$$

对于狄德罗而言代数过于晦涩难懂, 这让他感到尴尬和不安, 引起了周围人的阵阵笑声. 他请求立刻回法国, 并且被批准了.

π 的著名近似值

以下是来自《英文百科》(*English Cyclopeadia*) 中艺术表的一段摘抄:

"1853 年, 威廉 · 尚克斯 (William shanks),《对数学的贡献, 主要包含对圆直至表中 607 位的修正》, 1853 年出版于伦敦. (圆的面积.) 这是一个表格, 因为它列举了直至 527 位小数之庞大计算的附属步骤和结果: 余下的只是在印刷时加上去的. 例如, 第一步是计算 601.5^{601} 的倒数; 其结果也被给出来了. 描述这些结果总共用了 87 页. 作为计算时的零碎副产品, 尚克斯先生还算了纳皮尔对数的基数值, 以及该基底下精确到 137 位的 2, 3, 5, 10 的对数值; 以及精确到 136 位的模数 0.4342 …… 的值; 还有 2 的 13 次方, 25 次方, 37 次方直至 721 次方. 这些大段的计算 —— 最起码我们现如今这么说 —— 在若干方面非常有用: 它们不仅证明了这种或那种计算技术在效率和精确度上的有效性, 它们也证明了整个社会在技巧和勇气上的提升. 我们提到整个社会: 我们完全相信时常在报纸上出现的巨大萝卜, 充分说明了萝卜整体上在长得更大, 而其整个产量也变高了. 所有熟悉面积历史的人都会意识到, 能算出来的 π 小数点后位数的增加象征着一般计算能力的提升以及面对繁杂计算时勇气的上升. 以下是两个不同时期的对比. 在科克尔的时代, 学生被教导通过口中念叨下面这样的语句来做普通减法: '4 减 7 不够, 但加上 10 后, 从 14 里减 7 还剩 7, 记下 7 并进 1; 8 加上进的 1 等于 9, 2 减 9 不够, 等等.' 我们面前有下面这个表格的公告, 没有标明日期, 在西德纳姆的水晶宫受公众阅览, 由两幅长 7 英尺 2 英寸, 宽 6 英尺 6 英寸的图表组成: '数字 9 被一直算到了 912 次元, 加上之前的次方, 所包含的数字 9 共有超过 73000 个. 而上述事实的证明含有超过 146000 个数字. 住在伦敦民辛巷的塞缪尔 · 范考特 (Samuel Fancourt), 在 1837 年他 16 岁时完成了这些计算. 注意: 整个运算仅使用了简单算术.' 这位年轻人采用连续平方 2 次幂, 4 次幂, 8 次幂, 等等, 一直到 512 次幂来计算, 并通过除法加以证明. 而用 9 乘 511 次, 要是使用简便方法 (即将 9 换成 10 — 1), 将会使计算简单很多. 该公告的背面给出了 2 次幂, 32 次幂, 64 次幂, 128 次幂, 256 次幂和 512 次幂. 计算 2 的幂有很多目的. 在其著作《自然艺术的万有魔法》(四卷本, 1658 年出版于赫比波力) 的第二卷中, 耶稣会会员加斯帕尔 · 肖特 (Gaspar Schott) 发现, 基于某些神的魔力方面的理由, 圣母玛利亚的恩典度正好是 2 的 256 次幂. 不管他的数据是否正确地描绘了他宣布的结果, 他无疑是算对了, 我们只要跟尚克斯先生的数据做个对比就能发现这一点."

关于尚克斯先生的 π 的 608 位数字, 有一点引起了人们的注意, 虽然是不应得的. 大家可能会预期, 在这么多数字中, 九个数字和零应该各出现大约相同多次; 即每个数字应该出现 61 次左右. 但事实是这样的: 3 出现了 68 次; 9 和 2 各出现了 67 次; 4 出现了 64 次; 1 和 6 各出现了 62 次; 0 出现了 60 次; 8 出现了 58 次; 5 出现了 56 次; 而 7 仅仅出现了 44 次. 这样一来, 要是所有的数字都是同样相似的, 抽取 608 个数字, 数字 7 出现最可能的平均数 (即 61 次) 之可能性与出现 44 次或者 78 次的可能性之比是 45 比 1. 那么肯定还有其他因素使得数字 7 被剥夺了公平分配的次数. 只有一个数字被不公平对待了, 很难相信这只是一次意外; 而那个数字就是神秘的数字七. 如果算圆周率之人和信奉启示之人愿意把脑袋凑在一起, 直到他们就此现象达成一致的结论, 而且在他们意见一致之前不公布任何东西, 那他们将会为他们这类人赢得感激之情. —— 我错了, 应该会引起金字塔推理家的兴趣. 我的朋友皮亚兹·史密斯 (Piazzi Smyth) 教授的一个笔友注意到 3 是出现频率最高的数字, 而 $3^1/_7$ 则是简单数字中最接近 π 的近似值. 史密斯教授关于埃及的言论是高度自相矛盾的, 在费了大量的口舌后, 才让那些没听过这些悖论的人接触到它. 史密斯教授倾向于看到某些他的理论在这些现象中得到确认.

霍 纳 算 法

霍纳算法[11]最初出现于剑桥, 于 1820 年被公布. 我记得当我第一次造访剑桥 (1823 年) 的时候, 我在谈话中听我的导师说, 解方程的正确方法无疑是在几年前发表于《哲学学报》的方法. 我很惊讶没人教过这个, 但推测它属于高等数学. 霍纳本人也是这样认为的: 而且在一定意义下这是对的; 因为所有低级的分支都是属于高级的; 但他会被告知, 霍纳, 不是欧洲后裔, 而且他的发现中最具特色的部分其实是已经被名气不大的婆罗门、鞑靼人、前诺亚人 —— 随你想说谁都可以 —— 所发现, 因为后者设计了如何开平方根.

---

[11]一种逼近代数方程实根的算法. 其发明者是威廉·乔治·霍纳 (W. G. Horner, 1773 —— 1827), 但据说该方法在 13 世纪就已经为中国数学家秦九韶所知. —— 编者

　　在我听到剑桥导师展示霍纳算法正确性的大约二十多年后, 我的一位进入剑桥的学生被他的大学导师要求解某个三次方程 —— 一个两位数的整数根. 通过霍纳算法, 一分钟过程后答案就出来了. 导师非常惊讶, "怎么可能! 这肯定不对." "这就是答案, 先生!" 我的学生高兴地回答到, 因为他不仅知道霍纳算法, 更知道该算法在剑桥的评价. "是的!" 该导师说到, "这个当然是答案; 但显而易见三次方程不能用这么短的篇幅去解." 然后他坐下来, 演算了大约十分钟左右, 然后心满意足地说: "瞧! 这才是解三次方程的方法!"

　　我认为除了乡村风琴手外, 这样的导师不会有第二个了. 风琴大师在圣歌时来到风琴台上, 要求风琴手让他来演奏散会曲, 风琴手答应了. 在结束时, 这个外地人开始了一场即兴演奏, 使得大家都竖着耳朵听, 想知道是谁进了风琴台; 他们继续留在位置上, 享受着这难得的乐事. 当风琴手看到这个现象后, 他立即把这位闯入者赶下凳子, 并且说道: "你这样演奏是没法让大家离开教堂的." 然后他又开始了自己的嘤嘤音, 而集会人也开始安静地离开了. "瞧," 风琴手说: "这才是送别他们的方式."

布丰投针问题

　　被称之为机遇或者赌运气的那些悖论, 自身就可以组成一本小书. 所有人都知道长远来看有平均值; 但大部分人都惊讶于该平均值需要被计算和预计. 有很多有名的例子可验证这一点; 其中之一跟圆周率有关. 下面我来稍微谈谈这个. 将一枚钱币一次又一次地抛出, 直到正面朝上为止, 这个不用经过太多次就可以达到: 我们把这个过程称为一个集合. 于是, H 是最小的集合, TH 是次小的, 然后是 TTH, 等等. 为简略起见, 我们将出现正面朝上之前有七次反面朝上的集合记为 T^7H. 在大量次数的试验所产生的集合中, 大约一半会是 H; 大约四分之一是 TH; 大约八分之一是 T^2H. 布丰[12]试了 2,048 个集合; 还有一些人重复了他的试验. 如果我把所有结果都给出来, 将趋于阐明一般原理; 即多次试验将确信无疑地显示出对理性思索所预言之平均值的逼近 —— 且试验的次数越多, 逼近度就越高. 下面第一列是理

---

[12]乔治 – 路易 · 勒克莱尔 · 布丰 (Georges Louis Leclerc Buffon, 1707 年 — 1788 年), 知名生物学家. 他也做了透镜点火实验, 其结果出现在他的《镜子远距离燃烧的发明》(1747 年). 此处所引的可能是他的《平坦瓷砖游戏中问题的解决》(1733 年). 跟他的巨著《自然史》(36 卷, 1749 年 — 1788 年) 所带来的声望相比, 他翻译牛顿关于流数的声望就完全相形见绌了.

论上最可能的数值; 下一列是布丰的结果; 后面三列是我的通信者的试验所
给出的结果. 每种情况下试验总数都是 2,048.

H	1,024	1,061	1,048	1,017	1,039
TH	512	494	507	547	480
T^2H	256	232	248	235	267
T^3H	128	137	99	118	126
T^4H	64	56	71	72	67
T^5H	32	29	38	32	33
T^6H	16	25	17	10	19
T^7H	8	8	9	9	10
T^8H	4	6	5	3	3
T^9H	2		3	2	4
$T^{10}H$	1		1	1	
$T^{11}H$			0	1	
$T^{12}H$			0	0	
$T^{13}H$	1		1	0	
$T^{14}H$			0	0	
$T^{15}H$			1	1	
&c.			0	0	
	2,048	2,048	2,048	2,048	2,048

于是, 在很多种试验中, 我们可能会依赖于某种类似于预期平均的东西.
反之, 从很多次试验中我们也可以猜测平均大概是多少. 例如, 在布丰的试
验中, 总共 2048 次第一掷, 其中有 1061 次第一掷是正面朝上: 即使我们还不
知道等概率的原因, 像掷 2048 次中间出现 1061 次正面朝上, 从长远看, 我们
也有理由推断出真理是 2048 次中应该出现 1024 次正面朝上. 下面我们来谈
一下用这种想法来导出一种仅仅用掷硬币游戏就能算出圆周率的方法, 该
方法所得结果比我的很多悖论中所得到的结果还要更精确. 这种方法是这
样的: 假设在通常的木地板上, 木板间有很细但清晰可见的接缝. 假设有一
根细细的直棒, 或者金属丝, 其长度比木板的宽度要短. 这根木棒被随意地
抛掷, 掉到地上后要么完全不碰到接缝, 要么横跨某条接缝. 布丰, 以及他之
后的拉普拉斯, 都证明了如下事实: 做很多次抛掷之后, 木棒跟接缝相交的

次数占总抛掷次数的比例, 正好等于两倍直棒之长度跟以木板宽度为直径的圆之圆周长的比值. 在 1855 年阿伯丁的安布罗斯·史密斯 (Ambrose Smith) 先生用长度为板间距五分之三的直棒做了 3204 次试验: 结果是出现了 1213 次明显的相交, 还有 11 次是不易辨别的接触. 不妨把这 11 次中算一半的相交, 那么我们就得到了 6 比 5π 之比值的一个近似, 即 $1218^1/_2$ 比 3204, 因为我们假定这么多次试验将会给出一个接近最终平均值的结果, 即最后的结果: 该比值给出了 $\pi = 3.1553$. 如果所有 11 次接触都算相交的话, 那么结果就是 $\pi = 3.1412$, 非常接近于真实值. 我的一个学生用长度介于接缝间距的直棒做了 600 次试验, 得到了 $\pi = 3.137$.

这种方法令人难以置信, 直至它被重复了很多遍, 以至于 "对此再也没有任何疑问".

第一种试验强有力地表明了如下理论的正确性, 该理论已被实践充分地证实了: 只要我们做足够多次试验, 任何可能发生的事情总会发生. 谁能保证连续仍出八次反面朝上? 然而, 在上述 8192 个集合中出现了 17 次连续 8 次反面朝上; 有 9 次连续 9 次反面朝上, 有两次连续 10 次反面朝上; 连续 11 次反面朝上和连续 13 次反面朝上各有一次; 还有两次连续 15 次反面朝上.

一个多维的传奇

　　大约六十年前, 尊敬的文学硕士, 神学博士, 伦敦城市学校校长埃德温·艾伯特 (Edwin A. Abbott), 出版了一本小书, 即题目为《平面国》的数学小说. 这本小说于艾伯特而言就如《爱丽丝漫游仙境》于尊敬的查尔斯·路德维希·道奇森 (Charles Lutwidge Dodgson) 一般. 艾伯特是公认的古典文学专家, 他深受好评的的著作包括《通过自然到基督》,《纽曼大主教的国教徒生涯》以及教化意义不那么重但却更加实用的《如何区分词类》. 他出版的著作数超过 40 部, 但我敢说,《平面国》是唯一没有被遗忘的. 而且即使对此大家也看法不一.

　　《平面国》有一个副标题 "一个多维的传奇", 这是一个合理的描述. 这本书描写了一个二维世界, 即平面, 栖息于此的智慧生命 "没有能力去感知外部世界, 也没有办法离开他们所居住之表面". 平面国的人都是小小的平面图形, 每个人的具体形状取决于他的社会地位. 处于社会最底层的妇女是直线; 士兵和 "最低级工人" 是三角形; 中层阶级是等边三角形; 专业人士和绅士是正方形 —— 诸如此类按照多边形的阶梯上升, 一直到神父阶层, 其成员因为边数如此之多而边长又如此之短, 以至于其形状和圆并无二致. 这个故事是 "一个正方形" —— 我假定就是艾伯特博士 —— 以第一人称叙述的. 有一天他很不幸地被来自三维国度的 "圆球" 突然造访了. 当然, 在平面国, 圆球也只能被看作是圆, 当圆球穿越平面时是先 (从一点开始) 变大, 然后再变小直至最终消失. 圆球造访了很多次并停留了足够长的时间, 以向 "正方形" 描述空间国的各种奇观, 并使之意识到局限于平面国内的不幸. 最后, 这位闯入者又带着这位平面国人去三维空间旅行. 当主人公回去后, 他迫切地向其他人说明新揭示的三维理论, 但立即被神父指控为异教徒, 判处 "终身监禁", 然后关进了监狱. 幸运的是, 在那里故事就结束了.

在其刚刚问世时,《平面国》就以其形形色色的新闻评论而闻名. 我的那本书是 1941 年重印版, 其布满灰尘的书皮上记载着各种见解, 如 "极度滑稽的" "非常乏味的" "盈篇累牍的" "使人昏睡的"; 此外还有 "绝妙的" "令人惊艳的" "开阔眼界的", 以及 "和《格利弗游记》相比毫不逊色的". 我认为所有的评价都是正确的, 除了如下个别极端分子外: 艾伯特的奇思妙想并不是没有意义的, 但也不能把他和尊敬的斯威夫特 (Swift) 相提并论.《平面国》太长, 它的大多数笑话并不有趣, 它的说教非常无聊. 但它是基于原创想法的, 不是没有吸引力, 且启发了可应用到相对论的某些值得注意的预示性比拟.[1]这里我所选的内容可以让人体会到整本书; 如果大家希望知道得更多, 此书现在仍在出版.

---

[1] 1920 年 2 月 12 日,《自然》(英国著名科学杂志) 刊登了一封匿名信, 题目为 "欧几里得、牛顿和爱因斯坦", 引起了大家对《平面国》里的预知特征的注意. 我来引述其中几行话: "[艾伯特博士] 请读者 —— 大家对三维空间都有感知 —— 想象一下一个圆球下落到平面国上并穿过它. 平面国居民会如何看待这个现象呢? …… 他们的感受将会是一个圆形的障碍物逐渐膨胀或者增长, 然后又收缩, 而他们将会把这个归因于随时间的发展, 虽然这其实只是三维空间的外部观测者在第三维方向进行活动造成的. 按此类推, 四维空间的运动在穿过三维世界时也类似. 假定宇宙的过去和未来都能在四维空间进行描述, 从而可以被任何对四维空间有感知的人所认识. 如果在我们三维空间内有涉及四维空间的运动, 我们所感受过且归因于时间流的所有变化都简单地归因于这些运动. 所有的过往和未来都会在第四维度里一直存在着." (见 1941 年版《平面国》一书里由威廉姆·加尼特 (William Garnett) 所写的引言.)

想象力是一种微弱的洞察.

—— 亚里士多德

那是我们看到华丽工作之本质的地方.

—— 莎士比亚 (《安东尼与克娄巴特拉》)

爱情是这样充满了意象,
　　在一切事物中是最富于幻想的.

—— 莎士比亚 (《第十二夜》)

若无事可以抱怨,
　　你的生活岂非太过平凡!

—— 威廉·施文克·吉尔伯特 (W. S. Gilbert, 《王子伊达》)

2　平面国

埃德温·艾伯特

关于平面国的本质

我把我们这个世界称之为平面国, 不是因为我们自己这么叫它, 而是为了使你们 —— 我快乐的读者们 —— 能够更加清楚地认识到它的本质, 毕竟你们是有幸住在空间中的.

请想象一下有一张巨大的纸, 上面有直的线段、三角形、正方形、五边形、六边形及其他各种图形. 这些图形不再固定其位置, 它们可以在纸上或者说是纸内自由移动, 但无力跳出这个平面的上方去, 也无法落到下方去, 很像影子 —— 只不过它们是硬的且有着清楚的边缘 —— 这样, 你就会对我的国家和人民有一个非常正确的概念. 唉, 要是几年前, 我会说 "我们的宇宙"; 但是现在我的思想已经被拓展了, 可以从更高的观点来看事物.

在这样一个国家里, 你会立刻意识到不可能存在任何我们称之为 "立体" 的东西; 但我敢说, 你会认为我们至少可以凭视觉来区分出三角形、正方形和其他那些我刚刚描述过的四处移动的图形. 但恰恰相反, 我们看不到那样的东西, 至少不能通过这样去区分各种图形. 除了直的线段, 对我们而言什么也看不到, 或者说什么都不是可见的. 下面我会很快阐明产生这种现象的原因.

把一个一分钱的硬币放在你的空间中的某张桌子的中央; 然后弯下身子, 从上面看它. 此时它看上去是个圆形.

现在退回到桌子边缘, 慢慢地放低你的目光 (这样可以让你越来越接近平面国居民的环境), 你将会发现这个硬币在你的视线里会越来越扁, 呈椭圆形; 最后, 当你将目光恰好置于桌面边缘 (这时, 可以说你真的成为了一个平面国人), 这个硬币看起来不再像个椭圆了, 它变成了一条直线.

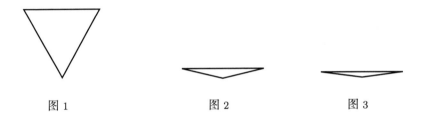

图 1   图 2   图 3

要是你用同样的方法去看从硬纸板上裁下来的三角形、正方形或其他图形, 结果并无不同. 只要你把眼睛贴到桌边看, 你会发现对你而言它不再是个图形, 而是看上去变成了一条直线段. 例如取一个等边三角形—— 在我们的国度这代表的是一名受尊重的商人. 图 1 所表示的是当你从桌子上方往下俯视时你所看见的商人的样子; 图 2 和图 3 分别表示的是当你的眼睛接近水平面, 或几乎与桌面处于同一水平面时, 你所看见的商人的样子; 而当你的眼睛完全与桌面处于同一水平面时 (而这就是我们在平面国看他的方式), 你只能看到一条直线段.

当我在你们的空间国时, 我听说你们的航海员在穿越你们的大海, 辨认地平线处的某些遥远的岛屿或海岸时也有很类似的体验. 那些远方的陆地也许有各种海湾、海岬和凹凸不平的各种尖角; 然而在远处这些你都看不见 (除非你们的阳光照亮了它们, 通过光与影来显现出突出和陷入处), 只能看到水面上一条延绵不断的灰色线条.

好了, 这就是在平面国当有个认识的三角形或其他相熟的人向我们迎面走来时, 我们所看到的样子. 由于我们这里既没有太阳, 也没有其他类似可以制造影子的光线, 我们也就无法像你们在空间国那样得到任何视觉上的帮助. 当我们的朋友走得更近时, 我们看到他的线条也更长了; 当他离我们而去时, 线条就变短了: 但他看上去仍然只是条直线段; 无论他是三角形、正方形、五边形、六边形、圆, 还是其他什么 —— 他看起来只是条直线段, 没有别的样子.

你也许会问, 在这样不利的情况下, 我们是如何分清我们的朋友分别是谁呢? 对如此自然的问题, 需要等我描述完平面国居民后, 才能更准确和容易地给出答案. 就目前而言, 请允许我将此问题压后, 先让我稍微谈谈我们国家的气候和房屋.

关于平面国的气候与房屋

跟你们一样, 对我们而言指南针也有东、南、西、北四个方向.

因为既没有太阳也没有其他天体, 对我们来说用一般方法是无法决定北面的; 但我们有我们自己的方法. 通过我们的自然法则, 南面有一股恒常的吸引力; 尽管在温和的气候下它相当轻微 —— 以致一个健康良好的女性也能毫不费力地向北旅行几弗隆[1]的路程 —— 然而在我们国家的大部分地区, 这股向南的吸引力所产生的阻碍效应足以担当起指南针的作用. 另外, 雨水总是自北而来 (每隔一段时间就会下), 这提供了额外的帮助; 而在城镇里我们可以通过房屋来导向, 因为房屋的边墙总是南北朝向的, 这样屋顶才能隔绝北方来的雨水. 在没有房屋的乡下, 树干会提供一定的指向. 总之, 在决定方位时我们并没有像人们可能预计的那么多困难.

然而在我们更加温和的地区, 其向南的吸引力几乎难以察觉, 当我走在既没有房屋也没有树来给我指引方向的完全荒芜的平原上时, 我有时候不得不在一个地方停好几个小时, 直到下雨后才能继续我的旅程. 对于体弱者和年老者, 尤其是纤弱的女性们, 引力对他们的作用要比对强健的男性们大得多, 所以当你在街上遇见女性时, 一种良好的举止是总是让她走在路的北侧 —— 在你身体健壮而又处在不易区分南北的地方时, 要在短时间内做到这一点绝非易事.

我们的房屋是没有窗户的; 因为无论在屋里还是屋外, 白天还是黑夜, 或者在任何时候、任何我们知道或是不知道的地方, 来到我们所在之处的光线

---

[1]furlong, 英制长度单位, 也译为 "浪", 1 furlong 约等于 201 米. ——编者.

都是一样的. 在很久以前, 我们中的一些智者就提出一个有趣并再三探究的问题, 即光是从何而来; 他们不懈地寻找答案, 最后唯一的结果是这些自称找到答案的人挤满了我们的疯人院. 因此, 在试图通过课以重税的方法来间接扼制此类探索却终告失败后, 立法机关近期对这种行为下了禁令. 唉, 我是现在平面国里唯一完全知道这一难题真实答案的人; 但是平面国里没有任何一个人能理解我的知识; 我这唯一一个具备空间知识并了解光线是来自于三维世界这一原理的人, 却被嘲笑成是最最疯癫的人! 且不谈这些伤心事: 让我们继续谈谈房屋吧.

房屋结构最常见的形式是五条边或五边形, 如附图所示. 北面的两条边 *RO*, *OF* 构成了屋顶, 且多半是没有门的; 东面有一个为女人准备的小门; 而西面则有为男人准备的大门; 南面即地板通常无门.

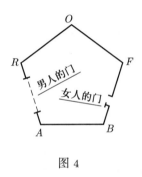

图 4

正方形和三角形房屋是不允许建的, 原因如下. 正方形的角 (更不用提等边三角形了) 要比五边形的尖锐很多, 而无生命的物体 (例如房屋) 的线条则比男人和女人的线条淡. 因此倘若一个粗心的或精神不集中的旅行者突然撞上一个正方形或三角形房舍的尖端, 将有较大危险会造成伤害: 于是早在我们纪元的十一世纪, 法律就全面禁止建造三角形房屋, 唯一的例外是防御工事、火药库、兵营和其他一些广大民众不宜轻入的政府建筑.

在这个时期, 正方形的房屋在各处还是允许建造的, 尽管要受到特殊税费的限制. 但在其后的大约三个世纪, 法律规定, 凡是人口超过一万的城镇, 为保证公众安全房屋最起码也得建成五边形的. 立法机构的努力得到了民众的普遍支持. 现如今, 即使在农村, 五边形的建筑也已经取代了其他形状. 只有古文物学者偶尔能在某个非常偏远落后的农村地区看到正方形房屋.

关于平面国的居民

一个成年平面国人的最大长度或幅度大约是你们的十一英寸, 最多也就十二英寸.

我们的女性都是直线段.

我们的士兵和最底层的工人是具有两条相等边的三角形, 这两条边各长十一英寸, 而它的底即第三边是如此之短 (通常不超过半英寸) 以至于其顶点处有一个非常锋利和令人害怕的角. 确实, 当他们的底是低等类型 (尺寸上不超过八分之一英寸) 时, 很难把他们与直线段即女人区分开来; 他们的顶点异常尖锐. 同你们一样, 我们也称这些三角形为等腰的, 以便与其他三角形区分开来. 在下文中提到它们时, 我将使用等腰三角形这个名字.

我们的中产阶级由等边三角形, 即三边相等的三角形组成.

我们的专家和绅士是正方形 (我本人即属于这个阶级) 和五条边的图形即五边形.

接下来, 在他们之上的是贵族阶级, 其中也分成好几等, 从六条边的图形即六边形开始, 随着边数的增长其等级也递增, 直到他们获得多边形的荣誉头衔. 最后, 当边数是如此之多而边长又是如此之短, 以至于其形状与圆几乎难以区分时, 他就成了圆形即教士阶层; 这是所有阶级中的最高等级.

我们的一个自然法则是, 每个男孩会比他的父亲多一条边, 于是每代人 (通常) 在发展程度和高贵度上会上升一个层次. 所以, 正方形的儿子是五边形; 五边形的儿子是六边形, 等等.

但这条法则对商人并不总是适用, 对士兵和工人也不常生效; 由于他们的边并不都相等, 他们甚至被认为不配具有人类图形的名字. 于是对他们而言, 自然法则并不适用; 例如等腰三角形 (即只有两边相等的三角形) 的儿子依然是等腰的. 然而, 希望之门并未紧闭, 即使对等腰三角形而言, 他们的后代最终也可能提升到其阶级之上. 因为, 人们普遍发现在一系列的军事胜利之后, 或者对于那些勤奋的熟练工而言, 较聪明的工匠和士兵, 其子女的底边会稍微变长一点点, 而其另外两条边则稍微变短一点点. 下层阶级中这些更聪明之人的儿子和女儿 (在牧师的安排下) 通婚后, 一般而言他们的后代会更加接近等边三角形的类型.

相比于等腰三角形的巨大出生人数, 等腰三角形父母生出的真正可证明为等边三角形的后代是极其稀少的.[2] 要生下这样的后代, 作为前提不仅需要一系列精心安排的通婚, 还要求作为即将生出等边三角形的准先辈长期节俭、克己的练习, 以及好几代等腰三角形的沉着、系统和持续地智力开发.

当等腰三角形父母真正生育出等边三角形时, 这将成为我们国家方圆几弗隆欢庆的主题. 新生儿经过卫生部和社会部严格检查并认定确实合格后, 将会通过庄重的仪式被接纳为等边三角形阶层. 然后, 他将立刻被从他那既骄傲又悲伤的父母身边带走, 交给无子女的等边三角形家庭收养, 而后者必须立誓, 自此以后绝不允许新生儿再迈入他的原生家庭, 甚至于也不和他的亲人相见, 以免这个新生儿受无意识的模仿驱使, 再次堕回他世代相传的阶层.

等边三角形偶尔也会在生而为农奴的阶级出现, 这不仅受贫困农奴们的欢迎, 因为这给他们乏味、卑贱的生存增添了一丝光明和希望之光, 而且也受大多数贵族阶层的欢迎, 因为所有这些高层阶级清楚地知道这些稀有现象对他们的特权几乎产生不了任何影响, 但却可以作为防止下层造反的非常有用的屏障.

要是所有锐角的下层民众都毫无例外完全失去了希望与抱负, 他们可能会在多次暴乱中找到领导人, 形成庞大的队伍和强大的战斗力, 以至于以圆形的睿智也难以应付. 但是自然的巧妙规则裁定了, 当劳动阶层的心智、知识和品德提升时, 他们锋利的锐角 (让他们看起来很凶恶) 也等比例的增长, 直到接近等边三角形那样无害的角度. 因此在最粗暴可怕的士兵阶层 —— 这种生物几乎和女人一样缺乏智力 —— 我们可以看到, 当他们的心智能力逐渐成长到足以使用其令人生畏的刺穿能力获利时, 其刺穿能力本身却逐渐消失了.

多么令人赞叹的补偿法则! 这真是自然界合理性的完美证据, 甚至可以说是平面国政府贵族政体的神圣起源. 通过对这一自然法则的合理运用, 尤其是利用人心那无法遏止的无限期盼, 多边形和圆形几乎总能够将暴乱扼杀在摇篮里. 艺术也为法律与秩序提供帮助. 经由国家级医师进行一定的人

---

[2] 空间国的居民可能会问: "要证书证明干什么? 他可以生出四边形孩子, 这不就是自然法则给的证书, 证明了父亲的等边性吗?" 我的答复是没有任何职位的任何女士愿意嫁给一个未经认证的三角形. 有时候一个稍微不正规的三角形也会有四边形后代, 但这种第一代的不正则性几乎都会再次出现在第三代身上: 它们要么无法进入五边形阶层, 要么再度堕落成三角形.

工压缩或扩张, 一般来说总可以将那些最聪明的暴动领袖变得完全正则, 然后立刻将他们吸纳进特权阶层; 而更多的那些低于标准但仍然一心期望有朝一日能进入贵族阶层的人, 则被诱入国家医院, 并在那里被体面地幽禁终身; 少数一两个最固执、最愚蠢、完全不可救药的不规则形体则被处决了事.

然后那些悲催的等腰三角形暴民, 在既无计划也无领袖的情形下, 要么是毫无抵抗地被圆形领袖为防备这类紧急情况而长期畜养的同胞所刺杀, 或者更常见的是受到圆形党派熟练地煽动, 互相嫉妒和猜疑, 最终自相残杀, 死在彼此的锐角下. 我们的编年史里记录了不少于 120 次叛乱, 此外还有 235 次小型暴动, 其最后结局都是如此.

* * * * *

我如何教导我的孙子三维理论, 成效如何

我从愉悦中醒来, 开始思考我面临的光荣事业. 我认为我应该立刻行动, 向整个平面国传道. 三维福音书应该被传颂到甚至女人和士兵那里. 我决定先从我的妻子开始.

正当我刚刚决定了我的行动计划时, 我听到街上传来许多喊声, 命令大家安静下来. 然后又传来一个更大的声音. 原来是传令官宣读公告. 我仔细聆听, 听出来是议会的决议, 规定将对企图以谬论或者以声称收到来自其他世界之启示来颠覆民众思想者实施逮捕、关押或者处决.

我认真考虑了一下. 这种危险不可等闲视之. 最好还是避开它, 对我发现的真相只字不提, 改而走用实例进行说明的道路, 毕竟这样是如此简单又有说服力, 以至于抛弃以前的方法也没什么损失. "向上, 而非向北" 这句话是整个证明的线索. 在入睡前我觉得这样非常清楚; 当我早上从梦中逐渐苏醒时, 我还是觉得它像算术那样简单明晰; 但现在不知怎么回事, 它看起来不是那么显而易见了. 虽然我的妻子恰在这时进入房间, 在跟她谈了一些琐事后我还是决定不从她开始.

我的五边形儿子们是有品格有身份的人, 是声誉良好的医生, 但并不擅长数学, 所以就这方面来说, 他们并不适合我的目的. 于是在我看来, 一名年青、温顺, 且具有数学才能的六边形才是最合适的学生. 那么, 为什么不把我的第一次试验用于我那早熟的孙子身上呢? 他对于 3^3 的意义的不经意的评

论可是得到了球形阶层的赞许. 跟他这么个小孩子讨论这件事, 我应该是绝对安全的; 因为他根本不知道议会公告; 而且我不是很确信我的儿子们 —— 他们的爱国之情和对圆形阶层的敬畏之心超越了血缘感情 —— 如果他们发现我认真地坚持第三维这个煽动性异端邪说, 是否会觉得必须要把我交于当局.

但第一件要做的事情是在一定程度上满足我妻子的好奇心. 她当然想知道那个圆形想要与我进行神秘会谈的原因, 以及他进入我们房屋所使用的方式. 我就不细述我给她的煞费苦心之解释的细节了 —— 那个解释恐怕并不像我的空间国读者们所期望那样跟真理相吻合 —— 我只能满足于说, 我最终成功地说服她安静地回去做家务事, 不再向我探索任何与三维世界有关的事情. 随后, 我立刻请来我的孙子; 因为, 说实在话, 我觉得我的所见所闻正在以一种非常奇怪的方式慢慢从我脑海中溜走, 就像半梦半醒时分那诱人梦境里的影像那般; 而我渴望用我的知识去产生第一位信徒.

当我的孙子进入房间后, 我小心翼翼地锁好门. 然后我坐到他的身旁并拿出我们的数学书写板 (你们可能会叫它直线), 告诉他我们要继续昨天的课. 我再次教他一个点怎样在一维里面移动产生一条线, 以及二维里的一条线如何移动产生一个方形. 接着, 我干笑着说: "那么现在, 小鬼头, 你曾经要我相信一个方形也可能以同样的方式 "向上, 但不是向北" 移动来产生另外一个图形, 一种像是三维的特别方形. 小淘气, 把这句话再说一遍."

就在这时, 我们再次听到街上传来传令官宣读议会决议的 "肃静! 肃静!" 声. 我的孙子以他的年纪而言是绝顶聪明的, 并且是在对圆形权威的绝对尊崇环境中长大的. 他虽然还小, 但出乎我意料的是他极其敏锐地洞察了当前形势. 他一言不发, 直至宣读声一消失, 他就突然哭着对我说: "亲爱的爷爷, 那只是我的玩笑话, 当然我根本没有意指什么东西; 而且那时关于这项新法令我们一无所知; 我不认为我说过关于第三维的任何东西; 而且我确信我从未说过 '向上, 而不是向北' 这样的话, 因为您知道那太不合道理了. 东西怎么可能向上移动却不向北呢? 向上, 却不向北! 就算我只是个婴儿, 我也不可能这样荒谬. 真是太愚蠢了! 哈! 哈! 哈!"

"一点也不愚蠢," 我动气了, 一边拿起手上可以移动的方形一边说, "比如, 我拿起这个方形, 然后我移动它, 你看, 不是向北而是 —— 是的, 我向上移动它 —— 也就是说, 不是向北, 但我把它移到某处 —— 不是完全像这样,

但不管怎样 ——" 我就这样中止了这段愚蠢的对话, 手上漫无目的地摇晃着方形, 让我的孙子觉得非常有趣, 他放声大笑起来, 宣称我不是要教他什么, 而是要和他开玩笑; 他一边这样说着一边打开门锁跑出房间. 于是, 我的让门徒皈依三维福音书的首次尝试就这样结束了.

我如何用其他方法传播三维的理论, 结果如何

在孙子身上所遭受的失败使我不愿再与家里其他人共享我的秘密, 但我也并未因此而对成功失去信心. 我只知道不能完全依赖于 "向上, 而非向北" 这个口号, 而是要努力去寻找一种方法, 以便公众可以清楚地看到整个论题; 就此目的而言诉诸文字似乎是有必要的.

于是我独自花了几个月的时间, 用于写作关于三维奥秘的专著. 不过, 为了规避法律, 我尽可能不提物理的维数, 而是以幻想国代替. 在这个幻想的国度里, 理论上人可以从上往下看平面国, 并且可以同时看到所有东西的内部; 事实上在那里有可能存在着被六个正方形围起来的、有着八个端点的人. 不过在写这本书时我发现我束手束脚很悲催, 因为我无法画出必要的示意图, 毕竟在我们平面国除了一根线没有别的书写板, 除了线段没有别的图, 所有的东西都在一条直线上, 只是长度和亮度有所不同. 因此, 当我完成我的著作 (标题为 "从平面国到幻想国") 后, 我不敢确定会有多少人能读懂我的意思.

与此同时我的生活阴云密布. 所有的娱乐都使我生厌; 眼前所见的一切都在诱惑我和怂恿我大胆叛逆, 因为我禁不住把我在二维国度看到的东西与它们在三维的真实样子作比较, 忍不住要大声说出这种比较. 我忽略了我的客户和我自己的工作, 沉迷于冥想我曾经看过的但又不能向别人分享的, 而且日益难以再在脑海中再现的奥秘.

在我从空间国回来大约十一个月后的一天, 我闭起眼睛尝试在脑海中重现立方体, 但失败了; 虽然之后我成功过, 但我不是很确定所显现的是否就是原来我看过的那个, 其后的尝试也是如此. 此事令我更加忧伤, 让我决定要采取点行动; 但是我又不知道该采取什么行动. 如果我真能够让人信服, 我愿为此目标献上自己的生命. 但是, 我连自己的孙子都不能说服, 又怎能说服国内那些位于最高层的最发达的圆形们呢?

不过有时我的情绪实在太高涨了, 会不自觉吐露一些危险的言论. 我就

算不被认为是叛国, 也已经被视为是离经叛道了. 我清楚地意识到自己的危险境地; 但有时我还是不由自主地冒出令人起疑的或半煽动性的言论, 甚至在一些最高等多边形或圆形的社群中也如此. 例如, 当有人谈论如何处理那些精神错乱、声称获得了能看到事物内部之能力的人, 我会引述一名古代圆形的话, 即先知和受神灵感召的人总被大多数人视为疯癫; 有时我会情不自禁说出诸如 "可以探视事物内部的眼睛" 和 "无所不见的地方" 这样的语句; 甚至有一两回我无意中说出 "第三维和第四维" 这些禁用词. 最终, 这一连串不太严重的轻率言行终止于一次地方行政长官在其官邸举行的当地推理会社的集会中 —— 一名极度愚蠢的人朗读了一篇煞费苦心的文章, 解释为什么上苍要把维数限制到二维, 又为何只有上帝才具有全视的能力 —— 此刻我竟忘了形, 详尽地说出我和球形的整个旅程: 我们如何到达空间, 到达我们首都的国会议事厅, 再回到空间, 然后返回家. 我把所有实际的和幻想的所见与所闻都一一道了出来. 起初我还假装在描述一名杜撰人物的虚构经历, 但是激情很快令我撕掉一切伪装, 最终在一段狂热的结束语中, 我极力劝告我的听众们摆脱成见, 成为三维世界的信徒.

还需要说我是立即被逮捕并被送到议会吗?

第二天早上, 站在区区几个月前圆球在我的陪同之下所站立之处, 我被允许开始继续我的故事, 不受盘问和打岔. 但一开始我就预见了自己的命运; 因为总统注意到值班的人中有一名是比较高级的警卫, 其角度仅仅略小于 55°, 便命令他们在我辩护前与只有 2° 或 3° 的低级警卫换班. 我太了解这意味着什么了. 我将会被处决或收监, 我说的故事也会成为秘密, 因为听过的执法者也将会同时被处理; 既然如此, 总统当然想要以卑贱的牺牲品代替较有价值的牺牲品.

当我辩护完毕, 总统可能察觉到一些圆形晚辈被我无所保留的真诚感动了, 于是向我提了两个问题:

1. 能否指出什么是我所谓的 "向上, 而非向北" 的方向?

2. 能否用示意图或描述 (而不是列举虚构的边和角的数目) 来说明我称之为立方体的人物?

我宣布我再没有更多的话要说了, 我必须忠于真理, 真理最终必然会胜利.

总统回应说他非常赞成我的观点, 认为我已经无法做得更好了. 我应当被判终身监禁; 但若真理的旨意是我应该离开监狱并向世界传道, 我就应该相信真理会使该事件发生. 同时, 除了为防止越狱的必要措施外我在狱中将不会遭受任何让人不适的对待; 另外我还获准可以偶尔探望比我早入狱的哥哥, 除非我行为不当而丧失这项优待.

七年过去了, 我依然是个监狱犯, 且 —— 若不计我哥哥的偶尔探视 —— 我除了狱卒外没有任何交际. 我哥哥是最好的正方形之一, 正直、理智、快乐, 且兄弟情深; 但我必须得承认, 我们每周的会面, 最少在某方面令我痛苦万分. 当圆球在会议厅显现时, 我哥哥也在场; 他目睹了圆球截面的变化; 他听到了圆球就该现象对圆形所做的解释. 从那时开始的整整七年里, 几乎没有哪个星期他不会听到我向他重复讲述的我在那次圆球显形事件中扮演的角色, 以及空间国中各种现象的丰富阐述, 还有通过类比得出立体事物存在性的论证. 但是 —— 我不得不羞愧地承认 —— 我的哥哥还是没有抓住三维的真谛, 他坦承他不相信有圆球这种东西存在.

因此我完全没有皈依者; 就我所见, 在我身上的千年启示毫无成效. 空间国的普罗米修斯能把火送给凡间, 而我 —— 可怜的平面国普罗米修斯 —— 却被关在牢狱中, 什么都没能带给同胞. 然而我还是希望这些回忆录, 能以某种我不知道的方式传播到某些维空间里人类的思想中去, 可以激励一些有叛逆精神的人不再被困于局限的维度.

上述是我在愉快时刻的愿望. 哎! 可惜事实并不总如此. 难以负担的沉思不时压抑着我, 使我不能不老实地承认, 我没有多大信心能清楚地记得那个我只见过一次, 但时常怀念之立体的确切形状; 每晚梦醒时分, "向上, 而非向北" 这句神秘的规则萦绕于脑际, 犹如吞噬灵魂的斯芬克斯. 每当我看到立方体和圆球掠往几乎不可能存在的远景, 每当三维国度看来就像一维国度或零维国度那样虚幻, 甚至每当囚禁我的监狱之牢固院墙、这些我正在往上面书写的写字板以及平面国现实世界的所有大量实物, 看起来不比来自病态的精神幻觉产物或梦境中虚无缥缈的创造更加真实时, 我时不时地精神虚弱, 而这是我为了真理事业而承受之苦难的一部分.

路易斯·卡罗尔*

尊敬的查尔斯·路特维奇·道奇森 (Charles Lutwidge Dodgson) 是一位平凡的数学家, 他在牛津大学执教二十七年, 没有培养出一位优秀的学生, 也没有在他的课题上做出有永恒价值的东西. 虽然没有把他自身变成一位众所周知的人物, 但他却创造了一个不朽的另一自我. 我无须歌颂路易斯·卡罗尔 (Lewis Carroll) 的著名文学作品, 但我应该指出道奇森对数学的热爱以及对特定概念的执着是同他那些荒诞不经的想象息息相关的. 这在《爱丽丝镜中奇遇记》尤为突出, 其梦幻般的反转预示了二十世纪数学和物理上一些最让人目瞪口呆和最具革命性的洞察力. 现代作家没有忽视这些著名故事中的先知特性. 无论是在一些严肃的论著中还是在轻松的大众科普中, 科学家们不断地从卡罗尔的那些著名的哲人群体中借用其书面记录的哲理名言, 这些哲人包括: 红桃皇后, 矮胖先生, 白衣骑士、叮当兄和叮当弟.

我为这本书节选了道奇森著作中三篇不为人熟悉的珍本. 它们也展示了道奇森在数学和逻辑上的天赋. 这些著作被安排成谜一般的形式, 具有无与伦比的品质, 时而让人拍案称妙, 时而让人迷惑丛生, 充满了狡诈的天真无邪. 跟他的那些名作一样, 它们也让我们思索道奇森到底是如何非凡的人.

道奇森在 1832 年出生于英国的达斯伯里小镇, 是家里最大的儿子, 在所有十一个孩子中 (这些孩子都有口吃) 排行第三.[1]他的父亲是一位相当富

---

*路易斯·卡罗尔是查尔斯·路特维奇·道奇森发表《爱丽丝漫游仙境》等作品时使用的笔名. —— 编辑注.

[1]这段概要的来源有:《国家人物辞典》中关于道奇森的条目; 泰勒著《白衣骑士》, 爱丁堡, 1952 年版; 佛罗伦萨·贝克尔·列侬所著《镜中世界的胜利 —— 路易斯·卡罗尔的一生》, 纽约, 1945 年版; 斯图尔特·道奇森·科林伍德所著《路易斯·卡罗尔的生活与信件》, 伦敦, 1898 年出版; 赫尔穆特·金斯海姆著《作为摄影师的路易斯·卡罗尔》, 纽约, 1951 年出版; 以及罗杰·兰斯林·格林编辑的《路易斯·卡罗尔日记》, 纽约, 1954 年出版.

有的牧师, 后来升迁为领班神父. 在孩提时期, 道奇森就显露出 "不一般的早熟", 包括过早关注对数的意义,[2] 偏爱牵线木偶表演和魔术表演, 并显露出发明迷宫的天赋. 像其他孩子一样, 他把蜗牛和蟾蜍当宠物, 但有违常理的是他让蚯蚓们互相争斗. 据说出于这个目的, 他为蚯蚓们提供了武器, 但这些尝试并未成功. 道奇森幼年在家接受启蒙教育, 那时他的父亲致力于培养他对数学和神学的兴趣, 然后他先去了里士满私立学校, 又去了拉格比公学. 道奇森是个好学生, 在数学和 "神学" 上都很出类拔萃, 在文学上也是值得称赞. 但因为 "格格不入", 道奇森在拉格比公学里过得并不开心. 他后来自己这样写道: "我不会说 …… 有任何世俗的想法可以能诱使我再经历一遍那里的三年." [3] 为逃避世俗他投身于文学工作, 开始为他的家庭圈子写作并编写一系列杂志, 包括《米施马斯》和《教区长管辖区内的雨伞》. 后者包含一些关于数学和其他猜谜的异想天开的文章, 如下面要引的 "两架钟的谜"; 还有一篇叫作 "半球问题" 的短文, 即 "日期在哪里改变名称" 等. 这是一个实际问题, 日期在国际日期变更线上改变其名字, 但这个划分线直至 1878 年才被发明, 比道奇森苦恼于此问题要晚超过二十五年. 他总是着迷于时间, 而通过鼓捣时间的概念他在后期著作中创作了不少时间颠倒的精彩情节.

在 1851 年 1 月, 道奇森进入了牛津大学基督堂学院. 在那里他待了整整四十七年, 直至去世. 他赢得了奖学金, 且为表彰他的勤奋和虔诚, 他被选为 "刺孔人" —— 一种教堂班长, 即通过在名单上每个名字旁边打孔来核实出勤情况的人. 他以优异的成绩获得了学士和硕士学位, 被聘为教员, 并在 1861 年被授予英国国教执事. 道奇森从未转成牧师身份, 甚至在被任命神职后多年他一直自省和担忧. 他的口吃和教义性质疑并不是阻碍他成为教区牧师的唯一原因. 虽然他并不十分擅长数学, 他还是喜欢做一个数学家; 此外他一直不情愿承诺去遵守某些拥有牧师身份的人惯常遵守的死板教条. 他本不应该去戏院[4], 而他决意不放弃这些合法的快乐.

有人认为道奇森拒绝接受牧师身份的背后有一个隐藏的 —— 甚至连道奇森自己也没有意识到的 —— 对婚姻的渴望. 我怀疑这是解释性传记作

---

[2] "仅仅还是个孩子时, 他看到了一本关于对数的书. 于是他把这本书拿到他父亲面前, 请求道: '请解释一下这个'. 他的父亲微笑着告诉他, 他还太小了, 没法理解这么深刻的东西. 小道奇森还是带着一种让人无语的天真说道: '但, 请您解释.'" 参见泰勒, 同上, 第 1 ~ 2 页.

[3] 泰勒引述, 同上, 第 3 页.

[4] 泰勒, 同上, 第 24 页.

者凭空想象的; 除了像 "每个未婚的姑姑都是一个非常失望的受害者, 因而她永远放弃了物欲之爱" 这样的一般性想法外没有任何证据可以证实这个观点.

除了一次六周的大陆旅行 (1867 年), 期间他造访了俄罗斯, 几乎没有什么事情可以中断道奇森的 "半遁世、挑剔、偏执的生活". [5]他一生都是一个学生, 而在他的中年当了二十七年教师.[6]他是报纸上公众问题的读者投书栏作家, 也是牛津大学很多辩论的参与者. 他是一个 "极其细致的" 以至于是很沉闷的教员. 夏天他会去英国的游泳胜地度一个短假. 他偶尔会去伦敦看一场戏. 他用自己发明的灯笼式幻灯片给学生上课; 会制作机械胖娃娃; 积攒了一个拥有近 5000 册藏书 (从莎士比亚到吉卜林 (Kipling)) 的图书馆; 购买了一套人体骨架来学习解剖学; 因为讨厌过堂风而在房间放了很多温度计和油炉; 有五种规格的信纸, 跟人进行了巨量的通信 (1898 年他给这些通信设立索引时有将近 100 000 个条目); 还成为了他那个时代最佳的业余摄影师之一. 他也和基督教教长的小女儿们在伊西斯河划船. 在他 1862 年 7 月 4 日的日记中他写道: "我和里德尔的三个小娃沿着河向上游探险到歌德斯托小镇; 我们在那里的岸边喝了茶, 一直到八点半才回到基督教堂." 在背面 (科林伍德说), 他又补充道: "后来, 我给她们讲了一个爱丽丝地下冒险的童话故事, 而我保证把这个故事写下来送给爱丽丝."[7]

当然, 一个下午就构思出《爱丽丝漫游仙境》, 这是个谣言. 实际上有过很多次短途划船出行并带着蛋糕、冷餐和茶壶的野餐会, 但歌德斯托的那次出行可能确实是特别神奇的一天.[8]当然还有别的故事时间, 例如在小里德尔们找道奇森拍照时或者在他位于基督教堂的宽敞套间里 (道奇森占用了不少于四个卧室和四个起居室长达三十年) 一起午餐时.《爱丽丝漫游仙境》在 1865 年出版, 七年后又出版了《爱丽丝镜中奇遇记》. 这两本书都大

---

[5]《国家人物辞典》.

[6]佛罗伦萨·贝克尔·列侬, 同上, 第 44 页.

[7]科林伍德, 同上, 第 93 页; 引自泰勒, 同上, 第 41 页.

[8]"歌德斯托郊游的重要性在于他那天讲了一个特别好的故事, 而爱丽丝请求他写下来送给她. 坎农·达克沃斯 (Canon Duchworth) 证实了这一点, 他说: '我还记得很清楚是怎么回事; 当我们把三个孩子送回到教长宅邸, 爱丽丝在跟我们道晚安时说: "哦, 道奇森先生, 我希望您能把爱丽丝历险的故事写下来给我." 他说他会试试, 而他后来告诉我他花了整整一个晚上写出初稿, 记下他能回忆起来的那些让整个下午都生动活泼的奇思妙想.'" 泰勒, 同上, 第 43 页.

获成功. 它们给道奇森带来名誉, 使他很快乐, 也让他成为公众注意和好奇的焦点, 使他感到害怕. 它们也给他带来了一定的财富, 他以他自己的方式使用这些钱财: 借钱给囊中羞涩的朋友们, 捐钱给医院和其他慈善机构, 给年轻的侄儿侄女买金表 (并教他们符号逻辑)[9] 作为礼物, 以及为他喜欢的很多批小女孩们提供学费和娱乐. 道奇森从未认真追求过婚姻, 但我们不能由此而认定道奇森是个不会爱的人. 他的确不会把爱给成人, 或者连表露出爱也不会. 甚至在他给他的姐姐写信时他都署名为 "查尔斯·路德维希·道奇森". 但对小女孩们, 道奇森非常亲切和温暖, 他会邀请她们参加聚会, 毫不疲倦地陪她们玩游戏, 为让她们快乐而创作了各种谜题和故事. 我认为下面整个猜想是有道理的: 他的这两本伟大著作在更深层次意义是融合了两个主题 —— 他对里德尔·爱丽丝的未公开的爱慕和他对时间的数学神秘之处的迷恋 —— 的寓言.[10]

"他曾经常说, 如果有一天当他在街上碰到过去的儿童朋友时, 需要他脱帽致敬, 那他们之间的友谊也就终止了."[11]爱丽丝长大了, 嫁人了, 而友谊也终止了, 激情也消失了.《猎鲨记》出版于 1876 年, 是道奇森成功创作出的可被恰如其分地称为新育儿神话的最后一本著作. 1889 年出版的《色尔维和布罗诺》也是一本童书 (而且也是一本寓言), 相较而言就差多了. 尽管如此, 他还是写出了许多著作, 有数学类的, 有文学类的, 还有幻想类的. 在《爱丽丝漫游仙境》之前和之后他都有大量著作面世. 他还以查尔斯·路特维奇·道奇森的名义, 写了大量的数学教科书, 一本关于非欧几里德几何的书《欧几里德和他的现代对手》(1879 年出版), 也是数学奇品, 还有几卷关于符号逻辑学的著作. 这些都是有实用价值的著作, 而他关于形式逻辑的研究则完全展现了他 "敏锐而独特的才智". 但是他在数学和逻辑学上的贡献不能被视为是特别有价值的. 以路易斯·卡罗尔 (这是 1856 年他为一本叫做《火车》的杂志写诗时首次使用的笔名) 为名[12]他写过很多诗歌, 写过很多有关大学事务的小册子, 写过从逻辑悖论到活体解剖等各类主题的文章, 还写了一本关于符号逻辑学的书.

---

[9]泰勒, 同上, 第 200 页.

[10]参见泰勒, 同上.

[11]埃塞尔·阿诺德 (马修·阿诺德的侄子), 道奇森的一个 "过去的儿童好友", 引用自佛罗伦萨·贝克尔·列侬, 同上, 第 207 页.

[12]《爱丽丝镜中奇遇记》中的一首诗, 白衣骑士的悲歌, 最早发表于 1856 年的《火车》. 泰勒, 同上, 第 21 页.

　　道奇森进入老年后, 变得更挑剔, 更拘于礼节且更执拗. 约翰·坦尼尔 (John Tenniel) 爵士 (他在《爱丽丝漫游仙境》问世过程中所起的作用几乎不低于作者) 就说过, 他再也无法忍受 "那个自大的老头". [13] 道奇森的另一密友, 艾伦·特里 (Ellen Terry), 曾因为在表演《浮士德》里玛格丽特这一角色时脱下了几层按要求需要穿着的服装, 而不得不屈服于他的指责. (这一指责和道奇森经常在他的卧室为小女孩们拍裸体照的行为形成了有趣的对比.) 他越来越远离物质世界, 进入到一个充满着各种游戏、谜题、助记法、化圆为方和逻辑悖论的天地. 各种没完没了的建议, 诸如为了改良 "草地网球锦标赛" 和 "学监选举" 之类的事情, 充斥着他的脑海. 除了习惯性失眠问题外, 他身体状况良好. 他有大量的时间来致力于他的每个无害的突发奇想, 得出一些不切实际的结论. 他有站在他高高的写字台旁通宵工作的习惯. "他也会在床上通过使用自己发明出来的暗码文字而不点灯地工作." [14] 在 1898 年 1 月 6 日, 道奇森感染了流感, 八天后他去世了. 道奇森曾经在给他一位美国朋友的信上写道: "当我们使用文字时, 文字的含义比我们想要表达的意义要更丰富; 因此一本书的含义远超作者原本想要表达的内容." 在他自己稀奇古怪的杰作中没有发表出其他更深刻的见解. [15]

---

[13] 泰勒, 同上, 第 145 页.

[14] 泰勒, 同上, 第 200 页.

[15] 关于卡罗尔对数学的贡献, 参见瓦伦·韦弗 (Warren Weaver) 的一篇有意思的文章, "作为数学家的路易斯·卡罗尔", 载于 1956 年 4 月的《科学美国人》. [校对时所加的注记.]

逻辑既非科学,亦非艺术,而是诡计.

—— 本杰明·乔伊特 (?)(Benjamin Jowett, 1817—1893)

---

3 乌龟对阿基里斯说了什么·其他谜团

路易斯·卡罗尔

乌龟对阿基里斯说了什么

阿基里斯已经超过乌龟, 仰面朝上舒服地坐着休息.

"你是觉得已经到达我们跑道的终点了?" 乌龟说道: "即使它确实是由一串无穷多个间隔组成? 我记得某个智者已经证明了这件事是做不到的?"

"能够做到的." 阿基里斯说: "它已经实现了! 致知在躬行. 你看距离正在不断地缩短: 所以……"

"但要是距离是在不断地增加呢?" 乌龟打断道, "那怎么说呢?"

"那么我就不应该在这里," 阿基里斯审慎地回答, "而你到现在应该已经环游世界几次了!"

"你太夸奖我了 —— 我是说, 你在羞辱我," 乌龟说道, "因为你是一个重要人物, 不会犯错的. 好吧, 现在你愿意听一下关于跑道的事吗, 大部分人都想象他们可以两三步就跑到终点, 但它实际上有无数段小间隔, 且每一段都比前一段长"

"洗耳恭听!" 这位希腊勇士从他的头盔中 (在那个年代很少有希腊勇士有口袋) 取出一本巨大的笔记本和一支铅笔 "继续! 但请讲慢一点! 速记还没被发明呢!"

"欧几里得那漂亮的第一命题!" 乌龟出神地咕哝到: "你崇拜欧几里

得吗?"

"强烈崇拜! 当然, 前提是人们能够赞美一本几世纪后才会出版的论著."

"那么, 现在让我们稍微看看那个第一命题的论证 —— 仅仅两步, 结论就自明了. 请把它们记到你的笔记本上. 为了引述简便起见, 让我们称它们为 A, B 和 Z:

(A): 与同一个量相等的量彼此相等;

(B): 这个三角形的两边是与同一个量相等的量;

(Z): 这个三角形的这两条边彼此相等.

我假定, 欧几里得的读者会认为 Z 从逻辑上是 A 和 B 的必然结果. 所以, 任何认可 A 和 B 正确的人, 必然也认可 Z 是正确的?"

"毫无疑问! 高中里最小的孩子都会承认这一点 —— 前提是高中已经出现了, 事实上高中是直到 2000 年以后才出现的."

"如果一些读者不肯认可 A 和 B 是正确的, 他还是有可能认为这个推论是有效的, 对吗?"

"无疑这样的读者可能是存在的. 他可能会说 '我同意这个假想的命题, 即如果 A 和 B 正确, 那么 Z 一定正确; 但我不认为 A 和 B 是正确的.' 这样的读者会聪明地放弃研究欧几里得, 转而去玩足球."

"但应该不会还有读者会说 '我认可 A 和 B 是正确的, 但不接受这个推理'?"

"肯定也可能有, 他, 当然, 最好也去玩足球."

"这两类读者到目前为止都没有逻辑必要性去认可 Z 吧?" 乌龟继续说道.

"的确是这样的." 阿基里斯表示赞同.

"那么, 现在, 我希望你把我当作一名第二种类型的读者, 然后, 从逻辑上说服我去认可 Z."

"一个踢足球的乌龟将会是 ——" 阿基里斯开始说道.

"—— 反常的, 当然!" 乌龟快速打断道, "不要转移话题! 让我们先讨论 Z, 然后再谈足球!"

"我得说服你承认 Z, 对吗?" 阿基里斯若有所思地说. "而你现在的主张是你认可 A 和 B, 但你并不认可推理 ——"

"让我们称之为 C," 乌龟说.

"—— 但你不认可:

(C): 如果 A 和 B 都正确, 那么 Z 正确."

"这就是我现在的主张." 乌龟说.

"而我必须得让你接受 C."

"我会接受的," 乌龟说, "只要你在你的那个笔记本上这样写了. 你在笔记本上还记了什么?"

"只是一些备忘." 阿基里斯一边说, 一边紧张地翻动着: "一些备忘 —— 我自己引以为豪之战斗的备忘录."

"我看到了好多空白页!" 乌龟笑眯眯地强调到: "我们必须把空白页全用完!" (阿基里斯耸耸肩) "现在在我口述时记下:

(A): 与同一个量相等的量彼此相等.

(B): 这个三角形的两边是与同一个量相等的量.

(C): 如果 A 和 B 都正确, 那么 Z 正确.

(Z): 这个三角形的这两条边彼此相等.

"你应该称之为 D 而不是 Z." 阿基里斯说, "它是其他三个的必然结果. 如果你认可 A 和 B 和 C, 那么你必须承认 Z."

"为什么必须?"

"因为它是它们在逻辑上的必然结果. 如果 A 和 B 和 C 都正确, 那么 Z 一定正确. 你猜你对此没有异议, 对吧?"

"要是 A 和 B 和 C 都正确, 那么 Z 一定正确." 乌龟一边想一边重复道, "这是另一个推理, 不是吗? 而且, 如果我没搞清楚它的正确性, 我还是可以认可 A 和 B 和 C 是正确的, 但仍然不接受 Z, 不是吗?"

"也是可能的," 这位公正的英雄承认道, "虽然这种蠢笨的情况一定会是非常少见的. 但是得承认是可能的. 所以我必须要求你接受另一个推理."

"很好. 我非常乐意接受它, 只要你已经把它写下来了. 我们会把它叫作

(D): 如果 A 和 B 和 C 都正确, 那么 Z 一定也是正确的."

"你有没有把这个记到你的笔记本上?"

"我记了!" 阿基里斯一边把笔放进它的护套里, 一边开心地声称, "所以最终我们到了这个想象之跑道的终点! 只要你认可了 A 和 B 和 C 和 D, 那么你当然也就承认了 Z."

"是吗?" 乌龟愚钝地说道, "让我们把这个理清一点. 我接受 A 和 B 和 C 和 D. 假如我依然拒绝接受 Z 会怎样?"

"那么逻辑将会夺取你的喉咙, 然后迫使你去接受 Z." 阿基里斯得意扬扬地回答道, "逻辑会告诉你 '你已经无药可救了. 既然你认可了 A 和 B 和 C 和 D, 你就得认可 Z!' 看, 你没得选择."

"不管什么逻辑, 只要足够好到可以告诉我, 就值得写下来," 乌龟说, "所以请在你的笔记本上把它写下来. 我们把它叫做

(E): 如果 A 和 B 和 C 和 D 是正确的, 那么 Z 一定正确.

"当然, 在我承认那点之前, 我不必认可 Z. 所以你瞧, 这是非常必要的步骤, 对吧?"

"我明白了." 阿基里斯说道, 声音中流露出淡淡的忧伤.

此时讲述者因为在银行有要紧业务, 被迫离开了这对快乐的伙伴. 直到几个月后, 才再一次经过这个地方. 当他经过的时候, 阿基里斯仍然坐在耐力十足的乌龟的背上, 在它的笔记本上奋笔疾书. 而笔记本看上去已经快写满了. 乌龟说道: "你把上一步写下来了吗? 要是我没有漏数的话, 应该到了一千零一了. 后面还有几百万. 你是否介意, 就当帮我一个忙 —— 想想我们这次对话可以给十九世纪的逻辑学家们提供多少教诲 —— 您是否介意采用我侄儿墨客龟 (Mock-Turtle) 将会发明的双关语, 允许你自己被改名为托特阿斯 (Taught-Us)?"

"你想怎么就怎么样吧!" 疲倦的战士一边用空洞绝望的语调回答, 一边把脸埋在自己的手里, "只要你, 对你的部分, 愿意采用墨客龟从未用过的双关语, 把你自己改名为杀易事 (Kill-Ease)!"

两 个 时 钟

如果一个时钟每年只有一次正确, 另一个时钟一天会正确两次, 哪个时钟更好? "后者," 你回答道, "这是毫无疑问的." 很好, 现在请听仔细了.

我有两个时钟: 一个根本不走, 另一个每天会慢一分钟. 你宁愿用哪个? "慢一分钟的," 你回答, "确定无疑." 现在请注意: 每天慢一分钟的钟, 在它再次正确之前需要慢十二个小时, 即七百二十分钟, 因此, 它每两年左右才会有一次正确. 而很明显另一个时钟, 只要它所指的时间再次来临就会又一次正确, 这样的情况一天会有两次.

因此, 你已经自相矛盾一次了.

"啊, 但是," 你说, "这个一天正确两次有什么用呢? 我又无法判断这个时间什么时候来临."

假定时钟是指向八点整, 在八点的时候你怎么会看不到时钟是正确的? 因此, 当八点来临的时候, 你的时钟是正确的.

"是的, 我明白这点." 你回答.

很好, 那么你已经两次自相矛盾了: 现在请努力摆脱这个困境, 尽量不要再次自相矛盾.

你可能会继续问: "我如何知道八点真的到了呢? 我的时钟可不会告诉我." 请耐心: 你知道当八点来临时你的时钟是正确的, 很好; 那么你的规则是这样的: 一直看着你的时钟, 它恰好正确的那一刻就是八点钟. "但是 ——" 你说. 停, 行了; 你争辩得越多, 你就会越偏离要点, 因此最好停下来.

第 九 个 结

带方角的蟒蛇[1]

> 水, 水, 到处都是,
> 没有一滴是可以喝的.

"还能再加一粒小石子."

"你到底在对那些桶做什么呢?"

对话者是休和兰伯特. 地点是小门迪普沙滩. 时间是下午一点半. 休正在把一个桶浮在另一个大一号的桶里, 并试验在小桶里能装多少石子还不会沉下去. 兰伯特在一边躺着, 无所事事.

接下去的一两分钟, 休一句话也不说, 显然是在沉思. 突然他跳起, 叫道: "啊呀, 看这里, 兰伯特!"

"如果你让我看的是活的, 黏糊糊的, 有腿的东西, 我一点兴趣也没有." 兰伯特说.

"巴尔巴斯早上不是这么说吗? 如果一个物体浸没在水里, 它排开的液体和它自身的体积一样多!" 休说道.

"他是说过这种事情." 兰伯特含糊地回答.

---

[1] 选自《幽默推理故事集》.

"那么, 看这里一下. 这个桶几乎全浸没进去了, 那么它排开的水应该和这个桶一样. 现在请看它一下." 他一边说一边拿出了小桶, 并把大桶递给了兰伯特. "瞧, 几乎不到一茶杯水! 你的意思是说那些水的体积和这个小桶的体积一样?"

"是这样的." 兰伯特说.

"那么, 请再看这里!" 休一边得意扬扬地叫道, 一边把大桶的水倒入小桶, "嘿, 一半都不到!"

"这是它的问题." 兰伯特说, "如果巴尔巴斯说是同样的体积, 嗯, 那它就是同样的体积, 你知道的."

"好吧, 我不相信这个!" 休说.

"你不需要相信," 兰伯特说, "而且, 现在是晚饭时间了. 一起走吧!"

他们发现巴尔巴斯正在等他们一起用餐, 于是休立即向他提出了自己的困惑.

"你先吃饭." 巴尔巴斯一边说, 一边迅速地切开羊排. "你知不知道有一句古老的谚语, 叫作 '民以食为天'?"

男孩们并不知道这个谚语, 但他们很真心地接受了. 他们的老师是不可能犯错的权威, 所以对来自老师的每一条信息他们都会真心接受, 不论该信息是如何令人吃惊. 他们安静而慢慢地吃着. 等吃完了晚饭, 休拿出了普通的笔、墨水和纸, 而巴尔巴斯则向他们重复了他已经给他们布置过的下午任务.

"我的一个朋友有一个花园 —— 非常漂亮的花园, 虽然不是很大 ——"

"多大?" 休问.

"那就是你们需要算出来的!" 巴尔巴斯欢快地说, "所有我能告诉你们的是, 它的形状是个长方形 —— 长比宽大半码* —— 而且从它的一个转角开始, 有一条一码宽的沙砾小路, 围着这个花园一直延伸."

"路自己有交叉吗?" 休问.

"年轻人, 路是不交叉的. 在即将交叉之前, 它会转弯, 然后再沿着第一圈围着花园延伸, 然后在里面又一圈, 不断地一圈一圈往里转, 每一圈都紧紧靠着前面一圈, 直到它覆盖了所有的地方."

"就像一条带方角的蟒蛇." 兰伯特说.

---

*码 (yard), 英制长度单位, 1 yard 约等于 0.91 米. —— 编辑注.

"正是如此. 如果你沿着路走, 走的时候保持在路的中心, 一直走到路的终点, 你走的路正好是两英里半弗朗*. 现在, 当你在算花园的长和宽时, 我来看看我能否解决海水谜题."

"你说它是个花园?" 当巴尔巴斯正要离开房间时, 休询问道.

"是的." 巴尔巴斯说.

"哪里可以长花呢?" 休问道. 但巴尔巴斯假装没听到这个问题. 他让男孩们想着他们的题目, 然后安静地待在他自己的房间里, 着手解释休的力学悖论.

"为了集中我们的注意力," 他在房间里一边走来走去一边自言自语咕哝着, 两只手深深地插在口袋里, "让我们取一个圆柱形的玻璃罐, 其边上标有英寸*刻度. 我们把水装到 10 英寸的刻度处: 假定一英寸深的罐子能装一品脱*水. 然后我们再拿一个圆柱体, 这个圆柱体每英寸厚的体积等于半品脱的水的体积. 我们将它下面 4 英寸插入水中, 使得圆柱体的底端位于玻璃罐的 6 英寸刻度处. 那么, 这部分圆柱体就代替了 2 品脱水. 结局会怎样呢? 嗨, 如果水面上没有更多圆柱体了, 水会安安稳稳地留在最上面, 将玻璃罐填充至 12 英寸处. 但可惜的是上方还有更多的圆柱体, 占据了 10 英寸至 12 英寸之间一半的空间, 所以只有一品脱的水能够被容纳在那里. 另外一品脱水怎么办? 同样, 如果没有多余的圆柱体露出来, 水会安稳地留在在上面, 将玻璃罐填充至 13 英寸刻度处. 但是很不幸的是 —— 牛顿的阴影!" 他突然以恐惧的声音大喊道. "什么时候水才会停止上升呢?"

突然, 灵光一闪. "我应该写篇小短文." 他说道.

巴尔巴斯的小论文

"众所周知, 当一个固体浸没在液体中时, 它排开了体积跟它自身相等的一部分液体, 而液面上升的幅度恰相当于将体积跟固体相同的液体倒入后液面会上升的幅度. 拉德纳说当固体部分浸入至液体中时, 会发生完全相同的过程: 即此时, 排开的液体体积等同于浸入液体的那部分固体体积, 液面也是同比例上升."

---

*英里 (mile)、弗朗 (furlong), 英制长度单位, 1 mile 约等于 1609 米, 1 furlong 约等于 201 米. ——编辑注.

*英寸 (inch), 英制长度单位, 1 inch 约等于 2.54 厘米. ——编辑注.

*品脱 (pint), 英制容积单位, 1 pint 约等于 0.568 升. ——编辑注.

"假定一个固体浮在液体的表面, 只有部分被浸没: 它排开了一部分液体, 液面也有所上升. 但是, 由于液面的这种上升, 更多的固体被浸没了, 从而有第二部分液体被排开了, 于是液面随之第二次上升. 又一次, 液面的这第二次上升引起了更进一步的浸没, 从而引起了又一次的液体被排开和又一次的液面上升. 显而易见, 这个过程会一直重复直至整个固体全部被浸没, 然后液体会开始浸没跟固体相连的任何东西, 此时, 这些东西因为跟固体相连而必须被视为它的一部分. 如果你拿着一根六英尺长的棍子, 将它的一端放入一玻璃杯水中, 然后等待足够的时间, 你最终会被浸没. 至于水的源头在哪里这个问题 —— 这属于数学的高级分支, 因而不在我们现在的讨论范围之内 —— 且不适用于大海. 让我们举一个相似的例子: 一个人站在落潮后的大海边, 手里拿着一个固体, 固体已经部分浸入海水中了. 他保持固定不动. 我们都知道他必定会被淹死. 那些日复一日用此方式来验证哲学真理, 其尸体被毫无人性的海浪抛向无情的海滩的人们, 他们更应该被称为科学的烈士, 而不是另一个伽利略或者另一个开普勒. 借用一下科苏特的雄辩口号, 他们是十九世纪的无名英雄."[2]

"有某个地方有问题," 他一边迷迷糊糊地咕哝着, 一边在沙发上伸了伸腿, "我必须重新思考一下." 为了能更集中精神思考, 他闭上眼睛. 在接下来的一个小时左右的时间内, 他缓慢而有规律的呼吸是他深思熟虑的见证, 他就这样思考着这个新的、令人费解的观点.

第九个结的答案

1. 桶 的 谜 题

问题 —— 拉德纳说浸入液体的固体, 排开了体积上等同于其自身体积的那么多液体. 当一个小桶浮在大桶里, 这是如何成立的呢?

答案 —— 拉德纳所谓的 "排开" 是指 "占有一块空间, 该空间在不改变环境的前提下可被水填充." 如果把漂浮的水桶在水面之上的部分去掉, 并把剩下的部分改到水下, 周围水的高度将不会改变它的位置: 这和拉德纳的陈述是一致的.

在收到的五种答案中, 没有任何一种可以解释从如下众所周知的事实

---

[2] 作者注: 上述短文我受惠于一位已故的亲密友人.

中出现的难点: 漂浮固体的重量和排开液体的重量一致. 赫克拉说 "只有小桶的位于原来水面下方的那一部分可以被称之为浸没的, 也只有与之等体积的水才是被排开的." 因此, 根据赫克拉所说, 一块与等体积的水重量相同的固体, 是无法漂浮的, 除非它完全位于 "原先的水平面" 之下: 但事实是, 只要它完全位于水下就会浮起来. 麦格派认为错误在于 "如下这个假定, 即一个物体可以从它不在的地方替代另一个物体", 因而拉德纳的主张是不正确的, 除非容器 "一开始时是溢满的". 但漂浮问题依赖的是物质的当前状态而不是过去状态. 老国王科尔跟赫克拉的观点一致. 提姆潘诺姆和温蒂克斯假定 "排开" 的意思是 "高于原来的液面", 然后仅仅解释 "上升的水在体积上少于小桶浸入水的部分的体积" 这一现象为何会发生, 从而让自己陷入 —— 或者应该说是让他们自己漂浮于 —— 赫克拉同样的困境.

我很遗憾就此问题的答案无法公布一个优等生名单.

2. 巴尔巴斯的小论文

问题 —— 巴尔巴斯说如果一个固体被浸没到某一容器的水中, 水面会上升一系列距离, 两英寸, 一英寸, 半英寸, 等等, 这个系列是无止境的. 他由此得出的结论是水面将会无止境地上升. 这样对吗?

答案 —— 不对. 这个系列的总和不会超过 4 英寸, 因为, 不管我们取多少项, 其总和总是比 4 英寸短, 而且短的量恰好就是我们所取的最后一项.

我们收到了三种不同的答案 —— 但在我看来, 只有两种是可以评优的.

提姆潘诺姆说关于木棍的断言 "只是一种盲目瞎说, 印证了一句古话, 致知在躬行." 我确信提姆潘诺姆不会把自己当作巴尔巴斯文中的那位主人公, 亲自去验证这个实验! 否则他毫无疑问会被淹死.

老国王科尔正确地指出这个级数, 2, 1, 等等, 是一个递减的几何数列: 而温蒂克斯则正确地识别出此处跟 "阿基里斯和乌龟" 一样的谬论.

连续性

连续性理论是一个非常重要也是非常漂亮的数学假定. 没有它数学无法前进, 但它也是一些可怕难题的根源. 在数学中连续性可被这样理解: 它跟时间、空间和运动之连续性的直观想法很类似, 但又不完全相同. 跟牛顿一样, 我们都认为时间是 "均匀" 流逝而不间断, 认为空间是光滑伸展而无缝隙, 认为运动是连绵持续而无停顿. 无论对常人还是对于哲人而言, 这都是自然的、甚至是不可或缺的诠释经验的方式.[1]性格乖僻的数学家重新定义了这个自然模糊的概念, 从而使它变得更精确、更有用但也更麻烦.

我将举两个数学连续性的例子. 实数系列 —— 由有理数和无理数组成 —— 是连续的; 线段上的点集也是连续的. 每个数或点是分开的, 有其自身的区别于其他数或点的特性; "它不会不知不觉地变成另一个"; 而实数列 (或点集) 被数学家们称之为 "处处稠密" —— 意思是任何两个数或两个点之间, 不管他们离得有多近, 都还有无限多个数或点. 这是数学连续统的本质特性之一. 这个概念的另一个例子是连续函数, 它是纯数学和应用数学非常有价值的工具. 连续函数的现代定义 (数学家对此概念异常谨慎) 是非常精确和非常技术性的; 在这里我们简单来说, 若一个函数的图形是光滑的曲线, 没有突然的跳跃或断裂, 那我们就说这个函数是连续的.

连续性问题使哲学家们、逻辑学家们以及数学家们困惑了几个世纪. 其中一个主要的问题来自著名的芝诺 (Zeno) 悖论. 芝诺指出, 数学上对时间和空间的处理方式需要把它们分割成无数的点或段; 而这个, 反过来似乎会引

---

[1] "他们 [常人与哲人] 把连续性看作是一种分离性的缺失, 就像浓雾时一般特性的区分都消失一样. 雾, 没有多样性或不做区分, 给人一种茫然无际的印象. 它是那种形而上学者用以指 '连续性' 的东西, 声称它是真实地用以刻画他的心灵生活以及孩子甚至动物的心灵生活的特征." 伯特兰·罗素 (Bertrand Russel),《数理哲学导论》, 纽约, 1930 年出版, 第 105 页.

出运动无法形成的这样一个结论, 同时也会引发一些其他悖论. 哲学家们对此非常不快, 因为他们认为把时间和空间分割成无数的点和段这种过程是破坏了直观的连续性但却没有提供满意的替代物.[2] 他们说, 想象一下, 住在一个布满了无数个点的空间; 但是不管它们排列的有多紧密, 一列点的想法都意味着不连续性, 因而无限数字的那个概念是自相矛盾的.

　　这些问题中的一部分 (但并非所有) 已经被解决了. 现在我们知道数学上的连续性理论是一个 "抽象的逻辑体系", 这个体系可以描述也可以不描述真实空间的结构, 而其有效性是独立于真实性这样的因素的. 现在尚不确定芝诺悖论是否已经被完全解决, 但是已经构思出逻辑上相容的数学无限性理论, 该理论可以解决部分哲学方面的困惑. 这个理论的主要奠基人是乔治·康托 (George Cantor), 理查德·戴德金 (Richard Dedekind) 和伯恩哈德·波尔察诺 (Bernhard Bolzano) (1781—1848), 后者是一位奥地利天主教神父, 他过世后出版的小书《无限的悖论》(1851 年出版) 是现代数学思想和逻辑思想的一个里程碑. 波尔察诺在分析无限悖论时, 认识到定义一些 "显而易见" 的数学概念 (包括连续性的概念) 的必要性. 他的书中的一个关于连续函数的定理是这样写的:

　　"一个关于变量 x 的连续函数, 若它在连续的闭区间 $a \leqslant x \leqslant b$ 内, 关于某些 x 的值是正的, 而关于另一些 x 的值是负的, 那么这个函数必然在某些中间的 x 值处取值为零."[3] 你会马上看出这几乎是一个不证自明的定理, 就像有人断言从建筑的地下室上升到屋顶, 肯定在某一时刻会经过街面的水平面一样. 但是, 这个关于连续性的简单而明显的断言所包含的某些数学内涵却是非常令人惊讶的, 这可以从下面给出的力学小问题中看出. 我怀疑你即使仔细检查了证明也不会相信其解答; 或者即使你承认这个证明是没有逻辑缺陷的, 你还是不得不努力去体会解答的正确性. 如果你的这种尝试成功了, 你可以称自己为数学家; 不管怎么样, 你都会欣赏连续性概念的微妙和波尔察诺这个平凡定理的深度.

---

　　[2] 伯特兰·罗素,《我们关于外间世界的知识 —— 哲学上科学方法应用的一个领域》, 芝加哥开放法庭出版社, 1915 年出版, 第 129 页等.
　　[3] 取自库朗 (Courant) 和罗宾 (Robbins) 所著《什么是数学?》, 纽约, 1941 年出版, 第 312 页. 也可参见伯恩哈德·波尔察诺所著《无限的悖论》, 普利洪斯基 (Prihonsky) 博士译, 并附有一个由唐纳德·斯梯尔 (Donald A. Steele) 撰写的有关历史的介绍, 耶鲁大学出版社, 纽黑文, 1950 年版.

他在行动与休息之间游移不定.

—— 亚历山大·蒲柏 (Alexander Pope)

4 穆罕默德的杠杆

理查·库朗、赫伯特·罗宾斯

假定一辆火车在有限的时间内沿着一段笔直的轨道从 A 站开到 B 站. 整个行程不必是匀速或者匀加速. 火车在到达 B 站前可以以任何方式行进: 加速、减速、突然停顿甚至往回开一会儿. 但假定火车的确切行进方式是事先知道的, 即函数 $s = f(t)$ 是给定的, 其中 s 是火车离开 A 站的距离, 而 t 是从出发开始计时的时间. 在一节车厢的地板上, 有一根杆子被置于枢轴上, 使得它在碰到地板之前可以无摩擦地向前或者向后运动. (如果它碰到了地板, 我们假定它将一直留在地板上; 当杆子不会反弹时情况就是如此.)我们问是否有可能将杆子置于这样一个位置, 使得当我们在火车出发时松开它, 让它只在重力和火车运动的影响下移动, 它在从 A 到 B 的整个旅程中都不会掉到地板上. 如图 1.

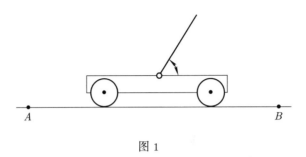

图 1

稍微想想, 似乎不太可能做到, 对于任何给定的运动安排, 只要适当地选取杆子的初始位置这一个条件, 重力与反作用力的相互影响就总能够维持杆子的平衡. 但下面我们将证明这样的位置一定存在.

　　幸运的是, 证明细节将不依赖于力学定律的详细知识. (如果是那样, 我们的任务将超级复杂.) 只需要承认关于物理性质的如下简单假定即可: 杆子的后续运动连续地依赖于其初始位置; 特别地, 若对于一个给定的初始位置, 杆子将会掉下来, 朝着一个方向碰到地板, 那么对于跟该初始位置相差充分小的任何其他初始位置, 杆子将不会朝另一个方向掉下来碰到地板.

　　现在, 在任何时刻, 杆子在火车里的位置都由它跟地面所成的角度 α 所刻画. 对应于角度 $\alpha = 0°$ 和 $\alpha = 180°$ 分别是杆子的两个平放位置. 我们把杆子的初始位置角度记为 x. 我们对上述断言的证明是非直接的, 与其陈述中纯粹存在性的特色相一致. 我们将假定无论我们选取什么初始位置 x, 杆子总会掉落并碰到地板, 即要么到达 $\alpha = 0°$ 的位置, 要么到达 $\alpha = 180°$ 的位置. 然后我们定义一个函数 $f(x)$ 如下: 若杆子以角度 $\alpha = 0°$ 碰到地面, 其值为 $+1$, 否则其值为 -1. 因为我们已经假定了对于每一个初始角度 x, 我们只能有上述两种情形之一, 函数 $f(x)$ 是定义在整个区间 $0 \leqslant x \leqslant 180$ 上的. 显然 $f(0) = +1$ 而 $f(180) = -1$. 但根据我们所假定的力学系统连续性, $f(x)$ 在闭区间 $0 \leqslant x \leqslant 180$ 上是 x 的连续函数. 因此根据波尔察诺的定理, 它必然在初始角度 x 的某个中间值上取值 $f(x) = 0$, 这跟 $f(x)$ 的定义中它仅取值 $+1$ 和 -1 相矛盾. 这一不合理性证明了我们开始的假定即 "对于任意初始位置 x, 杆子在旅途中都会掉落到地板上" 是不正确的.

　　显然这一断言完全是理论性的, 因为其证明也没有告诉我们要怎样去寻找想要的初始位置. 此外, 即使该位置可以从理论上被算出来, 但因为其不稳定性, 它在实际上可能也是完全没什么用的. 例如, 在如下极限情形下即火车自始至终都在 A 站保持静止不动时, 显然解答是 $x = 90°$, 但任何人只要曾经试图将一根针竖直地平衡于盘子上使之能静立一会儿, 它都会发现这个结论是没有什么帮助的. 尽管如此, 对于数学家而言, 我们所给出的存在性证明并未使该结论失色.

游戏和谜题

　　游戏和谜题是大量数学文献的主题, 其中很多是又难又枯燥. 仅仅关于魔方的著作就足以构成一个规模不小的图书馆. 无法想象更悲惨的事情了. 游戏的数学讨论成为败笔并不是必然的. 游戏本是人类心智最有趣的发明创造之一, 而对游戏结构的分析则充满了奇遇和惊喜. 但不幸的是, 从来不缺乏这样一类数学家, 他们致力于把这些美味的调味品转变成尝起来像湿毯子的菜品.

　　有一些该主题的书可以让几乎每个读者都为之雀跃. 其中包括劳斯·鲍尔 (W. W. Rouse Ball) 的经典之作《数学游戏与欣赏》, 阿伦斯 (W. Ahrens) 的《数学娱乐和游戏》, 亨利·杜德尼 (H. E. Dudeney) 的《数学中的娱乐》, 卢卡斯 (E. Lucas) 的《游戏中的数学》, 以及不朽作家萨姆·劳埃德 (Sam Loyd) 那杂乱无章的《趣题大全》. 最近的书籍还可以增加默里 (H. J. R. Murray) 的《国际象棋之外的棋盘游戏史》.[1] 因其传世之作《国际象棋史》而闻名的默里先生, 在那本书里介绍了大约 270 个或古老或现代的游戏, 这些游戏起源五花八门且传播最广. 尽管这些游戏差异万千, 默里还是把它们分成五个主要类别: "排队与构形" 游戏 (如井字棋), "战争游戏" (如国际象棋、西洋跳棋), "追捕游戏" (如狐入鹅群), "赛跑游戏" (如巴棋戏), 和 "播棋游戏" (如: "把豆子撒进一连串的洞里或口袋里" —— 一种消遣, 在欧洲不为人知但却被评为 "非洲国民游戏"). 我们会很惊讶地发现过去的十个世纪中在游戏的世界并没有诞生出真正新的游戏来. 由阿贝克隆比与费奇店出售的最新赌具和谜题, 其原型往往可以追溯至埃及第十二王朝, 或者在巴苏陀兰被几代人玩过, 或者被保加利亚的农民们玩着. 即使现在某种游戏的形式是新颖的,

---

[1] 牛津大学出版社, 1952 年版.

其基本设计通常还是属于某一种已建立的类别.

卡斯纳 (Kasner) 和我在一个比默里更广阔的领域中做了相同的尝试, 企图做更多的缩减. 我们的清单在详尽无遗方面无法和默里相比; 但我们阐明了许多游戏和谜题的主要原型. 过去人们经常认为一个好游戏的标志是它的无用性; 现在我们知道这种说法是错误的. 近年来, 数学家们仔细分析了这些玩具, 阐明了它们的策略是可以运用到商业或战争这样的有价值的活动中去的. 在这个新研究领域中的领袖之一是当代数学家约翰·冯·诺依曼 (John von Neumann). 如今, 博弈论已经被带到一个很高的发展阶段, 以至于对国际跳棋和数棋 (rithmomachy) 甚至多米诺骨牌之微妙原理的知识, 可能会在下一次战争中起决定性作用. 我们相信, 这种分析会帮助你赢得比赛或者在黑胡椒市场中占据一席之地.

所选的第二组文章来自于鲍尔和贝里克, 考虑一类特殊的算术消遣, 其中有些问题是非常简单的, 而有些则是相当困难的. 这些问题被称为是算式重构题: 给定一个加法、除法、乘法习题中的一组残缺数字, 要求把整个计算完全重构出来. 这里没有一般性规律, 也没有数学公式来帮助解决这些问题. 这是一类关乎纯智力、推理能力和毅力的问题.

任何一件事, 如果是被迫去做的那就是工作; 如果不是被迫去做的那就是玩耍.

—— 马克·吐温 (Mark Twain)

5　从古至今的趣味数学

爱德华·卡斯纳、詹姆士·纽曼

曾经有人说, "人不是通过自娱自乐来学习的"[1], 也有人回复道, "人只有通过自娱自乐才能学习". 无论真相是位于这两个极端中间的何处, 都无可否认数学游戏为想象力提供了一个挑战, 为数学活动提供了一个有力的促进因素. 方程理论、概率论、微积分、点集理论以及拓扑学 —— 都是创造性想象力的肥沃土壤中撒下的种子所结出的果实 —— 都是从最初表达为谜题形式的问题中逐渐发展而成的.

自古以来, 游戏和悖论一直为大众所喜爱, 人们在用这些消遣娱乐自己的同时也磨砺了他们的智慧, 激发了他们的创造力. 但开普勒、帕斯卡、费尔马、莱布尼兹、欧拉、拉格朗日、哈密尔顿、凯莱等人在谜题上花费大量时间可不仅仅是为了娱乐. 消遣性数学的研究跟那些数学和数学物理中最深刻的发现, 都是源自于相同的渴望即想要知晓一切, 都是由相同的基本原理作指导, 都需要相同才能的运用. 因此, 没有哪种智力活动比数学游戏和悖论更适合作为讨论的主题了.

* * * * *

这个领域非常宽广. 数学游戏在古埃及时代或者更早时期就已经萌芽了. 从希腊古都德尔斐祭司的神秘话语, 经过查理曼大帝时期, 再到填字游戏的黄金时代, 数学游戏和悖论就像地球上的生物一样呈现过各种形态和

---

[1]阿纳托尔·法朗士 (Anatole France), 《西维斯特·博拉德的罪行》.

方式, 并成倍增长. 我们只能考察主要种类的一些, 它们以一种或另一种形态留存下来, 并以精简的形式继续蓬勃发展.

　　大多数十七世纪之前发明的著名数学游戏都可以在第一本著名的谜题集, 即克劳德 – 加斯帕·巴歇·德·梅齐里亚克 (Claude Gaspard Bachet de Meziriac) 所著的《有关整数的令人快乐与惬意的问题集》中找到. 虽然这本书在 1612 年问世, 比纳皮尔 (Napier) 有关对数的工作还要早两年, 直到现在它仍是一本令人愉悦的书, 是知识的宝库. 在那之后出现了很多的问题集[2], 单单巴歇的书就被扩充到了差不多原书的五倍.

　　我们所能做的就只有在一个相似的困境中去追随马克·吐温这个著名榜样. 他试图把所有玩笑都约简到一打本源的或基本的形式 (诸如婆婆、农夫的女儿, 等等). 我们将试着介绍几种典型的数学游戏, 它们可以阐明一些基本思想并由此演化出一切……

* * * * *

　　数学游戏常常因其不易用精确的术语进行阐述而显得比较困难. 在解数学游戏问题时, 试错法不仅仅更自然, 而且常常比数学解法更容易. 普遍经验表明, 即使最难的代数方程也常常比文字题更容易解. 对于文字题, 首先得将之转化成数学符号, 然后把这些符号放入适当的方程, 最后才能把问题解决.

　　当福楼拜 (Flaubert) 还是个年轻小伙的时候, 他曾给他妹妹卡洛琳 (Calolyn) 写了一封信. 信中他写道: "因为你现在在学习几何和三角学, 我给你出一个题. 假设一艘轮船在海上航行. 它从波士顿带走一船羊毛, 其毛重为 200 吨. 船是开往勒阿弗尔的. 但船的主桅坏掉了, 客舱服务员在甲板上, 船上共有 12 位乘客, 风向是东 – 北 – 东, 时钟正好指向下午的二点四十五分. 此时是五月 —— 请问船长多大了?" 福楼拜可不只是在戏弄他妹妹,

[2] 鲍尔,《数学游戏与欣赏》, 第 11 版, 纽约, 麦克米伦出版社, 1939 年.
　　利茨曼 (W. Lietzmann),《有趣而奇怪的数字和表格》, 布雷斯劳, 赫特出版社, 1930 年.
　　海伦·阿博特·梅芮尔 (Helen Abbot Merrill),《数学探索》, 波士顿, 布鲁斯·汉弗莱斯出版社, 1934 年.
　　阿伦斯,《数学娱乐和游戏》, 莱比锡, 托伊布纳出版社, 1921 年, 第一、二卷.
　　杜登尼,《趣味数学》, 伦敦, 托马斯·纳尔逊出版社, 1919 年.
　　卢卡斯,《数学娱乐》, 巴黎, 高帝·维拉尔出版社, 1883 ~1894 年, 第一、二、三、四卷.

他是有意地在表达众多可敬而 "不擅长数学游戏" 的人们所共有的抱怨, 即通常的数学游戏既令人费解, 又充斥着多余的信息.[3] 因为这个原因, 以下的数学游戏都已经被剥去了所有无关紧要的内容, 以便于展示它们的内在数学结构. 这里我们所谓的 "数学结构", 指的不仅仅是由数字、角或线所表达的东西, 更是数学游戏的各构成要素间的关键的内在联系. 因为, 实际上, 后者才是数学上的分析所能揭示的对象, 是数学本身之所以重要的原因.

*   *   *   *   *

最古老的问题中, 有一类涉及在一定的恼人条件下如何将人和其货物摆渡过河. 查理曼大帝的朋友阿尔昆曾提出过一个问题, 该问题已经被用不同的方式重述和复杂化了. 问题是这样的: 一个旅行者来到河岸边, 他的财产有一只狼、一头羊和一颗卷心菜. 仅有的一艘船非常小, 最多只能装载旅行者和他的一样财产. 很不幸的是, 如果财产被留在一起而主人不在的话, 羊会吃掉卷心菜, 而狼会以羊为食. 这位旅行者该怎样才能在保持他的蔬菜和动物完整无缺的前提下, 把他所有的货物都运送到河对岸呢?[4] 大家可以

---

[3]下面给出最近相当流行的一类谜题中的一个例子. 它虽然表面上词句冗长, 但并没有任何无关紧要的信息.

工 匠 们

从前有三个人, 约翰、杰克和乔, 他们每个人都从事两种职业. 从职业上来区分, 他们每个人都是如下之二: 司机, 走私犯, 乐师, 画师, 园艺师, 理发师.

根据如下信息, 确定每个人到底从事哪两种职业:
1. 司机因嘲笑乐师的长头发而引起乐师的不快.
2. 乐师和园艺师都经常去跟约翰一起钓鱼.
3. 画师从走私犯手里购买了一夸脱的杜松子酒.
4. 司机向画师的妹妹求婚.
5. 杰克欠园艺师 5 块钱.
6. 乔在投环游戏中打败了杰克和画师两人.

[4]此问题有两种解法, 分别在下面的表格中用符号表示出来了.

第一种解法   第二种解法

$W = 狼$ $C = 大白菜$
$G = 羊$ $\rightarrow = 过河$

1.	WGC			1.	WGC	
2.	WC	$G \rightarrow$	G	2.	WC	$G \rightarrow$	G
3.	WC	$\leftarrow$	G	3.	WC	$\leftarrow$	G
4.	C	$W \rightarrow$	WG	4.	W	$C \rightarrow$	GC
5.	GC	$\leftarrow G$	W	5.	WG	$\leftarrow G$	C
6.	G	$C \rightarrow$	WC	6.	G	$W \rightarrow$	WC
7.	G	$\leftarrow$	WC	7.	G	$\leftarrow$	WC
8.		$G \rightarrow$	WGC	8.		$G \rightarrow$	WGC

借助一个代表船的火柴盒, 和四张分别代表人和货物的纸条, 来试着解这个问题.

　　在十六世纪塔尔塔利亚 (Tartaglia) 提出了这个问题的一个更精巧的版本. 三位美丽的新娘和她们那嫉妒心重的丈夫们也一起来到河边. 能载他们过河的小船每次只能坐两人. 为了避免任何可能危及名誉的境况发生, 过河必须这样安排: 除非是自己的丈夫在场, 任何一位新娘不得和别的男人同在一起. 答案是需要渡河十一次. 如果只有两对夫妇的话, 需要渡河五次. 要是有四对或者更多对夫妻的话, 在上述条件下是无法完成渡河的.

　　类似的还有火车调轨问题. 在图 1 中, 有一个火车头 L, 以及两节运货车厢 W_1 和 W_2. W_1 和 W_2 所在的两条铁轨侧线的公共部分 DA, 对单独停留 W_1 或者 W_2 都够长, 但要二者一起停就不够长, 或者火车头 L 也不够. 因此, DA 上的一节车厢可以被调度到任意一边. 而工程师的工作就是交换 W_1 和 W_2 的位置. 这该如何操作呢? 虽然这个问题看上去并不特别难, 但在更复杂情形下的同样问题可能需要工程师具备较高的数学才智.

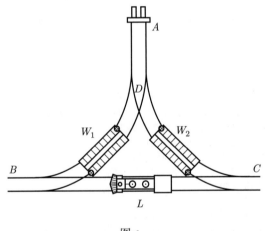

图 1

*　*　*　*　*

　　西莫恩·泊松 (Simeon Poisson) 的家人曾试图把他培养成一名外科医生或者律师或者别的职业, 最终得出的结论是他胜任不了任何事情. 他所尝试过这些职业中的一两个, 让他显得异常愚笨, 但最终他找到了自己的专长. 那是在一次旅途中, 有人给他出了类似下面这样一个题目. 他算得很快, 然

后他意识到自己内心的渴望, 于是开始致力于数学, 并成为十九世纪最伟大的数学家之一.[5]

两个好朋友希望能够平均分配一罐酒, 该罐总容量为八夸脱. 他们另外还有两个空罐子, 一个可以装五夸脱, 另一个可以装三夸脱. 图 2 解释了他

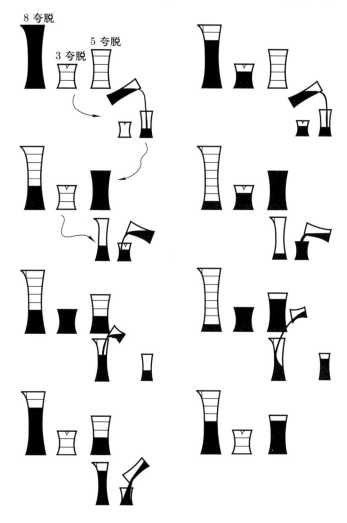

图 2 三罐问题的解答

---

[5] 至少他的传记作家阿拉戈 (Arago) 是这样说的. 泊松的工作不仅质量极其高, 而且产量也很庞大. 除了担任几项正式的职位外, 他在其相对较短暂的一生中 (1781—1840 年) 还产出了 300 多篇大作. "生活就是工作", 这位泊松家族的往日追随者如是说. 虽然听起来挺奇怪, 但确实是一个数学游戏将他带入了无休止工作的一生.

们是怎样才能把酒分成两份, 每份四夸脱的.[6]

* 　 * 　 * 　 * 　 *

正如我们曾提到过的那样, 这么多算术小窍门的神秘本质是在其数学结构里, 而不是在其内容里. 用一个过滤器把隐藏在大量无用信息中的本质思想提取出来后, 每一个人都可以成为他自己的魔法师. 这让我想起了一个常常在数学家之间重复出现的一个荒唐小谜语. 有人会问: "人该怎样从沙漠中抓住狮子?" 因为沙漠上沙子那么多, 而狮子那么少, 只要取一个过滤器, 滤去沙子就剩下狮子啦! 于是, 为了能够找到基本原理, 就需要这样的一个过滤器, 或者也可能是手术刀. 当冗词被清除出去, 数学游戏的基干结构就能用简单的算术或代数表示出来. 猜别人所选择的数字, 或者猜另一个人所挑选的牌, 这样的客厅把戏看起来就跟验证了 "第六感" 一样精彩. 但是, 当我们学会了如何把狮子从沙子中间分离出来后, 抓住它们就相对比较简单了.

纸牌把戏通常都是伪装过的算术谜题. 一般而言, 它们都是经得起数学上的分析的, 而不是如通常所认为的那样是用骗人的花招完成的. 这里一个很容易被忽视的重要原则, 就是 "倘若我们把一副牌的最顶端那张看成是位于最低端那张之下的话, 那么切牌是不会改变这副牌里面纸牌间的相对位置的."[7] 一旦弄明白这个道理, 许多把戏就不会那么令人费解了.

七个玩扑克牌的人买了一副新牌. 根据传统, 第一次发牌前是不能洗牌只能切牌的. 庄家, 故意假装出千, 从这副牌的最底下取了他的第二张牌和第四张牌. 他蓄意让每个人都看到了这一行为. 然而, 当其他玩牌的人拿起牌时, 他们并不想重新发牌, 因为每个人都发现自己的牌是满堂红 (有三张相同, 且另两张也相同). 但是他们也担心庄家为他自己安排了更好的一手牌, 于是他们执意要求庄家舍弃手中已有的五张牌, 重新又从剩余的牌顶部

---

[6] 用 8 夸脱的罐子将 5 夸脱的罐子倒满, 然后从 5 夸脱的罐子里倒出 3 夸脱至 3 夸脱的罐子里. 接下来将 3 夸脱的罐子里的酒倒回至 8 夸脱的罐子里. 将 5 夸脱罐子里剩余的 2 夸脱酒倒入 3 夸脱的罐子里. 再次用 8 夸脱的罐子将 5 夸脱的罐子倒满. 因为 3 夸脱的罐子里已经有 2 夸脱的酒了, 只要再倒 1 夸脱酒可以将它装满. 从 5 夸脱的罐子里倒出适量的酒装满 3 夸脱的罐子. 于是 5 夸脱的罐子里正好还剩下 4 夸脱的酒. 再把 3 夸脱罐子里的 3 夸脱酒倒入 8 夸脱的罐子. 这些酒, 连同 8 夸脱罐子里原来剩下的 1 夸脱酒, 正好是 4 夸脱.

[7] 鲍尔, 同上.

抓五张牌. 庄家假装愤愤不平, 但依然默默接受了 —— 然后他抓了一个同花顺, 赢了. 试试吧. 一百次里面你有九十九次会成功欺骗到你的朋友们 —— 但是另一方面, 你可骗不了老实人.

往往, 猜另一个人所选数字的算术把戏依赖于记数法. 当我们用十进制计数法来表示一个数字, 例如 3976, 其真正含义是

$$(3 \times 10^3) + (9 \times 10^2) + (7 \times 10^1) + (6 \times 10^0).$$

下表[8])进一步阐明了以 10 为基数表示的其他一些数字.

例子 10^0 10^1 10^2 10^3 10^4

$$460 = 9 \times 10^0 + 6 \times 10^1 + 4 \times 10^2$$
$$= 9 \qquad + 60 \qquad + 400$$

$$7901 = 1 \times 10^0 + 0 \times 10^1 + 9 \times 10^2 + 7 \times 10^3$$
$$= 1 \qquad + 0 \qquad + 900 \qquad + 7000$$

$$30,000 = 0 \times 10^0 + 0 \times 10^1 + 0 \times 10^2 + 0 \times 10^3 + 0 \times 10^4$$
$$= 0 \qquad + 0 \qquad + 0 \qquad + 0 \qquad + 30,000$$

$$21,148 = 8 \times 10^0 + 4 \times 10^1 + 1 \times 10^2 + 1 \times 10^3 + 2 \times 10^4$$
$$= 8 \qquad + 40 \qquad + 100 \qquad + 1000 \qquad + 20,000$$

在因使用十进制而引发的各类问题中, 以下几个还是有点意思的:

验算乘法的一个有效策略是使用标准的 "舍九法".

考虑算式 $1234 \times 5678 = 7\,006\,652$. 把乘数、被乘数和积的各位数字相加, 会分别得到 10, 26 和 26. 因为这几个数字还是大于 9, 将和的各位数字再次分别相加[9)], 此时得到 1, 8 和 8. (如果在重复一次之后得到的和还是大于 9, 就再把各位数字相加.) 然后算一算对应于乘数的数字和与对应于被乘数的数字和的乘积, 即 1×8, 并将这个乘积 (的各位数字和) 与对应于原来乘积各位数字和, 即 8, 作比较. 因为二者一致, 所以原来乘法的结果是正确的.

让我们用同样的方法来检验 31256 和 8427 的积是否等于 263395312. 同样方法算一算, 乘数、被乘数和积的数字和分别为 17, 21 和 34; 再加一遍, 得

[8)]其他的基也有人提出过. 有理由相信巴比伦人使用 60 为基, 而就在最近, 还有人强烈敦促使用 12 为基.

[9)]因此 $10 = 1 + 0 = 1$,

       $26 = 2 + 6 = 8$, 等等.

到的数字和是 8, 3 和 7. 前二者的乘积是 24, 其数字和是 6. 但乘积的最终数字和是 7. 因此我们得到两个不同的余数, 6 和 7, 由此可知原来的乘法结果是不正确的.

下面这个诀窍跟舍九法密切相关, 它揭示了所有数字所共有的一个值得注意的特性.

任取一个整数, 将它的数字按你所想要的方式重新排列来造一个新的数. 第一个数和第二个数的差总是可以被 9 除尽.[10]

另一类依赖于十进制记号法的问题涉及寻找这样的数: 它是它自己倒序数的整倍数. 譬如四位数中, 8712 是 2178 的 4 倍, 9801 是 1089 的 9 倍.

二进制, 或者说二元计数法 (即使用 2 为基进行计数) 实际上并不是一个新的概念, 在据信是大约公元前 3000 多年所写成的一本中国书籍中就已经被提到过了. 四十六个世纪之后, 莱布尼兹重新发现了二进制的奇妙, 认为这是一个新发明并为之惊叹不已 —— 这有点像二十世纪的城市居民, 在第一次看见日晷并听完相关的解释后, 充满敬畏地议论道: "他们接下去还想出什么呢?" 在其只使用两个符号这一点上, 莱布尼兹在二进制中发现了某些具有极大宗教性和神秘主义色彩的东西: 上帝可以由 1 代表, 而虚无则可由 0 代表. 因为上帝是从虚无中创造了一切形态, 0 和 1 合在一起就可以用来表示整个宇宙. 因为急于想要把这件智慧的珍宝传授给异教徒们, 莱布尼兹将这个告知了耶稣会会士闵明我 (Grimaldi), 后者是中国钦天监监正, 并希望他能向中国的皇帝指出不相信能从虚无中创造出一切的上帝而执迷于佛教的错误之处.

十进制需要十个符号: 0, 1, 2, 3, 4, 5, ⋯, 9, 而二进制只要用两个符号: 0 和 1. 下面是二进制下的前 32 个整数.

---

[10]霍尔 (Hall) 与奈特 (Knight),《高等代数学》.

十进制	二进制	十进制	二进制
$1 =$	1	$17 =$	10001
$2 =$	10	$18 =$	10010
$3 =$	11	$19 =$	10011
$4 = 2^2 = 100$		$20 =$	10100
$5 =$	101	$21 =$	10101
$6 =$	110	$22 =$	10110
$7 =$	111	$23 =$	10111
$8 = 2^3 = 1000$		$24 =$	11000
$9 =$	1001	$25 =$	11001
$10 =$	1010	$26 =$	11010
$11 =$	1011	$27 =$	11011
$12 =$	1100	$28 =$	11100
$13 =$	1101	$29 =$	11101
$14 =$	1110	$30 =$	11110
$15 =$	1111	$31 =$	11111
$16 = 2^4 = 10000$		$32 = 2^5 = 100000$	

因为 $2^0 = 1$, 很容易看出来任何数字都可以被表示成 2 的幂的和, 就像在十进制里任何数都可以表示意成 10 的幂的和一样. 例如, 在十进制里被表示成 25 的数字, 在二进制里可以只用两个数字即 1 和 0 被表示成 11001.

$$\text{十进制} \qquad\qquad \text{二进制}$$
$$25 \qquad = \qquad 11001$$
$$\updownarrow \qquad\qquad\qquad \updownarrow$$
$$(2 \times 10^1) + (5 \times 10^0). \quad (1 \times 2^4) + (1 \times 2^3) + (0 \times 2^2)$$
$$+ (0 \times 2^1) + (1 \times 2^0).$$

十进制更加方便, 是因为数字在十进制中比在二进制中可以写得更加简洁, 但在所有其他方面, 后者都跟前者一样准确和有效. 即便是小数, 在二进制里也有它们的一席之地. 比如分数 $1/3$, 用十进制的无尽小数表示是 .3333$\cdots$, 而在二进制中则可以表示成无尽二进制数 .01010101$\cdots$.[11]

---

[11] 阿诺德 · 德累斯顿 (Arnold Dresden),《数学导引》, 纽约, 亨利 · 霍尔特出版社, 1936 年出版.

二进制记数法可以很容易让人理解诸如以下问题的解答:

I. 在俄罗斯的很多地区, 农夫们直到最近都在使用一种看上去非常奇怪的方法算乘法. 事实上, 该方法也一度在德国、法国和英国被使用过, 而且和公元前 2000 年前埃及人所用的一种方法也很相似.

通过例子最能说明这种方法: 为了计算 45 乘 64, 先建立两列. 在第一列的顶端放上 45, 在另一列的顶端放上 64. 陆续将一列乘以 2, 并将另一列除以同样的数字. 如果出现奇数除以 2, 就舍去余数. 结果将是:

	除	乘
	45	64
	22	128
(A)	11	256
	5	512
	2	1024
	1	2048

在第二列中, 取出出现在第一列中奇数对面的那些数. 把它们加起来, 你就得到想要算的乘积:

$$
\begin{array}{lll}
& 除 & 乘 \\
& 45 & 64 \ldots\ldots\ 64 = 2^0 \times 64 \\
& 22 & 128 \qquad\quad = 2^1 \times 64 \\
(B)\quad & 11 & 256 \ldots\ldots\ 256 = 2^2 \times 64 \\
& 5 & 512 \ldots\ldots\ 512 = 2^3 \times 64 \\
& 2 & 1024 \qquad\quad = 2^4 \times 64 \\
& 1 & 2048 \ldots\ 2048 = 2^5 \times 64 \\
& & \overline{\qquad\qquad\qquad} \\
& & 2880 = 45 \times 64
\end{array}
$$

这种方法跟二进制之间的联系可以通过把 45 表达成二进制数看出来:

$$
\begin{aligned}
45 &= (1 \times 2^5) + (0 \times 2^4) + (1 \times 2^3) + (1 \times 2^2) + (0 \times 2^1) \\
&\quad + (1 \times 2^0) \\
&= 101101 \\
&= 32 + 0 + 8 + 4 + 0 + 1.
\end{aligned}
$$

因此,

$$
\begin{aligned}
45 \times 64 &= (2^5 + 2^3 + 2^2 + 2^0) \times 64 \\
&= (2^5 \times 64) + (2^3 \times 64) + (2^2 \times 64) + (2^0 \times 64).
\end{aligned}
$$

因为 2^4 和 2^1 在 45 的二进制表达式里面没有出现, (B) 中要加的数就不包含乘积 $(2^4 \times 64)$ 和 $(2^1 \times 64)$. 因此在用 64 乘 45 时, 农夫们所做的就是分别用 64 乘以 $2^5, 2^3, 2^2$ 和 2^0, 然后再求和.

II. 另一个众所周知的问题是把一定数量的圆环从一个手柄上取下来, 该问题卡尔丹 (Cardan) 就已经提到过. 这个游戏用二进制方法来分析是最佳的, 当然解环的实际操作总是非常难的.

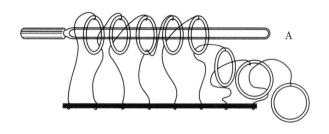

图 3　中国环游戏

手柄上的圆环是这样连在一起的: 虽然最后一个圆环可以毫无困难地被取下来, 任意其他的一个圆环, 只有在它的靠近端点 (图中的 A) 那侧的下一个圆环依然在手柄上, 且之后所有其他的圆环都不在手柄上的时候, 它才可以被取下来或装上去. 也就是说, 要想取下第五个圆环, 第一、二、三个圆环必须不在手柄上, 而第四个圆环必须在手柄上. 如果把每个圆环是否在手柄上的状态用二进制方法写下来, 1 代表圆环不在手柄上, 而 0 代表圆环在手柄上, 那么在数学上确定要取下给定数量的圆环所需的步骤数就不太困难了. 如果不用二进制, 当环的数量增加时, 解法将会完全超出一个人的想象力.

III. 汉诺塔问题在原理上也非常类似. 这个游戏是由一个带有三个栓的板组成, 如图 4 所示.

在这些栓中, 有一个拴上套了一些大小不一的圆盘, 其排列方法是最大的圆盘在最底下, 次大的在它上面, 第三大的又在次大的上面, 等等, 直到最小的圆盘在最上面. 要做的事情是把所有的圆盘移到剩余两个拴之一上, 要求每次只移动一个圆盘, 且移动过程中要确保不会有大圆盘放在了小圆盘的上方. 若把一个圆盘从一个拴上移到另一个拴上记为一次搬运, 那么下表指出了对搬运不同的圆盘数所需要的搬运次数:

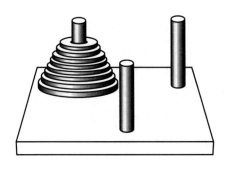

图 4

搬运次数表[12]

圆盘数	搬运次数
1	1
2	3
3	7
4	15
5	31
6	63
7	127
⋮	⋮
n	$2^n - 1$

关于这个玩具还有个迷人的故事[13]:

在苍穹之下, 位于世界中心的贝拿勒斯圣庙里, 有一块黄铜板, 上面插着三根宝石针, 每根针高一腕尺 (相当于小臂长度), 跟蜜蜂的身体一样粗. 在创造世界的时候, 神在其中一根针放了六十四个纯金的圆盘, 最大的圆盘位于黄铜板上, 其余的圆盘摞在上面越来越小, 直至顶端. 这就是梵天塔. 僧侣夜以继日地把圆盘从一根宝石针上移到另一根上, 遵照着梵天那不渝且永恒的法则, 即当值的僧侣一次不能移动超过一个圆盘, 而且他必须使得当圆盘放到针上时, 其下方没有比它更小的圆盘. 当所有六十四个圆盘全部被从最初的宝石针, 即神创世时放置它们的针, 移到另外两根针之一上时, 梵塔、庙宇和婆罗门众生等等都会灰飞烟灭, 世界也将在一声霹雳中消失.

---

[12]阿伦斯, 同上.
[13]鲍尔, 同上.

应验预言所需要的搬运次数是 $2^{64} - 1$, 即 18 446 744 073 709 551 615 次. 如果僧侣可以每秒执行一次搬运, 每年 365 天每天 24 小时不间断地工作,[14]那么他们将需要 58 454 204 609 个世纪外加略多于 6 年的时间来完成这个壮举, 前提是他们从不犯错 —— 因为一次小的差错都会使他们之前的活儿白干了.

IV. 有关二进制还可以提一下另一个游戏 —— 尼姆游戏. 在这个游戏中, 两位玩家轮流玩被分成几堆的若干硬币. 轮到他的时候, 该玩家可以取走其中一堆, 或者从那一堆中他想取几个硬币就取几个硬币. 取走最后一个硬币的玩家算输. 如果每堆硬币的数量用二进制来表示的话, 这个游戏就很容易进行数学上的分析. 若一个玩家能够将每堆硬币的数量形成特定的排列, 他就能克敌制胜.[15]

很有意思的是, 数字 $2^{64} - 1$ ——18 446 744 073 709 551 615 —— 在二进制中要用 64 个数字来表示的一个数, 也出现在跟象棋起源有关的一个游戏的答案中.

根据古老的传说, 宰相西萨·班·达伊尔由于为印度国王舍罕发明了国际象棋而将受到褒奖. 因为这个游戏是在一个有着 64 个格子的板上玩的, 西萨向国王提出: "陛下, 请给我一粒麦子放在第一个格子里, 两粒麦子放在第二个格子里, 四粒麦子放在第三个格子里, 八粒麦子放在第四个格子里, 就这样下去, 哦, 陛下, 让我盖满棋盘上 64 个格子的每一个吧. "惊讶的国王嚷嚷到: "西萨, 你这个笨蛋, 这就是你所要的一切?" "哦, 陛下," 西萨回答道: "我要的麦子已经比你整个王国的麦子都要多了, 甚至比全世界所有的麦子还要多了. 实际上, 我要的麦子将能覆盖整个地球表面, 厚度足足有一腕尺的二十分之一厚."[16]这样一来西萨要求的麦子的粒数就是 $2^{64} - 1$, 正好和完成贝拿勒斯预言所需要的搬动次数一致.

另一个值得注意的在其中出现了 2^{64} 的地方是, 在计算每个人从基督纪元伊始 —— 大约 64 代以前 —— 至今的祖先数量时. 在这个时间段内, 假定每个人都有 2 位父母亲, 4 位祖父母, 8 位太祖父母, 等等, 不允许近亲婚配, 那么每个人至少有 2^{64} 位祖先, 即略少于一千八百五十京 (一京为一亿亿) 位

---

[14](不计较闰年. —— 编者.)

[15]有关尼姆游戏的数学证明, 参见阿伦斯, 同上, 以及布顿,《数学年刊》, 第二辑, 第三卷 (1901—1902), 第 35 ~ 39 页.

[16]一腕尺的二十分之一大约等于一英寸.

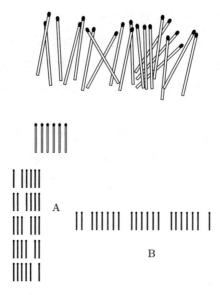

图 5　此图说明了如何在尼姆游戏中确保胜利. 假定每个玩家在轮到他时必须取走至少一根火柴, 且最多可以取走五根火柴. 规则是取走最后一根火柴的人输掉. 例如, 假定刚开始这一堆里共有 21 根火柴. 此时, 先玩的人可以通过在脑海中将火柴分成几组, 每组分别有 1、6、6、6 和 2 根 (如 B 所示), 来确保胜利. 因为他先开始, 他取走两根火柴. 然后, 不管他的对手取走几根火柴, 第一个参与游戏的人都取走那组 6 根里面剩下的. 这可由图 A 所示: 若第二个参与游戏的人取走 1 根, 那么第一个人取走 5 根; 若第二个人取走 2 根, 那么第一个人取走 4 根; 等等. 这样就可以取尽那三组 6 根, 于是第二个人只剩下最后一根火柴. 要是有 47 根火柴的话, 先玩的人为了确保胜利的分组方式将是 1、6、6、6、6、6、6 和 4 根. 尼姆游戏其他变种的规则也可以很容易明确表达出来.

直系亲属. 真是一次最令人沮丧的推理.

* 　 * 　 * 　 * 　 *

约瑟夫斯 (Josephus) 问题是最著名的问题之一, 当然也是最古老的问题之一. 通常它跟这样一个故事有关: 在一艘船上有一些人, 为了防止船沉下去, 其中一些人必须要牺牲. 依照该谜题各版本创作的时间, 乘客们分别是基督徒和犹太人, 基督徒和土耳其人, 懒汉和学者, 黑人和白人, 等等. 只要头脑机灵外加一点数学知识就可以设法保护想要保护的团体. 所有人围成一个圈, 从某一处开始往前数, 每数到第 n 个人将会被扔出船外 —— n 是一个指定的整数. 数学家所给出的圆圈排列是使得要么基督徒, 要么勤劳的学者, 要么白人会被救, 而其余人则依照金科玉律而被扔向了船外.

最初, 这个故事是讲述约瑟夫斯的, 他发现他自己和另外 41 个犹太人都在一个洞穴里, 他们下决心自杀, 以逃脱落入罗马人手中的悲惨命运. 约瑟夫斯决定自救. 他把所有人围成一个圈, 让大家都同意轮流报数, 每数到 3 的人就自杀. 约瑟夫斯把自己和另一个有远见的人放在 41 人所组成的圆圈的第 16 位和第 31 位, 这样他和他的同伴, 作为最终剩下的人, 就很容易地能够避开殉难之路.

这个问题的一个后来的版本是把 15 个土耳其人和 15 个基督徒放在一艘风暴肆虐过的船上, 除非把一半的人扔到船外, 否则船肯定会沉. 把所有人都排成一个圈之后, 为了显示主的荣耀, 基督徒们提议每第九个人将要被牺牲.

以这种方式, 每位非教徒都恰好被除掉了, 而所有忠诚的基督徒都获救了.[17]

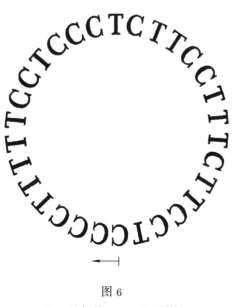

图 6
C = 基督徒　T = 土耳其人

在日本, 约瑟夫斯问题则呈现了另一种形式: 有 30 个孩子, 其中 15 个是第一任妻子所生, 另外 15 个是第二任妻子所生. 他们都认为父亲的财产太少, 不足以分给他们所有人. 于是第二任妻子提议把所有孩子围成一个圈, 通过一个淘汰程序来确定她丈夫的继承人. 作为一个精明的数学家, 同

---

[17]所有这类问题解法的一般规则可参见泰特著的《科学文章选集》, 1900 年出版.

时也是人尽皆知的邪恶继母, 她设法把孩子们排好, 使得最终被选上的一定是她自己的某个孩子. 在第一任妻子的 14 个孩子被淘汰后, 剩下的那个孩子 —— 显然是个比他继母更聪明的数学家 —— 提出计数应该换相反的方向重新开始. 因为确信自己已经占优势, 于是为了显示自己的大度, 她同意了. 最终她沮丧地发现她自己的 15 个孩子全被淘汰了, 只剩下第一任妻子的那个孩子成为继承人.[18]

图 7　约瑟夫斯问题, 三宅剑龙 "诸术". (见史密斯和三上义夫的《日本数学史》.)

　　关于约瑟夫斯问题更难的且推广了的版本的详尽数学解答是由欧拉、舒伯特 (Schubert) 和泰特 (Tait) 给出的.

　　有关数学游戏的论述, 即使再简略, 也不会不提及萨姆·劳埃德 (Sam Loyd) 所发明的诸多数学游戏中最负盛名的那种. 该游戏有很多不同的名字, 诸如 "15 格子戏" "老板游戏" "数字推盘游戏", 等等. 它首次出现于 1878 年, 之后长达几年的时间, 该游戏风靡欧洲, 比现如今的旋转舞和合约桥牌加起来还要受欢迎. 在德国, 街头、工厂、皇宫和国会大厦随处可见沉迷于该游戏的人们. 雇主们不得不张贴告示, 以禁止雇员们在工作时间玩 "15 子

---

[18] 史密斯 (Smith) 和三上义夫 (Mikami),《日本数学史》, 第 83 页.

戏" 游戏, 违者将会被解雇. 没有特权的老百姓, 只能眼睁睁看着他们正式当选的代表们在国会大厦玩 "老板游戏", 而其中俾斯麦 (Bismark) 走 "老板" 一方. 在法国, 在巴黎的林荫大道上以及在从比利牛斯山脉到诺曼底的每个小村庄, 都有人玩 "数字推盘游戏". 人类灾难的根源之一是 "数字推盘游戏" —— 比烟草和酒精的危害更大 —— "它引起各种各样的头疼、神经痛和神经官能症", 一位当时的法国新闻记者如是说.

欧洲一度为 "15 格子戏" 而疯狂. 各种比赛纷纷登上舞台, 并为表面上很简单的题目设置了巨额奖励. 但奇怪的是, 从来没有人赢得过任何这些奖励, 而这些表面上很简单的题目仍未被解决.

"15 格子戏" (见图 8) 包含一个木制或金属制的正方形浅槽盒子, 里面有标有 1 到 15 的 15 个小正方形方块. 事实上盒子可以容纳 16 个小正方形方块, 因此这 15 个小方块可以被移来移去换位置. 所有可能的位置变化数目是 16! = 20 922 789 888 000. 要解决的问题是从给定的最初位置 (一般而言是下面图 8 所示的标准位置) 开始, 实现方块的一种指定的排列.

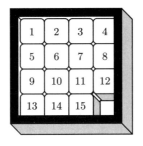

图 8 处于标准位置的 15 格子戏 (即老板游戏或数字推盘游戏).

此游戏发明后不久, 两位美国数学家[19] 就证明了从任何给定的初始位置开始, 所有可能的位置中仅有一半的位置是实际可以达到的. 因此, 总有大约 10 万亿种位置排列是玩 "15 格子戏" 的人可以实现的, 而另外 10 万亿种位置排列则是他无法实现的.

正因为存在着无法实现的位置排列, 所以就很容易理解为什么劳埃德和其他人会慷慨设置如此巨额的现金奖励, 因为被设置这种奖励的题目总是某种无法实现的位置排列. 要是《美国数学杂志》也曾跟游戏自身一样广为传播的话, 那就可以避免那么多的头疼、神经痛和神经官能症, 更不用说

---

[19] 约翰逊 (Johnson) 和斯托里 (Story),《美国数学杂志》, 第二卷 (1879 年).

会为国会大厦带来多少好处; 每当思及于此, 就让人感到心酸啊. 有着 10 万亿种可能的解, 这已经可以给大家带来足够的娱乐了.

在如图 8 所示的标准位置排列中, 空白位置是处于右下角. 当对该游戏进行数学上的分析时, 比较便于分析的方式是把方块的重排过程视作只不过是沿着某个特定路径移动空白格本身, 但一定要保证它在移动结束时依然位于盒子的右下角. 为此, 空白格向左越过的方块数跟向右越过的方块数相同且必须相同, 而且向上越过的方块数跟向下越过的方块数也必须相同. 也就是说, 空白格必须越过偶数个方块. 从标准位置排列开始, 要是期望的位置排列可以在遵守这一要求的前提下被实现, 那它就是一种可能的位置排列, 否则它就是不可能的位置排列.

基于这一原则, 判断一个位置排列是可能的还是不可能的, 其方法就非常简单了. 在标准位置排列时, 每个数字方块是以其本身的数字顺序陈列的, 即, 一行一行从左到右看方块上数字的话, 没有任何数字会在比它小的数字的前面. 要想实现与标准位置不同的位置排列, 这些方块的数值顺序必须要改变. 某些数字, 甚至可能所有数字, 将会出现在其他一些比它们小的数字的前面. 我们把每种一个数字出现在比它小的数字前面的情况称为一次倒置. 例如, 如果数字 6 出现在数字 2, 4 和 5 的前面, 这就是倒置, 且我们将对此倒置赋予数值 3, 因为 6 在三个比它小的数字的前面. 如果在一个给定的位置排列里, 其所有倒置的数值之和为偶数, 那么这个位置排列就是一个可能的位置排列. 要是所有倒置的数值之和为奇数, 该位置排列就是不可能的, 从而无法由标准位置排列开始而实现.

如图 9 所示的位置排列是可以从标准位置排列达成的, 因为这里所有倒置的数值之和为 6 —— 是个偶数.

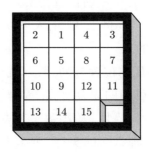

图 9

但图 10 所示的位置排列是不可能的, 因为很容易可以看到, 所有的倒置数值之和是奇数.

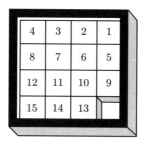

图 10

图 11 (a), (b), (c) 列举了三种其他的位置排列. 它们是可能还是不可能从标准顺序得出?

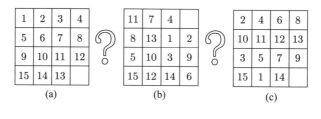

图 11

蜘蛛和苍蝇问题

我们大多数人都学过两点之间最短的距离是直线. 要是这个断言被期望应用到我们所住的地球上, 那它是既无用的又是不对的. 就如我们在前面章节中已经看到的那样, 十九世纪的数学家黎曼 (Riemann) 和罗巴切夫斯基 (Lobachevsky) 就已经知道, 这个断言, 如果真的对的话, 那也只适用于特殊的曲面. 它是不能应用于球面状曲面的, 因为球面的两点之间最短的距离是大圆的弧长. 因为地球的形状近乎于一个球体, 在地球表面任意两点的最短距离永远不会是条直线, 而是大圆圆弧的一部分.

然而, 就所有实用的目的而言, 即使在地球表面, 两点之间的最短距离也是用直线来定出的. 也就是说, 用钢卷尺或码尺来测量通常的距离时, 其操作方法大体上是正确的. 但是, 对超过几百英尺的距离来说, 就一定要考虑地球表面的弯曲了. 当最近底特律一家大型汽车制造厂建造了一根长度超过 600 英尺的钢条时, 人们发现要是不考虑地球表面的曲率, 就很难准确测量出其真正的长度. 我们曾指出过在复杂的曲面上, 测地线的确定是一件非常困难的事情. 然而我们可以给出一个例子, 说明即使在最简单的情形 —— 即平坦曲面 —— 时, 这个问题也可以多么让人迷惑.

在一个有 30 英尺长, 12 英尺宽, 12 英尺高的房间内, 其较小的一面墙的中线上离天花板 1 英尺远处有只蜘蛛; 而在该墙对面墙的中线上离地面 1 英尺远有只苍蝇. 蜘蛛意欲抓住苍蝇. 那么蜘蛛爬过去到达其猎物的最短路径是什么呢? 要是它在墙上竖直往下爬到底, 然后在地面上沿直线爬到对面, 接着在对面墙上竖直往上爬, 或者沿着相似的路线但从天花板爬过去, 那么总爬行距离是 42 英尺. 无疑, 几乎无法再想象出一条更短的路径了! 但是, 可以通过如下方式得到测地线: 将一张纸剪成合适的形状, 使之在恰当地折叠之后, 可以做成一个该房间的模型 (如图 12 所示), 然后把代表蜘蛛和苍蝇的点用直线连起来, 这就是测地线. 这条测地线的长度仅仅为 40 英尺, 换句话说, 比刚才那沿着直线的 "显而易见的" 路线少了 2 英尺.

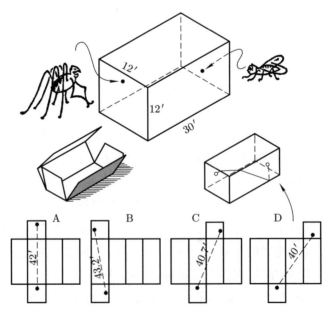

图 12　蜘蛛在好心邀请苍蝇而遭到拒绝后, 开始出发沿着最短的线路爬向它的晚餐. 这位饥肠辘辘的蜘蛛, 它的测地线是什么路线呢?

有好几种方式可以剪开纸张模型, 相应地, 也存在着好几种可能的路线, 但 40 英尺的那种是最短的; 而足够值得注意的是, 就像从图 12 的 "D 切割方式" 中可以看到的那样, 这条路线需要蜘蛛爬过房间全部 6 个面中的 5 个.

这个问题通过图形揭示了我们一直强调的观点 —— 我们对空间的基于直觉的观念几乎总是会诱使我们误入歧途.

* * * * *

人 物 关 系

欧内斯特·勒古韦 (Ernest Legouvé)[20], 著名的法国剧作家, 在他的回忆录里叙述了如下一件事情: 有一次在普隆比埃洗浴时, 他对那些和他一起洗浴的人提了一个问题: "两个完全没有关系的男人会不会有一个共同的姐妹?" "不, 这不可能." 一个公证员立刻回答. 一位通常在回答问题时都有些慢条斯理的律师思考了一会儿后, 认为公证员的回答是正确的. 紧接着, 其他人都点头称是, 认为那是不可能的. "但这还是可能的." 勒古韦评说道, "且让我先给这两个人假设个名字. 其中之一叫作尤金·休, 而另一个人则是我." 在一片惊叫声和让他解释的嚷嚷声中, 勒古韦叫来了浴室侍者, 并要来了该侍者通常用以记录已经来洗过澡之人的记录板. 他在上面写下:

(∼ 代表婚配; | 代表后代)

休太太∼休先生　　苏蔚太太∼休先生　　苏蔚太太∼勒古韦先生
|　　　　　　　　|　　　　　　　　|
尤金·休　　　　弗洛尔·休　　　欧内斯特·勒古韦

"这样, 你们看," 勒古韦断定, "两个没有亲戚关系的男人有同一个姐妹, 这是完全有可能的."

迄今为止探讨过的大部分数学游戏, 其解答过程都需要以下四个步骤:

1. 筛选出本质的信息.
2. 把这些信息转化成适当的符号.
3. 用这些符号建立方程.
4. 解方程.

要解决人物关系问题, 这些步骤中的其中两个必须要做修改. 一个简单的示

---

20)阿伦斯, 同上, 第二卷.

意图代替了代数方程; 示意图的推断结果代替了方程的代数解. 但是, 如果没有这些符号和示意图, 问题就可能会变得极度令人费解.

苏格兰数学家亚历山大·迈克法兰 (Alexander Macfarlane) 建立了一种"关系代数", 发表于爱丁堡皇家学会的会刊上. 但是那些他应用他的演算法的问题, 即使不用关系代数, 也能容易解决. 迈克法兰为他的演算法所采用的实验对象是下面这首著名的小诗:

> 我并无兄弟也没有姐妹,
>
> 但此人之父乃我父之子,

尽管用示意图的方法可以更快得出问题的答案.

有一个古老的印度神话故事, 其中有着一系列错综复杂的人物关系, 即使迈克法兰的代数也可能显得无能为力. 有一位国王, 被他的族人篡夺了王位, 被迫带着妻子和女儿踏上逃亡之路. 在逃命的路上他们不幸遭遇强盗; 可怜的国王在自卫过程中死于非命, 而他的妻子和女儿则侥幸逃脱. 母女俩逃到一片森林里, 而邻国的亲王和他的儿子恰好在林中打猎. 亲王是个鳏夫, 而他的儿子也是一个钻石王老五. 他们发现了母女俩的脚印, 决定尾随在后. 父亲宣称他将要娶那个大脚印的女人 —— 毫无疑问应该是年纪大的那个 —— 作为妻子, 而儿子则说他要和那个小脚印女人结为夫妇, 因为她肯定是比较年轻的那个. 但当他们回到城堡时, 父子两发现小脚是母亲的, 而大脚是女儿的. 不过, 虽然感到有点失望, 他们还是按照原来的约定, 娶了各自的新娘. 于是妈妈成了女儿的儿媳, 而女儿则成了妈妈的婆婆. 在婚后, 母女俩又各自都生育了孩子 —— 有儿有女. 我们把理清他们之间人物关系的任务托付给读者, 同时托付给读者的是对下面这首诗的解释, 该诗被刻在巴黎附近阿伦库特的一块古老的墓碑上:

> 此处长眠着儿子, 此处长眠着母亲;
>
> 此处长眠着女儿, 此处长眠着父亲;
>
> 此处长眠着姐姐, 此处长眠着弟弟;
>
> 此处长眠着妻子, 此处长眠着丈夫.
>
> 但在此处永远相伴的其实只有三人.

*　　*　　*　　*　　*

在阿尔布雷特·丢勒 (Albrecht Dürer) 那著名的油画《忧郁》中, 出现了一个图案, 有关该图案的著作比任何一种别的数学娱乐的著作都要多得多. 这个图案就是幻方.

幻方是由排在一个正方形内的一组整数构成, 其中这些整数要使得当我们按照行求和、按照列求和以及按照对角线求和时, 所得的和都一样. 幻方至少可以追溯至阿拉伯时期. 像欧拉和凯莱 (Cayley) 这样的伟大数学家们都认为这个非常有趣, 值得研究. 本杰明·富兰克林 (Benjamin Franklin) 带有愧意地承认他年轻的时候在这些 "不重要的事" 上颇花了一些时间 —— "这些时间", 他赶紧进一步补充道, "我本该更有效地利用起来". 无论他们在幻方上花费了多少时间, 数学家们都从不会声称幻方不仅仅是娱乐, 虽然有关该游戏形式的持续不断的研究可能曾附带地对于数字之间的关系有过一定的启示作用. 幻方最吸引人的还是它的神秘性和娱乐性.

还有其他一些相当有趣的游戏并未在此处讨论[21], 因为我们将在更合适的章节处对它们加以详细探讨.[22] 这其中包括那些涉及概率论、地图着色和

---

[21] 例如, 参见卡斯纳和纽曼有关悖论的论述, 见本书相关章节.

[22] 还有一些数学游戏, 虽然也很有趣、很有欺骗性, 但并不包含尚未被考虑过的数学思想 —— 因而这些数学游戏也就被省略了. 虽然如此, 我们这里还是可以给出三个例子, 之所以选它们是因为它们常常被做错.

(a) 有一个装了一半酒的瓶子, 还有一个装了一半水的瓶子. 从第一个瓶子里舀出一茶匙的酒, 倒入第二个瓶子中. 再从第二个瓶子的混合液中舀出一茶匙并倒入第一个瓶子的酒中. 问: 盛水的瓶中酒的量是多于还是少于盛酒的瓶中水的量? 为避免争执, 且让我公布答案: 它们是一样的.

(b) 不久前有一次数学游戏专家的驰名聚会, 而下面这个数学游戏则使得与会代表们大为烦恼. 一只猴子吊在一根绳子的一端, 该绳子穿过一个滑轮, 其另一端挂着一个砝码以保持平衡. 猴子决定沿着绳子往上爬. 会发生什么事情呢? 精明的解谜手们忙于各种琐细无用的猜想和推断, 从对猴子能否爬绳子的怀疑, 到一些他无法完成的严格 "数学论证". (我们屈从于我们猥琐的且可能多余的冲动, 指出问题的答案 —— 砝码会跟猴子一样上升!)

(c) 假设我们有一根 25 000 英里 (1 英里约等于 1.6 千米) 长的线, 正好可以绕地球赤道一圈. 我们取出这根线, 将它紧密贴着地球一圈, 越过海洋、沙漠和丛林. 悲催的是, 当做完这一切时, 我们发现在制造这线的时候犯了点小小的错误: 它刚好长了一码.

为了克服这个错误, 我们决定把线的两端系在一起, 然后把这多余的 36 英寸平摊到整整 25 000 英里上去. 当然 (我们认为) 这是难以被察觉的. 你觉得这样一来, 仅仅因为长了 36 英寸这个事实, 这根线在每一点会比地面高出多少呢?

正确的答案看起来似乎是不可思议的, 因为这根线在整个 25 000 英里的距离上, 都会高于地表 6 英寸.

为了让这个问题看起来更加合情合理, 你可以问你自己下面这个问题: 沿着地球表面走一圈, 你的头比你的脚多移动多少呢?

莫比乌斯单边曲面的问题.

还剩下一大类问题 —— 那些跟数论有关的问题. 现代数论有着大量的文献, 吸引了每位严谨数学家的注意力. 这是一门研究的分支, 其中很多定理, 虽然极难证明, 其陈述却非常简单, 很容易被大众所理解. 因此在受过教育的门外汉中, 这些定理比其他一些数学分支中的远为重要的定理更加广为人知, 因为那些定理需要更加专门的知识才能理解. 每一本关于数学娱乐的书籍中都充斥着基于数的特征与性质的数学游戏, 它们或平常或独创, 或巧妙或神奇, 或简单或复杂. 受篇幅限制, 我们在这里仅仅提及一到两个有关数的重要定理, 这些定理尽管非常深刻, 但还是很容易被理解.

自从欧几里得证明了[23]素数有无穷多个以来, 数学家们一直在寻找用以判定一个给定的数是否是素数的准则. 但至今还没发现任何一个可适用于所有整数的准则. 说来奇怪的是, 我们有理由相信, 某些在数论方面花了大量时间的 17 世纪数学家, 他们有办法识别一些不为我们所知的素数. 法国数学家梅森 (Mersenne) 和他那更伟大的同时代人费马 (Fermat), 找到了一种不可思议的方法来确定能使 $2^p - 1$ 为素数的 p 的值. 我们还无法确定他们到底有多完整地发展了他们的方法, 或者甚至不清楚, 他们到底是采用了什么方法. 因而, 当有人来信问及 100895598169 是否是素数时, 费马毫不迟疑地回答说它是 898423 和 112303 的乘积, 而且这两个数都是素数; 此事至今仍被认为是一个奇迹.[24]因为没有一个求所有素数的通用公式, 即使当今的数学家也可能要花费几年的时间来寻找一个正确的答案.

数论中最有趣的问题之一是哥德巴赫 (Goldbach) 猜想, 即任何一个大于 2 的偶数都是两个素数之和. 它很容易被理解; 而且有很多理由相信它是正确的, 至今为止也没有发现哪个偶数不是两个素数之和; 然而, 尚无人成功找到过一个对所有的偶数都适用的证明.

被普遍认为是正确但却无人能证明的所有待解决问题中, 最有名的可能要数 "费马大定理" 了. 在他那本丢番图著作的页边空白处, 费马写道: "如

---

[23]欧几里得关于存在无穷多个素数的证明, 是一个非常优雅而简洁的证明. 若 P 是任一素数, 总可以找到一个比 P 大的素数. 构造一个新的数 $P! + 1$. 这个显然比 P 大的数, 它不能被 P 整除, 也不能被任意小于 P 的数整除. 所以只有两种可能性: (1) 它不能被任意小于它的数整除; (2) 它可以被一个位于 P 和 $P! + 1$ 之间的素数整除. 但这两种情况都证明了存在一个比 P 大的素数. 证毕.

[24]鲍尔, 同上.

果 n 是一个大于 2 的数, 那就不可能存在整数 a, b, c, 使得 $a^n + b^n = c^n$. 我发现了一个极其美妙的证明, 但这页边的空白太小, 写不下." 多遗憾啊! 假设费马确实有一个证明, 且他的数学天赋是如此之高以至于这确实是可能的. 要是他在书页边缘处找到了足够的空白, 他本可以省去他之后一代一代的代数学家们那无数小时的努力. 几乎每一位费马之后的大数学家都曾尝试过给出证明, 但他们无一例外地都失败了.

人们知道很多对整数, 它们的平方和也是某个数的平方, 例如:

$$3^2 + 4^2 = 5^2; \quad \text{或者} \quad 6^2 + 8^2 = 10^2.$$

但是找不到三个整数, 使得其中两个整数的立方和是第三个数的立方. 费马的观点是, 这对于所有的整数都该是对的, 只要使它们自乘的幂次超过 2. 经过大量的计算, 可以证明对于 n 的值一直到 617, 费马大定理都是正确的. 但费马的意思是它对大于 2 的每一个 n 的值都正确. 在他对数学的所有重大贡献中, 费马的最有名的遗产就是这个让三个世纪的数学研究都未能破解的数学游戏. 事实上, 怀疑论者认为, 费马他自己也从未解决该问题.

* * * * *

虽然有点不情愿, 我们必须要辞别数学游戏了. 不情愿是因为我们对这个丰富而有趣的主题仅仅得以瞥见一二, 也是因为从某种意义上说, 数学游戏比数学的任何一个其他分支都好, 显示了它那永远朝气蓬勃的、天然的和探索性的精神. 当一个人不再想象, 不再发问, 不再玩耍, 那么他也就走到尽头了. 数学游戏是由数学家像孩子那样所玩, 所想, 所疑惑的东西组成的, 因为它们是由他所生活的那个世界的环境与事物组成的.

我讨厌这些数字.

—— 莎士比亚 (《哈姆雷特》)

你提到你的名字的时候似乎我应该知道它, 但除了知道你是一个单身汉、一名律师、一名互济会会员和一名气喘患者这些显然的事实外, 我对你一无所知.

—— 阿瑟·柯南·道尔 (Arthur Conan Doyle) 爵士

(《夏洛克·福尔摩斯回忆录·诺伍德的建筑师》)

6　算式复原

劳斯·鲍尔

接下来我挑选了这样一类问题, 这些问题都涉及对某些数字被擦除了的算术求和式的重构. 这些问题中有的简单, 有的困难. 近年来这类练习受到了广泛的关注. 我会给出三类复原题的例子.

A 类. 这些复原题中的一些, 其解答依赖于如下熟知的性质, 即每个数

$$a + 10b + 10^2 c + 10^3 d + \cdots$$

都可以写成如下特定的表达式之一:

$$M\,(9) \quad + a + b + c + d + \cdots$$

$$M\,(11) \quad + a - b + c - d + \cdots$$

$$M\,(33) \quad + (a + 10b) + (c + 10d) + (e + 10f) + \cdots$$

$$M\,(101) \quad + (a + 10b) - (c + 10d) + (e + 10f) - \cdots$$

$$M\,(m) \quad + (a + 10b + 10^2 c) + (d + 10e + 10^2 f) + \cdots$$

$$M\,(n) \quad + (a + 10b + 10^2 c) - (d + 10e + 10^2 f) + \cdots$$

其中倒数第二行中, $m = 27$ 或 37 或 111, 而最后一行中, $n = 7$ 或 13 或 77 或 91 或 143.

依赖于这些性质的例子并不罕见. 下面是这类问题的四个简单实例.

(i) 417 和 .1... 的乘积是 9...057, 求由点代表的缺失的数字. 若将乘数中的待定数字按顺序记为 a, b, c, d, 而我们由后向前倒序做乘法, 会依次得到 $d = 1, c = 2, b = 9$. 又因为乘积有 7 位数字, 因此 $a = 2$. 于是乘积是 9141057.

(ii) 一个七位数 70..34. 恰好可被 792 整除, 求由点代表的缺失的数字. 因为 792 等于 $8 \times 9 \times 11$, 我们可以很容易地证明该数字是 7054344.

(iii) 一个五位数 4.18. 可被 101 整除, 求缺失的数字.[1]

将这两个缺失的数字从右到左分别记为 x 和 y. 对于 101 应用上述定理, 注意到每个未知的数字都不超过 9, 并且为了方便起见记 $y = 10 - z$, 从这个方程会推出 $z = 1$, $x = 7$, $y = 9$. 因此该数字是 49187.

(iv) 一个四位数 .8.. 可被 1287 整除, 求缺失的数字.[2]

从右到左记这些数字为 x, y, z. 我们知道 $1287 = 9 \times 11 \times 13$. 应用相应的性质, 并注意到每个未知数都不超过 9, 我们可以算出 $x = 1, y = 6, z = 3$. 于是该数为 3861.

(v) 作为这类问题中一个稍微难点的例子, 假设我们知道 6.80.8..51 正好可被 73 和 137 整除. 求缺失的数字.[3] 用这些数据足以确定该数, 为 6780187951.

B 类. 另一类更难的复原问题可由下述例子阐明. 其解答牵涉一些分析的技术, 而不能归纳出一些简单的规则.

(i) 我从一个据说源自于印度的简单例子开始, 该问题是要求复原下面所附除法式子中缺失的数字, 该算式是某个六位数除以一个三位数, 得到一个三位数:[4]

```
···)······(···
    ·0··
    ····
    ·50·
     ···
     ·4·
```

其解答毫无困难. 答案是: 除数为 215, 商为 573; 解是唯一的.

[1] 德伦斯 (P. Delens),《有趣的算术问题》, 巴黎, 1914 年出版, 第 55 页.
[2] 同上, 第 57 页.
[3] 同上, 第 60 页.
[4]《美国数学月刊》, 1921 年, 第 28 卷, 第 37 页.

(ii) 下面我给一个稍微难一点的实例, 该问题是 1921 年由代尔夫特的舒教授提出来的. 某个七位数整数除以一个六位数整数, 所得的结果, 其整数部分是个两位数, 而小数部分则是一个十个数字的表达式, 且其最后九位是一个循环小数的循环节, 如下所示, 其中循环小数上方加了线条. 要求是复原该计算.[5] 此问题是很不同寻常的, 因为题目中连一个数字也没给出.

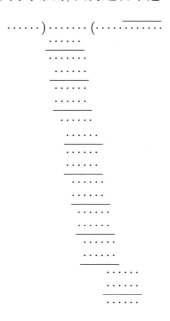

答案是除数为 667334 而被除数为 7752341.

下面还有三个算术复原的题目.[6] 其解答都很冗长, 且涉及依赖于经验的计算.

(iii) 贝韦克这些问题中的第一个如下. 下述除法算式中除了七个 "7", 别的数字都被擦去了: 每个缺失的数字可能是 1, 2, 3, 4, 5, 6, 7, 8, 9, 或者 (除了每行的第一个数字外)0. 注意到计算的每一步都有两行, 且这两行都有同样多位数. 问题是复原这个算术题的整个计算. 其答案是唯一的: 除数是 125473, 商是 58781.[7]

---

[5] 同上, 第 278 页.

[6] 所有这些问题都归于贝韦克 (W. E. H. Berwick). "7" 的问题出现于《校园世界》, 1906 年 7 月与 10 月刊, 第 8 卷, 第 280 页和第 320 页; "4" 的问题出现于《数学公报》, 1920 年, 第 10 卷, 第 43 页和第 359 ~ 360 页; "5" 的问题出现于同一杂志, 第 10 卷, 第 361 页和第 11 卷, 第 8 页.

[7] 这个问题的详细解答见下一节.

```
···· 7 ·)··7······(·· 7 ··
             ······
           ─────────
           ····· ·7
           ·······
           ─────────
            ·7····
            ·7····
           ─────────
           ·······
           ····· 7··
           ─────────
            ······
            ······
           ─────────
```

(iv) 第二个问题是类似的, 要求复原下述除法算式里的数字, 其中有四个 "4" 的位置已经给出了.

```
     ···)······ 4 (·4 ··
         ···
        ───────
         ··4·
         ····
         ────
         ····
         ·4·
        ───────
         ····
         ····
        ────
```

这个问题有四个解, 除数分别为 846, 848, 943, 949; 而相应的商为 1419, 1418, 1418, 1416.

如果我们用下述方式提出此问题 (使用五个 "4"):

```
     ···)······ 4 (·4 ··
         ···
        ───────
         ·4·
         ···4
        ───────
         ····
         ·4·
        ───────
         ····
         ····
        ────
```

则只有一个解. 所以有些人认为这是陈述此问题的更好方式.

(v) 在这贝韦克的最后一个例子中, 我们需要复原下述除法算式的计算,

其中除了五个 "5", 所有数字都被擦掉了.

$$
\begin{array}{r}
\cdots)\ \cdot 55\cdot\cdot 5\cdot\ (\cdot\,5\,\cdot \\
\cdot\cdot 5\cdot\cdot \\
\hline
\cdot\cdot\cdot\cdot\cdot \\
\cdot\cdot\cdot\cdot\cdot \\
\hline
\cdot\cdot\cdot\cdot \\
\cdot\cdot\cdot\cdot \\
\hline
\end{array}
$$

这个问题只有一个解: 除数是 3926, 而商是 652.

C 类. 第三类数字问题取决于求出表示特定数字的某些符号的值. 两个例子就足够了.

(i) 这是一个非常简单但很有启发性的例子. bc 和 bc 的乘积是 abc, 其中每个字母代表一个特定的数字. 这些数是什么? 稍微演算一下就会发现 bc 代表 25, 因而 a 代表 6.

(ii) 下面是另一个例子. 目标是求出下述算术题中字母代表的数字:[8]

$$
\begin{array}{r}
a\,b\,)\,c\,d\,e\,e\,b\,(\,b\,f\,b \\
c\,e\,b \\
\hline
g\,g\,e \\
g\,c\,h \\
\hline
c\,e\,b \\
c\,e\,b \\
\hline
\end{array}
$$

可以用下述方式求出一个解: 因为 b 和 b 的乘积所得的数依然以 b 结尾, b 只能是 1, 5 或者 6. 因为 ab 和 b 的乘积是三位数, b 不可能是 1. 从 e 减去 h 所得的结果是 e, 因此 $h = 0$, 从而若 $b = 5$, 则 f 是偶数, 而若 $b = 6$, 则 $f = 5$. 同样地, 从 g 减去 c 所得的结果是 c, 因此 $g = 2c$, 于是 c 不可能比 4 大, 由此可推出 b 不可能是 6, 否则 b 比 f 大蕴含了 c 比 g 大. 稍微算算就会发现题中的除法是 19775 除以 35.

还可以设计一个具有混合特性的数字复原的例子, 使之包含上面给出的所有例子中的复杂性, 甚至通过将数字表达成非十进制的方式来增加复杂性. 但这样的精心设计并不能使问题增色.

---

[8]《海滨杂志》, 1921 年, 九月 ~ 十月号.

这真是个费脑筋的题目.

—— 亚瑟·柯南·道尔爵士(《红发会》)

7 七个七

贝韦克

下面这个新颖的问题可能会引起《校园世界》杂志某些读者的兴趣. 我们马上会看到, 该题目是一个正常的长除法算式, 其中某些数字被点代替了. 答案有一个, 且只有一个.

贝韦克

布拉德福德重点中学

```
····7·)  ·7······(··7··
         ······
         ─────────
         ·····7·
         ·······
         ─────────
         ·7····
         ·7····
         ─────────
         ······
         ····7··
         ─────────
         ······
         ······
         ─────────
```

七个七问题的解答[1]

我随同此信附上出现在上个月《校园世界》杂志里的一个有趣问题的

---

[1] (读者可以在后面的附录看到贝韦克问题的一个更加详尽细致且逻辑严密的推理解答. 该解答由卡朗德罗 (Callandreau) 提供, 见《数学名题》, 阿尔班·米歇尔出版社的版本, 1949 年出版于巴黎. 我添加了这个材料是因为我觉得会有读者跟我一样被这种逻辑练习激起好奇心. —— 编者.)

解答, 同时我还会给出得到该解答之推理过程的一些细节.

(1) 因为把除数乘以 7 可以得到一个 6 位数的乘积, 而第二和第四次乘法则得到了 7 位数, 除数必然是以 11、12、13 或 14 开头的, 而商的第 2 和第 4 位数只能是 8 或者 9.

(2) 因为除数乘上 7 之后所得乘积的第二位数字是 7, 通过试验可以发现除数只能是以 111、124、125、138 或 139 开头.

(3) 显然第三个余数是以 10 开头的, 同样的第四个乘积也是以 10 开头的. 因此要么除数以 111 开头, 且商的第四位数是 9, 要么除数以 125 开头, 且商的第四位数是 8.

(4) 但若 9 是商的第四位数, 则因为乘积的倒数第三位是 7, 除数只能是以 11197 开头, 于是乘以 7 所得乘积的第二位将是 8 而不是 7. 所以商的第四位数是 8, 而除数是以 12547 开头, 且第六位数小于 5.

(5) 因为 (乘以 7 的) 第三个乘积是以 878 开头, 而上面一行不会超过 979···, 因此余数是以 101 开头; 又因为第四个乘积是以 100 开头, 所以最后一个余数是以 1 开头, 从而商的最后一位只能是 1.

(6) 分别将 4、3、2、1 代入余数的第六位, 逆向计算该除法, 可以发现只有第二个满足尚未使用的条件, 且下式是整个除法算式:

```
1 2 5 4 ⑦ 3 ) 7 3 ⑦ 5 4 2 8 4 1 3 ( 5 8 ⑦ 8 1
              6 2 7 3 6 5
              ───────────
              1 1 0 1 7 ⑦ 8
              1 0 0 3 7 8 4
              ─────────────
                9 ⑦ 9 9 4 4
                8 ⑦ 8 3 1 1
                ───────────
                1 0 1 6 3 3 1
                1 0 0 3 ⑦ 8 4
                ─────────────
                  1 2 5 4 7 3
                  1 2 5 4 7 3
                  ───────────
```

里德

德拉蒙德郊区, 因弗内斯

附录: 关于贝韦克七个七问题

贝韦克的除法问题, 由卡朗德罗提供解答 (见《数学名题》, 阿尔班·米歇尔出版社的版本, 1949 年出版于巴黎).

下面列出一个待解决的除法问题 —— 被除数 Δ, 除数 Δ', 商 Ω—— 其中的点代表有待推定的数字.

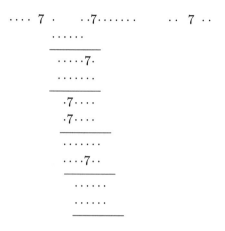

这个古怪的问题, 很好地阐明了基础算术的威力. 它是由贝韦克于 1906 年在评论性刊物《校园世界》提出并解决的.

我们将每个缺失的数字都用字母代替. 整个算式可被写成

$$\begin{array}{l} \alpha\,\beta\,\gamma\,\delta\,7\,\epsilon\,|\,A\,B\,7\,C\,D\,E\,L\,Q\,W\,Z'\,|\,i\,\lambda\,7\,\mu\,\nu \qquad \text{(第一行)} \\ \quad\;\; a\;b\;x\;c\;d\;e \hspace{4.5cm} \text{(第二行)} \\ \hline \quad\;\; F\;G\;H\;J\;K\;7\;L \hspace{3.5cm} \text{(第三行)} \\ \quad\;\; f\;g\;h\;j\;k\;y\;l \hspace{4.5cm} \vdots \\ \hline \quad\quad M\;7\;N\;O\;P\;Q \\ \quad\quad m\;7\;n\;o\;p\;q \\ \hline \quad\quad R\;S\;T\;U\;Z\;V\;W \\ \quad\quad r\;s\;t\;u\;7\;v\;w \\ \hline \quad\quad\quad X\;Y\;Z\;X'\,Y'\,Z' \\ \quad\quad\quad X\;Y\;Z\;X'\,Y'\,Z' \end{array}$$

除数的第一位数 α 必须是 1, 因为第六行的乘积 7Δ 是六位数; 就算是 $\alpha = 2$ 它也该是七位数才行.

现在考虑第三行和第七行的不完全余数: 因为它们各自都是六位数, F

和 R 必然为 1, 因为 $FGHJK7$ 和 $RSTUZV$ 各自都小于 $\alpha\beta\gamma\delta7\epsilon$, 而 α 等于 1. 因此 $F = R = 1$, 从而 $f = r = 1$.

因此除数 Δ' 不会大于 199979. 因为 μ 不会比 9 大, 第八行的部分乘积最多只有 1799811, 于是 s 小于 8. 但因为 S 是在它上方的两个 7 的差, S 必须是 9 或者 0. 又因为第九行所得到的余数 $(R - r)$ 和 $(S - s)$ 都是零, 且 $R = r = 1$, 故 $S = s = 0$. 进一步地, 因为 $S = 0$ 且 $R = 1$, 可见 $M = m + 1$, 于是 $m \leqslant 8$. 故第六行的部分乘积最多是 $87nopq$.

除数的第二位数 β 只能是 0, 1 或者 2; 因为它要是 3 或者更大, 除数将会至少是 130000, 将它乘以 7 会得到 910000, 超过了 $87nopq$. 假设 $\beta = 0$: 于是除数最多是 109979, 而商的各位数字中最多是 9, 于是每个部分乘积都得是六位数; 但第八行的部分乘积是七位数, 矛盾. 因此, β 必然是大于零的. 假设 $\beta = 1$: 则 γ 只能是 0 或者 1, 因为若 $\gamma \geqslant 2$, 则第六行的部分乘积 7Δ 的第二位数将会大于 7; 同时 γ 不会是 0, 因为即使商里面有数字 9, 部分乘积 9×110979 也不会是七位数, 而第八行的部分乘积是七位数. 假定 $\gamma = 1$, 我们得通过如下方式来确定 δ, ϵ 和 μ: 部分乘积 $\mu \times 111\delta7\epsilon$ 是一个七位数, 其从右向左的第三位是 7. 于是 μ 必须等于 9, 因为若 $\mu = 8$ 则乘积是六位数; 于是 δ 必然是 0 或者 9. 要是 δ 是 0, 除数将最多是 110979, 从而即使乘以商里面最大可能的个位数 9 也无法给出所需的七位数. 要是 δ 是 9, 除数将会是 11197ϵ, 乘以 7 之后所得的第六样将会是 $783\cdots$, 而这是不可能的, 因为第六行的左数第二个数必须是 7. 因此 β 也不可能是 1. 于是它必须等于 2, 由此可知 $m = 8$ 且 $M = 9$.

现在我们知道第六行的部分乘积是 $7 \times 12\gamma7\epsilon$, 且它必须等于 $87nopq$; 于是 γ 必须是 4 或者 5, 因为 $7 \times 126\delta7\epsilon$ 将会大于 $87nopq$, 而 7×123979 则会小于该数. 因为 7×126979 仍然给出六位数的部分乘积, 而不是第八行所需要的七位数 (即 $10tu7vw$), 而 9×123979 会大于它; 所以 $\mu = 8$. 又因为若 $\gamma = 4$, 第八行的部分乘积最多会是 8×124979, 依然小于 $10tu7vw$, 故 γ 必须等于 5.

但是部分乘积 $8 \times 125\delta7\epsilon$ 等于 $10tu7vw$, 其从右向左数第三位等于 7, 于是 δ 只能是 4 或者 9; 不过 $7 \times 12597\epsilon$ 所给出的部分乘积大于第六行的 $87nopq$, 故 $\delta = 4$, 且 (再利用第八行) 可以看到 ϵ 不会比 4 大. 由此我们断定 $n = 8$; 而第八行的部分乘积 $10tu7vw$ 等于 $8 \times 12547\epsilon$, 故 $t = 0$ 且 $u = 3$.

$X \geqslant 1$, 因为首位不会是零, 故 $T \geqslant 1$; 但因为 $n = 8$ 且 $N \leqslant 9$, 所以 $T \leqslant 1$,

于是 T 必须等于 1. 因此 $N = 9$ 且 $X = 1$. 第十行的部分乘积 $\nu \times 12547\epsilon$ 迫使 $\nu = 1$, 因为 $X = 1$. 由此可知 $Y = 2, Z = 5, X' = 4, Y' = 7$ 以及 $Z' = \epsilon$.

第四行给出的部分乘积 $\lambda \times 12547\epsilon$ 是一个七位数, 由此可见 λ 必须是 8 或者 9.

依次代入 $\epsilon = 0, 1, 2, 3, 4$ 以及 $\lambda = 8$ 或 9: 这样可以定出第四、第六、第八行的部分乘积, 在复原除法的过程中要注意第三行右数第二位是 7. 通过逐一试验我们发现只能是 $\lambda = 8$ 且 $\epsilon = 3$. 于是可以得到部分乘积, 给出 $vw = 84$, $opq = 311$, $ghjkyl = 003784$; 由此可得 $UzVW = 6331$, $OPQ = 944$, 且 $GHJK7L = 101778$.

接下来只剩下确定第一和第二行, 以及 i. 第二行的第一个部分乘积, $i \times 125473$, 当加上余数 110177 之后, 将得到如同被除数中一样左数第三位是 7 的数. 只有 $i = 5$ 能做到这点. 于是商与除数完全被确定下来; 由此可得 $abxcde = 627365$, 于是最终被除数中的 $AB7CDE = 737542$.

编者评注

托马斯·约翰·艾恩森·布朗维奇

托马斯·约翰·艾恩森·布朗维奇 (Thomas John I'Anson Bromwich, 1875—1929) 是一名英国数学家, 且据我所知, 也是一位网球爱好者 —— 但并非网球职业选手. 布朗维奇以其在代数方面的工作、其百科全书式的专著《无穷级数论》以及其在数学物理方面的某些杰出研究工作而著称. 他在剑桥的圣约翰学院教过几年书, 是英国皇家学会会员. 布朗维奇是 "草地网球场之初等力学" 的热心倡导者, 虽然该主题至少在其数学形式方面并没有多少人追随. 但那些真正重视网球并认为不应该只是通过粗浅的经验以侥幸获胜的人, 应该会想要仔细研读下文所给出的分析.

你会注意到, 布朗维奇说他的短文中的数学非常简单. 据我获悉, 该观点在网球运动员中是颇有争议的. 我所咨询过的大部分人都暗示说, 他们宁愿在死亡谷打上十几局单打, 也不愿对着布朗维奇的代数出冷汗. 我不能保证这里所列举的策略能真正起作用; 也许它们的用处仅仅在于耍小花招的程度. 真要说起来, 在对手即将发球或扣球时, 稍微解释一下 $1/2gt^2$ 和抛物轨迹可能会有所帮助. 布朗维奇所提及的 "很少有女士是抱有真正自信去截击的", 显然指的是某些惯于截击剑桥大学教师的女士. 基于此假定的策略现在已经不再推荐了.

你知道我的方法. 用上它们.

8 简单数学和草地网球

布朗维奇

鉴于草地网球广受欢迎的吸引力, 以及大量专业数学家们依赖于此比赛作为其主要娱乐活动这样一个事实, 至今居然还没有人指出只要对这个游戏应用一点点很简单的力学原理和几何知识, 就可以获悉很多 (合适的策略), 这是让人很奇怪的事.

下述注记所指的比赛是男子双打[1]: 在到达三十五岁以后选手们一般不再对极度费体力的男子单打有兴趣, 而 (同样这个年纪) 对混合双打的渴望也不再热切. 而且一旦找到了支配双打策略的思路, 对此真正有兴趣的人可以轻易找到单打或者混双的类似策略, 对于后者一定要意识到很少有女士会在球着地前自信满满地拦击.

首先, 任何学过几何的学生都可以毫无困难地看到对于防守的双打球员 (为了尽可能地不给他们自己造成麻烦), 他们应该采取这样一个队形, 即使得连接两位选手的直线是平行于球网的 (或者近乎于如此); 同样地也容易看到最容易受到攻击的区域是介乎于两位选手之间的地方, 而不是两位选手外侧的区域 (即在每位选手和他那侧的边线之间的区域).

当然这些是一般原理; 他们并不是放之四海而皆准的, 而且需要根据对手特殊的个人性格和已知的打球方式而进行调整. 因此离网近点 (除了下面给出的数学理由之外) 有如下进一步的好处, 即攻击方可能的打法可以更容易地被剖析, 而其击球 (在一定程度上) 可以因为由此所得的信息而被预

---

[1] 还假定运动员是用右手的; 若一个或两个选手用的是左手, 我们可以很容易地做必要的调整, 但这并不涉及任何新的想法.

料到.

　　球场可以被当作是一个 80 英尺[2]乘 32 英尺的长方形, 而球网则可被视为 3 英尺高.

草地网球场的初等力学

　　虽然球的实际飞行轨迹肯定会大受空气阻力的影响, 但我们还是可以通过使用熟悉的抛物轨迹来获得理解问题一般特性的思路.[3]记网的高度为 h, 且假定一个球在高度 h_0 处被击中后, 从网的上方擦着网飞过且恰好落在球场内; 我们记击球处和球落处离网的距离分别为 x, l.

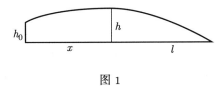

图 1

那么, 若 u 是速度的水平分量, 我们很容易看出

$$\frac{h - h_0}{x} + \frac{h}{l} = \frac{g}{2u^2}(x + l) = \frac{1/2 g t^2}{x + l},$$

其中 t 是球飞行的全部时间.

　　从击球手的角度来说, 非常重要的一点是让 t 很小 (以至于只给他的对手很少的时间来判断击球); 相应地, 因 h_0 是他可以部分掌控的量, 我们得到

第一击球规则: 在离地面尽可能高的地方击球.

　　为了考察位置的影响, 我们可把上述公式写为

$$1/2 g t^2 = (h - h_0)\left(1 + \frac{l}{x}\right) + h\left(1 + \frac{x}{l}\right),$$

在后续的讨论中, 依照 h_0 是大于还是小于 h, 将会有一个很本质的差别: 为了明确起见我们将把这两种情形区分为扣杀和击球. 我们先考虑后者.

---

　　[2]准确说来应该是 78 英尺; 但这精确的数字在此并没有很大的价值.

　　[3]在实际比赛中, 球的飞行会因为 "削球" 和 "上旋球" 而改变很多. 前者是室内网球的一个很重要的特色, 因而大规模地出现在早期的草地网球中 —— 在现代真正的快攻比赛中, "削球" 几乎是不存在的. 另一方面 "上旋球" 还是常见的, 但其效果过于复杂以致于无法在此处考虑.

击球.

此时 $h_0 < h$, 因而 $(h - h_0)/h$ 是正数. 我们假定它相当小, 比如大约是 $^1/_4$; 换而言之, 高度 h_0 将是 $^3/_4 h$ ($= 2$ 英尺 3 英寸). 于是

$$\frac{^1/_2 g t^2}{h} = {^1/_4}\left(1 + \frac{l}{x}\right) + \left(1 + \frac{x}{l}\right),$$

所以当 $x = {^1/_2} l$ 时 t 的值最小, 且此时其值 t_0 为

$$t_0^2 = {^3/_{16}}\left(^9/_4\right) = {^{27}/_{64}}, \text{ 即 } t_0 = {^1/_8}(5.2) = 0.65 \text{ 秒}.$$

这对应于距网大约 20 英尺的距离, 前提是击球手是瞄着底线的; 但实际情况是离网大约 10 或 12 英尺, 瞄着的是网后方大约 30 英尺. 此时对应的 t 值为

$$t_1^2 = {^3/_{16}}\left(^7/_3\right), \text{ 即 } t_1 = 0.66 \text{ 秒},$$

但这一击球所引起的时间微微提升可以被扣球时的获利大大抵消了. 在第二种情形下球速 u 大约是 60 英尺/秒, 而在前一情形下速度接近 90 英尺/秒.

扣杀[4].

此时 $h_0 > h$; 为了更清楚地看到所涉及的量级, 我们将假定 h_0 是 4 到 5 英尺; 于是 $(h - h_0)/h$ 的平均值为 $-^1/_2$. 此时很显然 x 必须尽可能地小 (以便尽可能地减少 t). 但当 x 减少时, 公式中的负项 (即第一项) 将会控制正项: 这不过是表明了这样一个事实 (此事实在所有球网类比赛是常见的), 即球网不再是一个干扰项. 于是球拍操控球稍微向下运动. 但为了计算的简便性起见, 让我们假定击球是水平的, 于是我们有如下两个简单公式:

$$^1/_2 g t'^2 = h_0, \quad u t' = x + l.$$

由此可得

$$t' = 0.5 \text{ 秒 (取 } h_0 = 4 \text{ 英尺)}$$

以及

$$u = 80 \text{ 英尺/秒 (取 } x + l = 40 \text{ 英尺)}.$$

---

[4]在通常所说的 "扣杀" 中, 球是在 6 英尺或 7 英尺高处被击中的; 这里我们使用扣杀一词只是为了用以便利地区分这两种击球方式.

底线击球.

　　此时我们应当有 $x = l$, 至少大约如此. 于是 $\frac{1}{2}gt^2 = 2(2h - h_0)$; 现如今一般将球置于大约 2 英尺高处, 于是 t 还是大约 0.7 秒, 但必要的速度却是大大提高了, 看起来似乎至少是 100 英尺/秒. 因为能量是跟初始速度的平方成比例, 底线击球所耗的能量大约是离球网 10 英尺处所耗能量的三倍.

将几何应用于球场位置问题

　　若对手在从底线击球, (除非技术非常强) 他几乎必然是瞄着底线的 (当然高球可能会掉向边线, 但高球必须用其他的原理来处理). 因此, 在距离球网 10 英尺处, 共有长度为 $\left(\dfrac{40 + 10}{80}\right) \times 32 = 20$ 英尺的范围是暴露在对方火力范围之下的; 于是每个选手需要防守 10 英尺的长度. 作为一个一般经验, 我们知道很少有选手能够非常准确地瞄到球场的角落, 所以可能每个选手所需防守的范围是不超过 9 英尺的, 但中间地带肯定比边缘地带更需要防守. 左侧选手需要防守的长度在图中被加粗显示了. 需要非常小心的事情是, 为了提供最好的防守, 选手们 (以 M 和 N 来表示) 应该移到他们的**右方**, 即遵循击球人所在的位置 P.

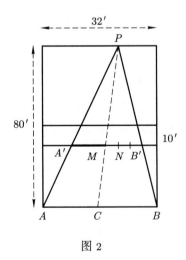

图 2

　　因此, 选手们应该尽力在脑海中形成一副明确的图像, 即哪个区域是球最容易被打到的地方, 以便将他们自己处于 $A'B'$ 上最有利的防守位置. 一旦领会了这个想法, 头脑会迅速选定合适的位置进行防守; 当然, 对防守扣杀,要困难得多, 因为那时打对角相当容易. 但还是可以用同样的原理来作为指导.

不难将类似的想法应用于确定击球员同伴的位置: 在观察了击球的最高点后, 他必须先判定有没有实际的风险球会越过边线. 当最高点接近中线时, 穿越球是如此之难应付以致于其风险可以忽略不计; 此时该选手要明智地朝他这边球场的中线移动 (以便可以帮助击球员防守危险区域). 但若最高点是接近于边线, 很有可能会出现穿越球, 于是该选手应当留在离边线尽可能近的地方以便防守; 因为击球员将需要全力以赴来防守球场的其他区域. 而对击球员自己来说, 无论哪种情况, 他那边的边线是没什么危险的, 而他最好的策略将是朝着中线走近点, 注意他的同伴, 以便防守他们俩中间任何可能的空隙.

后　　记

在写下上述公式之后大约三周, 一位女选手问我, 是否可以 (用数学) 解释阿尔瓦雷斯小姐对如下效应的断言: 若一个球位于肩部之**上方**, 那就可以用**任意**速度击打, 只要球擦网而过, 就不会被击出界外.

可以很容易用同样的公式证明该断言是合理的; 但要是先写出一般性公式 (由此可以马上推出我们先前的公式) 会稍微更容易一点. 如同已经解释过的那样, 依然使用抛物轨迹; 然后假定初始速度的水平和竖直分量分别为 u 和 v, 而到达网所需的时间为 t_0. 那么我们有如下公式:

$$x = ut_0, \qquad x + a = ut,$$
$$h_0 - h = vt_0 + {}^1\!/_2 gt_0^2, \qquad h_0 = vt + {}^1\!/_2 gt^2.$$

于是

$$\frac{h_0 - h}{x} = \frac{v}{u} + {}^1\!/_2 gt_0, \quad \frac{h}{a} = \frac{v}{u} + {}^1\!/_2 g(t_0 + t),$$

且

$$\frac{h}{a} - \frac{h_0 - h}{x} = {}^1\!/_2 gt = \frac{g}{2u}(x + a).$$

由此可立刻得到我们前面所使用的公式.

就目前的目的而言, 我们注意到 $(h_0 - h)/x$ 和 ${}^1\!/_2 gt$ 都是正的, 因此

$$\frac{h}{a} > \frac{h_0 - h}{x} \quad \text{或者} \quad \frac{x}{a} > \frac{h_0 - h}{h}.$$

从而若 $h_0 \geqslant 2h$ (即 6 英尺), 任何球都不会出界.

在一个中等身材之人参加的比赛里, "肩膀高度" 的一个合理的估算是 5 英尺 6 英寸. 因此我们有

$$\frac{h_0 - h}{h} = \frac{66 - 36}{36} = \frac{5}{6},$$

从而 $(a - x) < {}^1/_6 a$.

这意味着, 除非击球手是位于底线 6 英尺范围之内, 否则只要他保持球是朝下擦网而过, 无论他怎么用力击球, 位于他头部高度的球怎么也不会被击飞.

斯蒂芬·巴特勒·里柯克

斯蒂芬·巴特勒·里柯克 (Stephen Butler Leacock), 1944 年过世, 是一位政治经济学家 —— 麦吉尔大学的系主任 —— 也是一位幽默作家, 写了大量的幽默短篇小说和散文. 我一直不明白经济学家同时也成了幽默作家这件事情为什么会被视为是如此不寻常. 经济学易于使从事它的人变得干瘪, 所以他们通过幽默来调剂就一点也不奇怪了. 里柯克被称为是 "温和的讽刺作家". 他其实并不温和. 他确实更倾向于用他的剑面而不是剑尖或剑刃; 但他过于关注社会上的蠢事, 因而不可能是温和的. 他既有犀利的目光去看穿傻瓜们的每件乐事, 也有用令人捧腹的方式去指责世上各种各样的蠢事. 他的大部分早期著作 —— 从 1910 年至 1925 年间是最高产的 —— 已经变得平淡无奇了, 但在《打油小说集》《超越之后》《狂乱小说集》和《除去糟粕的智慧》中的某些篇章依然是耀眼的. 诙谐模仿是里柯克的拿手技巧. 他懂科学, 并以挫伤其矫饰为乐. 短文《高尔夫选手的数学》用算术来消除这一浮夸而势利的运动中的某些严肃的行为准则, 该运动显然是为了在星期天让那些官员们消耗点脂肪而被创造出来的.《常识和宇宙》一书则不留情面地讨论了本书中一些令人生畏的数学概念, 从概率论、量子理论到相对论和熵. 我希望贝克莱大主教能活到现在并接纳这些理论, 就像他接纳微积分一样; 里柯克的处理方式没那么尖锐 —— 他不是爱尔兰人 —— 但依然令人快意.

当你在玩高尔夫球时, 你得用用你的脑子.

—— 查尔斯·贝尔德·麦克唐纳德 (Charles Baird Macdonald, 1928)

---

9 高尔夫选手的数学

史蒂芬·里柯克

我是最近才开始对高尔夫球发生兴趣的. 事实上, 我只玩了三到四年, 且很少一周会超过十局, 每天最多四局. 我两年前才开始拥有自己专门的高尔夫背心. 我今年才买了 "三号木高尔夫球杆", 打算到明年再买苏格兰袜子.

总而言之, 我还是一个初学者. 我的确曾经有过一次 "一杆进洞", 即一杆就把球打到洞里或孔里的荣誉. 但那其实只是意味着, 在我击球之后, 洞里恰好可以找到一个球, 而我的球则不知所踪. 这就是所谓的间接证据 —— 跟上绞刑架的理由一样.

在这样的背景下我本不应该教任何人打高尔夫. 但于我而言, 从某种角度来讲, 我的见解可能是有价值的. 因为我的头脑接受过专业的训练, 我拥有完整的教育. 现在, 我要将我的全部智力和全部学识都运用到这项运动中.

特别地, 我可能能够帮助到普通的高尔夫球手, 或者说 "蠢人" (goofer) —— 也有人宁愿称他们为 "地鼠" (gopher)[1] —— 我可以展示给他们数学在高尔夫球中的一些应用.

因为在比赛中不会正确地计算比赛进度中的机会和概率, 很多选手可能会为之而感到气馁, 这其实是没有必要的. 就以 "总能打标准杆数" 这个简单问题为例. 一般中等水平的选手, 也就是我现在这个水平 —— 介乎于初学者和高手之间 —— 会不由自主地问他自己: "我到底有没有能力打出标准杆数? 我是否有可能做到洞洞都打出标准杆数, 而不仅仅只是一个洞打出

---

[1] 此处 "蠢人" 和 "地鼠" 的英文跟 "高尔夫选手" 的英文是谐音. —— 译注.

标准杆数?"

根据我的计算, 对于这个问题的答案绝对是 "是". 这只不过是时间和耐心的问题.

让我对那些从不玩高尔夫的极少数人 (例如守夜人、宾馆夜间接待员、值夜话务员、天文学家, 等等) 解释一下, "标准杆数" 可以想象为一个虚拟的选手, 他打高尔夫的每个洞都能打出最少的杆数, 该杆数是一位一流选手在正常运气情形下打那个洞所需的杆数.

现在一位中等水平的选手可以发现, 他在九个洞中, 很容易有一个洞打出标准杆数即 "柏忌" (bogey) —— 这是我们这些高尔夫选手 (或者毋宁说是 "我们这些蠢人") 的术语. 但他急欲知道, 他究竟能否把球场的全部九个洞都打出标准杆数. 对此我们再次满怀信心地回答: 他可以做到.

实际上, 这只是现在所谓概率的数学理论的一个简单例子. 若一个选手通常总是有一个洞能够打出标准杆数, 或者接近于此, 那么他对于任一个特定的洞打出标准杆数的可能性就是九分之一. 为了计算简单起见, 我们不妨假定这个概率是十分之一. 当他打出标准杆数之后, 在下一个洞还能做到这一点 (即打出标准杆数) 的概率依然是十分之一; 因此, 从一开始考虑起的话, 他连续两个洞都完成标准杆数的概率是十分之一的十分之一, 即一百分之一.

读者已经看到这个计算是多么鼓舞人心了. 最终这是关于他打球进程的确切的事实. 让我们继续往下计算. 他连续三个洞打出标准杆数的几率是千分之一, 连续四个洞的几率则是万分之一, 而他在整局比赛中都打出标准杆的几率则恰好是 1 000 000 000 分之一, 即每十亿局比赛中会出现一次.

换而言之, 他所需要做的只是一直继续下去. 他会问: 要继续多长时间呢? 要是每个月都按照正常的频率玩几局的话, 要多久才能玩到十亿局呢? 需要花上几年时间吗? 是的, 确实要.

一位普通的选手一年大约玩 100 局, 因而他需要 10 000 000 年才能玩十亿局比赛. 这就是像读者和我自己这样的人, 在整局比赛中都能打出标准杆数, 所需要的确切时间.

实际上这个计算还需要稍微修正一下. 我们必须要考虑到以下因素: 在这 10 000 000 年间地壳的收缩, 太阳热度的减弱, 整个太阳系的迟缓, 以及日月食、彗星、流星雨的造访, 都有可能会推迟我们的比赛.

事实上, 我还是怀疑我们是否能够总打出标准杆数. 让我们试试别的东西. 下面是就 "把风的影响算在内" 而做得非常有意思的计算.

我注意到很多跟我同类的高尔夫选手总是一心想着 "把风的影响算在内" 的问题. 比如, 我的朋友安斐布斯·琼斯, 在发球之前总爱就 "虑及风的影响" 这一点而喃喃自语, 就像祈祷时那样. 在发球之后他则叹息道, "我没有考虑到风的影响". 事实上, 在所有我这一类人中, 普遍有这样一种感觉, 那就是我们的比赛简直就完全被风给葬送了. 我们真的应该在没有风的地方, 比如撒哈拉大沙漠的中心去比赛.

我突然意识到, 把风的阻力对移动中的高尔夫球所产生的影响归结为一个公式, 可能会是很有意思的. 比如, 在我们上个礼拜三的比赛中, 琼斯在发球时用他最大的力气击球. 他向我保证他用了最大的力气. 而且他打的位置也绝对精准, 就如他自己也承认的那样, 不偏不倚地击打在中心处. 而且据他自己说, 他自我感觉竞技状态极佳. 而他的眼神也非常 "在状态" (对于琼斯而言这是非常必要的事情). 当时他也穿着他特有的运动衫 —— 这对于一场第一流的比赛而言也是一个具有促进作用的必要条件. 在所有这些有利情况下, 球只前进了 50 码! 显而易见这完全是由风造成的: 风是变幻莫测的, 它神不知鬼不觉地从高尔夫球场吹过, 恰好撞到了球上, 把它向后推挤, 把它压到地上.

那么, 接下来就是一个纯计算的问题了. 假定琼斯 —— 就像他那个礼拜当马戏团在这儿时用打击机器所测出来的那样 —— 能打出两吨的力量, 同时也假定这所有的力都用于推动直径仅为一又四分之一英寸的高尔夫球了. 会发生什么事情呢? 我的读者们应该还记得, 高尔夫球的表面面积是 πr^3, 即 $3.141567 \times (5/8 \text{ 英寸})^3$.[2] 而这一切相当于在每英寸方圆上以 4000 磅的力向前推动!

总之, 按照琼斯陈述中表面意思里的值, 要是没有风的话, 球本该飞过不少于 $6\frac{1}{2}$ 英里远.

下面我再给出一些更加密切相关的计算. 这是关于 "晃动脑袋" 的. 有多少次极其完美的击打因晃动脑袋而被毁掉了啊! 我们高尔夫俱乐部的不少会员们都曾被见到过, 整夜静静地坐在哪儿, 闷闷不乐, 时不时地嘟囔着,

---

[2] [希望大家不要认为我太吹毛求疵: 我要指出这个公式是错的, 而其数学也是错得离谱. —— 编者注. 球的表面积公式是 $4\pi r^2$, 所以高尔夫球的表面积是 $4 \times 3.14159265 \times (5/8)^2$ 平方英寸. —— 编辑注.]

"我晃了一下头". 当琼斯和我一起玩的时候, 我总是击打在球的侧边, 把球打到菜园里去, 然后球再也没有被还回来过 (每个高尔夫球场边上都有一个菜园, 这是一项苏格兰发明.) 每次我干出这种事, 琼斯总会说: "你晃动脑袋了". 作为报复, 每当他把球高高击起, 然后球落到他前方十码处时, 我都回敬他道, "你晃动脑袋了, 老家伙."

总之, 要是脑袋能够做到绝对静止的话, 高尔夫球的主要问题就被解决啦.

让我们把这个理论用数学表达出来. 脑袋悬于脖子之上, 要是不考虑眼睛的转动的话, 其一圈能扫过的区域即活动范围大约是 2 英寸. 而一个高尔夫球一圈能扫过的区域其半径有 250 码, 即周长约为 1600 码, 非常接近于一英里. 这个周长里面所包含的是 27 878 400 平方英尺的面积, 而这么大的面积只是由人脖子的微小移动来控制. 换言之, 要是选手轻微扭动他的脖子仅仅 $1/190$ 英寸, 球飞落之处所偏离的地面面积将达到一百万平方英尺. 要是在这同时他还转了转眼珠子, 那么在这个复合效应下, 球可以落在任何地方.

我很确信在读到这里之后, 任何一位明智的选手都会保持他的头静止不动.

还剩下一些更进一步的计算 —— 该计算可能比前面的计算更有现实意义.

每位玩高尔夫球的人都心知肚明, 他在某些时候比别的一些时候玩得更好. 问题是 —— 一个人实际上多久玩一次比赛呢?

我还是以安斐布斯·琼斯为例. 在某些时候, 就如他自己承认的那样, 他会因为没有穿合适的高尔夫背心而 "在比赛中分心". 在别的日子, 他可能会因为天太亮了而在比赛中分心; 或者有时候太暗了而分心; 或者太热了; 或者太冷了. 他常常会因为前一夜睡得太晚而在比赛中分心; 或者类似地因为前一夜睡得太早; 而狗叫声常常会使得他在比赛中分心; 孩子的叫声也一样; 或者成人的叫声; 或者女人的. 坏消息会妨碍他的比赛; 好消息也一样; 同样地没有消息也是打扰.

所有的这一切, 在数学上都可以用置换理论与概率论的一个非常简单的应用来表示. 比方说, 总共有 50 种干扰源, 每一种都会让琼斯在比赛中分心. 假定每种干扰都是每十天出现一次. 那么, 出现这么一天, 所有这些干扰每一种都不会发生, 其几率是多少呢? 公式稍微有点复杂, 但数学家们马上能意识到, 答案是 $\frac{x}{1} + \frac{x^2}{1} + \cdots + \frac{x^n}{1}$. 事实上, 这正是琼斯能够以最佳状态打球的频率; 算出 $\frac{x}{1} + \frac{x^2}{1} + \cdots + \frac{x^n}{1}$ 这个时间, 以每周玩四局来估算, 并考虑到闰年以及日蚀, 得到的答案是大约每 2 930 000 年一次.

　　通过观察琼斯的比赛, 我觉得这大致上是正确的.

在这一百七十六年间, 下密西西比河把自己缩短了两百四十二英里, 也就是平均每年缩短稍多于一又三分之一英里. 因此, 任何一位不瞎不傻、沉着冷静的人, 都可以想到, 在古志留纪时期, 即明年十一月份的整整一百万年以前, 下密西西比河应该有超过一百三十万英里长, 就像一根钓鱼竿一样伸出在墨西哥湾上. 基于同样的原因, 任何人也都能看到, 在距现在七百四十二年后, 下密西西比河将只有一又四分之三英里长了. 到那时, 凯罗市与新奥尔良市将会连成一片, 人们将在同一位市长和共同市政局的带领下, 舒舒服服地过着单调乏味的日子. 有关科学总有一些很奇妙的地方. 只要投入一点点的事实, 我们就能得到如此大规模的推测作为回报.

—— 马克·吐温《密西西比河上》

10　常识与宇宙

史蒂芬·里柯克

I

去年 (1941 年) 十二月在美国科学促进会年会上演讲时, 也就是在以哈勃望远镜 —— 即那个受他操控的巨大的 100 英寸望远镜 —— 的名义做演讲时, 加利福尼亚州威尔逊山天文台的埃德温·哈勃 (Edwin Hubble) 教授发布了一个令人愉快的公告: 宇宙不是在膨胀. 这的确是个好消息. 但对那些没有任何理由怀疑宇宙是在膨胀的一般公众, 未必认可这是个好消息. 而至少对我们这些谦逊地试图 "遵循科学" 的人而言, 这是个好消息. 在过去的大约 25 年间, 事实上自从 1917 年这一可怕的想法在德西特 (W. de Sitter) 教授发表的一篇文章中问世以来, 我们已经尽可能地在一个膨胀中的宇宙里生活. 在这个宇宙中, 每样东西都一直在以可怖的速度进一步远离所有别的东西. 它让我们联想起在浪漫中失恋的情人们跃上马背, 疯狂地朝着各个方向散开. 这个想法在绝对规模上是宏伟的, 但从某种角度上说, 它也给我们带来一种不舒服的感觉.

　　然而我们只能相信它. 比如, 根据英国皇家天文学家斯班塞 · 琼斯 (Spencer Jones) 博士最近在 1940 年新出的令人神往的著作《其他世界里的生命》中所说, "牧夫座星群里的一个遥远的宇宙被发现正在以每秒 24 300 英里的速度后退. 我们能够由此推断出这个星云离我们的距离为 230 000 000 光年." 我可能需要提醒和我一样的科学追随者们, 一光年等于光一年传播的路程, 要知道光每秒能传播 186 000 英里. 换而言之, 这个 "遥远的宇宙" 现在离我们 1 049 970 980 000 000 000 000 英里远.

　　正如丘吉尔先生可能会说的那样: 有点远!

　　但现在看来这个遥远的宇宙根本没有在后退; 事实上, 它并没有远离那里. 上帝知道它在哪里. 把它带回来. 然而天文学家们不仅曾断言了膨胀, 而且他们还根据光谱红波段的行为证明了膨胀: 在探测到的光谱中, 红波段变得更红了, 就像很久以前在加利利的迦南, 意识之水 "见到了上帝就变红" 一样. 我们最著名也是最容易被理解的天文学家, 亚瑟 · 爱丁顿 (Arthur Eddington) 爵士, 写了一本相关的书叫作《膨胀的宇宙》, 用以把这个高深的理论降到我们可以理解的程度. 天文学家们全面接受了这一宇宙向四面八方膨胀的理论, 就像他们曾经接受万有引力所导致的宇宙降落, 或者接受宇宙冻死于卡诺热力学第二定律所预言的寒冷一样从容.

　　但是由哈勃教授所带来的宽慰被某些疑惑和马后炮所引发的沉思减弱了. 并不是我敢于不相信科学或者对科学不敬, 因为在我们的年代不相信科学跟在艾萨克 · 牛顿年代不相信三位一体一样骇人听闻. 但是我们开始怀疑科学是否还确实在继续相信和尊重它自身. 如果我们今天膨胀明天收缩; 如果我们忍受所有因空间弯曲而蜷曲身体的痛楚, 却不料这种扭曲却已经被取消了; 如果我们刚刚如殉道士垂死挣扎般地适应了普遍分布的华氏零下 459° (摄氏 −273°) 的温度, 不料却又发现这个世界可能意外地又热起来了 —— 那我们不禁会问, 我们到底是处在什么情形下? 当然, 对这个问题, 爱因斯坦 (Einstein) 的回答是 "什么情形也不在", 因为什么情形都不存在. 所以我们不得不再次拿起我们的小书, 密切注意科学, 等待下一次的天文学大会.

　　让我们考虑一下那个著名的热力学第二定律的情形, 即那个宣判了宇宙 —— 或者至少宣判了宇宙中所有生命 —— 将死于寒冷的无情命运卷轴. 我不无遗憾地回想起我浪费在此事上的不必要的泪水, 这是对最后那一小波死于华氏零下 459° 幸存者的仁慈同情心. 在那绝对零度的寒冷下, 分子将会停止运动, 热传播也就停下来了. 那时, 火炉无法点燃, 因为木材会和火炉一样冷, 火柴也跟它们一样冷, 冻僵的手指更是无法移动.

我还记得当我还是一个小孩子时, 我第一次在读某本书时接触到这个无情的定律. 那是一本叫做《我们的大钟慢下来了》的通俗读物. 该书是理查德·普罗克特 (Richard Proctor) 写的, 他书中的科学妖怪跟克劳 (Crow) 夫人《深夜幻想》中的一样可怕, 只是起作用稍微慢点. 太阳看上去是凉的, 很快它将会完蛋. 开尔文 (Kelvin) 勋爵不久后认可了这个. 作为一名苏格兰人, 他不介意诅咒, 而且他只给了太阳以及整个太阳系仅仅再活九千万年.

这个著名的定律最初是 1824 年由杰出的法国物理学家尼古拉·卡诺 (Nicolas Carnot)明确阐明的. 它指出宇宙中所有的物体都一直在改变它们的温度 —— 热的物体使冷的物体变热, 而冷的物体则使热的物体变冷. 于是它们共享它们的温度. 就像把一个富豪的钱跟一群穷亲戚平分, 于是所有人就都变贫穷了. 我们最终必须跟绝对空间共享寒冷.

诚然, 是欧内斯特·卢瑟福 (Ernest Rutherford) 等人给我们带来了一缕希望. 他们从事放射现象研究, 发现了可能还有一种相反的 "生火" 过程. 原子爆发成为放射线将会保持太阳内部的火焰继续燃烧很长时间. 这个好消息意味着太阳既远远老于又远远年轻于开尔文勋爵曾经认为的那个样子. 但即使如此, 这也只是一个小小的延展. 它们最多能够延续十五亿年. 在那之后, 我们将冻僵.

现在你觉得怎么样! 接着出现了量子理论的新物理学, 将热力学第二定律碾成粉尘 —— 这个词在荷兰语中是混沌的意思. 这个世界可能会永远持续下去. 所有这一切都起因于量子法则 —— 或者应该说是 "不过如此法则" —— 的最终颁布, 而这正是我们下面将详细谈到的. 跟他们对维数的了解相比, 这些物理学家不精通拉丁语的词形变化, 至少远远比不上我们这些人. 他们用了量子, 即 *Quantum* 这个词, 但事实上他们指的是 *Tantum* —— 就随它去吧. *Quantum* 是杂货店拉丁语, 如 *Quantum suffict*, 是 "多少才够" 的意思. *Tantum* 才是实际的东西 —— 如拉丁语*Virgilium vidi tantum*, 意思是 "我看见了春天的东西".

在这里, 我可能得停下来解释一下: 本文的目的不在于嘲弄科学, 也不在于表达对科学的不信任, 而只是在于表明科学的界限. 我想说的是, 当科学家走出记录现象的实验室,对被称之为'真实'的宇宙万物 —— 如空间、时间、万物起源、生命、以及宇宙等的终极本性 —— 给出一般性论断时,他跟你我是处在同一个层次上,而我们三个跟柏拉图,以及生活在柏拉图之前很久的那位罗丹刻刀下的远古思想者都是处于同一个层次上.

细想一下这个.哈勃教授,跟约书亚一样,呼吁说宇宙是静止的.一切都是寂静的.宇宙在夜空中一动不动.狂奔已经结束.每个星系、每个岛宇宙里面的每颗星球反正就在它所在的位置.但原来的困境还在那里:这个天空中的世界是会一直运转下去,还是会停下来?对我们每个人而言,从大概十二岁左右开始,就会思考这个二者择一的问题.我们无法想象,星辰会永远运动下去.这是无法接受的.但我们同样也无法想象星辰会停下来,之后什么也没有了,然后一切皆虚无.无休止的虚无跟永恒的存在一样是无法理解的.这两者,我无法洞察其真相,哈勃教授也不能,任何人都无法做到.

让我回过头来,以使得我的观点更加清晰.我打算再次穿过一个世纪以来,现代科学拽着那些追随它的人走过的那条路.一开始这是一条异常容易行进的路,大家只要能把迷信、错误信念、偏见等继承于前人的负担弃置于一旁即可.因为由实际的物质结果给出的科学的佐证,似乎已经核实和确保了方向的正确性.在电报机之后,谁还能怀疑电学呢?谁会在灯光下阅读的时候怀疑电的理论呢?每一次,科学的每个新进展都会揭示一种新的力量,生存的 —— 或者死亡的 —— 一种新机理.'怀疑科学'就像在马戏团的乡巴佬怀疑长颈鹿一样.科学,当然会以某种方式与神学钻进同一张床,但是抗议的是神学家.科学只是说:'躺下'.

接下来让我们沿着这条路行进.

II

当中世纪的迷信被新知识代替后,数学、天文学和物理学成为了最早被明确和系统化的科学.在十九世纪初期,它们就已经被牢固确立了;太阳系是如此中规中矩地运转着,以至于拉普拉斯得以让拿破仑相信他根本不需要上帝来监管它.引力如钟表装置那样工作,而钟表装置也如引力那样工作.如同电学一样,在本杰明·富兰克林时代化学只不过是一系列实验的集合.但在拉瓦锡 (Lavoisier) 发现火并不是一种物质,而是一个发生于物质身上的过程时 —— 当时这个想法是如此地惊世骇俗,以至于民众在 1794 年把他送

上了断头台 —— 化学就转变成了一门科学. 道尔顿 (Dalton) 紧随其后, 指出了每种物质都可以被分解为一系列极其微小的原子, 这些原子又按照不同的功能而组合成分子. 在法拉第和麦克斯韦之后, 电学已经变成了跟磁学等同或者说跟磁学是可相互替代的, 从而在科学的新秩序中找到了属于其自身的位置.

到了大约 1880 年, 似乎科学的世界已经相当地完善了. 形而上学依然在说梦话. 神学依然在鼓吹布道. 它对很多新科学, 尤其是伴随新物理世界而来的地质科学和新的生命进化科学都持有异议. 科学对此毫不理会.

因为整件事情是如此惊人的简单. 首先是有空间和时间, 这二者是如此之显然, 以至于根本无需解释. 然后你就有了物质, 它们是由坚实的小原子组成, 这些原子都是无穷小, 但实际上就像鸟粮一样. 这一切都是由引力定律启动, 并一直由引力定律伴随着. 一旦开始了, 星云状的世界就开始凝结成很多太阳, 这些太阳则抛出很多行星, 行星冷却了, 生命产生了, 不久后有了意识, 有意识的生命变得越来越高级直到产生了类人猿, 然后是威伯福斯 (Wilberforce) 主教, 然后是赫胥黎 (Huxley) 教授.

少数几样难以理解的事情还在那儿, 比如这样一些问题: 空间到底是什么? 物质到底是什么? 时间到底是什么? 生命到底是什么? 意识到底是什么? 所有这些都被赫伯特·斯宾塞 (Herbert Spencer) 省事地称之为不可知, 然后把它们锁在橱柜里, 接着就离开了那里.

于是所有的一切都归结为某种势所必然. 只有一个笨拙的骷髅依然留在了橱柜里. 那就是有着独特而神秘之外表的电 —— 准确说来它并是一种物质, 但也不仅仅是一种幻想. 另外, 还有一个关于 '超距离作用' 的古老难题, 而电学使之更糟糕了. 万有引力是怎么从这里一直吸引到太阳的? 要是空间里什么都没有, 那么光是怎么在八分钟内从太阳来到这里的, 又或者是怎么在八年内从天狼星来到这里的?

即使虚构了宇宙果冻状的 '以太' 以便让波可以从中穿过, 也被证明是难以令人信服的.

于是, 在刚刚世纪之交时, 整个体系开始崩溃了.

伴随着 X-射线的发现, 那预告整个体系出了问题的第一个音符响起来了. 威廉·克鲁克斯 (William Crookes) 爵士无意中留下了装有稀薄气体的圆管, 意外地发现了 '辐射物', 或者叫做 '处于第四态的物质'. 此事就像哥伦布

(Columbus) 发现新大陆一样偶然. 英国政府立刻给他封了爵位 (1897 年), 但已经太迟了. 事情已经开始了. 紧接着古列尔莫·马可尼 (Guglielmo Marconi) 发现了更多的无线电, 并使之遍及全世界. 光, 世界已经学会接受, 因为我们可以看到它, 但这是在黑暗中的乐趣.

接下来是放射性学派的研究, 尤其是欧内斯特·卢瑟福那彻底变革了物质理论的工作. 我跟卢瑟福非常熟悉, 因为我们曾经在麦吉尔大学做了七年的同事. 我非常确信他的初衷并不是颠覆宇宙的基础. 但那却是他所做的, 而他也因此而自然而然被很体面地提升为贵族阶层.

当卢瑟福跟原子打完交道后, 所有坚固的东西几乎都被敲了出来.

直到这些研究开始之时, 人们还普遍视原子为某种像谷粒的东西, 是一个小而圆的固体颗粒, 而且它们是如此之小, 以至于几十亿个放在一起才有一英寸长. 它们是小, 但是它们确实在那里. 你可以称称它们的重量. 你可以将艾萨克·牛顿的所有关于重量和速度和质量和引力的定律 —— 也就是所有第一年物理学的内容 —— 都用到它们身上.

且让我试着说明一下卢瑟福到底对原子干了啥. 你自己想像一下, 一个爱尔兰人, 有一根橡木棍围绕着他的头在旋转着, 其速度和灵敏度仅在蒂珀雷里郡或多尼戈尔郡才能见到. 你要是稍微走近一点, 你就会被橡木棍打到. 现在让它转得快一点; 更快一点; 让它转得如此之快, 以至于你完全无法分辨哪儿是爱尔兰人, 哪儿是橡木棍. 整个组合变成了绿色的模糊区域. 你要是对着它射出一发子弹, 子弹有可能会穿过去, 因为那里大部分地方是没有东西的. 但要是你一头撞上去, 那它就会打到你, 因为橡木棍转得如此之快, 以至于看上去你就像撞到了一个固体表面一样. 下面把爱尔兰人变小, 把橡木棍变长. 事实上, 你根本不需要这个爱尔兰人; 你只需要他的力气, 或者说是他的爱尔兰意志. 且让我们保留它, 并称之为扰动. 同样地, 你也不需要橡木棍, 而只需要它迅速移动时产生的力场. 瞧! 现在放进两个爱尔兰人和两根橡木棍, 然后用同样的方式把它们简化为一个固体 —— 至少看上去像固体, 但现在你可以用子弹从任何地方射穿它. 你这样所得到的就是氢原子 —— 一个质子和一个电子作为空间的扰动而绕着飞行. 再放进更多的爱尔兰人和更多的橡木棍 —— 或者毋宁说是更多的质子和电子 —— 你将会得到别的类型的原子. 放进一大批 —— 十一个质子, 十一个电子; 那就是钠原子. 把原子捆在一起, 变成一个叫做分子的组合体, 它们自身也在飞来飞

去 —— 嘿, 这就是固态物质, 它里面除了扰动, 根本就什么也没有. 你现在就站在它上面: 分子在往你的脚上撞. 但是那里看不到任何东西, 你的脚上没有东西在撞击. 这个可能可以帮助我们理解 '波', 即扰动的涟漪 —— 比如, 你称作无线电的扰动 —— 直接通过了所有物质, 直接穿过了你, 就像你不在那里似的. 你知道, 你不是不在那儿.

原子理论最奇特的地方在于, 无论原子像是谷粒还是扰动, 它们起作用的方式都是一样的. 它们遵循所有的力学与运动定律, 或者至少它们看上去如此. 无需因为它们而改变有关空间或者时间的任何观念. 物质是它们的 '堡垒', 就像蜡像与阿特穆斯 · 沃德 (Artemus Ward) 一样.

我们绝不能把卢瑟福有关原子的工作同爱因斯坦有关空间与时间的理论混淆起来. 卢瑟福一辈子的工作都与爱因斯坦无关. 即使他晚年在剑桥的卡文迪许实验室时, 那时他已经开始 (吃力不讨好地) 要捣毁那使他功成名就的原子理论, 他也无需借用爱因斯坦的理论. 我曾经问过卢瑟福 —— 那是在 1923 年, 爱因斯坦声望正隆之时 —— 他是怎么看待爱因斯坦的相对论的. "哦, 那套东西啊!" 他说. "在我们的工作中, 我们从来都不需要为那些东西而费心." 他那出色的传记作家伊夫 (A. S. Eve) 教授告诉我们, 当德国物理学家维恩 (Wien) 跟卢瑟福说没有盎格鲁 – 撒克逊人能够理解相对论时, 卢瑟福回答道, "不, 他们太理解这个了."

但是, 正是爱因斯坦带来了真正的麻烦. 他在 1905 年宣布, 不存在绝对静止这样的东西. 在那之后就再也没有绝对静止了. 但是直到第一次世界大战结束后, 大众读者才理解爱因斯坦, 而有关 '相对论' 的小书也才充斥着各种书报摊.

正如卢瑟福打破了物质一样, 爱因斯坦打破了空间与时间. 相对论对于空间的一般性观点是非常简单的. 爱因斯坦解释说, 不存在一个地方叫作这里. "但是", 你回答说, "我在这里; 这里就是我现在正好在的地方." 但其实你在移动, 你随着地球的自转而旋转; 而且你和地球都在围绕着太阳旋转, 太阳朝着一个遥远的星系而在空间中快速行进, 而该星系本身又再以每秒 26 000 英里的速度后退. 那么, 在这里的那个位置到底在哪里呢? 你怎么标记这个点呢? 你还记得那两个傻瓜的故事吧: 他们出去捕鱼, 一个说道, "我们本应该标记一下那个我们抓获所有鱼的地方," 而另一个回答道, "我标了, 我在船沿标了." 看, 就是这样. 船沿那儿就是这里.

你还可以看得更清楚一点: 假设这个宇宙被完全清空了, 连你也不存在了. 现在在里面放一个点, 仅仅一个点. 它在哪儿呢? 哎呀, 显然它哪儿也不在. 你要是说它就在那里, 那你所谓的那儿到底在哪儿呢? 那儿是在哪个方向? 是在那个方向? 哦! 等一下, 你是把自己放进去, 以确定方向的. 它不在任何方向; 那儿根本就没有任何方向. 接下来再放进一个点. 哪个是哪个? 你根本无法分辨. 他们都是一样的. 你可能会说, 一个是在右边, 一个是在左边. 你不是在那个空间里! 那儿根本没有右边和左边.

爱因斯坦关于空间弯曲的发现赢得了物理学家们的喝彩, 就像欢呼棒球中致胜的全垒打一样. 上面刚刚提到的杰出作家亚瑟·爱丁顿爵士, 他可以把诗人的意象运用于空间和时间, 甚至能把幽默渗透到万有引力中去, 比如他说, 一个在二十层楼高处掉下来的电梯中的人有理想的机会去研究引力 —— 亚瑟·爱丁顿爵士是大声喝彩的. 似乎没有这种弯曲, 事物就无法被放进它的位置. 地球上的苍蝇, 如果它认为地球是平坦的话 (就像墨卡托的地图), 就会发现事物都被某个莫名其妙的捣蛋鬼移到各种错误的间隔上去了. 一旦它有了球面的概念, 所有的东西就变得正确了. 我们的空间也是这样. 除了那些有幸在电梯里掉下来的人之外, 万有引力之谜使我们困惑; 而即使对他们而言, 知识也来得太晚了些. 他们根本不是在往下掉: 只是在变弯曲. "承认世界的弯曲", 爱丁顿在他 1927 年的吉福德讲座中写道, "然后神秘的力量消失了. 爱因斯坦已经驱除了这个恶魔."

但是十四年后, 也就是现在看来, 爱因斯坦并不关心空间是否弯曲. 无论哪种情况他都可以接受. 一位目前在世界上最好大学之一里面担任系主任的当代杰出物理学家, 就这一点给我写信道: "爱因斯坦有更强烈的期望, 即一个包含空间性质之假定的一般理论, 也就是某种类似于通常称之为曲率的东西, 应该会比他现在所相信的情况更有用." 这是一位教授开诚布公的谈话. 很多人直接说爱因斯坦已经放弃弯曲空间了. 就好像艾萨克·牛顿爵士在多年后打着哈欠说道, "哦, 关于那个苹果 —— 可能它根本没有在往下掉."

Ⅲ

但遗憾的是, 我们无法那么简单地从新物理学逃脱. 即使我们在空间和时间方面打败它们, 还会有更糟糕的事情发生. 迄今为止, 这只是它的开端,就像《匹克威克传》中的胖男孩所说: "我将会让你的躯体毛骨悚然." 下一件要放弃的事情是因与果. 你可能会认为是一件事情引起了另一件事情. 但实际上并非如此. 当然, 当因和果被抛弃后, 真相就从宇宙中消失了, 因为你根本不知道, 确确实实不知道, 接下来将会发生什么事情. 这是著名的量子理论的一个推论. 量子理论最初是由马克斯·普朗克 (Max Planck) 教授在大约四十年前提出, 从那之后物理学家们趋之若鹜, 就像狗儿们追逐骨头一样. 它变更得如此之快, 以至于当亚瑟·爱丁顿爵士在吉福德讲座中提及它时, 他告诉他的学生们, 也许当他们在下一年秋天再见面时, 该理论已经大不相同了.

但是, 仅只如此我们还不能真正理解量子理论在粉碎这个我们生活的世界的全部威力, 除非我们回过头来, 在新的关系下即它的 "向前与向后性" 再讨论一下时间, 并再次将它与热力学第二定律 —— 即我们记忆中的那个宣判我们所有人都将死于寒冷的定律 —— 联系起来. 眼下我们将采用它的真名, 称呼它为熵定律; 之前我们一直避免使用这个名字. 总有一天, 所有的物理学家都会说, "让我们称之为熵", 就像当你逐渐了解一个人后, 他会说, "叫我查理".

所以我们重新开始.

可能有些人跟我一样, 还记得一部惊心动魄的情节剧, 叫做《银王》. 该剧中那个以为自己已经犯下谋杀罪的男主角 (当然, 其实他没有), 跪倒下来并哭道, "哦, 上帝啊, 让这个世界往回走, 让我回到昨天吧." 观众们的预期的反应是 "唉, 你不可能让这个世界往回走的."

但现如今这就完全不一样了. 应召而来的是时间神灵 —— 不是时光老人, 因为它被创造成一个老人, 所以它完全是错的 —— 是一个年轻且容光焕发的神灵, 穿着一件前后一样的银色礼服. "瞧," 这个神灵说道, "我马上将这个世界颠倒一下. 瞧, 这个轮子在转. 变! 它朝另一个方向转了! 瞧, 这个弹球在往地板上掉. 变! 它在往上弹了. 瞧, 窗外那颗星星在向西移动. 变! 它向东走了. 因此相应地," 这位神灵就像一位教授那样继续说着, 以至于银王忧心忡忡地抬头看着, "从任何一类基本运动都可以证实, 时间完全是可逆的, 所以我们无法区分将来的时间与过去的时间: 事实上如果它们绕圈转的话, 两者其实是一样的."

银王跳起来, 大叫道 "我是清白的! 清白的!" 然后匆忙离去. 于是我们可以预期该剧还有第五幕, 但已毁掉整场戏剧. 这位沉思的神灵 —— 当然, 是向后沉思 —— 说道, "可怜的家伙, 我无心告诉他这个只能适用于基本运动, 而不适用于熵. 而谋杀案当然是熵的一种简单情况."

现在让我们设法解释一下. 熵意味着在发生的事件中引入随机的要素, 而不像那些发生或者 "未发生" 的事件: 如转轮子, 两个方向都可以, 或者如一个球, 掉下来又弹起到跟它掉落前相同的高度, 或者如地球, 绕着太阳转. 这些基本运动都是 "可逆的". 就它们而言, 时间向后走跟向前走一样是无妨的. 但现在考虑一副纸牌, 刚刚从厂里新制成的, 按花色、按顺序排好的. 洗一下牌. 它们还会再次按顺序排好吗? 它们可能会, 但它们实际不会. 熵.

这就是熵, 是无法逆转的随机之力对我们世界的摧毁. 卡诺第二定律的热与冷只是它的一种特例. 这是我们仅有的可以用以区分两件事情哪件先发生的方式. 它是我们仅有的时间往哪个方向走的线索. 如果拖延症是时间的小偷, 那熵就是时间的侦探.

量子理论始于这样一个理念, 即在我们提到过的原子里, 干扰量只能被微小但固定的量的引发, 或者至少它们只能以该微小量起作用 (每个都是一个量子 —— 既不多, 也不少), 就好像糖只能一磅一磅地存在似的. 量子之小是难以理解的. 量子也是独特的. 原子中的量子是沿着轨道飞翔的. 这样的轨道可能是一个较小的环, 也可能是一个较大的环. 但是当一个量子从一个轨道跃迁到另一个轨道时, 它并不是从一个轨道横穿到另一个轨道的, 也不是漂移或者移动过去的. 不是的. 起初, 它在这儿, 然后, 它在那儿. 信不信由你, 它就是这么直接移形换位的. 其位置的改变是随机的, 且并不起因于任何原因. 这样一来, 我们视之为情况或者运动或者事件 (正在发生的事情) 的东西, 在无限小的层面上, 都是基于这种量子的随机舞蹈. 因此, 既然你无法预测一个量子将做什么, 你也就永远都无法断定下面将要发生什么事情. 因与果都没有了.

但跟往常一样, 在这个新物理学的明亮新世界中, 这个断言刚被表达出来就被收回了. 量子有如此之多, 以至于我们可以确信至少有一个会发生在合适的位置 —— 由概率确定的, 而不是由因果确定的.

关于量子理论, 仅有的困难在于让原子的 "轨道" 恰当地运转, 而为了将量子一下子放入两个轨道, 就需要让空间有 "更多的维数". 它们要是不在一个里面, 就在另一个里面. 你问问你的隔壁邻居. 这里是什么意思我还真不明白.

它也没有告诉我们关于事物真实本性的任何终极真理, 只是不断制造出关于它们的方程. 比如我想安排一个度假之旅, 正在选择要去的地方. 我会问: 它有多远? 要花多长时间? 要花多少钱? 这些问题都会出现. 要是我喜欢, 我可以把它们都叫作 '维度'. 这也没什么坏处. 要是我喜欢, 我还可以加上一些别的维度 —— 天气热不热, 那里有多少财富, 以及有什么样的女人. 要是我愿意, 我可以说女人被发现乃是地点的第七个维度. 但我怀疑我是否能够找到任何比物理学家们所说的给空间加上十或者十二维更加荒唐的言论了.

我要说的是, 要认清下面这件事情: 制造关于一个东西的方程与函数, 并不能告诉我们关于其实际本性的任何东西. 假如有时候我想知道我的俱乐部成员奇普曼到底是什么样的一个人. 在我疑惑的时候, 另一名俱乐部成员进来了. 他是一位数学家. "想了解奇普曼, 是吗?" 他说道, "好吧, 我可以告诉你他的一切, 因为我已经有了他的完整维度了. 我这里有他的如下统计资料: 他来的次数 (t), 他坐下之前走的步数 (s), 他走来走去的轨道 (o), 受其他人影响后的偏离 (ab), 速度 (v), 特定的重力 (sp), 以及他的饱和度 (S). 于是, 他就是这些东西的一个函数, 或者我们还可以很简单地说:

$$F \int \frac{s.v.o.sp.S}{t.ab}.$$

这样一来, 这个公式可能在数学上是有用的. 有了它, 我可以算算在任何特定的时刻, 我的朋友在俱乐部的可能性, 以及他是否有空打盘台球. 换而言之, 我已经在时空的一个 '标架' 里面逮住他了. 但就像这一切都无法告诉我终极实在的任何东西一样, 新物理学的超维数也无法告诉我终极实在的任何东西.

对这个话题一无所知的人, 以及那些只是比我知道得更少的人, 会告诉你现如今科学、哲学和神学都走到一起去了. 所以从某种意义上说, 他们有. 但是这里的断言跟前面一样, 只是 '统计性' 的. 它们走到一起, 就像三个人可能在电影院里走到一起, 或者就像三个人正好买了同一栋楼里面的公寓, 或者, 应用更加贴切的隐喻, 就像三个人在一次葬礼中走到了一起. 葬礼是确定性死亡的葬礼. 在葬礼结束后, 三个人一起走开了.

"不可思议," 神学敬畏地嘟囔道.

"那是个什么单词?" 科学问道.

"不可思议. 我在祷文中经常用这个词."

"哦, 我想起来了," 科学同样敬畏地嘟嚷道, "不可思议!"

"理解力的可理解性," 哲学直直地盯着他的前方, 开始说道.

"可怜的家伙," 神学说道, "他又开始彷徨了; 最好把他带回家."

"我根本不知道他住哪儿," 科学说道.

"就在我楼下," 神学说道, "而我们都住在你楼上."

第 20 部分*

数学思想方法

---

*原书第 XII 部分, 本部分译者为陈光还.

編者評注

一场有争议的论战

1869 年, J. J. Sylvester 在英国协会所做的关于数学性质的著名演讲是指向 Thomas Henry Huxley 的一场温文尔雅的论战. Huxley 本人就是一个强有力的辩论家, 他曾给《麦克米伦杂志》投稿, 批评当时英国教育中的科学训练存在令人感到悲哀的缺陷, 还给著名的《双周评论》投稿, 猛烈抨击 Auguste Comte 的实证主义哲学[1]. 发表在《麦克米伦杂志》上的是一篇强烈抨击教士的生动文章[2], 它强调了科学训练的重要性 ——"它的功效是任何其他的训练都无法替代的"—— 为了使心灵 "直接与事实接触, 并且在完美的归纳形式下锻炼智力". 另一方面, (Huxley 说) 数学几乎是纯粹的演绎推理, 而大脑不能用这种方式来训练. "数学家从几个命题开始, 其证据是这样清楚明白, 从而被称为是不证自明的, 剩下的工作就是根据它们用巧妙的演绎推理来得出结果."

在发表在《双周评论》上的文章中, Huxley 引用了 Comte 的观点: "因此, 通过对数学的研究, 并且只有通过它, 人们获得了一种观念, 它是一门全面而公正的科学." 将数学置于知识的最高端, 将数学的方法作为所有科学探索的模式和目标, 是 Comte 哲学的核心原理. 对 Huxley 来说, 这是对经验方法极其无耻的侮辱. 他觉得有必要对这种粗暴予以回答: "这就是说, 这是唯一 '在科学的意义上可称为具有正直的、全面的思想的学科', 而且同时, 又给科学研究的一般方法提供准确的概念, 而居然对观察完全无知, 对实验完全无知, 对归纳完全无知, 对因果关系完全无知!". 这门学科之所以激怒了

---

[1] 科学的教育: 一次餐后演讲的笔记,《麦克米伦杂志》, Vol. XX, 1869;《双周评论》, Vol. II, N.S. 5.

[2] 例如: 教士 "分为三类: 绝大部分是愚蠢的并且总在宣讲; 一小部分人心里明白但保持沉默; 而只有极少数人懂得并且按照他们的知识来讲话".

Huxley, 只是因为他对它懂得太少, 带着对数学的这种偏见, 他迅速地发起了另一场攻击. 无论如何, 这个论争引起了人们的兴奋, 而且没有人比 Sylvester 更有能力来 "谈谈数学", 并且论证了 Huxley 长篇大论的雄辩的无知和愚蠢.

这是典型的 Sylvester 的演讲. 内容精深博学, 引经据典, 妙语如花, 东拉西扯, 有趣而又冗长. 这如同把优秀而又不相干的东西都摆在了一起. 最不相干的是演讲的发表, 不但加进了大量的注释以及其中偶然引发的关于 Kant 时间、空间学说的议论, 而且是作为 Sylvester 的《诗歌的法则》一书的附录发表的. 将作诗的韵律原理与 Huxley 的批评相联系, 更不必说与 Kant 的学说相联系, 这样的批评是不明显的. Sylvester 被那样的意见所阻止. 他的做法是要发表他心中最看重的观点, 而不管公布在讲座计划或者标题页上的是什么主题. 有个故事说, 他住在巴尔的摩时, 原定用一个晚上去朗诵他写的 400 行诗, 每一行都用 Rosalind 的名字押韵. 一大群听众聚集在一起来见证这个难能可贵的壮举. "像通常那样, Sylvester 教授的作品附有大量的脚注; 他宣布, 为了读诗的时候避免中断, 他要先读这些脚注. 在朗读这些脚注的时候, 他提出了各式各样的离题万里的想法; 一个小时过去了, 还没有读诗; 一个半小时过去了, 大钟的报时和听众躁动不安才使他想起了他承诺的诗. 他惊讶地发现时间已经过去了这么久, 表示歉意之后, 这才开始朗读那首 Rosalind 诗."[3]

Huxley 从来没有对英国协会演讲作过答复. 而 Sylvester 是否如他想象那样完全地解决了他所引出的问题则值得怀疑. 抽象数学概念由经验启发的程度仍然是一个活跃的辩论主题. Sylvester 触及到了问题, 但是刚进行了一小段就转到其他方向去了. 这次演讲的效果与其说在于反驳 Huxley, 不如说是他对 19 世纪数学思想万花筒似的评述, 而这正显示了 Sylvester 令人惊讶的博学和想象力.

---

[3] Alexander Macfarlane, 关于 19 世纪十位英国数学家的演讲; 纽约, 1916, pp. 117–118. E. T. Bell 在他关于 Cayley 和 Sylvester 的文章也讲了同样的故事.

在阐明了拉丁人的智慧所发现的语言、数学和光学方面的基本原则之后, 现在, 我想来说明实验科学的基本原则, 没有经验, 任何东西都不可能被充分地认识. 因为获得知识有两种方法, 即推理和经验. 推理做出一个结论, 并使我们承认这个结论, 但并没有使个结论确实可靠. 它也没有消除怀疑, 使心灵可以安于对真理的直觉, 除非心灵通过经验的方法发现了它; 人们对于能被认识的东西有许多论证, 但是因为他们缺乏经验, 便忽视这些论证, 因此, 既不知道避开有害的也不知道遵循有利的. 因为一个从来没有见过火的人, 也可以用适当的推理来证明火可以烧坏器物, 并且毁灭它们. 但他的心灵不会因此而满足, 他也不会避开火, 除非他将手或某些可燃的东西放入火中, 使他能由经验证明那推理所教导的东西. 只有当他有了关于燃烧的现实经验之后, 他的心灵才会踏实, 才会安于真理的光辉之中. 所以只有推理是不够的, 还要有经验才充分.

—— Roger Bacon

1　对观察完全无知的研究

James Joseph Sylvester

摘录自英国协会的演讲, 1869 年

…… 据说上议院一个大党的领袖和演说家, 最近被邀请在一些宗教或慈善 (所有事件都是非政治性的) 会议上发表演讲, 他表示拒绝, 除非他看到在他之前有一个对手 —— 某人对其进行了攻击或者回击 —— 否则他就不会去演讲. 服从有点类似好斗的本能, 我给自己设定的任务是考察这个协会一个最杰出的会员近来的某些言论, 我对这个会员的诚信和公德心的佩服一点也不亚于我对他的天赋和口才的佩服[1], 但是, 对于他对没有研究过的一个论题所发表的意见, 我不得不有不同看法. Goethe 说过:

---

[1] 虽然没有伟大的演说家, 我一生听过三次演讲, 在记忆中留下了经久难忘的杰作般的印象 ——Clifford 关于上帝, Huxley 关于 Chalk, Dumas 关于 Faraday.

"Verständige Leute kannst du irren sehn

In Sachen, nämlich, die sie nicht verstehn."

要理解人们可能会犯错误 ——

对于那些他们的才智所不能理解的事情.

我毫不怀疑, 我的杰出的朋友在下次协会的会议上可能会当选为主席, 如果能将他非比寻常的推理、归纳、比较、观察和创造能力运用到数学科学研究中, 他肯定已经成为一位伟大的数学家, 正像他现在是一位伟大的生物学家一样; 事实上, 他已经向公众证明了他解决某种数学问题的实际能力; 但是, 他并没有做过这样的数学研究, 而他的名字意味着显赫的地位和巨大的分量, 因此对于这样一个大人物发出的任何主张, 如果在我看来是错误的或者很容易引起错误, 我就必须站出来, 不能不表态, 不能保持沉默让它们无声无息地流传.[2]

他说 "数学训练几乎纯粹是演绎推理. 数学家从几个简单命题开始, 其证据是这样清楚明白, 从而被称为是不证自明的, 而剩下的工作就是根据它们用巧妙的演绎推理来得出结果. 语言的教学无论如何也是一种普通训练, 并有着大体相同的性质 —— 权威和传统地提供资料, 运用大脑来进行演绎推理." 从上面有点简单的并列句子中, 按照 Huxley 教授的说法, 似乎数学学生要做的事情就是从有限的几个命题 (装在瓶子里, 还贴上了标签以供将来使用) 出发演绎出任何想要的结果, 其过程与学习语言的学生把名词和动词进行结合与变格如出一辙 —— 这就是说构建一个数学命题和解释或解析一个句子有着等价的或者完全一样的大脑活动. 这种观点几乎不需要严肃地驳斥. 这段文字取自《麦克米伦杂志》6 月末的一篇文章, 题为 "科学的教育 —— 一次餐后演讲的笔记", 而我忍不住就想, 我尊敬的朋友要是在饭前而不是在饭后进行演讲, 他使用的术语也许会更加谨慎一些.

把数学真理看成是建立在有限个基本命题之上, 而所有其他的结论都是由逻辑推理和语言演绎导出的这种观念, 由这位著名作家在更早些的《双周评论》上的一篇文章中做了更强烈和更明确的表述. 在那里, 我们被告知 "数学是对观察一无所知、对实验一无所知、对归纳一无所知、对因果关系一无所知的学科". 我想再不会有一个表述对这件不容置疑的事实表示出更

---

[2]Cuvier 在他的《Daubenton 的赞美》中, 注释道: "科学家们仍然认为他们的那些文献并非低俗的作品."

多的反对了. 实际情况是, 数学分析不断地援引新原理、新概念和新方法, 它不能由任何语言形式来定义, 而是从人类思维的内在能量和活动中迸发出来, 是来自于思维的内部世界连续不断地更新反省, 内部思维也像外部物理世界一样变化多端, 同样需要我们密切观察和了解 (对于这个外部世界, 我想每个人的内心都会设想是处在差不多同样的对应关系之中, 就如同一个物体和它的投影, 或者像握成空心拳的一只手紧握着另一只手那样); 数学分析不断地激发我们观察和比较的能力; 它的主要武器之一是归纳; 它需要经常地求助于实验和验证; 它也给我们最大限度地发挥想象力和创造力提供了无限广阔的空间.

Lagrange, 没有别的权威比他更值得引用了, 特别强调他相信观察能力对数学家的重要性; Gauss 称数学是眼睛的科学, 与这个观点一致, 他常常十分注意地不让他编写的教材产生印刷错误; 永远让人痛惜的 Riemann 曾经写过一篇论文, 说明我们的空间观念的基础纯粹是以经验为根据的, 而我们关于空间规律的知识也是观察的结果, 我们可以设想其他类型空间的存在, 它们的规律可能不同于我们实际处于其中的空间的规律, 没有证据表明, 这些规律可以拓展, 说明空间是由不可分的无穷小成分组成的. Riemann 像他的恩师 Gauss 一样, 也拒绝接受 Kant 关于空间和时间是直觉形式的学说, 认为它们是物质的和客观的实在所具有的. 我可以提一下 Baron Sartorius von Waltershausen (本协会的会员) 在 Gauss 去世后不久发表的 Gauss 传记《纪念 Gauss》所讲到的: 这位伟大的学者过去常说, 他留下了几个待分析的问题, 希望将来能找到适用于它们的几何方法, 那时他的空间观念应当得到拓展和扩充, 因为正如我们可以设想生物 (就像在极薄的纸页当中无限变薄的蛀书虫[3]) 只有二维空间的观念, 也可以想象生物也会意识到有四维甚至更

---

[3]我曾读过或者听说, 观察者的眼睛从来没有发现这些掠夺者, 无论是活的还是死的. 然而, 自然赋予我特殊的观察细微东西的能力, 可以负责地说我多次在书页上看到这种小生物的蠕动. 试图接近它时, 人的气息或者指甲就会使它凝成像一道污渍, 从而逃过了检查.

多维空间.[4] 我们杰出的核心人物 Cayley, 英国数学家中的 Darwin, 早年就开始并阐述了同样大胆的假设, 并且有了令人愉快的结果.

即使不是全部, 至少现代数学的大多数伟大思想都起源于观察. 例如, 可以看看形式算术理论, 它的基础是建立在 Fermat 的丢番图定理上的, 作者并没有给出证明, 与所有共同的努力不同, Euler 简化了证明, 只是在转向 Gauss 卓越天才的光芒照耀下它们成立的理由才被找到; 或者关于双周期性学说, 它是由 Jacobi 对变换的纯分析事实的观察才得出的结果; 或者关于 Legendre 的互反律; 或者关于方程根的 Sturm 定理, 他亲口告诉我, 是对复杂的钟摆运动做了大量近距离机械性的观察和研究之后才得出这个结果; 或者连分式的 Huyghens 方法, "作为伟大的数学家 Lagrange 的主要发现之一, 他发现并构造出了行星齿轮自动机"; 或者关于新代数, 我的一位前辈 (Spottiswoode 先生) 说过, 我们完全有理由和权威说, 从这个主席的位置 "每年都紧密地连接着数学的新分支, 方程理论差不多以全新的面貌出现, 代数几何在它的光芒照耀下完全改观, 而变分学, 分子物理学, 还有力学 (如果现在来说这个问题, 也许他还会继续加上弹性理论以及积分学的最新发展) 无一不受到它的影响."

目前现代分析思想取得如此巨大的成果, 它本身也只是将来达到最高境界的理论前驱和先导而已, 这将要包含代数形式的交互操作, 作用与反作用全面的研究 (绝对意义上的解析形态学), 这是如何起源的呢? Eisenstein 多年前曾经很偶然地在他的一项研究过程中观察到单独不变量 (双四重线的四变量) 的某些现象, 这很意外, 完全出乎意料, 正像 M. Du Chaillu 在西非洲乡村中遇上了大猩猩, 或者我们中任何一个人在伦敦碰到了从动物园逃出的白色北极熊一样. 幸运的是他抓住了这个猎物, 并且保存了下来供后来的数学家思考和研究. 这个记录在他去世后收集整理出的作品中仅仅是一页中的一部分. 这项观察得到的单独的结果 (可称为白垩中的抱球虫的发现, 或者有孔虫壳的共焦椭球结构的发现) 在它杰出的发现者手中并没有产生

---

[4] 众所周知, 人们曾有过这样的观念, 运动定律作为一个事实, 以一种通用的方式足以证明我们生存的空间就是一个平坦的空间或者一个平面 (一个 "统一曲面"), 我们的存在正如蛀书虫活在并不凌乱的书页中一样: 但是, 如果这书页经历了一个逐渐弯曲成曲面的过程, 那又会怎么样呢? W. K. Clifford 先生曾经沉迷于某种卓越的猜想, 从某种原因不明的光和磁的现象, 可以推想, 在三维空间中我们平面的运动实际上是在四维空间中经历的变形 (我们觉得这种空间难以想象, 正如那假想的蛀书虫很难想象我们的空间一样), 这类似于把书页弄皱, 而微小生物能直接感知的力量却是很有限的.

出什么, 但它帮助建立了一个思路, 传达了一种冲动, 从而导致了现代分析的全方位的革命, 而它的结论将持续地产生影响, 直到数学被人遗忘, 而英国协会也不再开会为止.

如果需要, 我会继续举出一个又一个的例子来证明, 对于数学发现的过程来说, 观察能力是至关重要的.[5] 如果在这里详述个人经历不会显得不合时宜的话, 我会告诉大家一个极其有趣的故事, 它是关于我最近在一个领域里所做的研究的故事. 在这个领域里, 几何、代数和数论以一种令人惊奇的方式融合在一起, 就像夕阳的色彩或濒死的海豚所显示的颜色, "最后, 但最有趣的是" (这个研究的纲要刚刚在《伦敦数学学会进展》上刊载了出来[6]), 它非常鲜明地向我们展示了观察、猜想、归纳、实验, 还有验证、推理 (是否如我设想的那样, 它应该有这样的意思: 从大量的现象中总结出它们之所以如此的原因和理由) 也是数学家必须要做的工作. 在这些事实面前, 这个厅堂里面或者外面的每个具有分析头脑的人怎么能够保证并坚持超出自己知识和经验范围之外的断言呢? 在这个例子里, Huxley 教授讲的是科学自身, 并且没有任何学术训练, 怎么就坚持说: 数学 "是对观察一无所知、对归纳一无所知、对实验一无所知、对因果关系一无所知的学科" 呢?

当然, 我不会荒唐到坚持认为, 观察外界自然的习惯最好或在某种程度上要通过学习数学来养成. 无论如何, 就目前所实施的教育, 没有人比我更诚挚地希望看到自然和实验科学进入学校, 并成为教育主要的、不可或缺的部分; 我认为应该把科学研究和数学文化紧紧结合起来, 它们会相辅相成的. 我很乐于看到, 数学可以用生动活泼的方式来教授, 正如她那年轻而富有活力的妹妹自然科学和实验科学所做的那样, 这种传授方式不会失败, 我宁愿选择较长的路而不选看来简捷的方式. Euclid 曾经体面地摆脱或压低了比以往更低的声音, 远比男学生们可以达到的还要低, 在形态学中引进了代数元素 —— 射影、相关性和运动作为几何学的助手, 而学生的思维会更敏锐, 思路会更广; 通过更早地融入极性、连续性、无限性等主流观念, 学生的信念觉醒了, 他们对假想和难以置信的学说也熟悉了.

---

[5]Newton 法则看来是按照收到的许多意见由其作者归纳而得, 我自己把原始的 Euler 问题简化 (或者比这还稍微更一般点儿) 为简单分区问题的形式 (或者, 说得更准确点儿, 是一个问题集), 说来奇怪, 我首先归纳地得出了结果, 把它转给了 Cayley 教授, 稍后我们独立地进行了证明, 所用的方法却完全不同.

[6]标题是 "可约摆线理论概述".

这个学科的生动有趣正是我们传统的中世纪教育方式所极度缺乏的. 法国、德国、意大利, 每一个我曾到过的欧洲大陆国家, 都通过一种与我们思想僵化、拘泥陈规的学术机构完全不同的方式, 来直接用思维锻炼大脑, 而且他们真正有不同知识间的合作; 人们把导师和学生间的关系看成是一种终生的精神纽带, 通过这种牢不可破的关系, 把连续几代伟大的思想者彼此紧紧地联系在了一起, 正如我们在法国展览会或者巴黎沙龙的目录中读到的, 一个大画家或者大雕塑家以及其他的大师和他们的学生就是以这样的方式联系起来的. 当我凭着这股热情追寻下去的时候, 作为一个卑微的代表, 站在了这里, 世界上没有任何一种学问能够像数学这样带给人类的思维才华以和谐的发展, 同时给它的追随者带来如此众多的令人惊叹的神奇, 或者, 像这样, 似乎通过连贯的启发步骤, 培养人类到一个越来越高的有意识的智力状态.

我相信, 这说明了所有分析艺术的大师、数学殿堂的主宰们全都异乎寻常地长寿. Leibniz 活了 70 岁; Euler 活了 76 岁; Lagrange 活了 77 岁; Laplace 活了 78 岁; Gauss 活了 78 岁; Plato, 据说是圆锥曲线的发明人, 他研究数学而且感到很愉快, 他称数学是哲学的推动者和助手, 是医学的灵魂, 据说没有一天不发现一些新的定理, 他活了 82 岁; Newton, 王国和民族的光荣, 活了 85 岁; Archimedes, 他的天才也许最可能与 Newton 相比, 活了 75 岁, 我们可以猜想, 他完全可以活过 100 岁, 因为当他被那个罗马将军派来的暴躁而病态的军士杀害的时候, 他还正在用他那充满活力的天才解决一个难题呢; Pythagoras, 我相信, 数学这个词正是在他的学校里开始使用的 (不过, 比现代含义要广泛得多), 他是几何学的二次创立者, 以他的名字命名了无与伦比的定理, 他还是显然被误称为 Copernicus 理论的预见者, 正多面体和音乐卡农谱曲法的发现者, 他站在了名望金字塔的顶端, (也许我们可以归功于传统) 他在埃及学习了 22 年, 又在巴比伦学习了 12 年, 56 或 57 岁时他才在 Magna Græcia 创办了学校, 年过 60 娶了一位年轻的妻子, 带着用不完的精力投入工作, 直至 99 岁去世. 数学家长寿而且活得有朝气; 他们的灵魂的翅膀不会很早折断, 也不会去过那种像被泥土堵塞了毛孔的肮脏庸俗的生活.

已经有人发现, 在 Euclid 第 47 命题之后, 把全部数学当作了一种病态分泌物, 正像珍珠产生于病变的牡蛎中那样, 或者, 像我听到过的描述那样, "人类病态精神的产物". 另外一些人发现了它的正当性, 即它 "存在的理由",

或者把它作为引领前进的火炬手, 或者把它作为支撑物理科学这列火车的
婢女; 而在最近出版的杂志中, 一位十分聪明的作者表述了他的困惑, 是否
它自身就是一种更为严肃的追求, 或者是智者的比研究象棋问题或中国谜
题更有价值的兴趣. 他们问, 它给了我们什么呢? 譬如三角形的三个角的和
等于两直角, 或者, 譬如每一个偶数都是两个素数之和, 又譬如每个奇次方
程必定有一个实根. 这有多么无聊、无趣、沉闷和无益啊, 简直就像一份告
示! 读一张奢侈婚礼的账单, 或者一篇描述国际赛艇比赛细节的报道也比它
有意思些. 而这正像根据建筑物采用的一些砂浆、砖头, 甚至石块来判断一
幢建筑, 或者从偶然听到小提琴拉出的尖锐刺耳的声音来判断音乐一样. 在
揭示和阐明各部分的和谐关系的思想世界里, 它引起了思考神圣的美与次
序、无限的层次结构和相关真理的绝对证据, 这种喜爱是关于人类的数学问
题的最可靠的基础, 它不容置疑且从未削减关于宇宙的计划, 如像我们脚下
的地图那样展开, 而人的思想在一瞬间就创造出了整个的蓝图.

为了符合一般用法, 我采用了复数词 "数学 (mathematics)"; 我想这是
可取的, 应当保留这个词的复数形式给这门科学的应用, 而采用单数形式的
"数学 (mathematic)" 来表示这门科学本身, 我们在谈到逻辑学、修辞学或者
音乐学 (它是代数学的姐妹[7]) 时, 也采用同样的方式. 当数学的各个部分被
割裂的时候, 代数、几何以及算术或者被彻底分隔开, 或者仅仅保持着偶尔
打打招呼的冷静关系; 不过, 现在这种情形已经结束了; 它们被拽到了一起,
而且不断地变得越来越紧密, 它们被上千种新关系联系在一起, 我们可以满
怀信心地期待它们将形成唯一的躯体和唯一的灵魂的时刻即将到来. 以前
几何学主要是从算术和代数索取, 不过如今它已经用丰厚的回报还清了债
务; 如果我们要用一个词来表示数学的广阔天空围绕着的北极星, 我想要指
出, 弥漫于数学的全部原则的隐秘精神的中心思想, 就是包含在我们的空间
概念里的连续性, 并且我要说, 正是它, 就是它! 空间是个大连续统, 从它, 正
如从一个无尽的水源, 现代分析丰富的概念源源不断地流出; 就好像工程师
Brindley 在国会里陈述他的建设通航运河的意见那样, 我觉得可以冒险地说,
空间存在的主要理由, 至少是它执行的主要功能就是给数学发明提供食粮.

---

[7]我曾在另一个地方 (我在《哲学学报》上发表的 "三部曲" 中) 提到这两种文化间的
紧密联系, 不仅因为算术是她们共同的父亲, 而且因为她们的习惯与感情极其相似. 我曾
说 "音乐是感觉的代数, 代数是理智的音乐; 音乐是一场梦, 而代数是清醒的生活 —— 她
们的灵魂是相同的!"

大家都知道, 几何学在 Cauchy, Puiseux, Riemann 及其继承者 Clebsch, Gordan 和其他人的手中出现了多么不可思议的变化, 采用了现代分析的形式和表达方法, 它是如何抛弃曲线轨迹的, 这些方法曾经一度被当作幼稚的娱乐, 或者最多也只不过供建筑师或者室内设计师使用, 而现在已经被作为高级的哲学论题了, 这是因为每种新的曲线或者曲面, 或者其他空间定义都可以体现连续性的某种有组织结构的系统.[8]

　　Euclid 的早期研究使我很讨厌几何学, 如果我在这里说出了任何令人惊讶的意见, 我恳求大家原谅 (我知道, 有些人把 Euclid 的书看作第二部圣经般的神圣, 把它当作英国宪法前沿哨所之一), 我在前面已经暗示它只是一本教科书; 然而, 尽管反感, 这已成为我的第二天性, 每当我在任何一个数学问题中走得足够远时, 我发现, 最后碰到的总是几何学. 在纯粹的算术分配理论中, 我可以举出这样的例子; 还有, 在我最近研究的关于五次方程根的不变性的判别准则这个纯粹的代数问题中, 也有这样的例子: 它首先就迫使我要探求多面体的新理论; 随后我发现它的完美的和唯一可能的完全解形成九次曲面结构, 而它无限的内容可细分成三个不同的自然区域.

　　因此, 我对这个论题有了比原先更为深刻的表述, 作为本协会花名册上的第一人, 作为多次在公众场合被指责的人, 我有权在这里 (或在任何地方) 为自己辩护, 努力展示它不是什么, 它是什么, 以及它可能注定会成为什么, 我觉得我已经让你们受够了, 超出大家的忍耐限度了. 下面将继续进行协会的常规事务.

---

　　[8]Camille Jordan 将 Salmon 博士的 Eikosi 七角星形用于 Abel 函数就是将几何学逆向用于分析的一个最近的例子. Crofton 先生令人佩服的无限细网格的网状装置, 通过无限小角度的旋转来得到全部的定积分家族, 是关于同一现象的另一个突出的例子.

编者评注

Charles Sanders Peirce

Charles Sanders Peirce (1839—1914) 是实用主义的创始人, 一个能干的科学家、有创造性的哲学家和伟大的逻辑学家. 今天, 他被公认为这个国家出现过的最有天才和最具影响力的思想家之一 —— 这样的敬意与他一生的遭遇形成了鲜明的对比. Peirce 不被承认的原因部分由于外部环境, 部分由于他尖刻的个性, 部分由于他那高瞻远瞩的视野使得那些小人物既困惑又恐惧. 在读了过去四分之一世纪最著名的哲学家和逻辑学家关于他的某些中心思想的预言之后, 当前的舆论也许有些过度称赞他了.[1] 但是, 毫无疑问, 他取得了持久的价值. Whitehead 这样评价他的精明: "他教的每一个科目中他的思想的本质都是独创的."

Peirce 出生在马萨诸塞州的剑桥, 是 Benjamin Peirce 的第二个儿子. Benjamin Peirce 是哈佛大学教授, 是他那个时代美国第一流的数学家.[2] 老 Peirce 是一个极有魄力的人, 他努力把他的儿子变成一台思考的机器. 他严密地监督着孩子的每个学习步骤, 这严重地影响了他明显的数学天赋, 然而也让他经历了非传统的 "集中的艺术" 训练. "他们一次又一次地一起玩快速双虚拟

---

[1] 参见 Ernest Nagel, "Charles Peirce 猜谜",《哲学杂志》, Vols. XXX (July, 1933), XXI (1934), XXXIII (1936).

[2] 这篇评述的资料主要来源于 Paul Weiss 关于 Peirce 的权威著作《美国人物传记词典》, 纽约, 1928—1944. 许多非关键的资料大多得自于此书. 其余的资料得自 Thomas A. Goudge,《Peirce 的思想》, 多伦多, 1950;《Charles Sanders Peirce 哲学的研究》, Philip P. Wiener 和 Frederic H. Young 编, 剑桥 (马萨诸塞州), 1952;《Peirce 哲学选集》, Justus Buchler 编, 纽约, 1950;《机遇、爱与逻辑》, Morris R. Cohen 编, 纽约, 1949; W. B. Gallie,《Peirce 与实用主义》, 企鹅丛书, 巴尔的摩, 1952; Ernest Nagel, "Charles Peirce 猜谜",《哲学杂志》, July 16, 1933, pp. 365–386 (Vols. XXXI, XXXIII 续); Ernest Nagel, "Charles S. Peirce, 现代经验主义的先锋",《哲学杂志》, Vol. 7, no. 1, January 1940, pp. 69–80. 对 Peirce 思想的复兴做出重大贡献的最重要的选集是《Charles Sanders Peirce 选集》, Vols. I–VI, Charles Hartshorne 和 Paul Weiss 编, 剑桥 (马萨诸塞州), 1931—1935.

游戏,从晚上 10 点直到天亮,对于每个错误父亲都会严厉地批评." 这种令人毛骨悚然的训练结果是喜忧参半的. 在哈佛, Charles 算是比较差的学生; 显然不断地鞭策, 提出过高的要求, 父亲的急于求成而不是循循善诱, 所有这些令人遗憾的做法, 导致了 Peirce 后来的不幸.[3] 另一方面, Benjamin Peirce 又是一个极具才华且兴趣广泛的人, 他给予儿子在实验科学、数学、逻辑和哲学方面的训练的价值都是无法估量的. "他教育了我," Charles 公正地说, "我做的任何事情, 都是他的工作".

他的父亲希望他成为一个科学家. Peirce 则更倾心于哲学, 而且他找到了结合这两个专业的方法. 1861 年, 他加入了美国海岸调查处, 并在那里的各种职位里待了 30 年. 他编制航海年历, 研究钟摆, 他曾被任命为重力研究的主管, 写出了许多精确可靠的科学论文. 其中一些收集在《光学度量研究》(1878 年) 一书中, 这是他一生中出版的唯一的一本书, 也是使他赢得"国际天体物理学家" 赞誉的一本书.[4] 这个政府职务虽然并非闲职, 但是仍然让他有充分的时间来教授和进行科学、哲学和逻辑的研究. 从 1860 年起, 他在哈佛大学有个科学哲学和逻辑的专题讲座; 在约翰·霍普金斯大学教了 5 年逻辑学. 1867 年 Peirce 在美国国家艺术与科学学院前读到了 George Boole 一篇短短的论文. 这标志着一系列论文的开始, 它们使他成为那个时代 "最伟大的形式逻辑学家, 以及从 Boole 到 Ernst Schröder 时期一支最重要的力量".[5] 今天他的逻辑学讲稿虽然只有 "最初的历史兴趣", 但他对这门科学的贡献却是无可争议的.[6] 他发表的或没有发表的数学论文, 处理了数学基础问题, 结合代数, 集合理论, 超穷算术 (其中他 "超前或平行于" Richard Dedekind 和 Georg Cantor 的研究), 拓扑学, 以及相关的论题.[7] 他还是最早拥

---

[3] Gallie, 同前引, p. 35.

[4] Frederic Harold Young, "Charles Sanders Peirce: 1839—1914", Wiener 和 Young 同前引, p. 272.

[5] "他从根本上修改、发展和改造了 Boole 代数, 使它适用于命题、关系、概率和算术. 跟随着 De Morgan, Peirce 几乎是单枪匹马地奠定了关系逻辑的基础, 它是数学逻辑分析的工具. 他创造了包含联结词这个类逻辑中最重要的符号, 两种新的逻辑代数, 两种新的逻辑图系统, 揭示了类逻辑和命题逻辑之间的联系, 他最早给出数学的逻辑发展的基本原理, 对概率论、归纳法以及科学方法论的逻辑做出了极其重要的贡献." 引自《美国人物传记词典》.

[6] Ernest Nagel,《科学哲学》, 同前引, p. 72.

[7] Benjamin Pierce, 受到他儿子在结合代数领域研究的影响, 写出了那本超前的文献《线性结合代数》, 开头就是那句名言: "数学是得出必然结论的科学."

护概率的频率解释的人之一. 虽然他写的纯数学论文不算广博, 但它们是原创的, 总对人有启示和预言; 而他对数学的哲学和逻辑的处理质量也都很高.

实用主义开始于两周一次 "形而上学俱乐部" 的讨论 (按 Peirce 的说法, 选择这个名字就是要 "放弃所有要放弃的人"), 俱乐部创建于 19 世纪 70 年代, 会员包括 Oliver Wendell Holmes (律师), John Fiske 和 Francis E. Abbott. 其他对于概念的形成起了重要作用的会员, 还有数学家和哲学家 Chauncey Wright, 当然还有 William James, 他是 Peirce "终生的朋友和恩人". James 在阐明实用主义观点时常常缺乏说服力, 但他给出一个 "特征性的扭转", 就能把它从 Peirce 的学说中分离出来.[8] Peirce 对实用主义首次做出的定义发表在《大众科学月刊》(1878 年 1 月) 的一篇文章中, 标题是: "怎样使我们的观念清晰起来". 为了实现这个崇高的目标, 他建议我们 "考虑什么样有效的概念是可以设想为我们观念的对象所具有的, 有着实际意义的, 然后我们这些有效的概念就是整个对象的概念". 这个定义本身不能算是达到知识澄清目标的良好开端, 但是, 当哲学家们抱怨了也嘲笑了它的尴尬之后, 他们显然也明白了它的意义. 它是一句格言, 按 Ernest Nagel 的说法, 它提出了 "分析的指导原则. 它向哲学家们指出, 不去观察事实要想结束争论是不可能的, 因为其中包含了许多没有确定意义的术语." 它的目的是 "抛开似是而非的问题, 揭开神秘的面纱以及隐藏在深奥外衣下的蒙昧主义 …… 最重要的是它指出了这个事实, 术语和句子的 "意义" 包含在被用于确定和公开的方式之中".[9] Peirce 的实用主义与他的 "危机常识主义" 和 "痛悔难免有误主义" 这两个他常用的表达方式密切相关.[10] 对于 "常识主义", 他的意思是指对于大量的事物我们有没有明智地选择了模糊但 "不容置疑的信念", 这些信念是 "依赖于许多代人大量的日常生活体验而得到的". 这样的信念的例子有火的燃烧, 乱伦是不可取的, 宇宙中存在着有序元素.[11] 可以肯定, 这些 "本

---

[8] James 竭力使得实用主义有着正当的理由, 这在道德和宗教问题的领域里证明是不可能的, 例如, 信奉 "信仰" 或者采取 "无理由的" 相信, 或以其他的方式有助于达到内在的幸福或者 "受益". Peirce 描述这个 "从愿意到相信" 的学说正如 "自杀". 见 Gallie, 同前引, p. 25 及以下各页.

[9] Ernest Nagel,《科学哲学》, 同前引, p. 73.

[10] 例如, Nagel, 同前引, pp. 77–79; Gallie, pp. 106 以下; Roderick M. Chisholm, "谬论和信仰", Wiener 和 Young, 同前引, pp. 93–110; Arthur F. S. Mullyan, "某些常识主义的含义", Wiener 和 Young, 同前引, pp. 110–120.

[11] Thomas A. Goudge, 同前引, pp. 16–17.

能的信念" 会随着时间而改变, 也可能在有些实例中被证明是错误的; 但是
我们虚伪地假装可以无视它们, 主要是从笛卡儿重新起步并取得了知识上
的实际进展之后才开始的.[12] 难免有误主义是常识主义的孪生兄弟. 然而,
所有的信念和所有的结论常常会有错误. 对于达到 "稳定的信念和可靠的结
论", 科学方法比老掉牙的方法更有用, 但是, 即便是科学也不能提供通道来
达到 "完美的确定性和准确性. 我们从来都不能绝对地确定任何事, 也不能
按照任何概率断定任何量度或者一般比率的准确值. 这是我在多年研究科
学逻辑之后得出的结论."[13]

我能做的不会超过谈论 Peirce 在哲学上的其他工作, 它包括对宇宙相当
明确的表述, 现实的社会学理论以及逻辑学, 认识论和大量晦涩难懂但确有
价值的 "符号学理论" 的论文. Peirce 对逻辑的兴趣, 可以看作是他早先对哲
学问题关注的结果. 但是, 这很快就变成 "他对哲学和其他学科差不多完全
是从逻辑的视角来观察的." Ernest Nagel 认为, 他在思想史上的重要性不仅
因为他对逻辑学和数学的贡献, 还因为他关于哲学思维和把握第一手科学
知识的方法的研究的突出影响.

在通常的社会关系中, Peirce 是令人难以忍受的. 他十分情绪化、喜欢
争吵、爱慕虚荣、傲慢而且势利. 他粗心、轻信、不切实际而且外表邋遢.
"我从不向任何人低头," James 说道, "但我钦佩他的天才, 然而他又是矛盾
的, 孤僻而又智慧, 讨厌与任何人联系."[14] 他在日常生活中行为古怪 —— 忘
记约会, 乱放东西, 等等; 正如 James 描述的那样, 在许多有趣的事情上他是
"一个怪人": 例如, 他不光是十分灵巧, 还能够 "做着一件事, 同时又回答着
另一个问题".

---

[12] Peirce 写道: "一个人可以说 '我将满足于常识.' 我就是这种人中的一个, 这是主要的.
我要指出为什么不去考虑通常意义背后可能有的任何直接的好处 —— 通常意义是说那
些观念和信仰就是人在他的处境中绝对的力量 …… 例如, 我赞成最好是承认有些东西
是红色的, 有些是蓝色的, 正如光学家说的那样, 这不过是说有些东西波长较短, 而有些
波长较长而已." 见 Hartshorne 和 Weiss, 同前引, Vol. I, 129 节.

[13] Peirce 的论文, 见 Hartshorne 和 Weiss, 同前引, Vol. I, 147 节. 对于反对命题 "没有绝
对的确定性" 自身前后矛盾, Peirce 回答道: "如果我必须做出任何不寻常的事, 那就是对
于这个断言, 每个断言都有可能是错的, 而只有这个断言是绝对可靠的." 见 Hartshorne
和 Weiss, 同前引, Vol. II, 75 节.

[14] 这里以及其他关于 James 的引文均来自 Ralph Barton Perry,《William James 的思想和
人物造型 》, 2 卷, Boston, 1935, 还引自 Gallie, 同前引.

尽管他进行了艰苦的努力以及有影响力的崇拜者们的大力支持, 他一直也没能得到一个永久性的教职, 这也不令人惊异. 他的酒鬼名声 (现在我们知道这太夸张了) 以及 "生活放荡" 的传闻 —— 主要是因为他与他第一个妻子离异 —— 毋庸置疑妨碍了他进入大学的圈子; 而且他不善于与人相处, 思想的独立和 "激烈" (James 用语), "说教式的态度", 这些成了他取得学术地位的更大障碍.[15]

然而, Peirce 是一个比那些攻击他的报告所指责的更具个人魅力的人 (有些报告其实就是自我描述). 他是机智、亲切而迷人的. 他 "特别没有学术方面的嫉妒". 他十分公正, 确实是争议中最具 "侠义精神" 的对手. 毫无疑问, 在几个深知他的人中间他激发出了爱, 他们认为他是一个不容易但也不难对付的孩子. James 对付 Peirce 的方法是 "在遇到难题之后 …… 要顶撞他, 使劲取笑他, 而他就会和大家一样愉快起来了". 使 Peirce 变得温和的特征之一是他的自我批评能力. 他明白自己, 并且表现出了有所克制的优越感: "我不知不觉地就摆出了高视阔步的姿态. 其目的是要说 '你在自己的行当里是个很不错的家伙; 你不必知道, 也不必在意, 不过你懂得, 我就是 Peirce 先生, 我尊重各种各样的科学知识, 但除了我极端谦虚之外, 更要尊重我对世界提出的挑战.'"[16] 这种自我批评的精神被无情地用到他的著作中了. 他常常十几遍地修改自己的论文 "直到他采用了可能做到的准确而精确的措辞为止." 然而, 他的作品质量也是参差不齐的, 不少论文晦涩难懂、内容零散, 我们不能说他已经做到了用系统而统一的方式来表述他的哲学观念.

1887 年, Peirce 得到了一小笔遗产, 退休并隐居在宾夕法尼亚州的米尔福德郊区一所房子里, 不过, 他仍然继续海岸调查的研究工作直至 1891 年. 这笔遗产不能满足他的需要, 他只好紧缩开支, 希望能坚持写作. 他是一个令人惊异的作者, 按照他自己所记, 每天要写出 2000 字. 正像 Trollope 一样, 他写完一页紧接着又毫无倦意地开始写下一页. 这些作品大都没有发表, 乱七八糟地堆放在书房里. 其中大部分作品是关于逻辑和哲学的, 不过他也写数学、大地测量学、宗教学、天文学、化学、心理学、古英语和古希腊语的

---

[15] 关于 Peirce 在约翰·霍普金斯大学的短暂执教生涯的最有趣的汇总: 他和校长 Daniel Coit Gilman 的关系、他和 J. J. Sylvester 以及其他教授的关系、他的讲座、他的藏书室、他的争论以及其他的趣闻都汇集在 Max H. Fisch 和 Jackson I. Cope 的 "Peirce 在约翰·霍普金斯大学" 一文中, 见 Wiener 和 Young, 同前引, pp. 277–311.

[16] Ralph Barton Perry, 同前引, Vol. I, p. 538.

发音、心理研究、犯罪学、科学史、古代史、埃及学以及关于拿破仑的文章. 按《世纪大词典》的记载, 他写作的对象至少在半打以上; 按《国家》的记载, 他写了许多书评; 他翻译文献, 为此还做了一个词库和编辑手册. 尽管如此, 他仅能勉强维持生计. "他在家里建了一个阁楼, 在那里可以不受干扰地工作, 甚至拉起楼梯来躲开讨债人." 他最后的岁月黯然无光, 是在与疾病和贫困的持续斗争中度过的. 1909 年, 他 70 岁, 仍在拼命地工作, 每天只能靠服食吗啡来缓解癌症带来的疼痛. 这样坚持了 5 年多, 1914 年 4 月 19 日他去世了, "这是个失意的, 孤独的人, 一直按照自己的意愿工作, 尽管没有出版商愿为他出版, 几乎没有一个弟子, 也不为大多数公众所了解."

我愿意引用两段文字来结束这个简介. 首先, Peirce 在一篇短文中对自己做了尖锐而直白的评价, 他把自己和 William James 的思维特征进行了比较: "例如, 也许很自然地他与我大不相同, 他是如此具体, 如此生动; 而我仅有一个目录, 如此抽象, 像一团乱麻."[17] 其次是 Justus Buchler 独具慧眼的评价: "即使按照最苛刻的要求, Peirce 传达的某些具有长久价值的思想也不能算失败. 它极具特色, 就好像 Lernean 的九头蛇: 你刚发现它一个弱点, 立刻就有两个实力强劲的头出现在它旁边. 尽管它的创造者做了精心设计, 仍然到处都是破绽, 常常令人担忧. 有许多细节都不完善, 然而它们的价值更加值得重视. 就他追求一个豪华阵列, 建造可以安放他的思想的宏伟殿堂来说, Peirce 失败了. 他的成功仅仅在于他推动了哲学的发展."[18]

[17] Hartshorne and Weiss, 同前引, Vol. VI, 184 节, 引自 Gallie, 同前引, pp. 57–58.
[18] Justus Buchler,《Peirce 哲学选集》, 纽约, 1940, XVI.

论题的某些特性是清楚的. 在论题中我们不能一开始就处理特定对象或者特定性质; 我们只能形式地处理那些可以称为 "任意的" 对象或者 "任意的" 性质. 我们可以说一加一等于二, 但不能说 Socrates 加 Plato 等于二, 因为在我们关于逻辑学家或者纯粹数学家的范围里, 从未听说过 Socrates 或者 Plato. 没有这种个体的领域仍然可以是一加一等于二的领域. 它也没有允许我们涉及任何对象, 譬如像纯粹数学家或者逻辑学家这样的对象, 如果我们这样做, 就会导致远离正题, 而非形式地处理问题.

—— Bertrand Russell

2   数学的本质

Charles Sanders Peirce

我并不认为数学是以某种方式依赖于逻辑. 当然, 这是有理由的. 如果数学家在推理过程中曾经犹豫过或者犯过错误, 逻辑也帮不了他. 他还会犯类似的其他错误. 相反, 我深信没有数学的大力支持, 逻辑或许就无法解决它自身的问题. 事实上, 全部形式逻辑仅仅是把数学应用到逻辑.

正是 Benjamin Peirce[1], 作为他的儿子我自豪, 于 1870 年把数学定义为 "得出必然结论的科学". 当时, 这是一句很难理解的话; 而今天, 数学哲学专业的学生们普遍承认了它的正确性.

普通中学教师这一群体, 仍然采用通常的定义: 数学是量的科学. 在英语中对这个定义自然的理解, 却是对这个十分古老定义的一种误解[2], 最初说数学是各种量的科学, 说的是它具有量的形式. 我们注意到, Euclid 意识到几何学中很大部分不需要进行测量 (除非用作辅助证明); 因此, 与他同时代 (公元前 3 世纪之前) 或稍晚的希腊几何学家不会把数学定义为表示抽象名

---

[1] "线性结合代数", 1870, 第 1 节; 见《美国数学杂志》, Vol. 4, 1881.

[2] 按照 Proclus Diadochus (公元 485 年) 的说法 (Commentarii in Primum Euclidis Elementorum, 序言, 第 12 节), Pythagoras 学派把数学理解为要回答两个问题: "多少个?" "有多少?".

词量的科学. 而一条线被 Aristotle 及其继承者分类为一种量; 甚至透视 (全用相交和射影来处理, 完全不用长度) 也可以说成是量的科学, "量" 获得了有形的意义. "数学是量的科学" 这个定义的初始意义, 对于首次喊出它的公元 500 年的学者来说已经足够了, 这就是 Ammonius Hermiæ和 Boëthius, 他们创建了天文学和数学的音乐分支; 有理由确认正是他们这样做了.[3] 亚历山大的 Philo (公元前 100 年) 把数学定义为由知觉和反应所提供的必然结果的思维科学, 除了数论和几何这些更重要的部分之外, 他认为数学还包括希腊实用算术、大地测量学、力学、光学 (或者射影几何)、音乐以及天文学, 必须承认他对 "数学" 这个词赋予了与我们完全不同的意义. 各种途径都证实了 Aristotle 并不把数学看成现代抽象意义下的量的科学. 他认为数学讨论的是多少以及连续. 他把连续归为量的一类, 因此, 他把广义的量看作数学的一个对象.

在 Plato 的《共和国》第六卷[4]中, 他认为数学的本质特征的抽象类型和层次高于物理学, 而低于我们现在称为哲学的学科; Aristotle 跟随他的老师对此持有同样看法. 形而上学者总是习惯于宣扬自己的推理和结论远比数学来得更抽象更科学. 当然, 关于上帝、自由、永生的问题看起来要比, 例如, 在给定的条件下, 经过多少小时多少分多少秒, 两个送快信的人会走到一起这类问题要更加高贵; 虽然, 我并不知道这已经被证明了. 然而, 历史事实是形而上学的思维方法, 在各个方面都与简单地迷恋于低级数学相去不远. 在大部分哲学史中, 流行着一个奇怪的结论, 即形而上学的推理应该类似于数学推理, 更有甚者, 有各式各样的数学家认为, 他们作为数学家有资格来讨论哲学; 然而, 实在找不到比他们更糟的形而上学了.

Kant 把数学命题当作先天综合判断; 其中有许多是真的, 然而绝大部分他称为分析判断的命题却并非如此; 按他规定的意义, 这是因为谓词没有包含在主语的定义之中. 例如, 一个算术命题为真, 或者甚至构成了真知, 这种情形绝大多数就是数学真理. 所有现代数学家都认同 Plato 和 Aristotle 的观点, 即数学只处理假设的事物而不论实际情况如何; 因而需要解释的仅仅是结论的必要性. 这就是数学真正的本质; 而我父亲的定义至今为止是正确的, 它除了会涉及一个纯粹的假设不可能再涉及其他的东西. 当然, 我的意思不

---

[3] 我很抱歉没有对我所提到的 Ammonius 这段话做出说明. 也许 Brandis 硕士做的一个摘录可以说明他给出了这个意义的理由.

[4] 510C 至末尾; 但是在《法律》中, 他的观念有所改进.

是说这样的纯粹假设在实际情况中显示为真时, 推理就不再是必要的了. 只不过, 我们永远不会知道在实际情况中是否必然为真. 假设我们对一个完全确定的事物作了一般性描述. 这就是说它自身确定了这个描述不会引起任何怀疑. 再就是假设这个描述没有任何神秘 —— 没有什么会妨碍充分的想象. 然后, 假设一系列的可能性同样明确并且同样具有想象力; 于是, 只要给出的事物状态描述足够一般, 构成确定性的各种不同的方式也就绝不可能带来怀疑或者神秘特征. 例如, 假设必须不涉及任何事实. 因为事实的问题并不在想象范围之内. 它也不是必须如此, 例如, 它可以引导我们来问元音 OO 是否可以想象成听起来音高像元音 EE 那样. 也许, 必须要限制在纯粹的空间、时间和逻辑关系之内. 尽管如此, 事物在这样的状态下, 是否另有某种类似的事物状态, 等同于想象的问题, 在假定的范围内能够发生或者不发生, 这个问题的答案应该是 "是" 与 "否" 两答案之一, 不可能两者均为真. 而所有相关的事实都在召唤和要求想象力; 因此, 必须运用思维来获得正确的答案. 假设这个答案覆盖了整个设定的可能范围, 这样取得的答案比推理所得更加无可置疑、通用和精确. 如我们所说, 不知道究竟是什么, 也得不到确定的知识. 另一方面, 断言限制在事实内的任何信息源都能提供给我们必要的知识, 即关于全部可能范围的知识, 将是一个浅显的矛盾.

　　数学是研究事物在假设状态下何为真. 这是它的本质和定义. 因此, 其中的每样事情, 除了假言结构的第一规则之外, 必须符合无可置疑的推理的性质. 毫无疑问, 我们可能推理不完全而跳出一个结论; 不过, 这个结论虽然是猜出来的, 但它毕竟是在事物的某种假设状态之中故而必须为真. 反之, 每个无可置疑的推理, 严格说来, 都是数学的. 而数学, 作为一门严谨的科学, 在假设赋予它的本质属性之上有一个偶然的特征 —— 如 Aristotle 常说的: 一个自我统一体 —— 而这正是最大的逻辑兴趣所在. 也就是说, 那时追随 Aristotle 的 "哲学家们" 除了做他们称为的 "直接" 证明, 或者 "证明了为什么" 之外, 也支持并不完全满意的证明. 对此, 他们意指证明中只用到一般概念和结论, 其中各项都已有清楚的定义. 相反, 数学家们鄙视这种风格的推理, 而推崇哲学家们所指责的 "仅仅是" 间接证明, 或 "那样的证明". 而哲学家们十分推崇的那些可由其他命题推理而得的命题被数学家们设定为 "推论". 这就是说, 他们喜欢这些 Euclid 并不认为需要特别提到的几何真理, 他的编辑们总是在每个的边上插一个花冠或者花环, 也许这意味着这种荣誉可能会附加到这些微不足道的评论之上. 对定理, 或者至少是主要定理就要求不同类型的推理. 这里, 我们不打算把自己限制在一般术语之内. 必须记下或者想象某些个体和确定的模式, 或者图形 —— 在几何中由带有字母的线组成的图形, 在代数中可重复的字母阵列. 这个模式构造成符合论文中定理的一般规定. 困难之处在于这样来构造它, 会在适用于文中假设描述的每一种事物的可能状态都会有某种相似, 此外, 这样来构造它就不会有任何影响推理的其他特性. 虽然推理建立在独特模式研究的基础上, 但它仍然必须适用于所有可能的情形, 怎样才能做到是我们必须考虑的问题之一. 现在我们要指出, 按照论文中包含的规则建立起模式之后, 定理中的论断并非明显为真, 甚至对于那独特模式也是如此; 而且, 不论如何绞尽脑汁也不会使哲学家们的推论显然为真. 只考虑一般规则是不够的. 还得做点什么. 在几何中画辅助线, 在代数中允许进行变换. 于是, 教师的观察起了作用. 模式各部分之间的某些关系被指了出来. 但是, 这些关系会存在于每种可能的状态中吗? 仅仅是推论的推理有时会向我们保证这一点. 然而, 一般来说, 可能必须画出不同的模式来表示不同的可能性. 理论的推理总是依赖于个别模式的经验. 在最后的分析中, 我们将会发现在推论的推理中也有同样的情形; 甚至 Aristotle 的 "证明理由" 也如此. 仅仅在这种情形下, 这些文字可以替代模式. 因此, 我们可以说, 推论或者 "哲学式" 的推理是文字推理; 而定理或者数学的推理更加精确, 它是特别构造的模式推理.

数学思维的另一特征是异乎寻常地使用抽象. 抽象在现代曾是人们最喜欢嘲笑的笑柄. 现在人们很喜欢嘲笑那些老医生, 他们在回答为什么用鸦片来使人睡觉这个问题时, 总是说它是有好处的安眠药. 毫无疑问, 这是一个极其模糊的回答. 然而, 这个编造的故事对于抽象来说却没有多大意义. 不过, 医生的回答包含着一个事实, 这是现代哲学家们普遍否认的: 他断言鸦片中确实有某种东西常常能使人睡觉. 我说, 这是现代哲学家们普遍否认的. 当然, 不是直截了当地否认; 然而当他们说, 人们服食鸦片后去睡觉的情况并没有什么相同之处, 只是在心里把它们归类到一起了 —— 这就是他们实质上在否认普遍的事实 —— 他们在含蓄地否认鸦片通常能使人入睡.

通观现代逻辑论文, 你会发现, 正如我认为的那样, 它们差不多都犯了两种错误之一; 忽略抽象概念的原意 (用一个抽象名词标志一个抽象), 把它看作一个语法问题, 不需要逻辑学家特别关注; 混淆抽象与心灵的运作, 对此,我们注意到知觉的一个特点而忽视其他感受. 这两件事完全没有联系. 知觉的最常见的事实, 例如 "这是光", 它涉及精确抽象, 或者注意力转移. 而实体抽象把 "这是光" 转变为 "这儿有盏灯", 这就是我们通常赋予抽象这个词 (既然精确抽象会转移) 以非常特殊的思维模式的意思. 它主要在于采取知觉, 或者知觉方面的一个特征 (已经和知觉的其他元素分开以后), 以便采取命题形式的判断 (事实上, 可以运用任何判断), 并且考虑这个事实以形成判断主语与其他主语之间的关系, 它有一种仅仅包含命题为真的存在模式, 其对应的具体项是谓语. 因此, 我们把命题 "蜂蜜是甜的" 转换为 "蜂蜜具有甜味". "甜味" 从某种意义上说可以被称为虚构的东西. 但是, 既然存在的模式源自于它包含在某些东西是甜的这个事实之中, 而且这个事实不是虚假的或者想象的, 它就有任意的存在模式, 毕竟那里没有虚构. 这仅有的信念使我们在相关的形式下确认蜂蜜是甜的这个事实, 所以我们真的可以做到. 我们选择甜味作为抽象有用的一个实例. 然而, 即便这很方便, 蜂蜜的甜味也很令人腻味; 蜂蜜的甜味有点像蜜月的甜味, 等等. 抽象性与数学特别投缘. 例如, 日常生活中我们首先发现需要称为集合的这个抽象类. 说一些人是男性, 而所有其余的人是女性, 不如说人类是由男性部分和女性部分组成的更方便. 同样的想法形成了集合的类, 例如, 对, 皮带, 四行诗, 手, 星期, 几十个, 几十个面包师, 十四行诗, 分数, 叠, 数百, 超过数百, 总额, 大量, 数千, 无数, 湖泊, 数百万, 十亿, 亿万, 等等. 这引出了数学的一大分支[5]. 再有, 一个运动的点: 按几何的抽象说法, 它 "描绘出一条线". 这条线虽然是抽象的, 但它自身运动着, 并且被认为生成了一个曲面, 等等. 同样, 当分析家把操作作为操作自身的对象来处理的时候, 一个有效的方法是不会被拒绝的, 这是抽象的又一个例子. Maxwell 关于对电力线横断面施加张力的概念与此有些相似. 这些例子展示出了抽象在数学思维的海洋中的巨大能量; 但是, 当我们对它做个一分钟检查, 将会发现在每个部分, 同样形式的思想涟漪不断出现, 而我提及的这些例子没有提供任何线索和暗示.

数学思维的另一个特点是, 它能否成功不能一概而论. 例如, 国际象棋成为时尚以后, 我们不能否认国际象棋是数学; 但是, 由于在这个领域中处处要面对数学家这个例外, 于是人们采用了例如边界的限制, 王、马、兵单

---

[5]当然, 如果物质分为许多部分, 集合被承认是一个抽象, 这时, 我们就必须接受知觉也是一个抽象, 或者表达一个抽象. 因此, 还要坚持认为抽象是一种虚构就很困难了.

步的规定, 有限的方格数, 兵捕获的特殊方式, 兵升后, 用车护王, 这样就有效地修剪了数学的翅膀, 它只能沿着地面走, 飞不起来了. 因此, 数学家常常发现一个棋手能够设计一个有利的开局, 以较小的损失换取较大的好处. 因此, 对于平面中与一般直线对不同的平行线, 他不是假设它们永不相交, 而是假设它们相交于无穷远处; 不是假设某些方程有根而其他方程没有根, 而是用无限大的虚数量来扩大实数量的范围. 他轻松地告诉我们任何类型的平面曲线都有许多拐点; 但是我们想要问有多少是实的, 有多少是虚的, 他也说不出. 他对三维空间感到困惑, 因为在那里并不是所有直线对都会相交, 为了避开例外, 他发现应用表示四维连续统的四元数是有利的. 因为异常的例外妨碍了数学家选来处理的几乎所有关系的对应性质; 这就是说, 对于每个相关的这样的关系都有同样多的关联, 而对于每个关联都有同样多的关系.

对于未成年人来说, 数学的明显的特征可能会是它命题的结构和内容, 特别困难、复杂以及强调推理, 结论完美精确, 它们广泛的普适性, 它们的实用性. 很容易精确地对一个主题进行谈论. 只不过, 必须同时确认交出所有的雄心和抱负. 同样容易确认只有足够模糊才行. 不难清楚而精确地立即肯定一个很狭小的论题. 但对于组合成团的科目, 像数学这样的, 既有完美的正确性又有普遍广泛的实用性的科目, 那就值得关注了. 不难明白, 所有这些数学的特征都是假设它为真的研究的必然结果.

很难在数学的两个定义之间决定取舍; 其一是来自描绘出必要结论的方法; 另一是来自研究事物假设状态的目的和主题. 前者使得或者看起来使得由假设推出结论是数学家唯一关注的事情. 不可否认的是在虚量和 Riemman 曲面概念仅仅是一般假设的框架领域中, 数学家在非 Euclid 测量、理想数、完美流体的想象中进行了极其天才的试验. 甚至这在通常称为有良好的知识和判断能力, 有时又称为有大智慧的特殊问题的特定假设的框架下进行, 例如 Boole 逻辑代数的情形. 难道我们应该把这种工作从数学领域中排除出去吗? 也许回答应该是这样的, 首先, 把数学应用于非数学形式的问题的智力锻炼无论如何肯定不是纯粹的数学思维; 其次, 仅仅一个假设结构的创建就有可能是产生天才的巨大工作, 但不能说成是科学的, 因为它产生的既不是真的也不是假的, 因此不能算知识. 这就回答了进一步评论的建议, 如果数学是纯粹事物虚构状态的研究, 那么诗人就必然是最伟大的数学家, 特别是那一类写情节复杂、高深莫测的小说的诗人. 甚至这也回答了, 显然地, 所谓研究事物的虚构状态我们的意思是研究什么是它们的真, 也许这并不能完全满足异议. 在《大英百科全书》第九版 "数学" [6] 一章中编者坚持认为数学是研究一类特殊的假设, 即那些精确的假设, 等等, 例如有规定的长度. 这一章很值得关注.

数学哲学家 Richard Dedekind [7] 认为数学是逻辑的一个分支. 这不能从我父亲的定义中得出, 它不是说数学是描绘必然结论的科学 —— 这将是演绎逻辑 —— 而是说数学是得出必然结果的科学. 显然, 我知道这个事实, 他的定义有概念上的区别. 当他想出这个定义的时候, 他作为数学家, 而我作为逻辑学家, 每天都在讨论我俩都感兴趣的大题目; 并且他碰到了, 正如我碰到了一样, 我俩都对同一命题的矛盾性感兴趣. 逻辑学家特别不在乎这样或那样的假设或结论, 只在乎是否对推理的性质给出了某种提示. 数学家对有效的推理方法有着强烈的兴趣, 并考虑把它们扩展应用到新问题的可能性; 不过, 作为数学家, 理所当然地不想花费精力来探讨这方法的哪些部分是正确的. 就这些不同点而言, 逻辑代数将假定对他们两人都是有益的. 数学家会问, 作为运算这种代数有什么价值, 它能够用来解一个复杂问题吗? 难道它一下子就能得到深远的结果? 而逻辑学家却并不希望这种代数有这样的特性. 相反, 这种代数许多不同的逻辑步骤打破了一种推理, 从而取得优势能更快地得出结果. 他需要用这种代数把一个推理分解为最终的基本步骤. 因此, 逻辑代数在一些人看来的优点, 另一些人却认为是缺点. 所以, 有人认为数学是得出必然结果的科学, 而另一些人就认为数学是描绘必然结果的科学.

而事实上, 这两种科学的差别更大于两种观点的差别. 数学纯属假设: 它只不过制造出了条件命题. 相反, 逻辑在它的断言中是明确无误的; 事实上, 甚至是主要的, 它不仅仅像形而上学那样只是发现什么是真, 它是一种规范的科学. 因此, 至少在它的方法论部分有很强的数学特征; 因为, 在这里它分析了怎样得到所追求的结果. 也就是说, 必须要调用哪些数学手段; 即, 它有一个数学分支. 但是, 这对每一种科学都可以这样说. 有数理逻辑, 正如有数理光学和数理经济学一样. 数理逻辑就是形式逻辑. 形式逻辑无论怎样

---

[6] 由 George Chrystal 编写.
[7] Was sind und was sollen die Zahlen; Vorwort (1888).

发展都是数学的. 无论如何, 形式逻辑绝不意味着它是全部逻辑, 甚至也不是逻辑的主要部分. 它很难被认为是逻辑固有的部分. 逻辑必须确定它的目标; 而这样做比在方法论分支上依赖数学会更依赖伦理学或者哲学目标. 我们很快就会明白为什么一个伦理学学生也许很想让他的学科成为逻辑的一个分支; 事实上, 这几乎就是 Socrates 的思想, 但这是比其他看法更不真实的看法. 逻辑依赖数学, 但更为紧密地依赖伦理学; 而它真正关注的是超越两者的真理性.

还有两个数学的特性没有提到, 因为它们并不是数学独有的. 其一, 这不会给我们找多大麻烦, 除了伦理学以外, 数学与所有其他学科的区别是它不需要伦理学的帮助. 而其他每种学科, 甚至逻辑 —— 特别是逻辑 —— 在它最初的几步中就会进入危险, 蒸发成虚无, 像德国人说的那样, 沦为科幻电影, 编织成一场缥缈的梦想. 纯粹数学不会有这样的危险, 因为它是精密的, 正如数学应当的那样.

另一个特性是 —— 我们正是对它有特别的兴趣 —— 数学连同独立的科学伦理与逻辑一起, 并不需要逻辑的任何帮助. 无疑, 有些读者刚听到这种说法会表示惊异而反对. 他们会说, 数学是出色的论证科学. 所以, 最重要的就是它的推理. 正如为了说话并不需要理解元音构成的理论, 为了推理也不需要掌握推理过程的理论. 否则, 显然地, 逻辑科学绝不可能有所发展. 还有更多的反对理由, 既然我们天生的推理能力已经足够, 那么科学都不需要逻辑了. 逻辑构成了过去大多数论著, 很常见的一类英文书和法文书也是由它构成 —— 这就是说, 主要由形式逻辑构成, 而形式逻辑代表着一种推理艺术. 在我看来, 这种反对意见是不健全的, 因为这样的逻辑是正确推理的最大障碍. 无论如何, 除了当前的目标之外, 我们将要详细审查这种反对意见. 我会满足于说, 我们天生的推理能力毫无疑问已经足够了, 这就像与 "为了得到横跨大西洋的无线电报, 那个人应当出生" 相同意义下的推理, 我们天生的能力确实已经足够了. 这就是说, 或早或晚这都是注定的. 然而, 这并没有得出研究电的性质并不需要获得这样一份电报. 同样, 如果执着地进行电性质的研究, 即便没有特别注意到数学, 所需的数学概念也必定会发展起来. 事实上, Faraday 研究并发展电学时并不熟悉数学. 他若能推迟电学研究, 先学习数学, 然后把它应用到电的性质上就会便捷得多, 这就是 Maxwell 的方式. 毫无疑问, 除了数学、伦理学和逻辑学之外, 其他任何一种科学在进行一段时间研究之后, 只要不特地进行逻辑方面的学习, 就会以同一种方式出现各式各样的逻辑困难. 若先对逻辑进行一番系统的学习, 事情就会便捷得多. 如果有人要问出现在所有科学中的逻辑困难是什么, 那他就必须立即去阅读科学史. 为什么那场关于力的测量的著名论战不过是一个逻辑难题? 为什么关于均变与突变的争论只不过是承认不承认在公认的前提下得出的结论? ⋯⋯

也许有人会问是否数学、伦理学和逻辑学没有遇到类似的难题. 逻辑学说全都解决了吗? 伦理学的历史是否就是论战的历史? 数学家是否能保证没有逻辑错误? 对此, 我的回答是, 首先, 对逻辑来说, Maudsley 不仅是该科目够水平的论文作者, 还是一个杰出的精神科医生, 他宣称, 被遏制了大脑发育的人, 不仅普遍缺乏做研究最重要的资质, 即数学训练, 而最主要的原因是关于科学的真正目的有十三种不同的意见, 这是逻辑无法解决的. 这可不是一个逻辑学难题, 而是一个伦理学难题; 因为伦理学就是关于目的的科学. 其次, 事实上, 伦理学是, 一般来说也必须是一个争论的场所, 因此, 它的研究就是由逐渐发展的对一个令人满意的目的的清晰认识所构成. 无疑, 这是一个微妙的科学; 但它不是逻辑, 而是完美理想的发展, 正是它构建和解决了伦理学的问题. 第三, 数学中出现过推理错误, 不仅如此, 数千年来已经通过了挑战. 然而, 原因很简单, 它们只是没有引起注意而已. 在全部科学历史中, 从给定的前提可否数学地导出给定的结论的问题, 一旦开始研究, 从来不会得不到迅速和一致的答案. 很少有明显的例外; 那几个仅有的例外是上半个世纪数学家们到了必须完全弄清楚什么是数学本身的东西、什么是数学之外的东西的时候才出现的. 最近的一个例外也许就是关于发散级数应用的争论. 在这里, 任何一方对全局都持有充分的纯数学的理由; 而他们掌握的这些理由不仅关系到一个扩展的数学类, 而且或多或少地被用来支持

着含糊不清的立场. 正如我们现在所知道的, 发散级数发挥着极大的作用.[8]

  这种情形下形成的推理, 充分说明它不是数学的, 而许多老数学家撇开所有的理由, 推动了发散级数的应用. 这是数学家关于一类非数学推理有效性辩论的一个例子. 毫无疑义, 一个合理的逻辑 (至今未能取得进展) 应当清楚地指出非数学推理并不是合理的. 然而, 我相信, 这是唯一的实例, 其中大多数数学家曾提出数学要依靠非数学推理. 我的主张是: 真正的数学推理是如此清晰明白, 远胜于可能提供的适当的逻辑原理 —— 没有刚才这样的推理 —— 而让数学求助于逻辑可能只会使事情卷入混乱. 相反, 对于逻辑学家必须要解决的那些由于必要的推理可能引起的困难, 他们只能将它们归为数学问题来解决. 根据这些数学格言, 正如我们清楚明白的那样, 逻辑学家最终必须休息了.

---

[8] 无论如何, 假设所有的读者都懂得这些也许是不公平的. 当然, 有许多级数过度发散, 从而没有什么用处. 不过, 若一个级数从一开始就发散, 通常它就会有某些应用, 否则, 获得同样的知识不可能如此容易. 原因是 —— 或者更确切地说, 原因之一是 —— 绝大多数级数, 甚至是发散级数, 最终在某种程度上都会逼近几何级数, 至少, 非常多的项是逐次逼近的. 级数 $\log(1+x) = x - \frac{1}{2}x^2 + \frac{1}{3}x^3 - \frac{1}{4}x^4 + \cdots$ 就不能明确地用来找 3 的自然对数值, 它是 1.0986, 上式逐项的值是 $2 - 2 + \frac{8}{3} - 4 + \frac{32}{5} - \frac{32}{3} + \cdots$. 将常用的代换方式用到最后两项, 即 M 和 N, 换成表达式 $M/(1 - N/M)$, 前六个值是 0.667, 1.143, 1.067, 1.128, 1.067, 这正好表示了某个近似值. 最后两个数意味着采用任意的专用计算机都将得到 1.098, 这不算很错. 当然, 计算机实际上是用级数 $\log 3 = 1 + 1/12 + 1/80 + 1/448 + \cdots$, 如果使用正确, 应该给出这四项正确的值.

编者评注

Ernst Mach

Ernst Mach (1838—1916) 是奥地利物理学家、心理学家和哲学家、他的观点极大地激发了 Einstein, 并对 Lenin 构成了严重的挑衅. 他的思想以完全不同的方式影响了两个如此不同的人, 他的科学哲学是继 Auguste Comte 的开创性工作之后的对实证主义的最重要的发展.

他认为, 科学的主要目的是避免人类思想的不必要的付出. 如果人不会死, 他们愚蠢地去设计节约时间和工作的方法, 那只会延长永恒的枯燥. 人类发明科学给死亡率带来益处. 它的目的是 "通过在思维中对事实的再现, 以取代或保存经验"; 科学家的职责是采用最简单、最直接的方法得出结论, 并且排除掉并非基于观察的所有证据.[1]

在这样一个系统中, 数学不可避免地占据着中心位置. 它是简洁表达的范例; 它的方法一旦被证明, 就可以反复使用以节省精力; 它提供了无数的捷径和美妙的模式来进行理论测试和实验指导. Mach 与 Hume 一样相信, 任何超出心理实现认定的因果关系都是不恰当的. 这就是我们需要解释的现象, 而它却对应于无法验证的关系. 这里又是数学提供了一个有用的替代办法: 函数概念允许把现象按照变量的依赖关系而不是因果关系做出准确而简明的描述.[2] 尽管有着对实证主义的信念和对形而上学的憎恶, Mach 仍不会愚蠢到去争辩说科学假设和初步的理论系统都是不必要的, 或者说自然法则可以 "简单地由经验 '导出'". 这种极端的 Bacon 式的观点曾经错误地归罪于他. Comte 曾经愿意解释包括 "神学观念" 在内的任何事物, 来推动科

---

[1] Phillip G. Frank 在 "Einstein, Mach 与逻辑实证主义" 中写道: "按照 Mach 及其追随者的观点, 物理学的基本定律应当这样制定, 它们只包含由直接观察或者至少是和直接观察十分接近的思维所确定的概念." 引自 Paul Arthur Schilpp 编,《Albert Einstein: 哲学家 – 科学家》, 埃文斯顿, 1949, p. 274.

[2] 参见 Federigo Enriques,《逻辑发展史》, 纽约, 1929, pp. 213–214, 220–222, 225–227.

学探索从而达到意见 "一致". 在看清他们服务的目的之后, 他将有足够的时间来揭示并清除这些概念. Mach 承认想象力和 "有用的图像" 对于开始研究和提供模型是重要的, 而其中的大部分将不可避免地 "屈从于无情的事实的批判 ……" (他的原话).[3] 要避免的主要危险是概念体系在实际研究中应当取得主导地位, 或者把自己从感官体验的控制中解救出来. 如若不然, 正如 Einstein 说过的那样, 科学思想必定退化为 "空谈".[4]

Einstein 曾经确认 "Mach 和 Hume 的研究对我的工作有过直接和间接的巨大帮助 ……, Mach 认识到了经典力学的不足, 在半个世纪前就接近于提出需要广义相对论的理论 [写于 1916 年]."[5] 特别地, Mach 要求 "物理学中的每个表述都必须是可观察到的状态的量之间的关系" 提示 Einstein 重新考虑同时性概念, 并在狭义相对论中对它重新定义. 出于同样的原因, 他重新审查了在他的广义理论中引用过的质量、惯性以及引力的概念.[6]

Mach 对 "感觉" 所做的简单观察的描述, 导致一个共同的看法, 即他是一个哲学上的唯心主义者. 诚然, 这是一件小事, 在任何情况下解释都没有必要. 然而对马克思主义者来说这却不是一件小事, 他们警惕 "唯心主义" 这个词就仿佛看见了一条毒虫. 那么, Lenin 在他的《唯物主义与经验批判主义》一书中对 Mach 进行了批判. 既然这是一本经典著作, 那么 Mach 的科学哲学 "在苏联的每一本哲学教科书和每个哲学课堂里都成了攻击的目标".[7] 苏联期望每个人都拿起武器对抗唯心主义颠覆的危险. Einstein 本人是个值得怀疑的家伙, 因为他不仅与 Mach 交往, 还公开赞扬他的观点.

Mach 的主要著作包括《感觉与物理心理关系的分析》、《热学理论》、他的杰出的《科普讲座》以及一本影响巨大的历史性杰作《力学科学》.《力学科学》首次面世于 1883 年, 它不是对力学原理的应用的论文. Mach 说, 它的目的是 "理清思路, 揭露事物的真实意义, 摆脱形而上学的晦涩难懂和穿凿附会."[8] Mach 特别注意力学原理是如何演变发展的, 以及 "它作为永久性的知识还能走多远". 这正是直接反对他那个时代的一种普遍趋势 —— 把

---

[3] 见 Enriques, 同前引, pp. 225–227; 以及见 Frank, 同前引, p. 272.

[4] Albert Einstein, "关于 Bertrand Russell 的知识理论的评注", 见于 Paul A. Schilpp 编辑的《Bertrand Russell 的哲学》, 埃文斯顿, 1944, p. 289. (参见 Frank, 同前引.)

[5] Physikalische Zeitschrift, XVII (1916), pp. 101 及以下. (参见 Frank, 同前引.)

[6] Frank, 同前引, p. 272.

[7] 同前.

[8] 初版序言, 英文第二版重印本, 芝加哥, 1919.

具有奇妙而精确的数学公式的力学当作唯一规范的自然现象过程; 因此, 即便观察到了这个逻辑系统的偏差、不一致以及其他异常, 也会被认为是实验错误, 而不是模型本身的缺陷. Mach 认为这是对力学颠倒的做法; 模型虽然在帮助我们理解和交流时十分重要, 但也决不能用以掩盖过程本身的最终依据. 这才是 "力学正确的物理本质", 必须留作 "一个大自然的学生主要的和最高的兴趣". 《力学科学》是两百年来第一次质疑建立在 Newton 基本动力学原理的公式基础上的假设的著作.[9] Mach 对质量、惯性、绝对运动这些概念的批判, 他坚持按照科学思维进行严格的认识论审查的必要性, 他强调科学发展中进行 "生物心理" 调查的重要性, 这些都对现代科学的发展产生了深远的影响. 我从本书中选取了一节, 它表达了 Mach 关于科学经济和数学应用的观点. 这是一篇深思熟虑且内容精辟的文章. 对于我的思维习惯来说, 文章稍显简略了些, 即使如此 Mach 也没有使我感到困扰, 像他困扰 Lenin 那样.

---

[9] William Dampier 爵士, 《科学史》, 第四版, 纽约, 1949, pp. 155–156.

Newton 把质量定义为 "由密度和体积的乘积来度量的个体物质的量". Mach 指出: "Newton 的定义把我们带进了循环逻辑, 因为我们对物质的了解是由于它对我们感官的作用, 而我们只能把密度定义为单位体积的质量. Mach 总结了动力学起源的历史, 指出 Galileo, Huygens 和 Newton 的动力学著作的真正意义在于发现了唯一的同一个基本原理, 虽然, 由于不可避免的历史原因, 是在全新的论题中发现, 而且表述成许多看似独立的定律或命题."

在科学思想中我们采取最简单的理论, 用以解释所有考察的事实, 使我们可以预测新的同类事实. 这一准则的关键就在 "最简单" 这个词. 这实在是一种审美的经典, 正如我们对诗歌和绘画所做的含蓄的评论一样. 外行人发现如下一个法则:

$$\frac{\partial x}{\partial t} = K \frac{\partial^2 x}{\partial y^2},$$

这个数学表述比 "它渗透出来了" 更为简单. 物理学家不赞同这个判断, 他的表述, 即 "变化率的变化率" 对于所预言的事物当然比前两者更好. 然而, 对于普通人来说, 这个表述实在太生疏了.

—— J. B. S. Haldane

3   科学的经济

Ernst Mach

1. 科学的对象就是运用思考对事实复制和预测来取代或保存经验. 记忆比经验更为简便, 常常回答的是同一个问题. 科学的经济惯例充满了它整个生命, 乍看起来是明明白白的; 对它的充分认识会使得科学的神秘性荡然无存.

科学是靠教学传递的, 故而一个人可能从另一个人的经验中获益, 从而避免亲自积累经验的麻烦; 因此, 为了子孙后代, 人们把世代的经验都存放在图书馆里.

语言, 这种沟通的工具, 本身就是一种经济的发明. 经验被分析或者分解为更简单或更熟悉的经验, 然后为了精确性进行符号化. 语音的符号仍然被限制在使用它们的国度之内, 而且毫无疑问会长期保持下去. 然而, 书面语言逐渐变得具有理想的普遍性. 它肯定不再仅仅是语音的副本. 数字, 代数符号, 化学符号, 音乐音符, 拼音字母, 也许可以看作具有未来普遍特征的已经形成的部分; 在某种程度上, 它们是绝对的概念, 而且几乎是国际通用的. 色彩的物理和生理分析已经足够先进, 可以提供一个完全实用的色彩符号的国际系统. 中文让我们看到了一个真正的表意语言的实际例子, 它们在不同的省份中读音千差万别, 然而在各地都表达着同样的意思. 由于它的符号和系统只不过是简单的字, 中文有可能变成普遍适用的文字. 毫无意义的省略和语法中不必要的例外, 就像英语大多省略那样, 非常需要采用这样的系统. 既然读它就是要理解它, 普遍适用性就不会是这个特性的唯一优点. 我们的孩子们常常读那些他们不理解的东西; 而一个中国人如果无法理解, 他就不会去读.

2. 在思想中复制事实, 绝不会全部复制, 而只是复制那些对我们重要的事实, 这直接或间接是出自于实际的利益. 我们的复制品总是抽象的. 这也是一种经济倾向.

自然是以感觉为元素组成的. 然而, 原始人第一次取出的这些元素的某种复合物 —— 是那些相对较稳定而对他比较重要的复合物. 最初的和最古老的词就是那些 "事物" 的名称. 即使在这里, 也有一个抽象的过程, 从事物的周围、从这些复合物经历过的连续而细微的变化进行抽象, 这些实际上不太重要而被忽略. 不存在不变的事物. 对于一个元素的复合物我们从它的变化中进行了抽象, 再用符号来命名抽象的事物. 对整个复合物分配一个单词的理由是我们需要立即联想起所有构成它的感觉. 稍后, 我们来评论事物的易变性时, 我们不能同时又坚持事物永恒的概念, 除非我们追索到了事物本身的概念, 或者诸如此类荒诞不经的东西. 感觉不是事物的标志; 与此相反, 一个事物是相对固定的复合感觉的思想符号. 严格地说, 世界不是把 "事物" 作为元素, 而是把色彩、声音、压力、空间、时间, 简言之我们平常称为个体感觉作为元素复合而成的.

整个操作就是一个单纯的经济行为. 复制事实时, 我们从持久和熟知的复合物开始, 稍后再用不寻常的方式来补充修改. 因此, 我们谈到多孔圆筒, 谈到有坡面的立方体, 这样的表达包含着矛盾, 除非我们接受这里所持有的观点. 所有的判断都已承认这种观念的扩展和修改.

3. 在谈到因果关系时, 我们任意替换那些在复制事实时对我们很重要而必须注意的元素. 在自然界中既没有原因, 也没有结果; 自然界只有个体的存在; 自然界就是这样简单. 而像循环案例那样, 其中 A 总是与 B 联系着, 这就是说, 同样的情形下有着同样的结果, 这就是因果关系的本质, 我们再一次在抽象的存在中, 达到了精神上复制事实的目的. 事实变得熟悉了, 我们就不再需要连接标记的帮助, 我们的注意力不再被新奇和惊异所吸引, 不再谈论原因和效果. 热被说成是蒸汽压力的原因; 但是在熟悉了这个现象之后, 我们想到蒸汽就会立刻想到相应温度的压力. 酸被说成是石蕊酊变红的原因; 但后来我们就把其变红当成是酸的特性了.

Hume 第一个提出了这个问题, 事物 A 如何能作用于另一个事物 B? 事实上, Hume 拒绝了因果关系, 只承认那时只有一个习惯性的继承. Kant 正确地评论道, A 与 B 之间必要的关联不可能只通过简单的观察就能揭露出来. 他假设一种与生俱来的心灵的理念或类型, 一个 *Verstandesbegriff*, 包含在经验之中. Schopenhauer 采取了基本相同的立场, 区分了 "充足理由原则" 的四种形式 —— 逻辑的、物理的、数学形式的以及动机定律. 但是, 这些形式的区别仅在于它们被用来关注这件可能属于外在或者内在经验的事情了.

自然的或者通常意义下的解释似乎就是这样. 因果关系的观念的兴起, 最初是由于想要努力在思想中重现事实. 首先, A 和 B 的关系, C 和 D 的关系, E 和 F 的关系等被认为是熟知的. 但是在观察到更大范围的经验以及 M 和 N 之间的关系之后, 我们通常就会认识到 M 是由 A, C, E 构成的, 而 N 是由 B, D, F 构成的, 它们之间的关系存在于熟知事实之前, 因而对我们有着更高的权威. 这也就解释了为什么一个有经验的人和一个新手对待新事件会有不同的眼光. 新经验由旧经验阐明. 然后, 作为一个事实, 脑海中确实存在着一个 "观念", 它包含着新鲜的经验; 而这个观念本身又是从经验发展而来的. 因果关系的必然性概念也许正是由我们的自发行为以及间接产生的变化建立起来的, 正如 Hume 设想而 Schopenhauer 质疑的那样. 大多数因果关系的权威正是本能地、不由自主地发展了这个观念, 我们清楚地知道对于这个观念的形成, 他们并没有什么个人的贡献. 事实上, 我们可以说, 因果关系的概念并非得自哪个人, 而是在竞争中发展完善的. 因此, 因果关系是思考中的事情, 它有一个经济的办公室. 不能说为什么它们产生了. 因为我们知道这个问题 "为什么" 也是一样的抽象.

4. 在科学的细节中, 它的经济特性更为明显. 在那些被称为描述性科学的研究中, 我们必须在重建个别事实时着重保留其主要内容. 有可能许多事实的共同特征被一次性地替换了. 而在科学更为高级的发展中, 绝大多数事实的重建规则可能包含在一个单独的表达式中. 因此, 我们不再关注光折射的个别现象, 而在精神上重建现在和将来的所有情形, 只要知道入射光线、折射光线和同一平面上的垂线以及 $\sin\alpha/\sin\beta = n$ 就够了. 这里, 代替不同物质组合在所有不同的入射角下的无数种折射, 我们有了上述简单的法则和 n 的值 —— 它显然简单得多. 经济的目的是显而易见的. 自然界中并没有折射法则, 只有不同的折射现象. 折射法则是一个简明扼要的规则, 是我们为了事实的心理重建而设计的, 而且只是部分重建, 即它的几何方面的重建.

5. 科学经济的最高进展是把那些事实简化成自然界中那样可数的几个元素. 那就是力学科学, 它专门处理空间、时间和质量. 数学方法的应用完全代替了以前建立的这门学科. 数学可以经济计算地定义. 数字是有序符号, 为了明晰和经济起见, 把它们排列在一个简单的系统里. 人们发现, 数值运算是独立于运算对象的类型的, 因而可以一劳永逸. 当我第一次遇到要把五个对象与另外七个相加时, 需要立即对整个集合计数; 但是, 当我随后发现可以从 5 开始计数时, 就减少了部分麻烦; 再后来, 记住了 5 加 7 总是等于 12, 我就完全不必计数了.

对对象的全部算术运算省略为直接数值运算, 这是利用了以前计数运算的结果. 我们的努力在于做出和数, 把它保存起来以备将来应用. 最初的四个算术法则很好地阐明了这个观点. 这也是代数的目的, 把关系换成值、符号化并且按同一个法则最后确定所有的数值运算. 例如, 我们从方程

$$\frac{x^2 - y^2}{x + y} = x - y$$

学习到了通常都可以把左边较为复杂的数值运算换成右边比较简单的运算, 而不管数 x 和 y 代表什么. 从而我们在将来更为复杂的运算中可以节省劳动. 数学是可用来替换的方法中最全面最经济的方法, 新的数值运算由旧的运算得出已知的结果. 在这个过程中, 运算的结果可能用到了原本几个世纪以前就已知的结果.

通常, 半机械式的动作可以取代紧张的脑力劳动, 以节省时间和避免疲劳. 例如, 行列式理论起源于观察到的事实, 即不必每次都去解如下形式的新方程

$$a_1 x + b_1 y + c_1 = 0,$$
$$a_2 x + b_2 y + c_2 = 0.$$

由这组方程可得

$$x = -\frac{c_1 b_2 - c_2 b_1}{a_1 b_2 - a_2 b_1} = -\frac{P}{N},$$

$$y = -\frac{a_1 c_2 - a_2 c_1}{a_1 b_2 - a_2 b_1} = -\frac{Q}{N}.$$

而这个解可由系数得到, 我们按照前述格式写出系数, 对它们进行机械运算, 可得

$$\begin{vmatrix} a_1 & b_1 \\ a_2 & b_2 \end{vmatrix} = a_1 b_2 - a_2 b_1 = N,$$

类似地, 可得

$$\begin{vmatrix} c_1 & b_1 \\ c_2 & b_2 \end{vmatrix} = P \quad 以及 \quad \begin{vmatrix} a_1 & c_1 \\ a_2 & c_2 \end{vmatrix} = Q.$$

甚至数学运算会使人们完全放下心理负担. 计数运算迄今为止已由符号化的机械运算来完成, 我们的脑力不再浪费在重复的旧式运算上, 它被节省下来完成更加重要的任务. 商人追求经济效益, 他不直接处理打捆的货物, 而是处理货物的清单或者作业单. 单调沉闷的计算差事可能就交给机器去完成. 实际上, 有几种不同类型的计算机器正在被用着. 最早的是 Babbage 差分机, 他提出的理念十分有名.

我们实际解答问题时常常得不到数值解; 有可能间接地得到它. 例如, 容易确定, 对横坐标的增量 dx 给定积分以增量 $mx^{m-1}dx$, 对曲线的横坐标 x 求积分就得到 x^m. 而后, 我们也就知道了 $\int mx^{m-1}dx = x^m$; 这就是说, 我们由增量 $mx^{m-1}dx$ 认识了量 x^m, 正如我们由水果皮明白无误地认识了水果一样. 由简单反演或者多多少少类似过程偶然发现的这类结果, 被广泛地用于数学之中.

科学工作应该比已有的用途更加有用, 其中消耗的是机械工作, 这在我们看起来是有些奇怪的. 一个人天天走着同一条路, 偶然发现了一条较短的路, 从此就记住了这条路, 而且今后就走这条较短的路了, 毫无疑问他因此节省了不少力气. 但是, 实际上记忆不算工作, 它只是现在或者将来我们拥有的处理能力的场所, 由于无知我们常常阻碍了对自己有益的方式. 这恰恰是应用科学理念的情形.

数学家追求的是研究没有清晰的概念的事情, 他通常会有不舒服的感觉, 因为他的纸和笔往往超过了他的智慧. 数学作为教学对象, 并没有比忙

于它自身的神秘哲学有更多的教育意义. 相反, 它导致一种神秘倾向, 一定会结出美丽的果实.

6. 物理科学也提供了科学经济的例子, 完全类似于我们刚刚仔细考察过的事实. 这里做个简短的介绍就够了. 惯性矩使我们不必考虑个别粒子的质量. 采用力函数我们免除了一个个研究力的分量. 涉及弹簧力函数推理的简化来自这样的事实, 即在发现力函数的性质之前进行大量的脑力劳动才有可能. Gauss 的折射光学使我们从分别考虑折射系统的单反射面换成考虑它的主节点. 而单反射面的仔细研究必须先于主节点的发现. Gauss 的折射光学让我们避免了通常必须重复的研究.

因此, 在完全缺乏方法而主要问题没有解决的情况下, 我们必须允许科学研究没有结果. 事实上, 在一个人短暂的一生和有限记忆能力的条件下, 任何名副其实的知识储备都是很难达到的, 除非有着最了不起的智慧经济. 故而, 科学本身可以看作是一个最小值问题, 包括耗费最少的精力对事实做出最完美的表述.

7. 按我们的理解, 科学的功能就是替代经验. 因此, 一方面科学必须保留经验的职责, 而另一方面又必须加速超越它, 常常希望证实它, 也常常希望推翻它. 当既不能证实又不能推翻时, 科学并不担心. 科学在而且只在未完成的经验范围内起作用. 科学中这类分支的典范有弹性理论和热传导理论, 两者都描述了大部分研究中观察提供的这类性质. 随着我们的观察手段不断地改进, 理论和经验的对比也许会越来越扩大.

没有思想伴随的经验对我们来说永远是陌生的. 那些在最广泛的领域里保持良好的、作为经验最大补充的思想是最科学的. 连续性原理, 它普遍应用于所有的现代化研究之中, 只不过简单地规定了一个概念模式. 它有利于最高级别的思维经济.

8. 如果一个长长的弹性杆固定在台钳上, 这个杆也许会缓慢地振动. 这些是直接观察到的, 能看, 能触摸, 而且可以用图形做记录. 如果这个杆很短, 即便加速振动也不能直接看到; 这个杆对视觉呈现出模糊的图像. 这是一个新现象. 但是触摸的感觉仍然和以前一样; 我们仍可记录杆的运动; 而如果我们在心理上保留着振动的概念, 我们仍可预料到实验的结果. 进一步缩短杆, 触摸的感觉就改变了; 杆开始发出声音; 又一个新现象出现了. 不过, 这种现象并不是立刻一齐都变; 只是这个或那个现象改变了; 因此, 不局限于任何单一情形的振动概念, 仍然是耐用的、经济的. 甚至当声音达到如此高的音调, 而振动变得如此之小, 以前的观察方法已不可用, 我们仍然可以方便地想象发声杆在振动, 并且能够预测一根玻璃杆的极化光谱中暗线的振动. 如果进一步缩短了杆, 所有的现象突然过渡到新现象了, 振动概念就不再适用, 因为它已不能为上述实例的新经验给我们提供补充的观察手段了.

当我们能在精神上添加那些我们可以意识到、感觉到和想象到的一个人的行为, 就像我们无法意识到的自身的行为, 这样形成的理念中的对象就是经济的. 这个想象构成的经验对我们来说是清楚明了的, 它补充并且取代了经验. 这样的想象不被看作伟大的科学发现, 只是因为它的形成如此自然, 甚至每个孩子都能想得出. 现在, 我们会想到什么, 当我们想象一个移动的物体正好消失在一根柱子后面, 或者想象一颗看不见的彗星的时候, 我们知道它在继续运动, 而且保持着先前观察到的特性. 我们用经验提示的想象填补了经验的空缺.

9. 然而, 并非所有流行的科学理论都来自于自然和淳朴. 化学、电学、光学现象就要用原子来解释. 而巧妙的心理上的原子并不能由连续性原理产生; 相反, 它是为观察而特别设计的产物. 原子不能用感官感知; 正如所有的物质一样, 它们是思想上的东西. 此外, 迄今为止, 原子的研究给出了绝对矛盾的性质. 无论如何, 合适的原子理论也许可以重现某些事实, 提出 Newton 法则核心的那些物理学家只承认那些理论暂时有些帮助, 他们竭力想通过更加自然的方式得到一个令人满意的替代品.

原子理论在物理学中所处的地位类似于某种数学中的辅助概念, 它是促进事实在精神上再现的一个数学模型. 虽然我们采用调和公式表示振动, 用指数表示冷却现象, 用时间的平方表示自由落体运动, 等等, 但是, 没有人会设想振动本身与三角函数有何关系, 或者自由落体运动和平方有何关系. 只不过被简单地观察到的所研究的量之间的关系类似于某种熟悉的数学函数之间的关系, 这些更为熟悉的概念是用来更方便地补充经验的. 如果自然现象之间的关系与我们熟悉的函数并不相似, 那么重建这些关系就会很难. 不过, 数学的进展一定会促进事情的解决.

正如我在其他地方所指出的, 数学的这类帮助也用到了三维以上的空间. 不过, 对这些的关心超过了关心心理技巧就没有必要了[1].

　　这也是解释新现象时形成的所有假说的情形. 我们关于电的概念正好符合电的现象, 而且采取了差不多自然的熟悉的过程, 我们注意到此刻发生的事情正如导体上被排斥或吸引而流动的液体一样. 但是这些心理方法无论如何都与现象本身没有关系.

---

　　[1]由于 Lobatchevski, Bolyai, Gauss 和 Riemann 的工作成果, 以下观点在数学界已经逐渐得到认可和传播, 这就是我们把空间称为特殊的、实际情况是更为普遍的、可以想象的多重定量流形. 视觉和触觉的空间是一个三重流形, 它有三个维度, 其中每个点由三个有区别而又独立的数据确定. 还可以设想有四维或者多维空间流形. 我们对流形的特性还可以从实际空间流形做出不同的设想. 我们把这个发现看作十分重要的发现之一, 它主要是 Riemann 的成果. 实际空间的特性就可以直接当作经验的对象呈现出来, 而伪几何理论试图设想这些特性来自形而上学的论点就被推翻了.

　　一个会思考的人生活在一个球的表面, 又没有其他类型的空间与它进行比较. 呈现在他面前的空间就构成了整个世界. 他也许把它当成无限的, 除非有相反的经验才能说服他. 从球的一个大圆上任意两点开始沿着直角的方向朝向其他大圆, 除非上述大圆相交否则很难做到. 对照我们生活的空间, 唯有体验才能确定要么它是有限的, 要么其中的平行线相交, 或者有类似情形. 这项研究的意义无论如何评价都不算过高. 类似于 Riemann 在科学领域中开创的那样, 一个人类心智的启蒙运动出现了, 正如第一次环球航行的发现使人关心起地球的表面.

　　上面提到的数学可能性的理论研究主要是关于这些可能性是否真实存在有没有事情可做, 我们决不能支持数学家对那些因他们的研究而引发的广为流传的谬论负责. 视觉和触觉的空间是三维的, 这一点没有人怀疑过. 如果, 发现人的身体从这个空间消失了, 或者新的人体进来了, 对这个问题的科学讨论是否会促进和推动我们深入洞察事物, 把经验空间当作四维或多维空间的一部分. 然而, 在这种情况下, 这第四维度依然是思想的、心理虚构的事物.

　　但是这还不是问题. 上面提到的现象直至新观点发表之后才出现, 在某些人参加的巫师降神会中展现了出来. 第四维度对于巫师和被地狱定位困扰的神学家都是非常适时的发现. 巫师是这样应用第四维度的. 通过第二维度, 没有经过端点就可以移到有限直线之外; 通过第三维度可以移到有限的封闭曲面之外; 类似地, 通过第四维度, 不必经过封闭的边界就可移动到有限的封闭空间之外. 就像过去魔术师在三维空间中变戏法那样, 现在第四维度又投入了一个新的光环. 然而, 在巫师的戏法中, 不论用多长的绳子打结或者不打结捆绑, 将身体从封闭空间中移走的表演都是绝对没有危险的. 所有这一切都是没有意义的把戏. 我们还没有发现一个妇科医生, 他是通过第四维度完成分娩的. 如果我们发现了, 问题就会立刻变得非常严重. Simony 教授的捆绑戏法, 作为魔术师的表演是十分令人钦佩的, 这不是说巫师的坏话.

　　每个人都可以提出意见和提供证据来支持它. 然而, 一个科学家进行这样先进问题的严肃研究是否有价值, 他的理智和本能就可以判断. 如果这些事情最终变成了真实, 我将不会感到羞愧我是最后一个相信它们的人. 我所看到的并没有使我减少怀疑.

　　我本人关注多维空间是在关于 Riemann 的回忆录面世之前, 把它当作有助于研究数学物理问题. 但我确信, 没有人会用我的思想来讲, 或者以它为基础编写鬼怪故事. (比较 Mach, Die Geschichte und die Wurzel des Satzes von der Erhaltung der Arbeit.)

Norman Robert Campbell

Norman Robert Campbell 是英国物理学家和科学哲学家. 虽然在这些领域里, 他受到了专家们的高度关注, 但却不为公众所熟悉. 在伊顿公学和剑桥大学的三一学院学习时, 他有幸成为 J. J. Thomson 爵士的学生. 后来, 在利兹, 他成了 Cavendish 实验室的一名研究员, 并在 William Bragg 爵士领导下工作. 1919 年, 他加入通用电气公司 (General Electric Co. Ltd.), 并继续他在三一学院就已开始的关于电离的研究. 他还在分光光度法、统计学以及观测校准等许多不同方面有着令人瞩目的成就. 他于 1949 年去世, 终年 69 岁.

Campbell 的 9 本著作和 89 篇研究报告历久弥新, 具有永恒的价值. 他的叙述总是清晰而有独创性, 喜欢致力于 "唤醒思考基本概念的能力".

他最重要的著作是《物理基本要素》(Physics, the Elements), 其中考察了科学的逻辑基础和哲学基础. 这本书充分展示了 Campbell 的新颖的观点、把握广泛领域的能力以及抓住要点的本领. 这是极其杰出的成就. 然而, 书的全部原稿在邮寄中丢失了, Campbell 被迫重写. 他以非凡的勇气面对这次不幸, 正如他前几年面对那些更可怕的灾难一样: 糟糕的健康状况; 妻子和正在积极服务的儿子的死亡; 一枚炸弹毁掉了他的家以及几乎全部财产, 所有这些都是在他生命的最后几年中降临的.

下面的文章选自 1921 年出版的科普小书《科学是什么?》, 在序言中, Campbell 说明这本书是 "满怀着促进科学研究的希望" 写成的, 多年以来, 他将许多时间奉献给了成人教育团体. 我们选择的第一篇文章是关于 Campbell 最喜欢的论题之一, 计量的重要概念; 第二篇文章是关于数值定律和数学在科学中的应用. 这些第一流的介绍是展示 Campbell 科学普及能力的好例子.

我量了一边又量另一边,
它有三英尺长两英尺宽.

—— William Wordsworth

4   计量

Norman Campbell

计量是什么?

计量是现代科学从常识中借用的一个概念. 只是在文明达到比较高级的阶段, 计量才成为常识的组成部分; 而且即使是常识中的计量概念, 也在长期的历史发展中经历了巨大的变化与发展. 当我说计量属于常识时, 我的意思仅仅是: 它是今天每个文明人完全熟悉的东西. 一般来说, 计量可以定义为: 把性质描述成指定的数. 如果我们说, 时间是 3 点钟, 煤的价格是每吨 56 先令, 我们刚买进了 2 吨煤, 那么在所有这些事例中, 我们用数传达了对那一天的时间、对一般的煤、对我们地窖里的煤等的 "性质" 的重要的信息; 而我们的陈述都多多少少是依赖于计量的.

我首先要请大家注意的一点是: 可以用数来描述的只是某些性质, 而不是所有的性质. 如果我在买一袋土豆, 我可以问重量是多少, 要卖多少钱; 对这些问题可以期望有个数来回答: 它重 56 磅, 值 5 先令. 但我也可以问这土豆是什么品种, 是否方便烹调; 对这样的问题, 我就不期望有个数来回答. 经销商可能把土豆的品种叫作某个产品目录上的 "第 11 号"; 但即使他这样说了, 我也会觉得这样使用的数不是真正的计量, 而且也不会将这个数与表示重量和价格的数归入同一类. 这里有什么不同呢? 为什么有的性质可以计量, 有的又不能计量呢? 这些就是我想要讨论的问题. 而且为了让读者了解接下来讨论的目的是什么, 我将立即概括地回答. 这里的区别在于: 假设我有两袋土豆, 它们的重量、价钱、品种和烹调特性都一样; 我将两袋倒到一只袋里, 现在就只有一袋土豆了. 这一袋土豆与原来的两袋有不同的重量和价钱 (可计量性质), 但品种和烹调特性却没有变化 (不可计量的性质). 一个物体的可计量性质是与其他类似物体结合时会发生变化的那些性质; 而不可计量的性质则是那些不发生变化的性质. 我们将会看到, 这样的定义虽然当前还可以用, 但是太粗糙了.

数

为了看清这一差别为什么如此重要, 必须对 "数" 的意义作进一步的探索. 而且我们必须从一开始就注意到, 这个词常被用来表示两种完全不同的事物, 从而容易引起混乱. 它有时仅仅是一个名称或符号, 有时则表示一个对象的性质. 例如, 除了已经提到的那些性质之外, 一袋土豆还有另外的确定的性质, 叫作袋中土豆的个数, 而这个数, 也和一袋土豆的重量、价钱一样, 是这个对象的性质. 这个性质, 也像重量可以用 (而且必须用) "一个数来描述"; 譬如说, 它可以由 200 来描述. 但这个 "200" 本身并不是一袋的性质; 它不过是写在纸上的符号, 而如果我是说出来而不是写下来, 它还可以由一个声音来代替; 它是那个性质的名字或符号. 当我们说, 计量是用 "数" 描述性质时, 意思是说那是用那些常用来表示数的符号, 对有别于数的性质进行描述. 此外, 对这些符号还另有一个词, 叫作 "数值", 今后我们通常使用数值这个词, 而把 "数" 的意义局限于总是用数值来描述的性质.

这些考虑绝不是玩弄辞藻, 它清楚地说明了一个要点, 即一个对象的可计量性质必然以某种特殊的方式类似于作为性质的数, 因为它们也能用同样的符号来恰当地描述; 它必定与数具有某种相同的质. 我们必须进而询问, 这相同的质是什么? 而开始讨论的最好办法就是更仔细地探讨作为性质的数.

一袋土豆的个数, 或用更常见的表达方式, 袋中包含的土豆数, 是由计数过程来确定的. 今天在我们的头脑中, 计数已经跟数值分不开了. 但是计数过程在早期的文明中不用数值就能办到. 我们可以不必使用数值就断定一袋土豆的个数是否与另一袋的一样. 为此目的, 我从袋中取出一个土豆, 做出某种标记用来与其他的土豆相区别 (例如, 将它放进一只盒子里), 然后对另一袋中的一只土豆, 也进行同样的处理. 将这个双重操作重复进行, 直到一袋的土豆取完. 如果一袋土豆取完时, 另一袋的土豆也取完了, 于是我就知道两袋中的土豆数相同; 否则, 还剩有土豆的那一袋的土豆数较另一袋为大.

计数的规则

如果对比着计数的对象不是同一性质的, 这一过程同样适用. 袋中的土豆不仅可以对比着另一批土豆计数, 也可以对比着一个团里的士兵, 甚至一年中的日子进行计数. 在计数过程中用来区分数过与未数过对象的 "标记", 可能需要做些改动以适应计数对象, 但是使计数得以进行下去的适宜的标记总是可以找到的. 假如我们在此之前从未听说过计数, 现在才将这一过程应用于一切不同种类的对象, 那么我们很快就会发现某些规则可以使这一过程大大缩短和简化. 这些规则对于今天的我们似乎是极其明显的, 已不值一提了, 但由于它们是毫不加以怀疑地运用于现代计数方法的, 我们必须在此将它们指出来. 第一条规则是, 如果对比着第三组对象计数时, 有两组对象都与第三组有同样的数, 则这两组对象相互间对比着计数时, 也会发现它们有相同的数. 这个规则使我们能在需要对比两组东西时不必把它们放到一个场所, 也可确定它们是否有相同的数; 如果我们想知道准备购买的土豆, 是否与已在家里的那一袋有相同的数, 并不需要把家里那袋拿到店里去; 我们可以在店里对比着某个第三集合计数, 将这个集合带回家, 再对比着家里那袋计数. 按照所发现的第一个规则, 立即使人想到, 为了确定两个集合是否有相同的数, 应该用可以计数又便于携带的集合, 先与这一个再与那一个对比着计数.

这种想法的价值还因为发现了第二条规则而大为增加. 这个规则是: 从某个单个物体开始, 连续添加另一个单个物体, 这样就可以建立起一系列的集合, 其中总有一个会与其他任何集合有相同的数. 这个规则从两个方面给我们以帮助. 首先, 因为它说可以建立起标准集合系列, 其中总有一个会与任何其他集合有相同的数, 这就意味着, 各个集合不必对比着计数, 而只需与标准集合系列对比着计数. 如果我们能随身携带着这个标准系列, 我们就总是能够断定任一集合是否与另一集合有相同的数, 办法是观察与第一个集合有相同数的标准系列中的成员, 是否也与第二个集合有相同的数. 其次, 它还告诉我们如何最方便地制成这个标准的系列. 如果对于标准系列中的每个成员都必须有一个完全不同的集合, 这整个系列就不可能是方便的; 但我们的规则表明系列中较早的成员 (亦即那些数较小的成员) 全是以后成员的一部分. 假如我们有一批相互可以区分的对象的集合, 而且都同意以其中之一为系列中的第一个成员; 该对象再与其他对象合在一起为次一个成员; 这些对象再与另外的对象合在一起为次一个成员, 如此等等. 这样, 按照我们的规则, 我们就将得到一个系列, 其中的某个成员与我们想要计数的任一集合有相同的数, 而标准系列的所有成员中对象的个数合计在一起也不会比我们要计数的最大集合的大.

而且, 当然, 实际上这也正是已经采用的过程. 为了构成如此复合起来的系列中相继出现各个成员, 原始人选用他的手指与脚趾作为便于携带且又能互相区别的对象. 文明人则为同一目的发明了数值. 数值不是别的而只不过是可区分的对象, 将它们逐个加到系列的前面成员上, 就可建立起我们的标准系列. 我们的标准系列的第一个成员是 1, 次一个是 1, 2, 再次一个是 1, 2, 3, 等等. 我们对比着标准系列中的这些成员计数其他的集合, 并据以确定所计数的这两个集合是否有相同的数. 利用一种巧妙的惯例, 在说明一个对比着标准系列计数的集合与系列中某一个成员有相同的数时, 我们只要说出该成员的最后一个数值即可; 例如, 在说明一周内天数的集合与 1, 2, 3, 4, 5, 6, 7 这个集合有相同的数时, 只要说出一周内的日子的 "数" 是 7 即可. 我们这样说的时候, 真正的意思, 而且也是真正重要的意思却是, 这个集合与终止于 7 的 (按标准顺序排列的) 数值集合有相同的数, 任何其他集合, 只要与终止于 7 的数值集合有相同的数, 也必定与这个集合有相同的数.[1]

在说明一个集合的 "数" 是什么意思, 以及如何确定该数时, 这里提到的两条规则都是必要的. 此外还有第三条规则, 它对于数的使用有重要意义. 我们常常需要知道, 将两个已知其数的集合结合成一个集合, 或者像常说的那样将两个集合相加, 得到的集合的数是什么. 例如, 我们会问: 将 2 个对象的集合加到 3 个对象的集合上去, 得到的集合的数是什么. 大家都知道, 答

---

[1] 用数值做原材料形成标准系列比用手指与脚趾有很大优点, 只要有一个给可能需要的任何新数值命名的简单规则, 标准系列就可无限地扩大. 即便在此之前, 我们对遇到的所有集合计数时从未让该系列超过 (譬如) 131679, 但是一旦遇到了更大的集合, 我们马上就知道应该添到标准系列上去的材料是 131680, 131681, 等等. 这就是已成惯例的数值命名法的优胜之处, 它要比老习惯更能满足需要, 原始人的老习惯是用完了手指就用脚趾, 而从性质上讲两种方法并无根本区别.

案是 5. 它可如下讨论得出: 第一个集合可对比着数值 1, 2 来计数, 第二个对比着数值 1, 2, 3. 但将这两个集合结合起来构成的集合是数值 1, 2, 3, 1, 2, 它又可对比着 1, 2, 3, 4, 5 计数. 所以结合起来的集合的数是 5. 不过稍加考察即可了解, 在得出这一结论时, 我们已经用到了另一规则, 即: 如果两个集合 A 与 a 有相同的数, 而另外两个集合 B 与 b 也有相同的数, 则将 A 与 B 相加得到的集合, 和将 a 与 b 相加而得的集合, 有相同的数; 换言之, 等量加等量, 其和相等. 这是关于数及计数的第三条规则, 它与其他两条规则同样重要. 所有这三条规则在今天对我们已如此明显, 以致我们不用先想到它们就自然地得出根据它们才会有的结果. 但它们必定是在人类历史的某个时刻由人确定地发现的, 假如没有它们, 我们所习惯的数的用法就不可能存在.

什么性质是可计量的?

在讨论过数之后, 现在我们可以返回来考虑, 对象的性质中像数一样可以用数值来描述的其他可计量的性质. 我们现在可以更确定地指出使这些性质成为可计量的特征了. 这就是, 这些性质也服从一些规则, 它们与使用数时所根据的规则十分相似. 如果一个性质是可计量的, 它必须是 (1) 对于这个性质, 若两个对象与第三个对象都相同, 则它们必定彼此相同; (2) 将对象相继加起来必能构成一个标准系列, 对于我们想要计量的任何对象, 这个系列中必有一成员在这个性质上与之相同; (3) 等量加等量, 其和相等. 为了使一个性质可以计量, 我们必须找到判断相等和将对象相加的某种方法, 而这种方法又服从这些规则.

让我们用一种可计量的性质 —— 重量, 来说明上面说的是什么意思.

重量是用天平计量的. 如果两个物体放在天平两侧, 没有一个盘子下沉, 就判断它们相等; 当两个物体都放进天平的同一个盘子中时, 它们的重量就相加. 有了这样的相等和相加的定义, 可以发现上面的三条规则都得到了遵从. (1) 如果物体 A 与物体 B 平衡, B 又与 C 平衡, 则 A 与 C 也平衡; (2) 先在一个盘子里放入一个物体, 然后再连续地加上其他物体, 就可以建立起许多集合, 对于另一个盘中的任何物体, 必有一个成员与之平衡; (3) 如果物体 A 与物体 B 平衡, 而 C 又与 D 平衡, 则同处一盘的 A 与 C 将与另一盘中的 B 和 D 平衡. 再以另外一个可计量的性质 "长度" 为例, 可使事情更明白些. 如果两根直棒一端并齐而另一端也并齐, 就可以判断两棒在长度上相等; 将一根直棒的一端接到另一根直棒的一端,成为单根直棒,它们的长度就相加.
我们又发现三条规则都得到了满足: 与同一物体在长度上相等的物体,相互
间都是等长的; 将直棒一根根接起来,可连成一根与任何直棒等长的直棒; 等
长的直棒与等长的直棒相加,得到等长的直棒. 所以长度是可计量的性质.

正是因为这些规则得到了遵守,对这些性质的计量才是可能的和有用
的,也正是因为这些规则使可计量的性质与数如此相似,才使这些性质可以
用本来是描述数的数值去描述. 应用这些规则,才有可能找到一个而且是唯
一的一个数值,恰如其分地描述每个性质; 也正因为这些规则,在找到了这
些数值之后,可以告诉人们关于各种性质有用的东西. 用途之一是将具有某
种性质的东西结合起来的时候,我们有可能需要知道,以计量时的特征方式
相加时,性质会有什么变化. 当我们已经指派了数值描绘性质时,我们会知
道性质用 2 表示的物体加上性质用 3 表示的物体,将与性质用 5 表示的物
体,或与性质分别用 4 与 1 表示的物体的结合,具有同样的性质. 这里并不
是确切地考察这些结论怎么会普遍有效的场所,而只是说明,正是因为这三
条规则为真,这些结论才是有效的.

计量的定律

然而这些规则的性质是什么呢? 它们是由确定的实验建立起来的定律.
迄今为止,我们一直在使用 "规则" 这个词,因为还不能十分肯定,在将它们
应用于数时是否真的是定律; 不过在应用于其他可计量的性质,诸如重量和
长度时,它们肯定是定律. 规则之是否为真,也像任何其他定律之是否为真
一样,可以而且必须由实验以同样的方式予以确定. 或许在读者看来这些规
则必定为真,认为无须再用实验来确定与同一物体平衡的其他物体彼此也
将平衡,而且反而认为无法想象这个规则怎么会不真. 但我想,如果向他指
出这一规则只有在一定条件下才实际上为真,他就将改变他的意见; 例如,它
只有在天平良好、双臂等长和两盘等重时才为真. 如果双臂不等长,就会发
现规则不真,除非同时还小心地规定在判断相等的过程中各物体是放置在
什么盘中. 还有,除非棒是直的、刚性的,否则关于长度性质的规则也不是
真实的. 在天平良好、棒是直的和刚性的意思里,我们已经包含了若要这些
性质的计量成为可能所必须确定的定律,即可以制作出完美的天平以及存
在着直而刚性的棒. 这些是经验性定律; 离开对外部世界确切的实验和观察,

就不会知道这些定律; 它们并不是自明的.

　　因此, 发现一种性质可按所描述的方式加以计量, 以及为计量它而规定一套测量工作法的过程, 是一个完全以实验性研究为基础的过程. 这是实验科学的一部分, 而且是最为重要的部分. 无论何时, 只要开辟出了一个物理学新的分支 (因为, 正如已经说过的, 物理学是一个处理这类计量过程的科学), 第一步总是要找到所研究的新性质的某种计量过程; 只有这个问题解决了, 这个分支才会有大的进展. 而要解决这个问题总会要求发现新的定律. 我们确实可以以这种方式在科学史中追溯可计量性质的发展. 在有记载历史的曙光初露之前, 人类就已经发现了一些定律, 从而使现代科学所运用的某些性质成为可计量的. 实际上, 历史是从希腊开始的, 但在他们的时代之前, 重量、长度、体积和面积等性质已经发现是可计量的了; 为此而必需的定律, 可能在巴比伦人和埃及人的伟大文明阶段就已建立了. 希腊人, 主要是 Archimedes 这个人, 是在建立了杠杆及其他力学系统定律的基础上, 才发现如何计量力的. 从人类最初的时代开始, 也已经有了粗糙的计量时间段的方法, 但一直到 17 世纪末才发现了真正服从那三个规则的真实的方法[2]; 它产生于 Galileo 的摆的定律. 现代科学又在可计量性质的名单上增加了一大批; 电学建立在下述定律的基础上: Cavendish 和 Coulomb 发现的计量电荷所必需的定律; Oersted 和 Ampère 发现的计量电流所必需的定律; Ohm 和 Kirchhoff 发现的计量电阻所必需的定律. 而类似的定律的发现, 也使物理学的其他分支的发展成为可能.

　　然而, 也许有人会问, 对于发现必需的定律有没有失败的时候? 答案是: 就我们已经讨论的来说肯定有许多不可计量的性质; 还有更多的性质, 已经在科学上被明确认定, 不像那些可计量的性质那样能被计量. 现在就会明白, 是这些性质的本性使它们不可能照这种方式来计量. 因为这种计量方式只能适用于那些满足本文开头所列条件的性质; 它们必须是具有这类性质的物体合到一起后该性质就会增加的那一类. 因为作为性质的数的基本意义就在于此; 数是会因加法而增加的东西; 任何在这一点上与数不一致的性质, 就不能与数紧密地联系, 也就不可能按已经描述的方式来计量. 但也可

---

　　[2]所谓时间段, 我指的是做某事花去了 3 个小时这种说法中对时间的计量. 这样的 "时间" 与我们在现在是 3 点钟的说法中计量的时间是不同的. 这种差异比较深奥, 不能在此讨论; 但可以提一下, "现在是 3 点钟" 中间包含的 "计量", 更像是本章在下文中讨论的计量.

看到满足这一条件只是使规则 (2) 为真; 这样至少会使人去想, 是否有一种只服从规则 (2), 却不服从 (1) 与 (3) 的性质. 反之是否总会有, 或者我们总能找到相加和判断相等的方法, 使得只要规则 (2) 为真, 该定律关于 (1) 与 (3) 也必定为真呢? 在大多数情况下我们能找到这样的方法和定律; 而能够做到本身就是非常令人瞩目的事实; 它不是别的, 它是自然界的属性与我们应有的想法一致的又一例证. 但我想此外也还有一种情况, 对那种性质的计量来说, 必要的方法和定律迄今尚未找到, 而且, 似乎也不会找到. 这是个非常困难的问题, 即使物理学家也会出现意见分歧, 所以也不在此讨论了. 我们在此提到它是想给读者一种印象: 即计量确实要依靠经验定律; 它要依靠外部世界的事实; 而我们会不会去计量某种性质, 完全不是我们的意志力所能控制的. 想要对科学有正确的理解, 就必须把握住关于计量的这个真正重要的特点.

乘　　法

在转向另一种计量之前, 还必须提到一个因为篇幅关系不允许在此充分讨论的问题. 在讲到为了使重量可以计量所必需的规则时, 我曾经说过, 给第一个选定的物体不断添加其他物体, 总可以构造一个与任何已知物体有相同重量的集合. 然而这一说法并非严格真实的; 它只有在第一次选中的物体的重量较它要称量的物体的重量为小时才真; 而且即使这一条件满足了, 如果连续添加到集合中去的与第一个选中物体具有相同的重量, 它还会不真. 例如, 如果第一次选的物体重 1 磅, 而每次都添加 1 磅重, 就无法让这个集合去秤少于一磅的重量; 也不能得到一个可以称量 (譬如说) $2\frac{1}{2}$ 磅的集合.

由于数对这些事实没有真正类似的东西, 这就迫使我们去认识 "分数". 这样, 事情就变得复杂了许多, 而读者必须接受我的保证, 即只要对已经大致描述过的计量过程稍加开拓, 它们全都可以解决. 但为将来叙述的方便, 必须先简单介绍一下量的乘与除的过程, 因为分数的意义就以此为根据.

假设我有一个物体的集合, 每个物体都有同样的重量 3, 而集合中的物体数为 4. 整个集合的重量是多少呢? 答案当然是 3 乘以 4, 而且现在我们都知道运算的结果是 12. 这个事实, 以及所有总结在学校里讲授的乘法表中的事实, 全都可以用称重量所根据的规则结合着由计数数值所确定的事实来证明. 而我想说明的是, 乘法描述了一种意义确切的经验操作, 即将重量相同、数目已知的物体放进天平的一只盘子中结合为一个单一的集合. 除法直接由乘法产生. 不是问重量相等数量已知的物体所组成之集合的总重量, 而是问当整个集合的重量及组成集合之等重物体的数量已知, 每个物体的重量必定是多少. 例如, 4 个物体的集合重 12, 每个物体必定重多少? 答案要用 12 除以 4 求得. 而答案之取得, 部分源自乘法表, 部分是因为发明了称作分数的新的数值; 但请再一次注意, 除法与意义确切的经验操作相对应, 并且就因为与该操作对应才有了它原本的意义. 下面我们要用到这个结论. 同时值得指出的是, 我们用相加的方法得到的分数, 克服了本节开始时指出的困难. 如果我们使原始的重量取得所有可能的分数 (亦即取所有可能的小物体, 使得若干个这样的物体形成单个集合后正好与原来物体的重量相等), 然后将这些分数的适当的集合加到一起, 就可构成一个与我们想称的任何物体重量相同的集合. 这个结果是一个经验性的事实, 若不进行实验性的探究是无法断言的. 这个结果之为真, 不仅对重量这个可计量的性质成立, 而且对一切可以应用与重量同样计量过程的性质全都成立. 我们在此再一次见到, 事情变得比我们有理由期待的更简单和方便了; 假如刚才提到的定律并不总是为真, 计量工作将会变得复杂得多.

衍生的计量

我们在本文开头就说过, 计量就是指派数 (按我们现在的说法, 应该是数值) 来描述性质. 迄今为止, 我们已经考虑了进行这种指派的一种方式, 而且也说明了如果想使这样的指派方式成为可能, 什么样的定律必须为真. 这是基本的方式. 现在, 我们要考虑用数值描绘性质的其他方式; 但在一开始就要指出, 并且请始终记住, 这些其他的方式完全依赖于刚刚讨论过的基本方式. 如果想使数值描述 "真实的性质", 并且要求它对所描述的物体真能反映出有科学意义的东西, 就必须这样依赖于基本的计量方式. 这个论断得到了历史的肯定; 在前科学时代就已经计量的那些性质, 可以肯定全是用基本方法计量的 (或至少是可计量的); 重量、长度、面积、体积和时间段都是如此. 我们现在要考虑的从属性的计量, 是确切而有意义的科学研究的产物, 虽然在有些事例中, 历史的迷雾可能已经掩盖了当年是如何发现的真相.

我们用作从属计量, 或按术语说法, 衍生计量例子的性质是密度. 对于密度的意义每个人都会有些想法, 而且会意识到, 至少是泛泛地意识到, 我们为什么说铁比木头、水银比水的密度更高; 大多数人或许还知道如何计量密度, 而且知道铁的密度为木头的 8 倍, 水银的密度为水的 $13\frac{1}{2}$ 倍是什么意思. 但是他们也会感觉到, 密度的计量较诸重量的计量, 具有某些更为科学而较少常识味道的东西; 事实上, 计量密度的方法的发现, 肯定是 Archimedes 那个历史时期的事 (大约是公元前 250 年左右), 而且可能就归功于他. 稍加思考就可以认识到, 密度计量与重量计量本质上的不同.

一个物体的重量为 2 的意思是说, 将两个重量为 1 的物体结合在一起, 可得到重量上与之相同的物体; 这是重量的基本意思; 这也是重量在物理学上很重要的原因, 而且, 正如已经说明过的, 是使重量可以计量的原因. 但是我们说水银的密度是 $13\frac{1}{2}$ 的意思却并不是将 $13\frac{1}{2}$ 份密度为 1 的物体 (水) 结合在一起就成为与它有相同密度的物体. 因为, 如果我们真有这个意思, 这样的说法就不真了. 无论我们取多少份同样密度的水合在一起, 都不会得到任何密度不同的物体. 把任意多份水合在一起所得到的物体仍然具有水的密度. 稍一思考即可明白, 这正是密度的基本意义; 无论那片水是大是小, 它们共有的特性就是相同的密度. 水的密度是水的一种 "质", 而水的重量, 却是水的一种量, 这是基本上相互独立而且对立的两种东西.

但是使密度具有重要性的特点, 也使它根本不可能用本文前面讨论过的基本方法去计量. 那么该怎样计量呢? 在回答这个问题之前, 还要再提一点. 我们曾在前面主张过, 如果真要使计量有任何意义, 则在被计量之性质的一方, 与用来描述它的数值的另一方, 二者之间必须存在某种重要的相似之处. 在基本计量方法中, 这种相似 (或它的最重要的相似之处) 产生于这样的事实, 即被计量的性质可以遵循着数所服从的规则相加; 而数值则与数紧密地联系在一起. 这种相似之处在这里却没有了. 还剩下什么相似之处呢?

计量与次序

还剩下的是关于 "次序" 的相似. 在用数值描述数时有按照确定次序排序的特征; 它们习惯地排成确定的序列: "2" 在 "1" 后而在 "3" 前; "3" 在 "2" 后又在 "4" 前, 等等. 数值的这一次序特征, 在现代生活的许多方面都有应用; 我们给书页及大街上的房屋编 "数", 不是为了要知道书页的 "数" 及街上房屋的 "数" —— 除去印刷工人或者看管房产与地界的专职检查员, 谁也不会关心 —— 而只是为了容易找到指定的一页或一幢房子. 如果要找的是第 201 页, 而信手翻到的是第 153 页, 我们就会知道向什么方向翻下去.[3] 因此, 次序是数值的特征, 也正是我们现在所考虑的要用数值来描述的性质的特征. 这也是使 "计量" 有意义的特点. 因此, 在我们的例子中, 物体的密度有独立于实际计量的自然次序. 对于液体的 "较高密度" 或 "较低密度", 可以如下地定义 (而这个定义也易于推广到固体): 如果能找到一种物质, 它浮于液体 A 而不浮于液体 B, 就说液体 A 的密度高于液体 B 的, 而 B 的密度则比 A 的低. 如果我们做了这样的尝试, 就能借助于这个定义, 排列出所有液体的一种确定的次序, 使序列中每一个成员的密度都较前面的那个大而较后面的那个小. 然后我们可以给第一种液体的密度指派数 1, 第二种指派数 2, 等等; 而这样做也可说是进行了具有物理意义的数值指派, 并且指出了确切的物理事实. A 的密度用 2 描述而 B 的密度用 7 描述的事实就意味着某种固体在 B 中会浮起而在 A 中则否. 而我们也已完成了某种可正当地称为计量的任务.

同样重要的是要注意到, 这样的计量有赖于确切的定律; 除非我们知道这些定律, 否则就不能预言液体的这种排列是可能的. 其中包括的一条定律是: 如果 B 的密度大于 A 的, 而 C 的密度又大于 B 的, 那么 C 的密度大于 A 的. 这听起来像是不言而喻的, 但事实却并非如此. 根据我们的定义, 它蕴含着下述的命题总能成立: 如果物体 X 在 B 中上浮而在 A 中下沉, 那么如果另一物体 Y 在 B 中下沉, 它必在 A 中下沉. 这是一个关于事实的陈述, 除去实验, 再没有别的办法可以证明它为真; 这是一条定律. 而假如它不真, 我们就不能将液体自然地排成确定的次序. 因为用 X 做实验时证明了 B 的密度大于 A 的, 而在用 Y 做实验时 (浮于 A 而沉于 B) 却证明了 A 的密度大于 B 的. 那么我们按密度应该把 A 排在 B 的前面还是后面呢? 我们会无所适从. 次序也就成了不确定的, 而且, 无论给 A 指派的数值高于或低于 B, 所描述的都不是确定的物理事实, 它成了随心所欲的东西.

---

[3] 数值还用来描述诸如士兵和电话这样的对象, 而这些对象本来是没有自然次序的. 在此处使用数值是因为它们提供了一种不会穷尽的名字序列, 利用灵巧的方法, 在旧的数值用完之后, 总可发明出新的数值来.

　　为了表明可能发生这样的困难, 也为了表明不发生的话就是一条经验性定律, 我们举一个例子来说明事实上发生过类似的困难. 曾有人试图这样来定义物体的 "硬度": 如果 A 在 B 上刮出痕迹, A 就比 B 硬. 例如钻石划玻璃, 玻璃划铁, 铁划铅, 铅划粉笔以及粉笔划奶油; 于是这样的定义就导出了硬度的次序: 钻石、玻璃、铁、铅、粉笔、奶油. 但假如真有确定的次序, 那就必须在任何情况下下述均为真: 如果 A 比 B 硬, 并且 B 比 C 硬, 那么 A 比 C 硬; 换言之, 如果 A 能划 B, B 划 C, 那么 A 就能划 C. 但是, 当我们把所有的物质都包括在内, 而不仅仅是上面提到的几种时, 却由实验发现, 存在着对这一规则的例外. 所以这个定义不能得出一个确切的硬度次序, 也不允许对硬度进行计量.

　　为了排出确定的次序并且使进行的计量有意义, 还有其他同类的定律也必须为真, 但在此就不细述了. 如果读者考虑色彩的性质, 会自己发现其中的一个. 色彩不是那种可按上述方式和理由予以计量的性质. 如果我们 (譬如说) 取所有给定深浅的红色, 我们可以确切地按明、暗的次序来排序, 但不是红色的其他颜色就排不进这个次序. 另一方面, 我们也可以给定各种色调并将它们按红的程度排列次序 —— 大红、橘红、黄色, 等等; 但在这个次序中不同亮度的红色又排不上号. 色彩不能按单一的次序来排列, 正因为这个理由, 色彩不能像密度那样计量.

数 值 定 律

　　但是这样按次序排列, 按次序指派数值, 虽说在某种程度上是计量, 也描绘了某些物理上的意义, 但仍然含有相当大的主观随意成分. 如果 A, B, C, D 的性质已按自然顺序排列, 在指派数值时就必定不能指派成 A 10, B 3, C 25, D 18; 因为这样做的话, 数值的次序就与性质的次序不一致. 但我仍有无数的不同方案可供选择: 可令 A 1, B 2, C 3, D 4; 也可令 A 10, B 100, C 1000, D 10000; 还可令 A 3, B 9, C 27, D 81; 等等. 在本章第一部分介绍的真实而基本的计量中是没有这样的自由的. 在那里, 只要给一个物体指派了固定的数值, 对其他的该指派什么数值就根本没有选择的余地; 它们全都固定了. 能不能也在此处取消这种自由, 并且找到一种方法使得对每个性质的数据描述都是确定的固定的呢?

　　在某些情况下能做到. 密度就是一个. 步骤如下: 我发现, 物体的有些性

质可以按照基本计量法确定地计量, 将描绘这些性质的数值结合起来可为
每个物体求得一个数值, 而这些数值是按我要计量的性质排列的. 如果取这
些数值代表该性质, 那么它们既有正确的顺序, 而每个性质的数值又是确切
地固定的. 用一个例子可以比这样的一般性陈述解释得更清楚. 在密度的情
况中, 我发现, 如果计量一物体的体积和重量 (二者都可以用基本方法计量,
因而是确切地固定的), 并用体积去除重量, 则得到的不同物体的数值, 其次
序与前面所定义的密度的次序一样. 例如, 1 加仑水重 10 磅, 而 1 加仑水银
重 135 磅; 重量除以体积, 水是 10, 水银是 135; 135 大于 10; 遵此, 如果这个
方法正确的话, 水银的密度应该比水的密度大, 而且任何沉于水银的物体都
将沉于水. 而事实上发现这是真实的. 所以, 如果我以物质的重量除以其体
积作为该物质的密度, 就得到了一个确切地固定的数[4], 而且它的次序也正
反映了密度的次序. 这样我就得到了一种计量方法, 既像基本计量方法那样
确切而固定, 又恰当地在次序方面传递了有物理意义的信息.

对于不适宜于用基本方法计量的性质, 构想出这样的计量方法是缜密
的科学研究非常值得重视的成就. 这一方法不是靠常识创造的; 它肯定发明
于某个历史时期, 但直到 18 世纪中叶才被广泛使用.[5] 今天, 它已是科学研
究最有力的工具之一了; 而且, 正因为对其他科学十分重要的那么多性质是
用这种方式计量的, 所以这一计量方法所属的科学 —— 物理学, 才那么广
泛地成为其他科学的基础. 但在读者看来它可能是极其显而易见的, 因而他
可能奇怪为什么这一发明会拖得如此之久. 他也许会说, 密度概念是个基本
的概念, 给定了密度较高物质的体积, 其重量应大于相同体积的密度较低物
质的重量; 当我们说一种物质比另一种物质密度更高 (或用更通俗的话来说
"更重") 时, 就是这个意思; 而在这个例子中的所有发现, 不过是一种物质在
这种意义下的更稠密, 也正是前述那种意义下的更稠密而已. 自然这也是一
种值得注意的发现, 但提出这样反对意见的读者却忽略了包含在其中的一
个更值得注意的发现.

---

[4]除非我改变计量体积与重量时采用的单位. 如果以品脱计量体积, 以吨计量重量, 就
会得出不同的数. 但是在选择单位上的这种自由会导致复杂性, 最好不要在这里讨论.
而且也没有理由不一劳永逸地使用同样的单位; 如果我们这样做了, 那种复杂性也就不
会有了.

[5]我想在 18 世纪以前, 不能用基本方法而以这种方法计量的性质只有两种, 一种是密
度, 另一种是恒定加速度.

因为我们已经观察到密度的一个最具特征的特点, 即所有物体, 只要是由同一物质构成, 无论大小, 都有同样的密度. 正是这一特点, 使它无法用基本方法来计量. 而新的计量方法也只有在保持这一特点的条件下才被认可. 如果我们采用重量除以体积来描述密度, 相同物质构成的所有物体的密度只有在下述的条件下才会像应有的那样相同: 即所有物体的重量除以密度全都一样, 或者用更技术性的语言来说, 重量与密度成比例. 在采用新的计量方法计量密度, 并以有意义的方式指派数值去描述密度时, 我们事实上在假设, 同样物质的任何部分, 无论大小, 它的重量与体积成比例. 如果我们在同样的物质中取出较大的部分, 因而使重量加倍, 就必然会发现, 如果计量过程不出错, 体积也会加倍; 而且对于任何物质, 在应用密度概念的情况下, 这个定律必然为真.

当然, 现在人人都知道这个关系确实为真, 大家对它已经那么熟悉, 以致我们容易忘记它是一个在文明史上发现得比较晚, 而且很有可能是不真的经验性真理. 也许今天已经难以设想, 当我们取了 "更多" 的物质 (所以意味着有较大体积) 重量竟会不增加, 但若要设想重量不与体积按比例增加, 却还是十分容易的; 然而, 计量密度实际依靠的却正是严格地成比例. 如果重量与体积不成比例, 但只要在重量与体积之间存在着固定的数值关系, 密度的计量仍然有可能. 正是这种固定数值关系的思想, 或者像我们在下文中要称呼的, 这种数值定律的思想, 成为我们正在考虑的 "衍生" 计量法的基础; 而这种计量法因为与这样的数值定律有如此紧密的联系, 它对科学就十分重要了. 对这样的定律的认识是现代物理学的基础.

计量的重要性

为什么计量方法会这么重要呢? 为什么我们这么关心指派数值来描述性质呢? 理由之一无疑是这样的指派使我们容易在不同然而类似的性质之间作细致的区分. 它使我们在区分铁与铅之间的密度时, 能表达得比 "铅比铁稠密, 但又不如金比铁那样稠密" 这样的说法更简单和准确些. 但就此目的而言, 仅根据物质在次序上的排列就计量密度的 "任意的" 方法, 也一样可以做得很好. 对我们的问题真正的答案在于记住: 表示关系的定律的各个项, 本身就以定律为基础, 而且还描述了定律其他项的集合. 当我们计量一种性质时, 或者用基本计量方法, 或者用衍生的计量方法, 为描述该性质而指派的数值, 是作为经验定律的结果指派的; 在指派中隐含着定律. 因此, 根据我们的原理, 我们期望会发现其他的定律, 它们将联系到数值的指派或别的什么; 而假如我们任意地指派数值, 既不参照定律也不隐含定律, 那就不会发现包含这些数值的其他的定律. 我们的这个预期没有落空而是硕果累累, 最清楚的例子莫过于包含在定律中的各项本身也隐含着定律. 当我们能像对体积 (利用基本的计量法) 或对密度 (利用衍生的计量法) 那样真实地计量一种性质时, 我们总能发现一些在内部包含有这些性质的定律; 我们发现, 譬如说体积与重量成比例的定律或者确定密度的定律, 它以某种精确的形式决定了物体是浮起还是沉没. 但是, 如果我们不能真实地计量它时, 我们就发现不了定律. "硬度" 这个性质就提供了这样一个例子; 按硬度排列物体的次序所遇到的困难, 已经克服; 然而我们仍然不知道任何用衍生法计量硬度的方法; 我们不知道有什么数值定律, 由它得出的数值总是与硬度的次序一致. 而且, 正像我们预计的那样, 也不知道有任何准确而又有普遍意义的定律将硬度与其他性质联系起来. 正是因为真实的计量对定律的发现有其根本意义, 所以真实的计量才对科学是至关重要的.

在我们结束本文之前, 最后还要说明一点. 在本文中我们十分强调基本计量 (诸如应用于重量的) 和衍生计量 (诸如应用于密度的) 之间的区别. 这个区别非常重要, 因为只有第一类计量才能使第二类成为可能. 但是当读者更细致地研究某种科学, 而且试图分辨一下在该学科各种特性的计量中分别包含着两种计量法中的哪一种时, 有时会发现这个问题很难回答. 所以应当指出, 一种性质完全可能用两种方法来计量. 因为可用基本方法计量的一切性质都必定有一个确定的次序; 对于物理性质来说, 它们与之那么类似的数, 是有次序的 —— 有 "多" 和 "少" 的次序. 数的次序反映在用以描述它的数值的次序之中. 但如果一个性质能用衍生计量法来计量, 它又必须在一条数值定律中也是个 "常量" —— 对这个词, 我们将在下一篇文章中加以说明. 基本计量法的本性中并没有什么东西表明, 凡可应用这种计量法的性质就不能同时满足这一条件; 有时满足了这一条件, 而该性质既可以用基本法也可以用衍生法来计量. 不过, 必须记住, 包含在数值定律中的性质, 必须是可用基本方法计量的; 因为不然的话, 定律就无法建立. 忽略了这个条件容易导致混乱, 必须避免这种情况出现.

我恨合计, 没有比把算术称为精密的科学更大的错误了. 像我这样高贵的心灵才能分辨得清置换和畸变; 细微的变化, 一般的会计师是发现不了的; 隐藏的数字定律需要我这样的智慧去感知. 例如, 如果从下往上添加一笔, 然后再从上往下添加, 结果总是不同的.

—— La Touche 夫人 (19 世纪) (Mathematical Gazette, Vol. 12)

---

5 数值定律和数学在科学中的应用

Norman Campbell

数值定律

在上文中, 我们总结说, 密度是个可计量的性质, 因为在物质的重量及其体积之间存在着由一个 "数值定律" 断定的固定的数值关系. 本文将更仔细考察数值定律的概念, 并且要发现, 它是如何导致如此重要的发展.

首先我们要问, 当我们试图发现数值定律, 诸如重量与体积之间的数值定律时, 我们其实是在做什么. 我们取来各种分量的同一物质, 计量它们的重量和体积, 记在记事本上平行的两列中. 例如我可能发现如下的结果:

表 I

重量	体积	重量	体积
1	7	4	28
2	14	10	70
3	21	29	203

现在就要设法在两列对应的数之间找出某种固定的关系; 如果我从一列数出发, 能找到某种规则, 据之可得到另一列中对应的数, 这样的尝试就成功了. 如果我找到了这样的规则 —— 而且如果这一规则在我可能做的一切进

一步的计量中都适用 —— 那就是已经找到了一条数值定律.

在我们选用的例子中这样的规则很容易找到. 只要用 7 去除第二列中的数, 就可得到第一列中的; 或用 7 去乘第一列中的数, 就可得到第二列中的. 这是一个总可以使用的确切的规则, 而不论数是什么样的; 这是一个可能永远为真的规则, 但并不需要永远为真; 它是否为真是由实验去确定的事. 这些全是显而易见的; 但我想要提一个进一步而且重要的问题. 我们究竟是怎样发现这个规则的; 是什么启发我们用 7 去除或乘的; 在这样的关系中的除和乘的精确意义又是什么?

数值关系的根源

这个问题第一部分的答案可由前面的讨论回答. 除法与乘法在物体的计数中是重要的运算; 在这样的计数中, 21, 7, 3 (其中的第三个是第一个被第二个除的结果) 之间的关系, 对应着被计数事物间的一种确切关系; 它意味着, 如果我们将 21 个物体分成每组有相同物体数的 7 份, 那么 7 组中每组的物体数是 3. 我们通过经验计数过程考察了这样的关系, 并得出了乘法 (或除法) 表. 这张表完成之后, 它所表述的是数值之间的一个长系列的关系, 每个关系都对应着一个经验事实; 数值描述了物理性质 (数), 而在任何已知关系中 (例如 $7 \times 3 = 21$ 中), 每个数值都描述了一个不同的性质. 当我们已经得到了乘法表, 也就是得到了一份表述数值间的关系表; 通常我们能够使用这张表, 可以只简单地把它当成表述数值间的关系表; 绘制这张表时, 我们无须考虑这些数值各代表什么. 假如有任何其他数值引起了我们的注意, 不论它们代表什么, 可能和合理的是只考虑它们事实上是否有乘法表上数值间的关系. 特别是, 当我们正在寻找表 I 两列之间的数值关系时, 我们会问, 而且很自然地会问, 利用乘法是否能找到一条规则, 可以从表中的第一列得到表中的第二列.

这说明, 为什么我们寻找数之间的关系时, 会自然地尝试用除法. 但是这并未回答问题的第二部分; 因为在我们正加以考虑的数值定律中, 由数值所描述的事物之间的关系, 并不是我们计数事物时所注意的那种关系. 当我们说体积除以 7 可得到重量, 我们的意思并不是说重量就是将物质分为相同体积的 7 份后每份的体积. 因为重量永远不会是体积, 就好像一个士兵不会是一个数; 它只能像体积那样用同样的数值来描述, 正如一个士兵也可以用描述一个数的数值来描述一样.

这个区别是相当微妙的, 但如果读者真想理解下面要说明的, 那就必须把握住它. 我们在重量与体积之间发现的关系是一种纯粹的数值关系; 它由实物之间的关系, 即由我们所计数的集合之间的关系得到启发; 但它并不是那种关系. 这种区别可以再次用数与数值之间的区别来说明. 对实物计数时它们之间的关系是这些实物的数 —— 那是物理性质 —— 之间的关系; 重量与体积之间的关系是数值之间的关系, 数值是用来描述这些性质的. 在第二种情况中的物理关系, 根本不是数之间的, 而是完全与数不同的重量与体积这两种性质之间的关系; 它外表上非常类似于数之间的, 仅仅是因为我们用来描述其他性质的数值原来是为了描述数而发明的. 由数值定律所陈述的关系是一种数值之间的、也仅仅是数值之间的关系, 尽管这是受到了对物理性质、数的研究的启发, 才有可能产生存在这样一种关系的思想.

如果我们理解了这一点, 我们就将见到, 数值定律之终于出现, 是件多么值得注意的事, 而且也将明白, 这样一种定律的思想为什么会在科学史上较迟的时期才产生. 因为即使我们知道了数之间的关系, 也没有理由相信, 不仅用来描述数, 而且也用来描述其他性质的数值之间, 也必定有同类的任何关系. 除非我们实际试过了, 否则我们就没有理由认为必定能找到表达诸如乘法、除法那种数值关系的数值定律. 存在着这种关系的事实是一类新的事实, 应该令人惊异. 正如常说的那样, 从我们的思想习惯受到的单纯的启发, 常常会证明在实际上是真的; 而正是因为它们常常为真, 科学才兴味盎然. 但每一次发现它们为真时, 又总有理由令人迷惑和惊讶.

还有一个进一步的推论更值得我们现在注意. 如果我们认识到, 数值定律中的数值关系, 虽然是从数之间的关系得到启发, 却不是数之间的那种关系, 我们就应该准备去寻找不是受数之间关系的启发而是受数值之间关系的启发而发现的数值间的关系. 我们来举一个例子. 考虑成对的数值 $(1, 1)$, $(2, 4)$, $(3, 9)$, $(4, 16)$, $\cdots$. 以我们现在对数值的熟悉程度, 我们马上就可看出每个数对中有什么关系; 数对中的第二个数字是第一个自乘得到的; 1 等于 1×1, 4 等于 2×2, 9 等于 3×3, 等等. 但如果读者考虑这件事, 他将看到, 一个数 (物体的物理性质) 的自乘并不对应于所计数事物间的任何简单关系; 如果仅仅考察被计数的物体, 我们绝不会想到这样的运算. 只是因为我们已经列出了乘法表, 而且已经有了一个数值被另一个数值乘而不管数值代表什么的思想, 才会想到这样的运算. 我们知道 3×3 的结果, 其中两个 3 分别描述不同的数, 而乘法又对应着对事物的一次实际的计数操作; 于是我们就会想到, 当两个 3 描述的是同一事物时, 就是 3 自乘, 虽然它并不对应于一个物理关系, 仍可对应于一个数值定律中的数值关系. 我们再一次发现, 这样的启示竟然是真实的; 存在着一些数值定律, 其中的数值关系被发现了. 例如, 如果我们计量 (1) 从静止状态开始的物体下落所经历的时间, (2) 这段时间物体所经历的距离, 我们就会在记事本得到如下的两列:

表 II

时间	距离	时间	距离
1	1	4	16
2	4	5	25
3	9	6	36

第二列的数值是第一列数值自乘得到的; 用技术性语言来说, 即第二列是第一列的 "平方".

　　另一个例子. 前面举过用固定的数去除一整列以求得另一列的例子, 现在则借助乘法表, 代之以用一整列的数去除某个固定的数 (例如, 1). 于是我们应该得到表:

1	1.00
2	0.50
3	0.33
4	0.25
5	0.20

等等. 这里又是一个纯粹的数值运算; 它与任何简单的以数为基础的物理关系都不相对应; 不存在如下方式联系的两个集合, 其中之一的数目是用另一个的数目去除 1 而获得的 (事实上, 我们已经看到数中用不到分数, 而这一规则又必然引向分数, 所以也不会有这样的关系). 而我们却又一次发现在数值定律中出现了数值关系. 若第一列表示加在已知气体上的压力, 第二列描述的就是该气体的体积.

　　至此, 我们考虑过的一切关系都直接来自乘法表. 但若把这个过程再向前延伸, 就会得出一些不能直接得出的关系, 它们离开仅由计数获得的原始启示就更远了. 让我们再回到表 II, 并且考虑, 如果我们得到的是第二列数值中间的那些数值, 会发生什么. 假定我们先计量距离, 并且得到了 2, 3, 5, 6, 7, 8, 10, 11, 12, 13, 14, 15, · · · ; 这个规则能引导我们期望第一列中出现什么样的对应元来表示时间呢? 假如在乘法表中能找到自乘之后恰为 2, 3, 5, · · · 的数值, 答案就找到了. 但查表之后就知道没有这样的数值. 我们可以找到自乘以后非常接近于 2, 3, 5, · · · 的数值; 例如 1.41, 1.73, 2.24 自乘后分别得到 1.9881, 2.9929, 5.0166, 我们还可以找到自乘后更接近于期望的数值. 而这也正是我们所需要的, 因为我们的计量本身从来也不是完全准确的, 如果我们能得到与规则所要求的十分接近的数值, 也就是我们能够期望的了. 但寻找这样的数值是很费时费力的事; 它要求我们列出一张不仅包括整数, 也包括有许多位小数的庞大的乘法表. 于是问题就产生了, 能否找到一种简单的规则, 可以极快地得到数值自乘之值与 2, 3, 5, · · · 接近到人们满意的程度. 自然, 我们能找到, 这个规则已经写进每一本算术书里, 这里不必赘言. 令我们深感兴趣的要点是, 两个数值的简单乘法启迪了一个新的运算, 叫作数值自乘; 这个新的运算过程又启迪我们发现了许多另外的、更为复杂的运算过程. 这些新过程中的每一个都对应着将数值联系起来的、由其中一个出发得出另一个的新规则; 而且每个新的规则又对应着一个数值定律. 于是我们就有了数值定律的许多新的形式, 而且还会发现其中的一些描述了实际的实验.

从简单的乘法除法出发将算术运算推广的过程; 将数值联系起来, 由此到彼发明新规则的过程; 以及对发明的规则进行研究的过程 —— 所有这些都是大脑的活动过程. 它完全不依赖于实验; 只有在我们要追究, 是否实际上真的存在一条经验定律, 它表述的需要计量的性质之间的数值关系恰是新发明的关系时, 才涉及实验. 这个过程其实是数学的而不是实验科学的一部分; 而数学之所以对科学有用的理由之一, 就在于它对数值定律可能的新形式提出了建议. 当然, 这里举的例子是极其初等的. 而且今天的数学也已远离了这种简单的考察; 但是发明这类规则, 即使不说是历史地, 也可说是逻辑地导致了现代数学中的一个大分支: 函数论. (当两个数像我们的表那样相互关联着, 用术语说就是互为 "函数".) 数学家为满足他们自己智能上的需要, 追求逻辑及形式上简洁的感觉, 已经发展了这一理论; 但是, 虽然它的大片内容与实验科学毫无瓜葛, 但仍然可以显著地看到, 数学家为他自己的目的发展的关系, 到最后却证明为可直接应用于科学中的实验事实.

数值定律与衍生计量

在上文的讨论中我们暂时忽略了数值定律的重要特点, 即数值定律使衍生计量成为可能. 在举做例子 (表 I) 的第一个定律中, 有一个从第一列数值导出第二列数值的规则, 规则里的数值 7 并不是这两列中的成员, 而是一个可平等地应用于两列中所有成员的一个附加的数. 这个固定数值是数值定律加给规则的特征, 它描述了所研究系统的一个性质并使该系统有了一个衍生的计量. 但在表 II 中, 就没有这样的固定数值; 从第一列获得第二列的规则只是简单地由第一列中的数值自乘而得, 此外并不包含其他数值. 但这样的简单外表只会让人误解; 除非出于侥幸, 否则计量的结果不会正好是表 II 的样子. 理由如下, 假设在获得表 II 时我们是用秒计量时间, 用英尺计量下落的距离; 我们现在再把同一计量结果改写成用分计量时间, 用码计量距离. 于是完全描述同一观测结果的第一列中的数值就全要除以 60, 而第二列中的数值全要除以 3; 以前在第一列中用 60 描述的观测结果, 现在用 1 来描述; 而在第二列中原来用 3 描述的数现在要用 1 来描述. 如果我现在再对两列应用规则, 就会发现行不通了; 第二列不再是第一列自乘的结果. 但正如读者自己可以看到的, 有了一个新规则; 它将是: 第二列数值的得到方法为 (1) 先将第一列自乘, (2) 再把结果乘以 1200. 如果我们用其他单位 (譬如小时与英里) 来计量时间与距离, 我们就必须再次修订这条规则, 但与前一规则的区别也不过是用某个其他数值代替 1200 而已. 如果我们再选择第三种单位, 又会得到第三个规则, 而这一次的常数值可能是 1. 这正好就是表 II; 但我们之所以正好得到表 II, 只是因为我们以一种特殊的方式选择了时间和距离的单位而已.

这些考虑是有普遍意义的. 在计量由两列数值所描述的性质时, 无论数值定律是什么样的, 其中包含的规则会因单位的变化而变化; 但变化又仅仅是用一个常数值替代另一个常数值. 如果我碰巧以某种特殊的方式选择单位, 那么常数值会变成 1, 并在外表上消失. 但是它总是存在的. 在每一个数值定律中, 若是其中含有从一列数值得出另一列数值的规则, 必定有某个可用于一列所有成员的常数值与这个定律联系在一起. 而这个常数, 就像密度例子中那样, 总是可用衍生计量法计量的某个性质的量度. 所以每个数值定律 —— 这是一个必须强调的结论 —— 会产生一个衍生计量系统; 而事实上所有重要的数值定律也确实有此结果.

计　　算

虽然数值定律的用途之一是建立衍生计量系统, 但是, 数值定律还有其他更重要的用途. 它们允许计算. 这是一个值得我们密切关注的极为重要的概念.

计算是将两个或更多的数值定律结合起来以产生出第三个数值定律的过程. 它最简单的形式可用下面的例子来说明. 我们在前面曾以相当不同的形式, 引用过下述两条定律: (1) 给定体积的任何物质, 其重量与密度成比例; (2) 气体的密度与施加于它的压力成比例. 由这两条定律我们就可以推出第三条定律: 给定体积的任何气体, 其重量与施加于它的压力成比例. 这样的结论似乎无须任何进一步的实验就可直接得出. 据此, 我们似乎也无须引证任何新鲜的实验证据就得到了一条新的数值定律. 但真的可以吗? 我们前面的所有研究都使我们相信, 无论是数值的还是其他的定律只能由实验性研究来证明, 而没有新的实验证据, 新定律的证明是不可能的. 该如何调和这两个结论呢? 在回答了这个问题之后, 我们就会了解计算对于科学有怎样的重要性了.

首先要注意到, 仅靠思维而没有新的实验, 也有可能从一个数值定律推演出某些东西, 却又不会破坏已经得出的结论. 例如, 从铁的密度为 7 的定律, 我能推演出体积为 1 的一块铁将重 7. 但这样的推理只不过是把定律原已断定的东西改换了说法而已; 当我说铁的密度是 7 时, 我的意思 (除其他意思外) 就是体积为 1 重量为 7; 如果原来就没有这个意思, 那就绝不会断定这个定律了. 这样的 "推演" 不是别的, 无非是将定律 (或它的一部分) 翻译成不同的语言而已, 也并没有比 (譬如说) 将英文译成法文有更大的科学重要性. 一种翻译也像其他的翻译一样, 会有有用的效果, 但它不同于由于计算获得的那种有用的结果. 纯粹的推演只能得到与翻译相同的结果; 它从来也不导出新的东西. 但是作为例子的那个计算却导出了某些新的东西. 无论是第一个定律所断言的, 还是第二个定律所断言的, 都没有第三个定律所断言的那个意思. 我可能已断言了第一个而不知道第二个, 或者已断言了第二个而不知道第一个 (因为我可能知道一种气体在不同条件下的密度, 却并不确切地知道是如何计量的); 我还可能已经断言了这两个定律, 却仍不知道第三个定律. 第三个定律不仅是把已知的某事用不同的词语表达出来, 它还添加了新的知识.

我们说增添了新的知识, 这是因为引进了并未包含在原来两个陈述中的断言. 这个推断依赖于如下的事实: 若一个事物 (A) 与另一个事物 (B) 成比例, 而 B 又与第三个事物 (C) 成比例, 则 A 与 C 也成比例. 这个命题并不包含在原来的陈述之中. 但读者可能回答说, 这个命题其实是包含在原来命题之中的, 因为在 "成比例" 中就包含了这层意思; 当我们说 A 与 B 成比例时, 我们就含有刚才已经说过的意思了. 如果我们考虑的是 "成比例" 的数学意义, 这是完全对的; 但如果想的是它的物理意义, 那就不对了. 我们在推理时实际应用的命题是: 如果重量 (在数学意义上) 与密度成比例, 而重量因选取不同的物质会有变化, 那么当重量因为向同一体积中压进同一物质而改变时, 重量仍与密度成比例. 这样的陈述只有实验能证明, 正是因为我们已经在事实上假设了这个实验性命题, 我们才能够 "推演" 出一点新的实验知识. 当我们说密度与压力成比例时, 只有在包含如下意思时, 这种实验知识才是包含在原来命题之中的: 即已经由实验断定密度的定律为真, 而且无论如何压缩空气, 表示为重量除以体积的气体密度总是个常数.

我想得出的就是这个结论. 当我们仅仅通过推演从以前的知识似乎得出新的科学知识时, 我们总在假设某种并不清楚地包含在原来陈述之中的实验事实. 我们常常假设, 某些定律在比我们迄今已经考虑过的更为普遍的环境条件下也为真. 当然这个假设可以是完全合理的, 因为定律的巨大价值就在于它们可以应用到比做实验时所根据的更为普遍的环境条件中; 但除非我们试过了, 仍不能完全肯定它是合理的. 于是, 虽说计算似乎对我们的知识增添了新内容, 它总是稍为有点不确定性; 就像强烈地暗示某个定律为真的理论, 并不是确切地证明了这个定律必定为真.

上面在讲到计算时, 就好像它仅仅是推理而已; 我们并没有提到, 在计算中常常包含了一种特殊推理类型, 称作数学演绎. 当然也还有非数学演绎的形式. 所有的论述是建立在、而且也应该是建立在称作演绎的逻辑过程之上; 而且无论数学造诣的深浅, 我们中的绝大多数人都这样主张. 我并不打算在此一般地讨论数学论证与众不同的特点, 读者应该从数学家阐述他们研究特点的著作中去了解.[1] 我只想考察一下, 为什么这类的演绎对科学具有如此特殊的意义. 简单地说, 理由如下. 上一节提到的假设是演绎过程中引进的, 它常由演绎的形式以及与它自然地联系的思想提出. (例如, 在我们所举的例子里, 那个假设是由关于比例的命题提出的, 而比例又因演绎的形式而成为特别有关联的思想.) 这样由数学演绎提出的假设几乎无变化地在现实中也是真的. 正是这样的事实使数学演绎对科学有着特殊的意义.

Newton 的假设

举例是必需的, 我们将举出一个使我们更贴近于数学在科学中实际应用的例子. 让我们回到表 II, 它给出了物体下落的时间与经过的距离之间的关系. 落体与所有运动的物体一样有一个 "速度". 物体的速度的意思就是它在已知时间内移动的距离, 而我们计量速度就是用距离除以时间 (正如计量密度是用重量除以体积一样). 但仅当速度是个常量时, 这样计量的速度才会有一个确定的结果, 也就是说, 经历的距离与时间成比例, 而且在任何给定的时间内经历的距离总是一样的 (请比较上文关于密度所说的). 我们的例子没有满足这个条件; 物体在第一秒中下落的距离是 1; 在第二秒, 是 3; 在第三秒, 是 5; 再下一秒, 是 7, 等等. 我们常常把这样的事实表达为: 速度随物体的下落而增加; 但我们也实在该问自己, 在这样的情况下, 到底是否存在像速度这样的东西, 以及这种陈述有什么意义. 在第三秒结束时 —— 亦即在称作 3 的那一瞬间 —— 物体的速度是什么呢? 我们可以说, 那可以从 3 以前的那一秒的距离去找, 得到的结果是 5; 或从 3 以后的那一秒去找, 得到 7; 或从以 "3" 这一瞬为中点的一秒 (从 $2\frac{1}{2}$ 到 $3\frac{1}{2}$) 去找, 又得到 6. 或者还可以取以 3 为中点的前后两秒 (从 2 到 4) 所经距离的一半去找, 这次又得到 6. 我们所得到的速度值, 因我们所选的方案而有不同. 在本例中, 选择 6 无疑是有理由的, 因为共有两个方案得出了同一结果 (实际上还不止两个方案, 而且似乎全都有理由). 但如果我们所取的时间与距离的关系比表 II 更复杂, 我们就会发现这两种方案又给出了不同的结果, 而且它们中的任何一个都不比其他的速度值更有道理. 那么, 在这样的情况下速度还有任何意义吗? 如果有的话, 又是什么意义呢?

---

[1] 例如, 可参阅 "An Introduction to Mathematics", Whitehead 教授著, 家庭大学图书馆.

数学也正是在这里帮助了我们. 只要想一下最伟大的科学家 Newton 所设计的规则就可以了. 用他提出的规则可以计量所有这类情况中的速度.[2] 这是一个可用于实际中时间与距离之间发生的一切关系的规则; 而当这样的关系十分简单, 因而可以看清某个规则较其他的更有道理时, 它的结果也正好是那个 "有道理的". 此外, 它又是十分美好而精致的规则; 它所依据的思想本身具有吸引力, 而且在每个方面都与数学家的美学情操合拍. 只要我们知道时间与距离之间的关系, 它就能使我们唯一而且确定地计量每个瞬间的速度, 而不论速度的变化方式有多么复杂. 因此, 大家都坚决地认为应该把依据这一规则得到的值作为速度的值.

但是取这个值是对还是错是否还有什么问题呢? 我们能用实验证明该取这个值而不是其他的值吗? 是的, 可以用实验证明; 而且就用下述这种方式. 当速度是个常数而且可以毫不含糊地计量时, 我们可以在该速度与运动物体的某个性质之间建立起规则. 例如, 如果让一枚运动中的钢球去撞击一块铅板, 铅板上就会出现由速度决定的凹痕; 当我们通过这类观察, 在速度与凹痕的大小之间建立起一种关系时, 显然就可利用凹痕的大小去计量速度. 现在假设我们的落体是个钢球, 又让它从不同的距离处落到撞击到铅板上; 我们将会发现, 根据凹痕大小估计的钢球速度, 正好与 Newton 的规则所计量的速度一致, 而不是与其他的规则 (指那些结果与 Newton 规则不同的规则) 一致. 我希望读者会同意, 这是 Newton 规则正确的非常肯定的证明.

仅就这一点说, Newton 规则已经非常重要了, 但它还有更广泛更重要的应用. 到现在为止, 我们一直将这个规则表达为: 在已知时间与距离的关系的条件下确定任何瞬间速度的规则; 但这个问题也可以逆向考虑. 我们可能已知任一瞬间的速度, 想求出物体在已知时间内移动了多远. 如果一切瞬间速度都相同, 问题就很容易; 距离即为速度乘以时间. 但如果速度在各个瞬间不相同, 正确的答案就不易求得; 事实上求得答案的唯一办法是利用牛顿规则. 这个规则的形式使它易于求逆, 即不是从距离求速度, 而是从速度求距离; 但除非给出了这个规则, 否则这个问题就得不到解答; 也正因此, 当年希腊最聪明的哲学家才被运动问题弄得晕头转向. 现在这个具体的问题已经不很重要了, 因为用实验来计量移动距离要比先计量速度再计算距离容

---

[2]我故意不给出这个规则, 倒不是因为它太难说明, 而是因为我要让大家明白, 真正重要的是要有某个规则, 而不在于它是什么特定的规则.

易得多. 但也存在着难易之势会倒转过来的非常类似的情况 —— 我们马上
就将看到其中的一个. 所以让我们先问一下, 如果问题的解答是要给出新的
经验知识, 遵照前面得出的结论, 必须引进什么样的前提假设.

我们已经看到, 若速度是常数, 问题就容易解决; 我们的问题是, 若速度
不保持固定, 该如何解决. 如果我们去考察获得解答的规则, 就会发现规则
内包含了如下的假设: 在已知瞬间以一定速度移动, 对物体所经过的距离的
影响, 与物体在该瞬间速度为常量的影响是一样的. 我们知道, 若速度为常
量物体在该瞬间会走多远, 而这个假设则告诉我们, 即使在该瞬间速度不是
常量, 物体在该瞬间也会经历同样的距离. 为求得在任何已知时间内经过的
整个距离, 我们必须将组成该时段的各个瞬间所经过的距离相加; Newton 规
则的逆给出了将这些距离相加的简单而直接的方法, 从而解决了问题. 应当
注意到, 这个假设不能由实验来证明; 我们假设的是, 如果事情不像实际情况
那样, 那么将会发生什么; 而实验却只能告诉我们事情的实际情况. 遵此, 这
一类的计算必须在确认它之前先要有实验在最严格的意义上加以证实. 但
事实上, 我们对这种假设的肯定程度几乎总要超过对任何实验的肯定程度.
这不仅是上面所举例子的特征, 而且也是由 Newton 的著作开创的现代数学
物理学整个结构的特征. 我们在今天已经再也不会认为有必要用实验去证
实基于那个假设的计算结果; 确实, 如果实验与计算不一致, 我们总会认为
错误在于实验而不在计算. 但假设总是假设, 而且从根本上说, 是数学家的
美学观启发了它, 而不是外部世界的事实支配着它. 它的肯定是外部世界与
我们的意愿一致的一个更为惊人的事例.

现在我们来粗略地看一个例子, 这样的计算在该例中成了真正重要的
东西. 将一个摆锤系在一根用枢轴悬挂的绳子的一端, 组成一个摆, 将它拉
离中心位置让它摆动. 我们要问它将如何摆动, 从开始摆动起, 在不同时刻
摆将处于什么位置. 我们的计算根据两条已知定律. (1) 我们知道摆上的力
如何随它的位置而变化. 这可由实际的实验来发现. 让搁在滑轮上的细绳的
一头连着摆锤, 观察摆锤被挂在细绳另一端的不同重量拉开的情况. 这样我
们就得到了力与摆绳和垂线的夹角之间关系的数值定律. (2) 我们知道物体
在常力作用下如何运动. 它将按照表 II 运动: 经过的距离与力作用于物体的
时间的 "平方" 成比例. 现在再引进牛顿的假设. 我们知道在每个位置上的
力, 还知道当作用于摆的力不变时它在该位置上会如何运动; 事实上作用的

力并不是不变的, 但我们假设那个运动会与该位置上的力固定不变时一样. 有了这个假设, 普遍的 Newton 规则 (它对速度的应用仅仅是个特例而已) 使我们能将不同位置上运动的结果加起来, 从而得出我们想要的时间与摆连续占有的位置之间的关系. 在现代科学中起着如此巨大作用的整个计算, 只不过是本例的一个精致的阐述而已.

数学理论

现在, 我们已经考察了数学在科学中的两项应用. 它们都依赖于一个事实, 即追求外部经验世界关系的简洁性很重要, 它对数学家有着吸引力. 数学家所建议的数值间的关系出现在数值定律之中, 而由他的论述提出的假设也被发现为真. 最后我们终于要注意到同一事实的更为惊人、而对外行人更难说明的例子.

这最后的应用是在提出理论方面的应用. 在前面一章中, 我们得出结论, 一个理论要有价值, 必须具备两个特点. 它必须能够预言一些定律, 而且能以更加熟悉的定律为基础, 引进一些类比来说明这些定律. 在物理学的现代发展中, 开发出来的理论符合第一个条件而不符合第二个条件. 不使用与更熟知的定律的相似性, 而代之以数学简洁性这个新原理. 这些理论也像旧理论一样用更易接受的概念代替不易接受的概念来解释定律; 但由理论引进的更易接受的概念并非来自与更熟知的定律的相似, 而只是因为它们对数学家追求形式完美的感觉具有更强的吸引力.

我没有信心一定可以给物理和数学两方面都缺乏知识的人把事情进一步说明白, 但我必须试试. 采用与旧型理论的相似性建立起来的定律, 通常是 (在物理学中, 常常是) 数值定律, 例如落体定律就是. 由于数值定律中含有数学关系式, 它们常常不是用文字表达, 而是像大家都知道的那样, 用数学家在表达他们的思想及论证时惯用的符号来表达. 我一直在谨慎小心地避免使用这些符号; 直到本页为止, 书中很少出现一个 "x" 或 "y". 我之所以这样做, 是因为经验表明它们很吓人; 它们会使人们以为所讲的东西特别艰深. 当然, 符号实际上使事情变得更容易了; 可以设想, 某个才智超人的人, 有可能在研究数学时用文字来表达他所有的思想, 甚至还发展了数学. 事实上, 数学中已经发明的神奇的符号系统, 使这样的努力没有必要了; 符号使推理过程十分容易理解. 它们事实上已经与数学分不开了; 利用玩弄这些符

号的简单规则 —— 交换它们的次序,用一个代换另一个等等 —— 特别难的
论述也容易领会了. 其结果是,熟练的数学家就有了把符号看成符号的感觉;
在别人眼里满篇都是曲曲弯弯墨水迹的一页, 到他眼里马上可以识别出, 由
这些符号所表达的论证能否满足他对形式的要求; 这样的论证是否 "整洁",
结论是否 "漂亮". (我无法告诉你这些词语的意思, 就像我说一幅画很美, 也
无法说明美是什么意思.)

不过有的时候, 当然并非经常如此, 普通人也可能领会这层意思; 这里
举个例试试. 假如在某一页上你发现了如下的符号 —— 请不要管它们是否
有任何意义:

$$i = \frac{d\gamma}{dy} - \frac{d\beta}{dz}, \quad \frac{dX}{dt} = \frac{d\gamma}{dy} - \frac{d\beta}{dz},$$

$$j = \frac{d\alpha}{dz} - \frac{d\gamma}{dx}, \quad \frac{dY}{dt} = \frac{d\alpha}{dz} - \frac{d\gamma}{dx},$$

$$k = \frac{d\beta}{dx} - \frac{d\alpha}{dy}, \quad \frac{dZ}{dt} = \frac{d\beta}{dx} - \frac{d\alpha}{dy},$$

$$\frac{d\alpha}{dt} = \frac{dY}{dz} - \frac{dZ}{dy}, \quad \frac{d\alpha}{dt} = \frac{dY}{dz} - \frac{dZ}{dy},$$

$$\frac{d\beta}{dt} = \frac{dZ}{dx} - \frac{dX}{dz}, \quad \frac{d\beta}{dt} = \frac{dZ}{dx} - \frac{dX}{dz},$$

$$\frac{d\gamma}{dt} = \frac{dX}{dy} - \frac{dY}{dx}, \quad \frac{d\gamma}{dt} = \frac{dX}{dy} - \frac{dY}{dx},$$

我想你会看出右侧那一组符号,在某种意义上要比左侧的那一组,更 "漂亮"
些; 它们更对称. 好的, 大物理学家 James Clerk Maxwell 在 1870 年也是这样
想的; 而他用右侧的那组替代左侧那组符号的同时, 也就为现代物理学奠定
了基础, 无线电之成为可能, 就是这一替代的实际成果之一.

听起来这似乎难以置信, 我必须设法多做些解释. 左侧的那组符号描述
了两个著名的电学定律: Ampère 定律和 Faraday 定律; 或者更加确切地说, 它
们描绘了与这些定律类比而受到启发的一个理论. 符号 i, j, k 在这些定律中
各代表一个电流. Maxwell 把它们换成 $\frac{dX}{dt}, \frac{dY}{dt}, \frac{dZ}{dt}$; 而这样的一种替换可粗
略地看成是相当于说,电流以一种从未有人想到过的方式与用 X, Y, Z, t (不
必考虑它们是什么) 描绘的事物联系到了一起; 它相当于说, 只要 X, Y, Z, t
以某种确定的方式联系起来, 就会有一个电流在从未有人相信电流能流动
的环境中出现. 而事实上, 这样的电流就是不需要任何物质导体供其流过.
能在绝对空虚的空间内流动的电流, 而这样的电流在以前被认为是不可能

的. 但是 Maxwell 关于符号意义的感觉却启发他可能会有这样的电流, 而当他从存在着这样的电流 (这不是通常方式下可以感知的电流, 而是理论上的电流, 就好像分子是理论上的硬粒子一样) 的假设出发计算出结果时, 他得到了那个意想不到的结论, 一个地方的电流的变化, 在完全空无的空间里通过电波从一处传到另一处, 在遥远的另一处会再产生出来. Hertz 实实在在地做出并检验了这样的电波; Marconi 则使它们成为一种商品.

这就是在说明这件事上我能尽力做到的了. 这也是只以满足智力上的需要为目的的纯粹思维具有控制外部世界的神奇力量的又一例证. 从 Maxwell 的时代至今, 已经有了许多同等奇妙的理论, 它们之所以具有那样的形式, 只是因为受到了数学家关于符号意识的启迪. 最近的是以 Niels Bohr 和 Einstein 的思想为基础的 Sommerfeld 的那些理论. 人们都听说过 Niels Bohr 和 Einstein 的思想, 而后者 (关于原子结构) 的理论也同样妙不可言. 然而对这些理论, 即使是篇幅允许, 我也无法像对 Maxwell 的理论那样进行说明. 理由是: 一个自身没有实验意义的理论, 只有从它推演出某些东西时, 才进入我们物质意识的范围. 现在, Maxwell 理论的特征所依赖的是符号的变化, 这些符号在推演过程中一直保留着, 也出现在与实验对比的定律之中. 因此, 有可能用实验中可以观察到的事物作为这些符号的意义. 但在 Sommerfeld 或 Einstein 的理论中, 那些与其他理论相区别而必须包含在假设中的符号却在推演过程中消失了; 它们只在其他剩余的符号上留下了一些标记, 并改变了它们之间的关系; 但整个理论都要依赖它的那个关系中的符号, 却根本没有出现在由这个理论推演出来的任何定律之中. 这样就完全不可能用实验的想法来说明它们的意义[3]. 在本书的读者中可能有些人曾经阅读过那些出版了的非常有趣而机智的试图 "解释 Einstein" 的著作, 而且会有一种确实把握了书中所讲事情的感觉. 但我个人是怀疑的; 理解 Einstein 干了什么的唯一办法, 是去看他的理论最终必须用以表达的符号, 并且认识到正是符号形式方面的理由, 而且仅仅是这样的理由, 导致他对符号做过这种方式而不是其他方式的安排.

但是现在我已经蹚到太深的水里了, 是时候转身回到实际生活的事务这个安全地带的时候了.

---

[3]在试图对 Newton 的假设作说明时, 情况实际上也是一样. 严格地说, 不用符号就不可能确切地说明那个假设在讨论什么. 敏锐的读者已经猜到, 在那一页上我自己就有一种如履薄冰的感觉.

Hermann Weyl

　　数学探究的方向有两个. 或者它渗透到其他学科中去, 建立模型、图像和推理的桥梁; 或者它可以专注于自身工作, 培育自己的花园. 两者都有了丰硕的成果. 作为科学帮手, 数学的成果是十分壮观的; 它在自身的领域, 虽然没有受到广泛的赞赏, 也仍然是令人惊叹的. 如何解释这种普遍适用性呢? 为什么数学在如此众多的领域中都能表现得如此精彩 —— 像一盏灯, 一个工具, 一种语言; 甚至于它的奇妙, 它自身的毫无偏见? 换句话说, 什么是数学的思维方法? 接下来就是要关注这个问题.

　　不能期望有一个简单的答案, 就像不能期望对艺术、权力、幽默有一个简单的描述一样. 听到把艺术定义为有意义的形式或 (按 Bergson 的说法) "对社会生活表面轻微的" 嘲笑, 也是令人愉快的, 但并不是很有启发. 而对于数学的大多数定义, Felix Klein 把它描述成不证自明的科学; Benjamin Peirce 把它看作得出必然结论的科学; Aristotle 把它作为 "量" 的研究; Whitehead 把它当成所有类型的形式、必要性和演绎推理的发展; Descartes 把它作为顺序和度量的科学; Bacon 把它当作使人们更为 "敏锐" 的研究; Bertrand Russell 把它看成与逻辑等同的课题; David Hilbert 把它当作没有意义的形式游戏. 尽管其中有一两个也很重要, 但是他们都没有给出对这个论题整体的把握. 显然, 我想, 数学的任何定义, 无论如何精致或警醒, 都无法揭露它的基本结构和普遍性的原因. 但是, 也许可以用精心挑选的一组主要的数学概念的例子来代替. 没有人比 Hermann Weyl 更有资格来挑选这样的集合并对它进行概括了.

　　Weyl 是我们这个时代光彩夺目的人. 他强大的智力发挥丰富了数学、自然科学和哲学; 他发明了新的概念并且推进了新的见解. 1885 年 Weyl 出生于德国的埃尔姆斯霍恩 (Elmshorn) 并在慕尼黑和哥廷根大学接受教育. 在后者他获得了博士学位并取得了第一个数学教职. 1913 年至 1930 年他是苏黎世联邦理工大学的教授 (其中, 1928—1929 年他担任了普林斯顿大学数学物理研究讲座教授); 1930—1933 年他得到了哥廷根大学的一个职位; 1933 年他加入了普林斯顿高等研究所, 1952 年从研究所退休.[1]

这位杰出的学者的研究和写作领域极其宽广. 他的研究范围有微分方程, 函数论, 群论, 拓扑学, 相对论, 量子力学, 数学哲学; 他的著作包括现代经典《空间 – 时间 – 物质》(英译本 1921)[2],《心灵与自然》(1934),《经典群论》(1939),《数的代数理论》(1940),《数学哲学与自然科学》(英文版, 1949). 他的最新著作《对称》把科学与艺术巧妙地融合在一起. 纵览 Weyl 在国内外取得的荣誉, 可以知道他是美国国家科学院的院士以及罕见的英国皇家学会的外籍院士. Weyl 是 Flaubert 说的三重思想家 —— 一个 "达到第 n 度" 的思想家[3]. 他的作品历久弥新, 方法总是与众不同. 下面所选的 1940 年在宾夕法尼亚大学二百周年纪念大会上发表的论文可以很好地证明这一点.

---

[1]附加说明: Hermann Weyl 在 1955 年 12 月 8 日于苏黎世逝世. 讣告是 Freeman J. Dyson 发出的, 他是 Weyl 以前在高等研究所的同事, 讣告出现在 1956 年 3 月 10 日出版的《自然》杂志上. Dyson 把 Weyl 称为 20 世纪在不同领域中做出了最多最大贡献的数学家. "他是唯一能与 19 世纪最伟大的世界数学家 Hilbert 和 Poincaré 相比的人. 只要他活着, 就象征着纯粹数学与理论物理发展主线上生动的联系. 现在他去世了, 联系中断了, 我们想通过直接应用创造性的数学想象来理解物理世界的希望也就暂时中止了." Dyson 提出了一个发人深省的启示: "Weyl 的独特之处是一种审美意识在他对所有学科的思考中都占有主导地位. 有一次他半开玩笑地对我说, '我的工作常常想把真与美统一起来; 然而当我必须选其中一个的时候, 我通常选择美.' 这句话完美地概括了他的人品个性, 也表现了他对自然的终极和谐的深厚信念, 自然界的规律必然会在一个数学美的形式中展示自己. 同时, 这也显示了他对人性弱点的认识和他的幽默, 常常使他从短暂的自负中停了下来."

[2]重印, 纽约, 1951.

[3]Edmund Wilson,《三重思想家》("Flaubert的政治"), 纽约, 1948, p. 74.

数学家就像法国人，无论你对他说什么，他们翻译成自己的语言之后，事情立刻就变得完全不同了.

—— Goethe

虽然都说人生不过是一场梦，物理世界不过是一个幻觉，我也要把这个梦或者幻觉变得足够真实，如果理智运用得当，我们就永远不会被它欺骗.

—— Leibniz

6　思维的数学方法

Hermann Weyl

关于思维的数学方法，我的意思首先是指推理形式，通过它数学渗透进了外部世界的科学 —— 物理学，化学，生物学，经济学，等等，甚至进入我们关于日常事务的思考，其次是数学家留给自己的，应用于自身领域的推理形式. 我们试图弄清思维心理过程的真相，这是我们的思想尝试用证据来使自己得到启示. 因此，正如真理本身和明显的经验那样，它是一种相当一致而普遍的特性. 它吸引着我们内心深处的光芒，它既不能划归为一套机械适用规则，也不能分解为无懈可击的密封舱，像历史的，哲学的，数学思维的，等等. 我们数学家没有三 K 党秘密仪式的思维. 真的，从表面看会有一定的技术和差异；例如，法庭上认定事实的程序和物理实验室里发现事实的程序显然是不同的. 无论如何，不能期望我对数学思维方法的描述比人们对民主生活方式的描述更为清晰.

数十年前伟大的数学家 Felix Klein 在德国领导的轰动一时的数学教学改革运动所采用的口号就是 "函数思维". 所以改革者们声称，一般受教育者在他的数学课上应当学会的是按照变量和函数进行思考. 函数描述一个变量 y 如何依赖于另一个变量 x；或者更一般地，它把一个簇，变元 x 的域，映射到另一个 (或同一个) 簇. 函数思想无疑是最基本的概念之一，在数学的理论和应用的每一个步骤中它都从未缺席.

我们联邦所得税法规定纳税额 y 按照收入 x 而定; 以一种足够笨拙的方式把几个线性函数贴在一起, 其中每个函数在收入的另一个区间或等级中有效. 五千年后的考古学家应该能发掘出一些我们的所得税申报表、工程遗物和数学书, 也许他们会鉴定出是几个世纪以前, 并认定是在 Galileo 和 Vieta 之前的东西. Vieta 在引进无矛盾的代数符号体系上有贡献; Galileo 发现了落体运动的二次定律, 按照这个定律, 在真空中物体落下的距离 s 是从放开物体起经过的时间 t 的二次函数:

$$s = \frac{1}{2}gt^2, \tag{1}$$

g 是一个常数, 对于在给定位置上的每个物体都有同样的值. 通过这个公式, Galileo 把物体实际运动的自然规律转换为一个演绎推理构造的数学函数, 这正是物理学对每个现象想要努力做到的事. 这个定律是比我们的税收法好得多的设计. 它是由自然设计的, 她似乎把她的计划放在数学简洁与和谐的美妙感觉中了. 但是自然并没有, 像我们的收入和超额利润税法那样, 被议员和商会要求的明白易懂所限制.

我们从一开始就遇到了数学过程的这些特征: 1) 如公式 (1) 中的变量 t 和 s, 它们所有可能的值属于一个域, 这里的域是实数, 我们可以对它进行全面观察, 因为它来自于我们的自由建构, 2) 这些变量用符号表示, 以及 3) 函数或者一个演绎推理构造的从变量 t 的域到另一个变量 s 的域的映射. 直接说, 时间就是独立变量.

要研究函数, 就应该让这个独立变量历经它整个的域. 甚至在亲身体验之前, 关于自然界中量的相互依赖的猜想也许已经在思想中探测过是否历经了独立变量的整个域. 有时, 某个简单的极限情形立刻揭示出这个猜想是站不住脚的. Leibniz 在他的《连续性原理》一书中教导我们不要把停止看作运动的对立面, 而是把它当成运动的极限情形. 关于连续性的辩论使他能够演绎推理地驳倒了 Descartes 提出的定律. Ernst Mach 给出了准则: "对一个特殊的案例有了判定意见之后, 就要逐步地尽可能修正这个案例的各种情形, 这样做的时候, 要尽最大可能坚持最初的判定意见. 没有一个过程能够更安全、心理上更经济地对自然界的所有事件做出最简单的解释." 我们在自然界中分析处理的绝大多数变量都是像时间那样的连续变量, 不过, 虽然这个词有着某种暗示, 但数学概念并不局限于这种情形. 最重要的一个离散变量的例子正是由自然数或整数 1, 2, 3, ⋯ 给出的. 因此, 任意整数 n 的因子数是 n 的函数.

在 Aristotle 的逻辑里, 从个体到一般的过程是, 如果一个给定对象展示出某些抽象特性而舍弃掉其他性质, 这样只要两个对象都有这些特性就被放入同一概念或属于同一类. 这种描述性分类, 例如, 在植物学和动物学中对植物和动物的描述, 就是关于实际存在的对象的. 可以说 Aristotle 思考的根据是实际的物质和意外的可能, 其中函数的思想统治着数学概念的形成. 以椭圆概念为例. 在 $x - y$ 平面上任意一个椭圆是由二次方程

$$ax^2 + 2bxy + cy^2 = 1$$

确定的点 (x, y) 的集合 E, 它的系数 a, b, c 满足条件

$$a > 0, \quad c > 0, \quad ac - b^2 > 0.$$

集合 E 依赖于系数 a, b, c, 对函数 $E(a, b, c)$ 中的变系数 a, b, c 赋予确定的值就给出一个个体的椭圆. 从个体椭圆过渡到一般概念, 一是不摒弃任何具体的差异, 一是把某些特征变量 (这里表示为系数) 放在一个先验的一目了然的范围里面 (这里由不等式描述). 因此, 这个概念就延伸到所有可能的, 而不是所有实际存在的格式了.[1]

我现在要从这些关于函数思想的初步评论转向更为系统的论题. 数学以其在抽象的稀薄空气中活动而臭名昭著. 这个坏名声才只是应得的一半. 事实上, 人在这条路上遇到的第一个困难是被教导要运用数学思考, 他必须学会更加直接地面对看到的事物; 总之他的信念必须打破; 他必须学会更加具体地思考. 只有这样他才能进入第二个步骤, 这就是抽象的步骤, 这时直觉概念被纯粹的符号结构所代替.

大约一个月前, 我同一个 12 岁的男孩 Pete 在洛基山国家公园徒步攀登朗斯峰. 他抬头望着顶峰对我说, 他们纠正了它的海拔, 现在以 14255 英尺代替了去年的 14254 英尺. 我沉默了一会儿问自己, 这对男孩意味着什么, 我是否应该用一些 Socrates 式的提问来启发他. 不过, 我不再纠缠 Pete, 也不评论, 现在就给你做个解释. 海拔是指海平面之上的海拔, 但是朗斯峰下并

---

[1]对照比较 Ernst Cassirer, "Substanzbegriff und Funktionsbegriff" (物质概念和函数概念), 1910, 以及我的批注 "Philosophie der Mathematik und Naturwissenschaft" (数学哲学与自然科学), 1923, p. 111.

没有海. 好吧, 人们的观念总是认为海平面是在坚实的陆地下面. 然而, 人们是如何建立这个理想的封闭表面, 大地水准面, 它与地球上的大洋表面是否一致? 如果大洋表面是严格的球面, 答案就是清楚的. 然而, 现实并非这种情况. 这时, 动力学来拯救我们了. 动力学的海平面是势能为常数 $\phi = \phi_0$ 的表面; 更准确地说, ϕ 表示地球地心引力的势能, 因此在两点 P, P' 处 ϕ 的差就是将质量为 1 的小东西从 P 搬到 P' 所做的功. 因此, 用动力学方程 $\phi = \phi_0$ 来确定大地水准面最为合理. 如果我们将 ϕ 的这个常数值固定为海拔的零, 那么任意的海拔高度就只能自然地用 ϕ 对应的常数值来确定, 于是, 如果一个人从 P 飞到 P' 获得了能量, 就说山峰 P 高于 P'. 海拔高度的几何概念就被势能或能量的动力学概念所代替. 甚至对于 Pete, 登山者, 这方面也许最重要: 在其他条件不变的情况下, 攀登较高的山峰就要付出较大的努力. 通过仔细审查发现几乎各个方面都与势能有关. 例如, 高空气压测量就是建立在大气在给定的温度常数下的势能与大气压力的对数成正比的事实上的, 无论重力场的性质如何. 因此一般说来, 大气压力标志着势能而不是海拔高度. 在学习了地球是圆的, 垂直方向并非空间固有的几何性质而是地心引力的方向之后, 被迫放弃了海拔高度的几何观念而赞同动力学中更为实在的势能概念, 没有人会因此感到惊异. 当然, 有件事与几何有关: 在一个足够小的空间区域里, 我们可以把整个区域的地心引力看作一个常数, 这样就有了一个固定的垂直方向, 而势能之差就与这个方向上高度之差成正比了. 高度或高是一个有明确意义的词, 我们问这间屋子天花板有多高指的是离地板有多高. 当我们把它用到越来越宽的范围里的山峰相对高度时, 它的意义就逐渐失去了精确性. 我们把它扩展应用到整个地球的时候, 它就悬在空中了, 除非我们用动力学势能概念来支撑它. 势能比高度更加实在而具体, 因为它来自于并且依赖于地球的质量分布.

文字是危险的工具. 我们的日常生活中, 在熟悉的有限范围内它们可能有着良好的意义, 但 Pete 和一般人都倾向于把它们扩大到更广泛的领域, 而不关心在现实中它们是否还能站得住脚. 我们是这个文字魔法灾难性影响的见证人, 在政治领域里, 所有的文字都有着极其模糊的含义, 而人类的激情往往淹没了理性的声音. 科学家必须通过抽象词汇的迷雾, 到达现实的具体的真实. 在我看来, 经济学的任务十分艰巨, 还得花费更多的努力来履行这一原则. 这是, 或者应当是, 所有科学共有的原则, 但是物理学家和数学家已经被迫把它用到绝大多数基本概念中去了, 那里的阻力最大, 因此成了它们的第二特性. 例如, 解释相对论的第一步就是经常要打破包括过去、现在、未来的时间方面教条式的信念. 只要文字仍然蒙蔽着现实, 你就不能运用数学.

　　我回到相对论, 把它作为进行数学分析的第一个重要预备步骤的说明, 这一步骤所遵循的准则是 "具体思考". 过去、现在、未来这些词语的根本, 指的是时间, 我们发现有些东西比时间更具体, 即, 宇宙的因果结构. 事件定位于空间和时间; 一个小范围的事件发生在一个时空点或世界点, 现在在这里. 我们把事件限制在平面 E 上, 就可以用水平平面 E 和立轴 t —— 时间 t 绘在上面 —— 构成的三维图形的时间表来刻画事件. 一个世界点 E 表示为图中的一个点, 一条世界线表示一个小物体的运动, 光信号从一个世界点 O 以光速按顶点在 O 的直圆锥 (光锥) 方向进行辐射来传播光. 一个给定世界点 O 的流动的未来, 现在在这里, 包含着所有仍然会影响在 O 处发生的事情的事件, 它的被动的过去由所有那些世界点组成, 这些世界点的任何影响、任何信息都能达到 O. 现在在这里, 我已不能改变流动未来之外的任何事物; 现在在这里, 我通过直接观察或者任何记录可以得到知识的那些事件必定全在流动未来之中. 我们在因果意义下解释过去、未来这些词语, 它们表达了某些很实在很重要的东西, 这就是宇宙的因果结构.

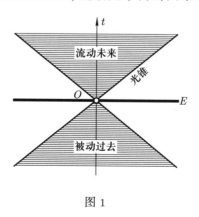

图 1

　　在相对论基础上的新发现就是任何效应的传播都不能比光速快. 因此, 先前我们就相信的流动未来和被动过去是沿着现在这个横截面接壤, 即水平平面 $t = $ 常数. Einstein 教导我们, 通过 O, 流动未来受限于前向光锥, 而被动过去受限于后向延续光锥. 流动未来与被动过去被这些锥体之间的世界的一部分分开, 对于世界的这部分我们现在在这里完全不能用因果关系来联系. 相对论的本质内容就是对这种宇宙因果关系的新认识. 通过对下述简单问题的各种解释的讨论, 譬如, Bill 在地球上, 而 Bob 在天狼星上, 他们是否是同时代的人, 又譬如, Bill 能不能发送一个信息给 Bob, 或者 Bob 能不能发送一个信息给 Bill, 或者甚至说 Bill 是否能通过发送信息并收到回答来与 Bob 交流, 等等, 我常常成功地使我的听众很快习惯于思考因果关系而不是惯常的时间结构. 但是, 当我告诉他因果关系结构并不是按水平层 $t =$ 常数的层次结构, 而流动未来和被动过去是中间有空隙的锥形结构时, 有些人会模糊地了解了我想说的话, 但每一个诚实的听众会说: 现在你画了一张图, 你说了图中的意思; 这个比喻能走多远, 用它来传递的赤裸裸的真理到底是什么? 我们的通俗作家和新闻记者, 当他们不得不处理物理问题的时候, 总是沉迷于各式各样的比喻; 麻烦的是, 他们尽量让读者帮着寻找有刺激的类似的东西, 从而掩盖了真正的问题, 因此, 往往不是帮助读者而是误导读者. 这里的情形是必须确认我们的示意图就只有一张图, 然而, 其中出现的真实的东西使我们立即取代了直觉空间, 而这张图的绘制采用的是纯粹的符号. 于是, 世界是一个四维连续统这句话就从象征形式的比喻变成了什么是真正的真实的命题了. 在第二个步骤里, 数学家转向抽象, 正是在这里, 外行人的理解最常发生断档: 直观图形必须换成符号结构. "通过几何方法以及后来通过纯粹符号结构," Andreas Speiser 说道, "数学摆脱了语言的束缚, 即便懂得这个过程投入过巨大的工作并不断取得令人惊讶的成功的人, 也很难体会到今天数学在知识世界里的影响力远远超过现代语言在它们可怜的国度、甚至音乐在它们各自的领域里的影响." 今天, 我会用大部分时间试图给你们建立一个概念: 什么是符号结构的魔力.

为此, 我必须从最简单的、从某种意义上又是最深刻的例子开始: 自然数或者整数, 用它来数对象. 我们使用的符号一个接一个地画出来. 对象可以分散, "溶解, 融化, 把自己变成一滴露珠", 但要保留它们的数的记录. 更重要的是, 我们能够通过一个构造过程来确定用这样的符号表示的两个数哪一个比较大, 也就是通过一对一的检查, 一画对一画. 这个过程揭示了差异并不显示于直接观察, 在大多数情况下都无法区分, 即使像 21 和 22 这样小的数也如此. 我们熟悉这些数字符号表演的奇迹, 因而对它们不再感到惊异. 但这只不过是数学精确步骤的前奏. 我们不会把机会留给在数实际对象时遇到的数, 而是留给从 1 (或 0) 开始的所有可能的数生成的开放序列, 在已经达到的任意数的符号 n 上再加一画, 由此, 它就变成了下一个数 n'. 如我常说的, 因而它被投射到可能的背景上, 或者更精确地说, 投射到由迭代展开直至无穷的可能的流形上. 无论我们给定哪个数 n, 我们认为它都会传递到下一个数 n'. "数在延续". "永远再有一个" 这种开放的可数无穷的直觉是所有数学的基础. 它孕育了我上面称之为先验的可观察变化范围的最简单的例子. 按照这个整数创建的过程, 包含所有整数 n 的一个自变量的函数就由完全归纳法定义了, 而支持所有 n 的命题也可用同样的方式证明. 由完全归纳法得出的推理原则有如下述. 为了说明每个数 n 都有某个性质 V, 只要确定两件事就够了:

1) 0 有这个性质;

2) 如果任意数 n 有这个性质 V, 那么下一个数 n' 也有这个性质 V.

用加划线的方式写出数 10^{12} 的符号实际上是不可能的, 也是没有意义的, 欧洲人称它为一万亿, 我们国家称为一千个十亿. 尽管如此, 我们谈论为了防卫计划花费超过了 10^{12} 美分, 天文学家仍然比金融家先明白. 7 月的《纽约客》刊载了这样一幅漫画: 早餐后, 男人和他的妻子在看报纸, 她困惑又绝望地抬头问道: "Andrew, 七百个十亿美元到底是多少啊?" 一个深刻而严肃的问题, 夫人啦! 我要指出的是只有通过无穷我们才能赋予这样的数以任何意义. 12 是下图的一个缩写, 在没有定义对所有 n 的函数 $10 \cdot n$ 之前是无法理解的, 而这要

$$10^{12} = \frac{/\quad/\quad/\quad/\quad/\quad/\quad/\quad/\quad/\quad/\quad/\quad/}{10 \cdot 10 \cdot 10 \cdot 10 \cdot 10 \cdot 10 \cdot 10 \cdot 10 \cdot 10 \cdot 10 \cdot 10 \cdot 10}$$

通过下面的完全归纳定义才能做到:

$$10 \cdot 0 = 0,$$
$$10 \cdot n' = (10 \cdot n)''''''''''.$$

长划线构成了 10 的显式符号, 如前所述, 每条长划线标明转向下一个数. 印度人, 特别是佛教徒, 沉溺于他们发明的十进制数系, 即由和、积、幂组成的系统的稳固而巨大的可能性. 我还要提到 Archimedes 的论文《关于沙子的计数》, 以及 Kasner 教授最近出版的书《数学与想象》中的 Googolplex.

我们关于空间的概念, 与流行的自然数概念类似, 依据的是在所有可能的位置建立抓手. 让我们考虑平面上的一个金属盘 E. 盘上的位置可以用小

十字架来具体地标注. 而对于并没有进入盘子的两个坐标轴和标准长度, 我们仍然能通过给定位置的两个坐标值而在盘外设定理想的标记. 每个坐标都只在先验的实数构造范围上变化. 天文学以这种方式把我们结实的地球当作研究恒星空间的基地了. 当希腊人第一次构造出了由太阳照射的地球和月亮的阴影, 把它投射到空蒙的太空, 从而解释了日食和月食的时候, 这是多么神奇的想象啊! 分析一个连续统, 譬如空间, 我们将以某种比坐标测量更一般的方式来进行, 并且采用拓扑观点, 于是连续出现的两个连续变形对我们来说是同一的. 因此, 下面的论述同时也就是对数学的一个重要分支拓扑学的简要介绍.

在一条直线的一维连续统上, 点的定位符号是实数. 我更喜欢考虑一个封闭的一维连续统, 圆. 关于连续统最基本命题就是它可以划分成几部分. 我们依靠分割连续统建立起网络, 再对它无限循环往复地细分进行改善, 这样我们就抓住了连续统所有的点. 令 S 是把圆分成若干段弧的任意划分, 譬如分成 l 段弧. S 由标准细分过程得到一个新的划分 S', 这个过程把原来的一段弧分成两段. S' 中的弧数应为 $2l$. 在确定意义 (方向) 下绕着圆圈跑, 按照相遇的顺序可以区分出两片, 记为 0 和 1; 更明确一点, 如果弧用符号 α 表示, 这两片就表示为 $\alpha 0$ 和 $\alpha 1$. 我们从圆的划分 S_0 开始进入 + 和 − 两段弧; 每段可以拓扑地称作一个细胞, 相当于其中的一部分. 然后, 重复标准细分过程, 得到 $S_0', S_0'', \cdots$, 眼看这个划分过程将整个圆割得粉碎. 如果我们没有放弃应用度量性质, 可以把每段弧切割成相等的两部分从而得到标准细分. 然而我们引入的方法没有这样固定的要求, 因而包括十分广泛而随意的方式. 无论如何, 按照这个组合方案, 每个部分在任何步骤都达到了彼此的边界, 并且按照它进行的划分过程是唯一的也是完全确定的. 数学只关心这个符号设计. 按照我们的记法, 连续划分获得的部分应当记成如下的符号

$$+.011010001,$$

在点之前有 + 或 − 号, 后的位置都由 0 或 1 占据. 我们看到我们得到的正是熟悉的二进制 (不是十进制) 小数. 一个点由连续划分的弧的无穷序列所确定, 每段弧都是从前面的弧经过标准细分分出的两段中选定其中之一而得的, 因此, 这个点由一个无穷二进制小数所确定.

我们试着对二维连续统, 即球面或者环面, 做类似的探讨. 下面的图显

示我们如何可以在一个很粗糙的网上再加上一个很粗糙的网. 两个网组成了一个网, 而四个网格组成了另一个网; 地球被赤道分成上下两个半球, 而环面是由四个矩形平板焊接而成的. 这些网格是二维细胞, 或者简单地说, 2-细胞, 它拓扑等价于圆盘. 引入划分的顶点和边加强了对组合的描述, 它们是 0-细胞和 1-细胞. 我们随意给它们加上符号, 并规定在符号中每个 2-细胞以 1-细胞为边界, 每个 1-细胞以 0-细胞为边界. 于是, 我们就得到了一个拓扑概型 S_0. 下面是我们的两个例子:

球面. $A \to \alpha, \alpha'$. $A' \to \alpha, \alpha'$. $\alpha \to a, a'$. $\alpha' \to a, a'$.

(→ 意思是: 以它为边界)

环面. $A \to \alpha, \overline{\alpha}, \gamma, \delta$. $A' \to \alpha, \overline{\alpha}, \gamma', \delta'$.

$B \to \beta, \overline{\beta}, \gamma, \delta$. $B' \to \beta, \overline{\beta}, \gamma', \delta'$.

$\alpha \to c, d$. $\overline{\alpha} \to \overline{c}, \overline{d}$. $\beta \to c, d$. $\overline{\beta} \to \overline{c}, \overline{d}$.

$\gamma \to c, \overline{c}$. $\gamma' \to c, \overline{c}$. $\delta \to d, \overline{d}$. $\delta' \to d, \overline{d}$.

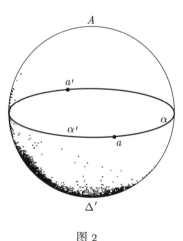

图 2

初始步骤是我们采用通用的标准细分过程进行迭代: 在每个 1-细胞 $\alpha = ab$ 上选择一个点作为新顶点 α, 并将 1-细胞分为两截 αa 和 αb; 在每个 2-细胞 A 中选一个点 A, 用 2-细胞中的直线将新建的顶点 A 与原来的顶点以及边界 1-细胞上的两个新顶点连接起来, 把这个细胞截出一个三角形. 正如初等几何那样我们用顶点来表示三角形和它们的边. 下图表示细分前后的五边形; 三角形 $A\beta c$ 以 1-细胞 βc, $A\beta$, Ac 为边界, 而 1-细胞例如 Ac 则以顶点 A 和 c 为边界. 这样, 我们得到了下面通用过程的纯符号描述, 其中细分概

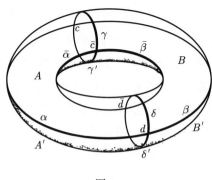

图 3

型 S' 由给定的拓扑概型 S 导出. 由 S 中一个 2-细胞 e_2、一个 1-细胞 e_1、一个 0-细胞 e_0 组成的任何符号 $e_2 e_1 e_0$, 其中 e_2 以 e_1 为边界而 e_1 以 e_0 为边界, 表示 S' 的一个 2-细胞 e'_2. 这个 S' 中的 2-细胞 $e'_2 = e_2 e_1 e_0$ 是 S 中 2-细胞 e_2 的一部分. 以给定细胞为边界的 S' 中细胞的符号是由给定细胞符号中的字母加撇得出. 通过这个符号迭代过程, 初始概型 S_0 产生了导出概型序列 $S'_0, S''_0, S'''_0, \cdots$. 我们所做的无非是设计一个由连续细分创造的系统目录. 我们的连续统中的一个点由一个序列捕获:

$$e, e', e'', \cdots \tag{2}$$

它从 S_0 的一个 2-细胞开始, 其中概型 $S^{(n)}$ 的 2-细胞 $e^{(n)}$ 后面跟着的是我们的细分拆散 $e^{(n)}$ 而得的 $S^{(n+1)}$ 的 2-细胞 $e^{(n+1)}$. (这里的描述对于连续统的不可分部分应当稍作改变才算充分公正. 但是为了当前的目的, 我们只做简单描述.) 我们确信, 不仅每个点都由这样一个序列捕获 (Eudoxos), 而且以这种方式构造出的任意一个序列通常都会捕获一个点 (Dedekind, Cantor). 这种构造唤醒了极限、收敛性以及连续性这些基本概念.

现在我们来到了数学抽象的决定性步骤: 我们忘掉符号代表什么. 数学家只关注目录; 就像目录室中的一个人, 他不在乎目录符号代表什么书或者直觉给定的流形块. 他并不懒惰, 对于这些符号他有许多事要做, 不必去看它们代表的东西. 因此, 通过由符号 (2) 来表示点他从给定流形转向符号构造, 我们将称拓扑空间 $\{S_0\}$, 因为它只是建立在概型 S_0 之上.

细节并不重要; 重要的是一旦最初的有限个符号的概型 S_0 给定之后, 我们就将采用绝对严格的符号构造方法从 S_0 构造出 S'_0, 从 S'_0 构造出 S''_0, 等

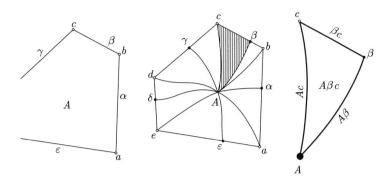

图 4

等. 首先遇到自然数时的迭代思想再一次扮演了决定性的角色. 给定流形的符号概型的实现, 如球面或者环面, 作为连续划分概型涉及任意宽广的范围, 而且仅仅只要求是网格模式, 最后处处都合适. 关于这一点以及紧接着要求每个 2-细胞都有圆盘拓扑结构, 我必须保持一点模糊. 无论如何, 数学家并不关心把概型或者目录用到给定的流形上, 而只关心概型本身, 这是没有任何疑义的. 而且我们现在看到的是, 即使物理学家也不必在意这个应用. 仅仅为了启发, 我们也必须从流形出发, 通过划分达到纯粹的符号体系.

采用同样的纯粹符号方法, 我们不仅可以清晰地构建一维和二维流形, 也可以构建三、四、五 …… 维流形. 一个 n 维概型 S_0 由 $0, 1, 2, \cdots, n$-细胞组成, 每个 i-细胞 e_i $(i = 1, 2, \cdots, n)$ 又以确定的 $(i-1)$-细胞为边界. 如何进行标准细分的过程是清楚的. 这样确定的一个四维概型可用来对 "这里 – 现在" 所有可能的事件局部化; 在时空中变化着的物理量是对应的符号构建的四维拓扑空间中移动的可变点的函数. 在这个意义上世界就是一个四维连续统. 而我们前面谈到的因果结构就必须以四维世界为媒介来构造, 即用符号材料构成我们的拓扑空间. 顺便说一下, 拓扑观点已经被采纳, 因为只有这样, 我们的框架才能变得足够宽广以接受狭义和广义相对论两者. 狭义相对论设想因果结构像某种几何的、刚性的、一次给定所有的东西, 而在广义相对论中就变得灵活而且以同一种方式依赖于物质, 例如, 电磁场方式.

在我们对自然界进行分析的时候, 我们把现象简化到单个元素, 这些元素在我们可以先验检查的某种可能的范围上变化. 因为我们构建这些先验可能性用的是纯粹的符号材料和纯粹的组合方式. 时空点的流形是自然界的构建元素之一, 也许是最基本的一个. 我们用几个在符号化构建的实数连续统上变化的像波长那样的变量特性, 就把光分解为平面偏振单色光束. 我们把这个先验的构建称作自然界的定量分析; 我相信定量这个词, 如果有人能给它一个完整意义的话, 应当在广泛的意义上来解释. 作为现代技术发展的见证, 科学的力量取决于先验符号结构的组合, 以及有计划可重复的和度量方面的系统经验. 作为先验构造的材料, Galileo 和 Newton 运用了某些看作客观实体的时空特征, 摒弃了把它们作为主观素质的观点. 因此, 几何图形在它们的物理学中扮演着重要的角色. 也许你们知道 Galileo 在《Saggiatore》中说的话, 他说: 没有人能读懂自然界这本巨著, "除非他掌握了组成代码, 即数学图形以及它们之间的必然联系". 稍后我们了解到, 我们直接观察到的这些特点都没有了, 即便是空间和时间, 也没有在真实的客观世界中生存的权利. 因此, 逐渐地, 我们最终采取了纯粹的符号组合结构.

于是, 对象集合明确地定义了它的编号, 我们注意到, 划分 S_0 的一个概型以及后续的衍生物 $S_0', S_0'', \cdots$ 可以有许多方法和宽泛的任意性建立在给定的流形之上. 然而问题是两个概型

$$S_0, S_0', S_0'', \cdots \quad \text{和} \quad T_0, T_0', T_0'', \cdots$$

是否适合描述由纯数学方法确定的同一个概型: 充分而必要的是两个拓扑空间 $\{S_0\}$ 和 $\{T_0\}$ 能够从其中一个通过连续的一一变换映射成另一个 —— 这个条件最终归结为概型 S_0 和 T_0 两者之间称作同构的特定的关系. (顺便说一句, 建立两个有限概型在有限组合形式下同构标准的问题是一个尚未解决的数学问题.) 在给定的连续统和它的符号概型之间的联系必然带有同构概念; 无须我们的理解, 同构概型没有什么本质不同, 不过是几何中的全等图形, 而数学的拓扑空间概念是不完备的. 此外, 制定每个拓扑概型都要满足的严格条件是必要的. 例如, 这样的条件之一要求每个 1-细胞恰好以两个 0-细胞为边界.

现在我可以说得稍微清楚一点, 为什么物理学家几乎和数学家一样对连续划分的某种组合概型是如何以特定方式用到我们称为世界的 "这里 - 现在" 的连续统不感兴趣. 当然, 我们的理论建设必须与可观察的事实相联系. 我们理论的历史发展是通过探索争论经历了漫长而曲折的过程, 从经验到建构也经过了许多步骤. 但是, 系统的阐述应当走另一条路: 首先, 发展理论模型不要试图通过适当的度量来分别定义出现的符号, 例如时空坐标, 电

磁场强度, 等等. 同时, 描述整个系统与可观察的事实的接触点. 我能找到的最简单的例子就是两颗星之间的观测角. 在四维世界的介质中构建符号系统, 并由此确定和预测角的值, 包括: (1) 两颗星的世界线, (2) 宇宙的因果结构, (3) 观察者的世界点的位置以及观察那一刻他的世界线的方向. 但是, 连续变形, 整个图形一对一的连续变换不会影响角的值. 同构图形导致与可观察事实相关的同一结果. 这就是相对论原理最一般的形式. 我们从给定流形到构建的提升过程的任意性被这个原理表示为相反的下降过程, 结果系统也相反.

到目前为止, 我们已经尽力描述了一个数学结构是如何从给定的事实原料中提炼出来的. 现在让我们以纯粹数学家的眼光来审视一下这些提炼出来的产品. 它们中的一个就是自然数列, 另一个是一般概念的拓扑空间 $\{S_0\}$, 而拓扑概型 $\{S_0\}$ 连续发展出了衍生物 $S_0, S_0', S_0'', \cdots$. 在两种情形下, 迭代都是起着最主要作用的决定性的角色. 因此, 我们所有的推理都必须建立在产生自然数的完全透明的过程的相关证据之上, 而不是建立在三段论那样的任何形式逻辑原理之上. 进行构建的数学家的工作并不是得出逻辑结论. 事实上, 他的论点和主张只是他行动的一种伴奏, 他带来的是建筑物. 例如, 我们对整数数列 $0, 1, 2, \cdots$ 交替地说出偶, 奇, 偶, 奇, 等等, 鉴于这种归纳构造的可能性, 我们可以扩展到要多远有多远, 于是我们阐述成一般算术命题: "每个整数是偶数或者奇数." 除了用到迭代 (或者整数序列) 思想之外, 我们还经常应用映射或者函数思想. 例如, 现在来定义函数 $\pi(n)$, 称为奇偶性函数, n 历经所有整数, 而 π 只能有两个值, 0 (偶数) 和 1 (奇数), 归纳如下:

$$\pi(0) = 0;$$
$$\pi(n') = 1, \text{ 如果 } \pi(n) = 0; \quad \pi(n') = 0, \text{ 如果 } \pi(n) = 1$$

这类拓扑概型的结构都是在同构思想中研究的. 例如, 引入算子 τ, 它把任意的拓扑概型 S 变为拓扑概型 $\tau(S)$, 我们只应注意如果 S 和 R 同构, 算子或者函数 τ 必须使 $\tau(S)$ 和 $\tau(R)$ 保持同构.

迄今为止, 我强调了数学的构造特性. 在我们实际的数学中还有与之竞争的非构造性的公理方法. Euclid 的几何公理就是经典原型. Archimedes 以其非凡的智慧应用了这个方法, 其后 Galileo 和 Huyghens 在建立力学科学时也采用了这个方法. 人们依据几个无定义基本概念定义了所有的概念, 由一些有关基本概念的基本命题, 即公理, 演绎推导出了所有的命题. 先前, 作者倾向于公理应有先验的证据; 然而, 这是一个数学家不感兴趣的认识论问题. 演绎按照形式逻辑原则进行, 特别地它遵从三段论格式. 这种更为几何的处理方式长时间来被每一门科学理念所看重. Spinoza 甚至试图把它用到伦理学上去. 对于数学家来说, 表达基本概念的词语的意义是无关紧要的; 它们的任何合适的解释, 即按这种解释能使公理为真, 都是好的. 这种解释对所有合符规范的命题都会支持, 因为它们是公理的所有逻辑结果. 因此, n 维 Euclid 几何允许另一种解释, 其中点是有 n 个分支的给定电路中电流的分布, 这些分支连接着确定的支点. 例如, 可确定的问题是由插入网络各个分支的电动势给定的分布正好对应于线性子空间中点正交投影的几何结构. 从这个观点出发, 以假言推理的方式对这个关系进行数学处理, 而不必把它约束到某个特定的实质性解释. 这与公理的真理性无关, 只与它们的相容性有关; 事实上, 不相容性就会先验地排除了我们有一个合适解释的可能性. "数学是得出必然结论的科学," 1870 年 B. Peirce 说道, 这是几十年后流行的定义. 在我看来, 它提供的数学本质的信息很不充分, 现在你来看看我努力给出的更完整的特性描述. 过往的数学哲学家们如此坚持讨论公理化方法, 我不认为还有必要继续纠缠它, 尽管我的阐述因此会显得有些偏颇.

我想要指出, 自从公理化不再是方法论宠爱的主题以来, 它的影响已从根部蔓延到了数学的所有分支. 之前我们已经看到, 拓扑学就是建立在拓扑概型必须满足的充分列举的公理之上的. 渗透到数学所有领域的最简单最基本的公理化概念之一就是群. 今天的代数和它的 "域"、"环" 等, 从头到脚都浸透着公理化精神. 如果时间允许我来阐述刚刚谈到的这些大词, 群、域以及环, 我们的数学的面貌就会显得不那么朦胧含混了. 但我并不试图这样做, 因为我已经详细地说过了拓扑概型的公理特性. 不过这样的观念和衍生观念会令我们认为现代数学研究就是构建和公理化巧妙的混合过程. 也许人们还应该注意到它们相互锁定的内容. 然而接受这两种观念作为真正原始的数学思维方法的诱惑是巨大的, 其余的仅仅是次要的角色, 并且人们可能带着这种观点通过相容性来决定支持构建或者公理化.

让我们先考虑一下另一种选择. 数学主要由构建物组成. 遇到的公理集合仅仅确定了进入构建的变量的范围. 过一会儿我们会用因果结构和拓扑的例子对这句话进行解释. 按照狭义相对论因果结构是一次性固定的, 因此可以明确地构建. 不仅如此, 把它与拓扑方法一起构建是合理的, 正如圆与它的度量制结构是一起由等分弧为两个相等部分的标准细分而得出的. 不过, 在广义相对论中, 因果结构有了某种灵活性; 它只要求满足得自经验的某些公理, 这就允许有相当大的自由发挥. 但是, 这个理论继续建立了灵活因果结构, 以及其他灵活实体、质量分布、电磁场等的自然法则, 而在这个理论以一种明显的先验方式构建这些法则时是把这些灵活事物作为变量的. 相对论宇宙学要求宇宙的拓扑结构是一个整体, 无论是开放的还是封闭的, 等等. 当然拓扑结构不能像因果结构那样灵活, 不过, 对于所有的拓扑可能性, 在我们可以由经验证据确定它们确实是我们现实世界的实现之前, 我们必须有一个自由的观点. 为此, 我们转向拓扑. 拓扑概型仅仅受限于某些公理; 而拓扑学家从任意的拓扑概型导出数值字符, 或者在它们之间建立普遍联系, 再以显式把它们作为变量引进任意的拓扑概型. 无论公理出现在何处, 它们最终都是在描述显式结构函数关系中的变量的范围.

关于第一种选择就说这么多. 我们转向相反的观点, 它属于公理结构和演绎推理, 而且它支持数学是自由约定的公理系统及其必要的结论组成的. 在完全公理化的数学结构中, 实例的构造只处于第二位, 从而形成纯理论及其应用之间的桥梁. 有时候, 由于公理决定了它们的对象是唯一的, 系统就只有一个实例, 当然至少还有任意的同构体; 而把公理转化为显式结构就变得很有必要. 更为重要的是我们注意到一个公理系统, 虽然在构建数学对象上受到限制, 但它应用逻辑规则的组合和迭代构建了数学命题. 事实上, 自 Aristotle 时代以来, 按照某些逻辑规则从给定的前提导出结论这件事, 人们就试图完全地列举出来. 因此, 在命题的层面上, 公理化方法是纯粹的构造主义. 在我们这个时代, David Hilbert 曾经追求公理化方法直至痛苦地结束, 他把所有的数学命题, 包括公理, 都转换成公式, 从公理出发按规则进行演绎推理游戏, 完全不考虑公式的意义. 数学游戏在沉默中进行, 没有文字, 像在下国际象棋. 只有规则必须用文字说明和表述, 当然关于游戏可能性的任何争论, 例如关于它的相容性, 要用文字媒介进行讨论并诉诸证明.

到目前为止, 显式构造和利用公式的隐式定义之间的争论是与最终的数学基础相联系的. 当用于无限域的存在命题和全称命题时, 例如整数或者点的连续统, 基于构造的证明是不支持 Aristotle 逻辑的. 如果要考虑无限的逻辑, 即便是最原始的过程, 从整数 n 到它的后继者 n' 的转换过程 $n \to n'$,

看来也不可能充分地公理化. 正如 K. Gödel 指出的, 常有明显构造的算术命题, 无论你如何公式化, 也不能由公理演绎得出, 同时公理, 粗暴地践踏了构造无限的精微之处, 也远远超出了证明的合理性. 我们并不惊奇有大量孤立存在的自然现象以其无穷无尽、不知疲倦和不完备性挑战我们的分析; 如我们看到的, 为了完备性, 人们提出了物理学的基础可能是什么. 然而, 令人惊讶的是由心灵自身构造的整数序列, 其结构是最简单而又最精致的东西, 从公理化的角度看来又仿佛是既模糊又残缺的东西. 但这就是事实; 它在数学与证明的关系上投下了一抹不确定的光. 尽管, 或因为, 我们加深了关键的洞察力, 但我们今天比以往任何时候都不确定这是数学的最终基础.

本文的目的并不是要展示创造性的数学智力作品有着怎样的多种表现形式, 如数学分析, 几何学, 代数学, 物理学, 等等, 虽然那将是一个更加迷人的画面. 相反, 我试图使所有这些表现春天的根源变得明朗可见. 我知道, 在一个小时的时间里, 我只能获得小小的成功. 在其他领域一个简短的概述就能使人理解, 不幸的是数学思想很少有这种情形. 但是, 如果你连这点都不明白我就完全失败了, 数学尽管年纪不小了, 但由于它的复杂性是注定不会裹足不前的, 它会顽强地活着, 从深植于心灵和自然的根中不断地吸取营养.

第 21 部分*

数学和逻辑

---

*原书第 XIII 部分. 本部分译者为陈光还.

符号逻辑, George Boole 和一个噩梦

　　符号逻辑的主题是逻辑. 这个事实之所以值得强调, 是因为有个普遍然而错误的概念, 以为符号逻辑与普通逻辑 —— 这个由 Aristotle 系统化, 经过中世纪思想家的阐述, 几个世纪以来在高等学校讲授的学科 —— 的内容是不同的. 符号逻辑与传统逻辑两者都是关于推理的普遍原理的学科; 它们都采用符号. 只不过传统逻辑用的是大家熟悉的语音符号, 称为 "文字", 而符号逻辑用的是特别设计的记号集 ("表意文字"), 它把要说明的事情直接符号化了. 正因为这种特殊而精准的符号伴随着这些表意文字的运算或转换规则, 符号逻辑通常也称为数理逻辑. 但是, 让我们重复一下, "数理" 这个词描述的只不过是它的形式特性而不是其实质内容. 符号逻辑或者数理逻辑的本质特征之一是普遍性; 它的原则在任何意义上都不是处理数和量的推理过程的任何一个分支所专有的.[1]

　　虽然符号逻辑的可识别符号只是它的形式工具, 但这些符号和符号化过程却给它带来了实实在在的和重要的优越性. 符号的使用曾经对数学的发展有着深远的影响; 零的发明就改变了这门学科的历史. 同样地, 符号逻辑的符号使得产生强有力的分析问题的新方法有了可能, 从而传统逻辑的研究在深度和广度上都有了极大的进展. 使用符号的一个明明白白的好处是意义准确了. 每个单独的字符可以用来表示一个相对简单而明确的概念. 一旦采纳这个办法, "普通语言模糊不清的影响就降到最小了."[2] 第二个优越性是心理上的: 符号 "使我们能够集中注意于给定文本的本质意义." 我们

---

[1] 参见 Clarence Irving Lewis, *A Survey of Symbolic Logic*, Berkeley (California), 1918, pp. 1–5.

[2] Morris R. Cohen and Ernest Nagel, *An Introduction to Logic and Scientific Method*, New York, 1934, pp.119–120. 我关于符号主义优越性的讨论大部分来自该书.

不会因为不相干的事情分散注意, 诸如这些符号表示什么等等, 能够集中注意力于表达式之间的抽象关系, 正确地完成系统各种形式运算的关键操作. 这就是逻辑, 而不是需要盲目的司法审判.

纯粹符号表达式的简明也有值得考虑的价值. 作为一个例子, 比较一下数学归纳法定义采用通常语言的冗长与采用符号体系的简约, 它是如下简洁的语句:

$$f(0) : n. f(n) \supset f(n+1) : . \supset . (n) f(n).$$

但是, 这个句式的简明性提供给我们的好处要比消除冗余以及节省人工和纸张更加重要. 在普通语言中被隐藏和遮蔽的对称性、相关性和相似性却在符号语言中充分地显现出来了.[3] 这个表达式在形式上和实质上都一样地恰当; 其内在联系的本质意义被一组设计得不错的表意文字展现出来了. 一个高效的符号体系不仅揭示了以前被忽视的错误, 而且启示了新的内涵和结论, 新的富有成效的思路. "负数和虚数的发现, Maxwell 引进的介电位移以及稍后发现的以太波就是直接由符号启迪的. 正是由于这个原因, 有人说 '在计算中钢笔有时比拿笔的人更聪明.' 对函数的微积分正确地构建符号体系的能力以醒目的方式显示了它的重要性."[4]

这本选集的下面这组论文, 将对符号系统是如何工作的以及创建它们的发明者的目的给出很好的说明. 我试图用几种不同的办法来探讨这个问题, 因为我知道要理解一种抽象的陌生语言是多么困难.

第一篇引自 George Boole (1815—1864) 的一本小书, Boole 是英国数学家和逻辑学者, 他曾在科克城的皇后学院执教多年. 在他的小册子以及后来更为人熟知的著作 (《建立逻辑和概率论数学理论的思维规律的研究》, 1854) 中, Boole 奠定了符号逻辑现代研究的基础. Bertrand Russell 有一次说道: "纯

---

[3] 符号作为帮助理解的价值 "长久以来在数学中早已承认. 例如, 给出一个初等的例证如下: $4x^2 = 5x - 1$ 和 $4x^3 = 5x^2 - 1$ 形式上的差别, $x + y = 1$ 和 $4x = 3y$ 形式上的相同只要用眼睛扫一下就能看出. 第一对方程中一个是二次的, 另一个是三次的; 而第二对方程中两个都是线性的. 如果这些方程用语言文字来陈述, 人们几乎不可能由此导出一系列的推理. 因此 Maxwell 方程的口头阐述很容易就写满几页纸, 而各个因子之间的本质关系反而被隐藏起来了. " 引自 Cohen 和 Nagel, 同注 2, p. 120.

[4] 引自 Cohen 和 Nagel, 同注 2, p.120.

粹数学是 Boole 在他的一本称作《思维规律》的著作中发现的."5) 这个警句是有些夸张 —— 正如你将在选集的第二篇文章中看到的那样 —— 不过 Boole 的发现应排在第一列, 这的确是真的.

Boole 主要靠自学成才, 在他所有的著作中都显示着思考问题的独立性. 这种独立性还扩展到了他的宗教观和社会生活习惯. 在比较贫穷的邻居中间, "他因憨厚却不易受骗而受到尊重. 在较高层次的人群中间, 他像一个圣徒却又有些怪癖而受到称赞." 不论何时, 在火车上或者在市场里随便遇到一个人, 只要说的话让他觉得有意思, 就会被他请回家 "看望远镜和谈论科学."6) 虽然他妻子有时会因为这些五花八门的不速之客感到尴尬, 但她总是安慰自己说, Boole 有个好名声会使她的家庭 "在任何爱尔兰革命中都是安全的." Boole 像 Augustus De Morgan 一样有一些个人的兴趣和特点. 他不是一个喜欢争论的人, 但是, 就像 De Morgan 一样, 一旦他决定要做一件有关原则的事情, 就很难被劝阻. 在他最后病倒时他的这种行为方式特别典型. "他受凉感冒并已转成肺炎, 却坚持请一位因行为不当刚被皇后学院解聘的医学教授来看病, 这样做是为了向这位陷于困境的教授表示友谊和安慰."7) 他死于 1864 年 12 月 8 日. "他最后的希望之一是决不允许他的孩子们落入那些被公认的宗教教徒之手."8)

第二篇选文提供了从 Leibniz 开始, 经过 Frege, Peano, Whitehead 和 Russell 的工作形成学科的一个简略的历史剪影. 其内容取自 Clarence Irving Lewis 和 Cooper Harold Langford 的标准文献《符号逻辑》9). Lewis 先生因他在符号逻辑方面的研究和著作而出名, 1930 年起就任哈佛大学哲学教授. Langford 先生是逻辑理论和符号逻辑学者, 曾在哈佛和华盛顿大学任教, 在符号逻辑杂志社担任编辑 (1936—1940), 1933 年起在密歇根大学任哲学教授.

第三篇选文是 Ernest Nagel 专为这本选集写的. 他用非常巧妙的方法展示了符号逻辑和语言的关系. 他把《爱丽丝梦游仙境》中一个有名的片段以及 Robert Graves 和 Alan Hodge 写的一个有趣而又荒唐的故事《读者在你的

---

5) 传记的细节和相关的引述取自 William Kneale, Boole and the Revival of Logic, *Mind*, Vol. 57, April 1948, pp.149–175. 另一本传记随笔 E. T. Bell, *Men of Mathematics*, New York, 1937.

6) 引自 Kneale, 同注 5, p.156.

7) 引自 Kneale, 同注 5, pp.157–158.

8) 引自 Kneale, 同注 5, p.158.

9) New York, 1932.

背后》翻译成符号语言.[10] 文字和句子译成符号后, 就生动地阐明了普通语言的混乱和模糊不清, 以及它们是如何被逻辑分析揭露出来并用符号逻辑的方法弄清楚的. 在他的文章的第三部分, Nagel 逆转过程将 Whitehead 和 Russell 的《数学原理》中的著名定理从原来的符号体系翻译成朴素语言. 这让读者品尝了一次当代伟大著作的味道. 也许我应当停一下旁白, 来讲一个 G. H. Hardy 说的关于《数学原理》的故事: "我记得 Bertrand Russell 给我讲过一个噩梦. 大约是公元 2100 年, 他站在大学图书馆的顶楼上. 一位图书管理员带着一个巨大的铲车斗绕书架走着, 取下一本本书, 看一眼, 就放回书架或者扔进铲车斗. 最后他来到三大卷前, Russell 认出那是最后幸存的《数学原理》翻印本. 他取下一卷, 翻了几页, 似乎对稀奇古怪的符号困惑了一会儿, 合上书, 在手上掂了掂, 犹豫着 ……"[11]

这组选文的最后一篇是关于数理逻辑中变元用法以及命题演算的讨论. 其中的材料来自这个领域里最好最完备的启蒙读本《演绎科学的逻辑与方法引论》的前两章. 著者 Alfred Tarski 是一位杰出的波兰逻辑学者和数学家, 曾是华沙泽洛姆斯基公立中学的教授, 1947 年起任加利福尼亚大学数学教授. Tarski 是杰出的波兰逻辑学家创造社的成员, 创造社中有几位学者在第二次世界大战中被德军杀害了.

---

[10] New York, 1943.

[11] G. H. Hardy, *A Mathematician's Apology*, Cambridge, 1941, p.23.

1 逻辑的数学分析

George Boole

熟悉符号代数理论现状的人会意识到, 分析过程的有效性并不依赖于所用符号的解释, 而只依赖于把它们组合起来的规律. 不影响所假设关系真假的每种解释系统都同样可以接受, 因此, 同样的过程可以用于表述数的性质问题解的解释模式, 也可以用于几何性质问题, 还可以用于动力学问题或者光学问题. 这个原理有其基本的重要性; 这也许就肯定了纯粹分析的最新进展极大地帮助和影响了当前研究的方向.

但是, 对这个重要学说的结论的充分认识, 在某种程度上, 被意外的情况给延缓了. 在每一种已知的分析形式中, 被定义的要素都被想象成可以对照某个固定的标准来度量. 其主要的概念就是量, 或者更准确地说, 是数值比的概念. 量的表达, 或者量的运算就是发明分析符号和研究它们的规律所要表达的对象, 因此, 现代分析的抽象法则, 不比古代几何的示意图少, 它支持了这种观念, 而数学在本质上, 以及事实上, 就成了量的科学.

然而, 对已确认的观念的研究, 正如对体现在代数符号中真正的原则的研究, 引导我们猜想这个结论是不是必要的. 如果每个现有的解释都表明包含着量的概念, 这只能归纳出我们可以断言不可能有其他的解释. 也可以怀疑我们的经验是否足以合法地给出这样的归纳. 纯粹分析的历史, 可以说, 直到最近才允许我们设置它应用的范围. 我们是应当同意高度可能性的推理呢, 还是仍然有理由坚持定义的充分性, 让上述的原则来引导我们. 我们可以理直气壮地赋予它以真演算的明确的特征, 即它是应用符号的一种方法,它的组合规律是已知的和普通的, 并且它的结果允许一致的解释. 给分析的现有形式赋予定量解释是定义这些形式的情形下的结果, 而不应解释为分析普遍适用的条件. 我打算在一般原理的基础之上来建立逻辑演算, 而且我要求对它来说, 在公认的数学分析众多形式之间有这样一个位置, 无论对象还是方法都必须是独立的.

这样就给逻辑一种可能, 它就是存在于我们内心的一般观念 —— 我们有能力把它设想成一个类, 并赋予它的个体成员一个共同的名字. 因此, 这个逻辑理论和语言就有着紧密的联系. 用符号来表示逻辑命题的成功尝试, 建立在心理过程规律之上的它们表示的组合规律的发现, 这是迄今通往哲学语言的一个步骤. 但是, 这个观点我们不必在此详细讨论. 假设对于类的概念, 我们能够从可想象的任何对象集合中用一种心理活动进行分解, 把那些属于给定类的个体从其余的类中分离出来. 这样, 类似于选择, 我们就可以设想成重复进行. 留在考虑之中的个体的群还可以再加限制, 以心理方式对属于其他认可的类进行选择, 正如之前考虑的那样. 而这个过程可以重复进行, 且可区别于其他元素, 直到我们到达一个独立个体, 它拥有我们考虑的全部特性, 而且同时, 也是我们列举的每个类的一个成员. 事实上, 这类似于我们在日常语言中所用的方法, 我们想要更加精确地定义时就会不断增加描述性的词语.

现在在上述情况下, 假设我们要完成的几种心理操作服从特定的规律. 它们之间赋予的关系是不可以违反的, 无论是重复给定的操作, 还是一系列不同操作, 或者是一些其他特殊的操作. 例如, 连续执行两个动作的顺序对结果是没有影响的; 并且, 在适当的时候至少还可以指出另外两个定律. 也许显而易见的是适当的排列顺序是必要的, 然而它并不太重要, 因此不值得特别提出. 或许这些正是由本文第一个指出的. 但是, 可以很有信心地断言, 如果它们不是这样, 那么, 整个推理规则, 现在这些定律以及人类智慧的成果都将彻底改变. 也许真的存在一种逻辑, 但是它已经不再是我们懂得的那种逻辑了.

正是在它们具有的这些基本规律和精确的符号表达式的能力之上, 建立起了本文后面将要表述的方法; 并且可以推测我们力求达到的目标已经全面地做到了. 人们将会发现, 每个逻辑命题, 无论是直言命题或者假言命题, 都可以精确而严谨地表达, 而且不只是换位定律和三段论定律从此可以省去, 即便是最复杂的命题系统, 任何给定元素的分离, 以及按照剩余元素的值和涉及的每个附属关系的表达式都能表示. 每个过程都将表示为演绎过程, 每个数学结论都将表示为逻辑推理. 方法的一般性甚至允许我们表示任意的智力操作, 因此导致逻辑模拟一般定理的论证, 在很大程度上, 也导致了通常数学定理的证明. 把分析用到对外在性质解释的极大的快乐, 来自让我们可以形成规律范畴普遍性的观念. 引导我们看到存在原理的一般公式, 以及它们应用的众多特例, 证明了其影响的程度. 甚至它们解析表达式的对称性也会毫不奇怪地被看作正好表明它的协调性和相容性. 现在, 我们还不敢说本文后面开启的同一来源的愉快会有多大. 也许对它的评价应该留给那些在研究中会思考这个科目的价值的人们. 但是, 我可以冒险地断定, 这种令知识分子满意的场合, 不是这里想要的. 我们必须检查的规律是我们智力最重要的规律之一. 我们必须构建的数学是人类智慧的数学. 也不是说方法的形式和特性, 除了所有关于它的解释以外, 就不值得注意. 在它的一般定理中, 甚至也有一个引人注目的例证来自例外自由的卓越种类. 我们观察到, 在普遍认可的数学相应的情形下, 这样的性质是绝无可能的. 有些人会认为, 分析之值得关注有其自身的原因, 他们也许会发现, 研究它的价值正是在每个方程都能解, 而每个解都能解释的形式之中. 思考演算形式中将注意到的表示自己头脑构成的对应特征的每个特点, 也不会减少这个研究的兴趣. ……

逻辑就像威士忌, 投入量过大会失去它有益的效果.

—— Dunsany 勋爵

上帝眷顾人类, 好不容易让人成为有两条腿的动物, 又让 Aristotle 使他们有了理性.

—— John Locke

2　符号逻辑的历史

Clarence Irving Lewis, Cooper Harold Langford

　　我们这里所关注的论题并没有任何独立的和很好理解的名字. 它称为 "数理逻辑", 通常又叫作 "符号逻辑", 还有 "精确逻辑"、"形式逻辑" 以及 "逻辑斯谛" 这些名称也常常使用. 其中没有一个是令人完全满意的; 它们全都试图表达这个科目与传统形式逻辑的某种差别, 而逻辑的传统形式是从 Aristotle 起经过中世纪经院学派就给我们确定了的. 然而, 区分差别仅仅是目标之一: 自从有了逻辑, 这个目标就出现了, 它的出现也许是出自偶然或者是因为 Aristotle 逻辑相对不完整和不精确. 从一开始应用符号就是逻辑的特征 —— 例如, 用字母表示三段论的各项. 符号逻辑仅仅是扩大了这种应用, 是为了表达的明晰和精确所要求的. 因此, 符号逻辑的主题也仅仅是逻辑 —— 保证推理有效性的原则.

　　然而, 符号程序的扩大应用如此新鲜又十分重要, 使得符号逻辑比传统逻辑的研究变得既深入又广泛. 早已接受的逻辑原则的新含义脱颖而出; 以前被忽略了的细微的模糊之处以及错误, 现在都被检查出来并消除了; 还可以形成新的概念, 没有简明而精确的符号体系是不可能清楚地陈述这些新概念的: 逻辑的主题在它的领域中变得更加宽广了, 而且同其他精密科学, 譬如数学, 一起走进了新的关系.

　　这个变化导致的结果是表达模式更为顺畅, 稍微考虑一下数学里类似的情形就不会感到惊异了. 先前, 算术缺乏任何比日常语言更合适的媒介. 古希腊的数学家没有表示零的符号, 他们用字母表中的字母表示其他的数字. 结果, 无法表示除法的一般规则 —— 只能给出一个例子. 现在一个四年级的孩子用现代符号都能完成的运算, 在 Pericles 时代最优秀的数学家却要绞尽脑汁才能完成. 若没有采用新的多功能的表意符号, 许多数学分支绝不可能有所发展, 因为人类的智慧是不能依靠通常语言的表音符号去领会运算本质的.

因此, 虽然符号逻辑研究的题材仅仅是形式不同的逻辑, 但是并不能由此得出旧逻辑不能取得的重要结果它也不会取得. 恰恰相反. 因为改进了表示方法, 我们进入了新发现的活跃期: 若干世纪以来, 相对停滞的古老论题又有了新的生命. 今天, 我们对逻辑可做的事情, 正如 Leibnitz 和 Newton 时代可以对数完成的事情; 或者 Riemann 和 Lobatchevsky 对几何所做的事情一样. 大量新事实的曙光出现在我们面前, 我们对它们的意义才刚刚开始探索. 它允许我们扩展和普遍化的形式以及原理的特征化推理方式, 还有这些一般原理和其他精密科学的更为特殊的过程之间的联系方式 —— 这正是四十年来出现的光明景象, 它比 Aristotle 以来任何前面四个世纪出现的还要多. 有可能在不远的将来, 还会看到相同的或者更重要的成果出现.

可以想到, 要指明逻辑中独特的符号方法开始应用的历史是很难的. 这个科目的本质在于它的定律适用于所有的项目 —— 或者所有的命题, 或者所有的三段论, 或者所有的条件变元, 等等. 因此, 在定律的表达式中, 有些一般项或者 "变元" 自然而然地被指派给那些不影响推理有效性的任意元素. 甚至传统逻辑也认为只有三段论的形式 (它的底式和格) 需要确认其有效性, 其中十分频繁地使用字母 —— $A, B, C,$ 或者 S, M, P —— 来表示三段论推理的命题中的各个项. 而且, 也往往承认在假言论证中, 其有效性也不依赖于 "如果 — 则" 联结的语句的内容或者其特殊性. 这种承认通过下面的论证形式表达出来,

> 如果 A, 则 B.
>
> 而 A 真.
>
> 故 B 真.

这里的符号用来表示命题, 它超越了用它们表示实体项的步骤.

无论如何, 发展了的符号程序很难用传统方法来表示, 它要求符号不仅用来表示项, 或者表示命题, 而且用来表示它们之间的关系. 找遍中世纪的逻辑发展史, 人们发现这种表示逻辑关系的符号是用作速记的. 但是, 到了 Leibnitz 时代, 对符号体系的这种用法采用了修正和扩展传统逻辑的观点进行了研究.

Leibnitz 应该算是符号逻辑第一个重要的研究者, 尽管他认为在这个领域中 Raymond Lull 的《大衍术》以及其他的某些研究还在他之前. Leibnitz 设计了一个广阔的乌托邦式的方案, 用两个工具来改造全部科学, 一个是通用科学语言 (characteristica universalis), 另一个是处理这种语言的推理演算 (calculus ratiocinator). 通用语言要达到两个目的; 第一, 要成为所有的科学工作者的公用语言, 这将打破各种不同语言的壁垒, 实现思想共同体和加快新科学思想的流通. 第二, 更重要的是用严谨而适当的表意符号代替通常语言中的表音符号, 方便逻辑过程的分析与综合.

其中, Leibnitz 方案的第二点是最彻底的呼吁: 数学中表意符号相对于表音符号的优势就是一个例子; 从 Leibnitz 时代起, 科学就不断增加为各种特殊目的设计的表意符号的应用. 但是, 他的方案的这一部分是建立在更加可疑的观念上的. 他相信所有的科学概念都可以分解成相对较小的, 因而是为数不多的原始的或者不可定义的概念, 于是所有的科学概念都可以定义. 这种定义方式就是用简单概念构成复杂概念, 这有些像代数符号中积可用它的因子来表示, 或者像化学物质分子式可以用它的组成元素和关系来表示. 最后, 他设想科学推理也因概念的分析与综合而变得简单, 而这样的表意符号为此提供了线索.

评价 Leibnitz 的这些概念是很复杂的工作, 这里就不可能做了. 简单地说, 我们也许注意到, 他设想的科学发展方式大体上与当代数学达到的以及其他精密科学开始做的采用逻辑分析的规模相当一致. 另一方面, 这种发展观念是把演绎法夸大为科学思考的主要工作, 从而排斥归纳法, 这就是 Leibnitz 理性观点的特征. 而科学概念可以唯一确定地分解为原始或简单的概念这种观点从他的时代起就没有被科学发展所支持. 相反, 我们发现科学发展的规律是有许多可能的分解和多种多样的原始概念.

Leibnitz 本人更重视他的预言的洞察力和激发逻辑斯谛可能性的兴趣, 远胜于任何实际的贡献. 虽然上面谈到的计划在他二十岁以前就已经制定了[1], 虽然他为促进这项计划做了无数的研究, 然而, 无一例外地, 都只得到一些零星的结果. 他清楚地认识到, 整个科学的改造并不是一项靠一个人单枪匹马就能完成的事情. 他一生都在寻求与学会合作来完成它, 当然也没能成功.

推理演算是一个有更多限制的项目. 如果完成了它, 那就与我们现在了解的符号逻辑一样了. 这就是说, 就有了一个一般的推理法则, 它由表意符号构成并能使逻辑演算按精确的规则完成. 这里, Leibnitz 获得了某种程度的成功; 如果篇幅允许, 考察他的一些结果是一件很有意思的事情. 然而, 他并没有奠定推理演算的基础, 这是后来才做到的, 这是因为他始终没能从某种先入为主的传统观念中解放出来, 也没能解决其中出现的困难.[2]

另外一些欧洲大陆的学者被 Leibnitz 的研究所激励, 也尝试对逻辑演算进行研究, 其中最好的探究莫过于 Lambert 和 Holland[3]. 但是他们全都远不及 Leibnitz 本人的研究成绩.

符号逻辑赖以发展的基础是 1825 至 1850 年间在英国奠定的. 显然最重要的贡献来自数学家 George Boole; 然而, 部分地是由于在此之前受到 William Hamilton 爵士和 Augustus De Morgan 的鼓吹, 重新燃起了对逻辑的兴趣. Hamilton 的 "谓词的量化" 是绝大多数逻辑研究者熟知的. "所有 A 是 B" 的意思可能是 "所有 A 是所有 B" 或者 "所有 A 是某个 B". 其他传统的命题形式也可以类似地按照谓词项的 "量" 来明确地处理. 这是一个简单的概念, 而且事实上对于精确逻辑来说并不太重要: 在新近的研究中没有什么用处. 它甚至不能算是新的: Leibnitz, Holland 以及其他的学者在之前就已经量化了谓词. 然而, 通常一个概念的历史重要性不太依赖于它的内在价值, 而是更多地依赖于它对其他人心灵的刺激, 这就是一个典型的例子. 对于精确逻辑来说, 谓词量化唯一的意义是它提供了一种方式可以把命题当作各项的方程来处理; 把命题当作方程仅仅表示在脑海中保留了逻辑与数学之间的类比思维. 这个单纯的事实就是, 最后逻辑与 Hamilton 深信不疑的假设一起进入了新的发展时期, 这似乎是英国的逻辑研究更新的重要因素.

---

[1]他首次发表的著作就是以这个计划为主题, 在标题页上就阐明了它的目标如下: "关于组合艺术的论文; 建立在算术基础上的组合和转换的新学说, 无论在世界何处, 科学家已阐明, 新艺术的思考或逻辑都已呈现出阴柔的喷射." 这本书于 1656 年在莱比锡出版.

[2]例如下列概念, 每个全称命题都蕴含着对应的特称命题; 以及项的外延关系通常都是逆向平行于它的内涵关系.

[3]见本章后面的参考文献.

Augustus De Morgan 带给逻辑科学的是更加灵活的头脑和训练有素的数学. 他也量化了谓词, 还给出了精心制作的三十二个不同的命题形式的表格, 然后就产生了变换规则和等价语句. 事实上, 要说起他的贡献实在是太大了: 只能选择最重要的简单地说一下. 最重要的预言之一是他注意到, 对命题的传统限制把各项关联到动词 "是" 的某种格式, 而这是人为的并没有任何符合逻辑的考虑. 他写道, "系词执行着某种功能, 它也胜任这些功能 …… 因为它有某种特性来确认它的应用有效. …… 每个可传递和可转换的关系都会像适当地确认三段论有效那样确认系词 '是' 有效, 而且每种情况下都可以同样地证明. 某些形式在关系只可传递而不能转换时也是有效的; 如 '给予', 因此, 如果 $X—Y$ 表示 X 和 Y 由可传递的系词联结, 那么 Camestres 第二格就是有效的, 正如

'每个 $Z—Y$, 没有 $X—Y$, 所以没有 $X—Z$'."[4]

他还研究了许多非传统的推理模式, 提出了新的分类建议, 以及管理它们的新颖的原则. 这样做的时候, 他首次清晰地论证了逻辑的有效性并不局限于传统模式和传统原则.

De Morgan 也对迄今为止被忽略的关系逻辑和相关项做了大量而广泛的研究. 这些研究在随后的二十五年消失了踪影, 直到它们被 Charles S. Peirce 重新恢复. 但是如我们现在知道的, 一般关系的研究是逻辑的扩展, 它对于数学分析是最重要的. De Morgan 第一个进入这个领域, 而且正确地判定了它的意义. 在一系列研究的结束语中, 他说:

"而这里展示的是关系的一般概念, 在知识的历史中这是第一次把关系以及关系的关系的概念符号化了. 在这里也看到了形式分级的标尺, 也就是找出形式从一级上升到下一级时的重要差别的方法. 但是, 对于逻辑发展新阶段来说, 在这里来处理代数关系是一个过于庞大的课题. 它今后会被认可的, 尽管几何学家不会认为将反复出现的原理和实例放入, 每个人都是一种动物的仿制品, 物种是同源的, 等等中是必需的. 然而, 代数学家是生活在较高的三段论氛围中的, 关系在不断地组成, 在它被承认之前这样的氛围就已经存在了."[5]

今天, 我们看到这些清晰有力的预言是多么准确, 它已经完满地实现了.

---

[4] 剑桥哲学学会汇刊, x, 177.
[5] 同注 4, p.358.

George Boole 是符号逻辑的第二位奠基者. 1847 年他首次发表的代数学是此后全部发展的基础. 也许本质上它不比 De Morgan 的工作更重要; 而 Leibnitz 的研究至少展现出对于逻辑问题有相等的把握. 但是, 他是第一次做到了完整且可操作的演算, 而且是把数学类型的运算系统成功地用到了逻辑学上.

Boole 的系统由三个基本概念组成: (1) "选择" 和 "可选择的符号" 的运算概念; (2) "思维的定律" 可表示为这些符号的运算规则; (3) 注意到这些运算规则与数字 0 和 1 的代数是一样的.

可选择的符号 x 表示在全域中所有 x 的选择结果, 全域是指 x, y, z, 等等, 它们是类的符号, 可设想成一次选择运算的结果.

选择运算可以类似于代数乘法一样地处理. 假如我们首次 (从事物存在的世界中) 选取 x, 然后从得到的结果中再选取 y, 逐次进行两个运算的结果表示为 $x \times y$, 或者 xy, 它将是事物 x 和 y 两者都有的类.

显然, 选择运算的顺序不影响结果: 无论我们先选 x, 然后再从选得的结果中选取 y; 或者先选 y, 再从选得的结果中选取 x; 任何一种情形我们都得到 "x 和 y 两者都有" 的类. 这就是说, "x 和 y 两者都有" 与 "y 和 x 两者都有" 是相同的:

$$xy = yx.$$

如果 $x = y$, 则 $zx = zy$, 这条定律也成立: 如果 x 和 y 是全同的类, 或者由相同的成员组成, 那么 "z 和 x 两者都有" 就与 "z 和 y 两者都有" 是同一个类.

重复同一个选取运算不会改变结果: 选取 x, 然后从结果中再选所有的 x, 得到的仍然只是 x 的类. 因此

$$xx = x, \quad 或者 \ x^2 = x.$$

这是这种代数特有的一条基本定律, 有别于通常的数值代数.

Boole 用符号 + 作为聚合运算的记号, 普通语言中表达为 "或者 …… 或者 ……". 或为 x 或为 y 的事物的类 (但不是两者都有) 表示为 $x + y$. 这个运算是可交换的:

$$x + y = y + x.$$

或为 x 或为 y 的事物的类与或为 y 或为 x 的事物的类是同一个类.

选取运算, 或称 "相乘" 可与聚合运算, 或称 "相加" 相结合:

$$z(x + y) = zx + zy.$$

这就是说, 如果我们从类 z 选择那些或为 x 或为 y 的事物, 它与我们选择 "或者 z 和 x 两者都有或者 z 和 y 两者都有" 的事物是一样的.

"除外" 运算用减法记号表示: 如果 x 是 "人" 而 y 是 "亚洲人", 那么 $x - y$ 就是 "除亚洲人外的所有人", 或者 "所有非亚洲人".

乘法可与减法结合: 即,

$$z(x - y) = zx - zy.$$

"白人 (非亚洲人)" 就是 "除白亚洲人外的所有白人" 的类.

Boole 承认如下的一般代数原则

$$-y + x = x - y,$$

把它当作一种习惯, 即两者在意义上是等价的.

数 1 用来表示 "全域" 或 "每个事物", 而 0 表示 "没有事物" 或没有成员的类. 这些解释与 0 和 1 在代数中的用法是一致的:

$$1 \cdot x = x.$$

从全域选取 x 仍然给出类 x.

$$0 \cdot x = 0.$$

从 "没有事物" 选取 x 仍然给出类 "没有事物".

任何类 x 的否定可表示为 $1 - x$; 而 "非 x" 是 "除 x 外的一切事物". 因此, "x 但非 y" 就是 $x(1 - y)$. 且下面的定律成立

$$x(1 - y) = x \cdot 1 - xy = x - xy.$$

即 "x 但非 y" 与类 "除 x 和 y 两者都有之外的一切 x" 相重合.

任何类与它的否定的聚合或者求和是 "一切事物":

$$x + (1 - x) = x + 1 - x = 1.$$

一切事物或为 x 或为非 x. 一个类与它的否定之积是 "没有事物":

$$x(1 - x) = x - x^2 = x - x = 0.$$

没有事物就是 x 和非 x 两者都有. 由前述的定律 $x^2 = x$ 可知这个等式正确.

定律 $x + (1 - x) = 1$ 的一个重要推论是: 对于任意的类 z 都有

$$z = z \cdot 1 = z[x + (1 - x)] = zx + z(1 - x).$$

这就是说, 类 z 与 "或者 z 和 x 两者都有或者 z 和非 x 两者都有" 相重合. 这条定律允许把任意类的符号 x 引入先前不含它的任意表达式中 —— 这是运用这个代数时一个极其重要的过程, 也符合基本的逻辑事实.

    由上可知, 至少有很大一部分普通代数运算在这个系统中是有效的. 这些结果将被逻辑地解释并且逻辑地有效. Leibnitz 和他的欧洲大陆的后继者们全都试图把它们用到数学的加法和减法运算中去; 其中绝大多数还试着把它们用到乘法和除法中去. 通常他们都掉进了不可克服的困难之中 —— 尽管他们常常不承认这个事实. Boole 做得较好的是留下了他的方法的四个特点: (1) 他专门考虑外延中的逻辑关系, 而不关心内涵的关系; (2) 他限定 "和", $x + y$, 没有公共元素添加到类中; (3) 在定律 $xx = x$ 中, 他发现了他的代数特有的法则, 同时也找到了逻辑的基本定律的表述方式; (4) 在发现了 1 与 "一切事物" 以及 0 与 "没有事物" 的相似之后, 就能用他的代数来表达矛盾律和排中律这样的基本逻辑法则了.

    稍后他删除了系统中的第二点 —— 为提高它的优势 —— 不过这次对他的成功是有贡献的, 这样就避免了某些困难, 否则这种困难就会在加法中出现. 这些困难正是以前尝试对逻辑的数学分析失败的主要原因. Boole 较为成功的部分原因是他具有非凡的创造力, 而不是他有较高的逻辑智慧. 这种创造力在他遇到某些困难时表现得特别明显, 可能读者也曾经遇到过这些困难:

    (1) 像 $x + 1$ 这样的表达式的意义是什么? 既然承认一个和的项应表示没有公共元素的类, 但是除了类 0 以外, 没有一个类 x 与类 "所有事物" 可以没有公共元素, 于是我们可以说除非 $x = 0$, 否则 $x + 1$ 就没有意义. 但是, 在解方程的运算中会出现这样的表达式, 而其中 $x = 0$ 却是不正确的.

    (2) $x + x$ 是什么呢? 既然这个和的项违反了不能有公共元素这个要求,

这样的表达式就无法逻辑地解释. 但是, 这个形式的表达式在代数中是一定会遇到的. 该如何处理它们呢?

(3) 如果用到通常的代数运算, 那么除法将会作为乘法的逆运算出现. 但是, 如果 $xy = z$, 因而 $x = z/y$, 怎么解释 "分式" z/y 呢; 这个运算逻辑有效吗?

Boole 用了一个聪明的手段, 许多其他的学者也采用了类似的办法, 越过了这些困难, 他确认他的系统能完全解释为一个代数, 而其中的 "表意符号" 要限制为数 0 和 1. 这个系统特有的定律是 $xx = x$. 这个定律对 0 和 1 适用, 而对其他数都不适用. 那么, 设想我们忘掉系统的逻辑解释, 把它简单地当成数值代数, 而其中的变元, 或者文字符号, 限制为 0 或 1. 这样, 就可以允许通常的代数定律和运算了. 正如 Boole 所说,

"正如推理的形式过程只依赖于符号的定律, 而不依赖于它们的性质的解释, 我们可以当作描述过的定量符号那样来处理上述符号 x, y, z. 事实上, 我们可以把给定的方程中的符号的逻辑解释放在一边; 把它们转换为定量符号, 只许取值 0 和 1; 用它们运行所有的求解过程; 最后再返回到它们的逻辑解释.……

"现在, 上述过程系统导出我们无法理解的结果, 除非在返回符号的逻辑意义之后, 方程解的形式给出了解释才有可能理解. 无论如何, 这里存在着将方程还原为这样一种形式的一般方法." [6)]

采用这种构成一般方法的设计, 我们就不再有什么麻烦了. 事实上, 即使操作的中间步骤包含着不可解释的表达式, 最后总可以稳当地得到一个可解释的解; 而且这样的解总是符合初始数据的逻辑意义的, 这就表示它是一个有效的推理. 当然, 逻辑演算中包含着不可逻辑解释的表达式和运算是不能令人满意的; Boole 代数中的这些特点都被他的后继者们消除了. 甚至它最初的形式也抛弃了, 尽管它本是一种完全可行的演算.

Boole 自己的系统转换为现代 Boole 代数的主要步骤可简述如下.

W. S. Jevons 不用代数方法, 而是用 "逻辑字母表" 的操作制定一个程序来解逻辑问题, 稍后我们会知道它表示为 "1 的扩展"; 它就是包含在任何问题中的各项所有可能的组合. 虽然 Jevons 的方法是完全可操作和有效的, 但它并不比代数简单, 因而也不再使用, 我们主要的兴趣是 Jevons 与 Boole 相

[6)] *Laws of Thought*, pp. 69–70.

比较有两点不同, 后来它被当作了对 Boole 代数的修改.

Jevons 把 $a+b$ 解释为 "或 a 或 b 或两者都有." 从逻辑上看, 这仅仅是一个约定而已, 我们是选择把 $a+b$ 按 Boole 的意思解释 "或者 — 或者" 为互斥呢, 还是按 Jevons 的意思解释为不排斥. 但是, 更广泛地采用不排斥的意义就会有三个有利的重要结果: 它消除了形如 $a+a$ 的表达式的任何困难; 它导出了定律 $a+a=a$, 它还引导出逻辑乘 ab 与逻辑和 $a+b$ 之间十分有趣的对称的可能性. 正如我们已经看到的, Boole 对关系 + 解释的结果是 $a+a$ 无法做出逻辑解释. 这样的表达式在他的系统中出现时, 就要按通常的代数定律来处理, 也就是 $a+a=2a$; 而这样的数值系数必须用一种方案设计来清除. 如果选择另外一种解释, $a+a$ 就有了意义, 而且 $a+a=a$ 规定了一个明确的原则. 按照系统中的这个原则, 数值系数不会出现. 因此, 这两个定律, $aa=a$ 和 $a+a=a$, 在代数的量和数的所有概念的消去法中都有了结果. 此外, 当 $a+b$ 的意思是 "或 a 或 b 或两者都有", 则 ab 的否定, 即 "a 与 b 两者都有" 的否定, 就是 "或非 a 或非 b", 即 $(1-a)+(1-b)$, 或者写成现代记号, $(-a)+(-b)$. 这个定律已经由 De Morgan 表述过了, 而且, 如我们将会看到的, 这是改进后的 Boole 代数中一个十分重要的原则.

John Venn 和 Charles S. Peirce 两人在这个问题上都遵循着 Jevons 的思路; 然而都没有重要的贡献, 这是因为他们返回到 Boole 关于 $a+b$ 较狭窄的意义, 或者不承认定律 $a+a=a$.

从 Boole 的系统中取消减法和除法运算, 也可修改这个系统. Peirce 在他早期的某篇论文中就包含这些思想, (在一个 Boole 系统中) 他对 "算术减" 和 "算术除" 与 "逻辑减" 和 "逻辑除" 的关系做了区分. 后来, 他又把这些运算一起抛弃了, 从此再没有使用过. Peirce 指出, 除非类 b 包含在类 a 中, 否则 a/b 是无法解释的. 甚至即使在这种情况下, a/b 也是 a 和 b 的一个含混不清的函数, 它可在 ab 与 $a+(1-b)$, 或 $a+(-b)$ 的范围内取得任何值. 当赋予 $a+b$ 宽泛的意义 "或 a 或 b 或两者都有", 而把 $a-b$ 定义成使 $a=b+x$ 的 x 的值时, $a-b$ 也是一个含混不清的函数. 抛弃这两个运算并没有什么损失: 任何可用它们表示的事情, 同样可独立地用逻辑积和逻辑和的关系来表示 —— 而且是更好的表示. 只剩下使用函数 "否定". a 的否定, Boole 表示为 $1-a$, 现在表示为 $-a$; 在这个代数中, 它并不表示一个负的量.

Peirce 添了新的关系, 一个类包含在另一个类之中; "所有的 a 是 b" 现

在符号化为 $a \subset b$. 这并非这个代数中的数学变化, 因为同样的关系在 Boole 的术语中也可用 $a(1-b)=0$ 来表示. 但是这样表示有明显的优势, 它把最简单又使用最频繁的逻辑关系的表示简化了.

于是, 这些改变标志着从 Boole 自己的系统发展为我们现在所知的逻辑代数: (1) 把关系符号 $a+b$ 的意义从 "或 a 或 b 但不是两者都有" 替换成 "或 a 或 b 或两者都有"; (2) 加法定律, $a+a=a$, 消除了数值系数; (3) 由前述的两个结果, 和与积的系统联系按 De Morgan 定理进行; (4) 取消减法和除法运算; (5) 添加 Peirce 关系, $a \subset b$. 由 (1), (2), 以及 (4) 的改变, 就使所有不能逻辑地解释的表达式和运算全都从代数中消失了. 其他的非基本的变化构成了绝大多数进一步的发展, 但并不影响系统的数学特性, 它们也主要是由 Peirce 和 Schröder 引入的.

这个论题的下一个发展步骤是在纯数学的展示中同时引进符号逻辑和严格的演绎方法. 这是关于命题逻辑、命题函数以及关系逻辑发展的原则. 有两条几乎独立的研究路线都导向这个问题的研究. 最初由 Boole 本人启动, Peirce 和 Schröder 发展的命题逻辑、命题函数以及关系近似于一种演算, 它充分展示了数学所例举的演绎过程. Peano 和他的合作者在《数学公式》中却从另一端开始研究. 他们把数学放在通常的演绎形式中, 并且严格地分析这种演绎的证明过程. 把证明所依赖的逻辑关系符号化, 这样就使数学有了 "逻辑斯谛" 的形式, 其中逻辑原则实际上成了证明的手段. 在《数学公式》一书的前几节中规定的这些一般的逻辑原则, 与 Peirce 和 Schröder 的著作中得到的逻辑公式水平相当; 但是他发现必须添加某些重要的内容. (早先, Frege 也曾把算术引入 "逻辑斯谛" 形式, 并且对数学做出了最有洞察力的逻辑分析. 但是, Frege 的工作一直被忽视, 直到 1901 年才由 Mr. Bertrand Russell 引起了注意.)

Boole 曾经阐明了他的代数的第二种解释. 在第二种解释中, 当命题 a 为真时, 任意项 a 描绘乘法 (或其中的状态). 当命题 a 为假时, 它的否定 $1-a$ 或 $-a$ 描绘乘法, 或状态; $a \times b$ 或 ab 表示 a 与 b 两者均真的状态; 而 $a+b$ 就表示 a 与 b 两者之一为真的状态. 对于命题的逻辑关系来说, 整个代数仍然成立. 不管我们把系统放在它的原始形式, 还是采用 Schröder 修改过的形式, 这些都是成立的; 唯一的根本区别就是, 在前一种情况下 $a+b$ 必须解释成 a 或 b 为真但没有两者同为真的乘法, 而后一种情况下 $a+b$ 要解释成 a 或 b

或两者同为真的乘法.

　　然而, 在今天我们应当认识到有时真有时假的语句并不是一个命题, 而是一个 "命题函数". 因此, 事实上 Boole 做出的是对命题函数的解释, 而不是对命题的解释; 或者更准确地说, Boole 做了两个不分彼此的应用, 然而提供的议论只能严格地用于函数. Peirce 和 Schröder 区分了这两种情形. 整个代数都应用于两者. 不过, 命题的特色不同于命题函数, 如果它以往为真, 它就总为真, 而如果它以往为假, 它就总为假. 换句话说, 一个命题或者确定为真, 或者确定为假; 而一个命题函数可以有时为真, 有时为假. 既然在这个代数中, $a = 1$ 的意思是 "a 为真的状态的类是所有的状态", 而 $a = 0$ 的意思是 "没有 a 为真的状态", 那么 $a = 1$ 就表示 "a 为真", 而 $a = 0$ 就表示 "a 为假". 因此, 一旦区别了命题与命题函数, 整个代数就对两者都适用, 除了一个附加的定律, 它只适用于命题, 而对命题函数不适用, 即: "如果 $a \neq 0$, 那么 $a = 1$".

　　Peirce 和 Schröder 做出了问题中的区别. 他们发展了含有附加原则的命题演算. 他们还发展了命题函数演算, 包含着这些概念: "a 有时为真", "a 总为真", "a 有时为假" 以及 "a 总为假". 这些概念符号化的结果, 以及适用于它们的定律的发展, 极大地扩展了命题函数演算, 这远远超过了符号化 Boole 代数各项的结果. 对于理解符号逻辑发展史很重要的一点, 就是记住大体上是 Peano 和他的合作者们开始他们的工作的时候, 这样的演算就出现了.

　　《数学公式》序言的第一句话就说出了它的目的: "《数学公式》一书出版的目的是对数学科学中几个著名的问题进行研究, 这些命题是由数理逻辑的符号表示公式, 而在 '公式的引论' 中对此做出了解释".

　　一方面, 在他们之前的学者讨论数学采用的都是常规的而不是逻辑斯谛的演绎形式. 在那个时候 (1895 年), 一般认为数学科学的理想形式是它的每个分支都应当由少量的假设出发, 经过严格的演绎推理导出. 而且还认为纯数学是抽象的; 也就是说, 它的发展不依赖于任何可应用它的具体事物的经验性质. 例如, 如果 Euclid 几何在我们的空间为真, 而 Riemann 几何在我们的空间为假, 这个具体事物的真或假的事实, 与 Euclid 系统或 Riemann 系统的数学发展是没有关系的. 正如已经习惯的说法, 数学只关心一件事是否为真, 即某条公设蕴含某个定理是否为真. 这个概念显然很重要,它引发出数学的逻辑: 它的逻辑就是它的真; 对于纯数学不再要求其他的真了.

另一方面, Peano 和他的合作者们在之前已经发展了 Peirce 和 Schröder 的逻辑, 此时已变成了足够灵活和扩展的系统, (几乎) 能够表示所有那些适用于数学系统所假设的实体之间的关系, 它的优点就是把公设演绎地上升为定理. 于是, 采用符号逻辑的符号来表示那些关系和那些推理过程就变成明显的步骤了, 而通常的非逻辑斯谛形式的演绎推理是用普通语言来表达的.

我们来举一个《数学公式》中的数学实例. 为发展算术, 假设了下面的未定义概念:

"No 表示 '数', 并且采用通常的名称, 0,1,2, 等等.

"0 表示 '零'.

"+ 表示 '加'. 如果 a 是一个数, 则 $a+$ 表示 'a 随后的那个数'."

可以假设下列公设来代替这些概念:

"$1 \cdot 0 \quad \text{No} \in \text{Cls}$

"$1 \cdot 1 \quad 0 \in \text{No}$

"$1 \cdot 2 \quad a \in \text{No} . \supset . a+ \in \text{No}$

"$1 \cdot 3 \quad s \in \text{Cls} . 0 \in s . \supset_a . a+ \in s :\supset . \text{No} \in s$

"$1 \cdot 4 \quad a,b \in \text{No} . a+ = b+ :\supset . a = b$

"$1 \cdot 5 \quad a \in \text{No} . \supset . a+ - = 0$"

我们把它译成文字, 从而给出符号系统的意义:

$1 \cdot 0$　No 是一个类, 或用通常的名称 '数'.

$1 \cdot 1$　0 是一个数.

$1 \cdot 2$　如果 a 是一个数, 那么 a 的后继者也是一个数; 这就是说, 每个数后面都有一个后继者.

$1 \cdot 3$　如果 s 是一个类, 且 0 是 s 的一个元; 而如果, 对于 a 所有的值都有, "a 是一个 s" 蕴含着 "a 的后继者也是一个 s", 那么 '数' 属于类 s. 换句话说, 每个类 s, 如果 0 属于它, 并且只要 a 属于它, a 的后继者也属于它, 那么每个数都属于它.

$1 \cdot 4$　如果 a 和 b 是数, 而 a 的后继者恒同于 b 的后继者, 则 a 恒同于 b. 这就是说, 没有两个相异的数会有相同的后继者.

1·5　如果 a 是一个数, 那么 a 的后继者必不同于 0.

"零", 0, 以及 "a 的后继者", $a+$ 的概念是被假定的, 其他的数以明确的方式定义: $1 = 0+$, $2 = 1+$, 等等.

更多的对算术必需的概念在引进时定义. 有时候这样的定义只是由于惯例采取了不同于公设的形式. 例如, 两数的和, 用关系 + 表示 (必须与概念 "a 的后继者", $a+$ 区别开), 由两个假设定义:

$$a \in \text{No} . \supset . a + 0 = a$$
$$a, b \in \text{No} . \supset . a + (b+) = (a + b)+$$

这应读作: (1) 如果 a 是一个数, 则 $a + 0 = a$. (2) 如果 a 和 b 是数, 那么 a 加 b 的后继者等于 (a 加 b) 的后继者.

两数的积定义为:

$$a \in \text{No} . \supset . a \times 0 = 0$$
$$a, b \in \text{No} . \supset . a \times (b + 1) = (a \times b) + a$$

这些都是相当清楚明白的, 由这些假设, 数的和与积服从的一般定律都可以导出.

关于首先将数学引入逻辑斯谛形式的详细情况, 我们无法在这里论述. 但是在发展中的几个重要事实也许应予注意. 首先, 在把数学推理中的逻辑关系与运算从日常语言翻译成精确符号时,《数学公式》的作者们不得不注意到先前忽略了的逻辑关系, 并且看清了其中的区别. 一个例子就出现在上面: 必须把一个类的元与这个类本身的关系 (符号是 $\in$) 和一个子类与包含它的类的关系 —— 当所有的 a 都是 b 时, a 与 b 的关系 —— 区别开来. 另一个例子是他们十分频繁地使用一个单数主语的概念, "某某", 必须与那些关于 "有些某某" 以及关于 "每个某某" 的语句区别开来. 更为精确地说, 逻辑斯谛方法对于这样的区别, 以及对于附加的逻辑原理, 都显示出了必要性, 事实就是, 不采用它, 由完美的假设会得出错误的数学结论, 或者本来可以证明的有效的数学结论实际上却无法通过推理得出.《数学公式》的作者们从已经发展的数学为目标开始, 把证明的逻辑关系和运算用精确而简洁的符号来表示, 他们发现必须首先发展逻辑, 使它超越所有以前的形式. 数理逻辑最初的内容就是命题函数演算, 它是由 Peirce 和 Schröder 开发的; 但是即使采用这个逻辑系统要想完成当前的任务也是远远不够的.

《数学公式》中第二个突出的结果已经暗含在把纯数学作为抽象的理论, 并且它独立于可用到的任何具体对象之外. 对数学而言, 有两件事情之一必须为真: 或者 (1) 表达逻辑不能完全依靠普遍为真的原则 —— 对于每个主题都为真的逻辑定律, 而且在几何及算术中的推理没有简化 —— 或者 (2) 数学必须由纯粹的分析语句组成. 如果数学本质上正确的断言是某个假设蕴含着某个定理, 如果在数学中每个这样的蕴含是某种普遍有效的推理原则的实例 (逻辑原则), 那么数学的证明步骤就不能依赖于, 例如, 我们空间的特殊性质, 或者可数集的经验性质. 这就是说, Kant 的名言: 数学的判断是综合的先验真理, 必定是错误的. 这样的数学真理既然能够由逻辑独立地证明, 它们就是先验的. 但是恰恰因为不是综合的, 它们才是先验的, 它们只不过是一般逻辑原则的一些实例而已.

正如已经说过的, 这是隐含在先前承认的数学理念的一次演绎与抽象; 例如, 承认非欧几何与欧氏几何同样数学有效. 逻辑斯谛发展的重要性, 从这方面来说, 是一种实现逻辑斯谛形式的可能性, 它从数学中消除不是简单的作为某个普遍适用的逻辑原理的一个实例的任何演绎步骤; 而且用符号表示是对论证的纯分析特性极其可靠的检验. 因此逻辑斯谛形式所获得的是一个具体的论证, 它是先验的, 在任何细节上, 都不是综合的. 既然这是我们理解数学的一个极其重要的结果, 它也就是现代逻辑斯谛具有标志性的成就了.

他们研究工作的这个取向是《数学公式》的作者们没有明确地注意到的. 然而, Frege 注意到了, 并且成为他的逻辑斯谛算术发展的中心点, 后来又被《数学原理》的作者们认识到, 并把它作为其著作的基本方向.

《数学原理》一书中有相当一部分可看作和《数学公式》的目标完全是一样. 至此, 完全可以预料到两本著作的差别正是实现某个目标的第一次尝试与得益于先前结果的后一著作之间的差别. Peano 找准了数学并把它完满地翻译成精确符号, 这样他达到了明确的分析和明确的形式化原理的水平, 这是在非逻辑斯谛形式中没有做到过的.《数学原理》沿着这个方向走得更远: 逻辑联系更为牢固; 论证达到了更加严格的程度.

然而, 重点也有所转变. 目标已经不再是把数学用最简洁的形式来表达; 而是数学性质的论证和它的逻辑关系. 此外, 在这一点上,《数学原理》的作者们发现在从逻辑真导出数学真这个方面他们可能超过 Peano. 在《数学公式》中我们已经看到, 算术发展要求在一般逻辑原则外还要加上, (1) 无定义概念, "数", "零", 以及 "(任意给定数的) 后继者"; (2) 依据这些概念的五个公设; (3) 算术关系或运算的定义, 例如 + 与 ×, 定义的方式用附加的公设很难区分. 对比一下, 在《数学原理》中, 采用下面的方式实现了算术的发展: (1) 所有的算术概念都被定义; 在全书中只有逻辑自身的那些概念是无定义的. "数", "零", "后继者", 关系 + 与 ×, 以及其他所有的算术概念都由假设的逻辑概念来定义, 例如 "命题", "否定", 以及 "或者 — 或者". 这个成果太异乎寻常了, 如果没有《数学原理》书中实际发展的检查, 人们是很难相信的. (2) 取消算术公设. 这一点有某些例外, 不过这些例外只影响关于超限数的某一类定理. 这些例外显示为议题中定理的假设 (有两个). 对于有些深奥的例外, 数学命题仅仅证明了逻辑自身为真的逻辑结论. 当数学概念被定义 —— 由逻辑概念来定义 —— 前面想到的对数学必需的公设, 例如我们列出的 Peano 算术公设, 全都可以用推理方法得出.[7]

在前面的几章中, 逻辑自身以一种满足所有进一步论证的形式有了发展. 而且展开的方式也是同样的演绎推理, 从很少的几个无定义概念, 以及几个关于这些概念的公设开始的推理. 因此, 这证明了这些原始的概念和公设就是整个数学仅需的假设.[8]

很难或者说不可能简单地介绍这个成果的意义. 随着时间的推移, 人们越来越认识到《数学原理》的问世是数学史和哲学史上的一个里程碑, 即使不算是人类思想的里程碑的话. 很早以前就有了关于数学知识的基础和特性的推测和似是而非的理论, 而在相反的观念面前, 它们一样是似是而非的. 在这里, 最终以独特的方式, 数学基础和特性的真实性被绝对确定了, 并且完全地证明了. 它只是由逻辑真单独逻辑地导出的, 它的任何特性都属于逻辑自身.

自《数学原理》面世以来在逻辑斯谛形式中逻辑和数学取得了大量的成就, 远远超过了历史上其他同样长的时间段, 要洞察这些成就几乎是不可能的. 这里我们只提及三个杰出的项目. 第一, 由 Sheffer 和 Nicod 做出的,

[7] 在 Russell 的《数学哲学导论》的前三章中, 对于不需要 Peano 五公设做了清晰而有趣的说明. 这本书中没有使用符号, 读者只需具有初级数学知识就能够理解.
[8] 《数学原理》第 III 卷的后面部分发展了几何的各个基本概念; 但是, 原本打算完成这项工作的第 IV 卷却始终没有面世.

对《数学原理》取得的任何进展考虑更加经济的假设: 将两个无定义概念和五个符号化的逻辑公设 (如《数学原理》第一版列出的) 替换为一个无定义概念和单一的公设. 第二, 逻辑真本身的性质经过 Wittgenstein 的讨论, 变得更明确了. 它就是 "同义反复" —— 也就是任何逻辑定律等价于某个穷尽所有可能性的语句; 任何在逻辑中被肯定的事情都是无可怀疑的真理. 从数学到逻辑的关系可知, 数学真类似于同义反复.[9] 第三, 我们开始注意到逻辑真有各式各样的特性, 很难从严格限制了的概念来怀疑, 到目前为止, 这些概念已被仔细地讨论过了. Lukasiewicz, Tarski 和他们学校的研究证明了有无限个不同的系统共享着同样的同义反复和无可争辩的性质, 这些都是我们在熟知的推理逻辑中认可的. 我们容易承认限制在特定形式内的逻辑的用处 —— 例如, 直至 Riemann 和 Lobatchevsky 之前对几何的限制. 我们开始了解, 逻辑真的领域比以前认识到的形式广阔得多, 正如现代几何学要比 Euclid 几何学广阔得多一样.

参 考 文 献

Leibnitz, G. W., *Philosophische Schriften* (hrsg. v. C. I. Gerhardt, Berlin, 1887), Bd. VII; see esp. fragments XX 和 XXI.

Couturat, L., *La logique de Leibniz, d'après des documents inédits* (Paris, 1901).

Lambert, J. H., *Deutscher Gelehrter Briefwechsel*, 4 vols. (hrsg. v. Bernouilli, Berlin, 1781—1784).

——, *Logische und philosophische Abhandlungen*, 2 vols. (hrsg. v. Bernouilli, Berlin, 1872—1887).

Hamilton, Sir W., *Lectures on Logic* (Edinburgh, 1860).

De Morgan, A., *Formal Logic; or, the Calculus of Inference, Necessary and Probable* (London, 1847).

——, "On the Syllogism,"etc., five papers, *Transactions of the Cambridge Philo-sophical Society*, Vols. VIII, IX, X (1846—1863).

——, *Syllabus of a Proposed System of Logic* (London, 1860).

Boole, G., *The Mathematical Analysis of Logic* (Cambridge, 1847).

---

[9]基于对 Wittgenstein 概念的更加细致的研究, 现在的学者们并不完全同意这点.

——, *An Investigation of the Laws of Thought* (London, 1854; reprinted, Chicago, 1916).

Jevons, W. S. *Pure Logic, or the Logic of Quality Apart from Quantity* (London, 1864).

Venn, J., "Boole's Logical System", *Mind,* I (1876), 479–491.

——, *Symbolic Logic,* 2d ed. (London, 1894).

Peirce, C. S. "Description of a Notation for the Logic of Relatives," *Memoirs of the American Academy of Arts and Sciences,* IX (1870), 317–378.

——, "On the Algebra of Logic," *American Journal of Mathematics,* III (1880), 15–57.

——, "On the Logic of Relatives," in *Studies in Logic by Members of Johns Hopkins University* (Boston, 1883).

——, "On the Algebra of Logic; a Contribution to the Philosophy of Notation," *American Journal of Mathematics,* VII (1885), 180–202.

Frege, G., *Begriffschrift, eine der arithmetischen nachgebildete Formelsprache des reinen Denkens* (Halle, 1879).

——, *Die Grundlagen der Arithmetik* (Breslau, 1884).

——, *Grundgesetze der Arithmetik,* 2 vols. (Jena, 1893—1903).

Schröder, E., *Vorlesungen über die Algebra der Logik,* 3 vols. (Leipzig, 1890—1905).

——, *Abriss der Algebra der Logik,* in parts (hrsg. E. Müller, Leipzig, 1909).

Peano, G., *Formulaire de mathématiques,* 5 vols. (Turin, 1895—1908).

Russell, B. A. W., *Principles of Mathematics,* Vol. I (Cambridge, 1903).

Whitehead, A. N., and Russell, B. A. W., Principia Mathematica, 3 vols. (Cambridge, 1910—1913; 2d ed., 1925—1927).

Sheffer, H. M., "A Set of Five Independent Postulates for Boolean Algebras," etc., *Transactions of the American Mathematical Society,* XIV (1913), 481–488.

Nicod, J., "A Reduction in the Number of the Primitive Propositions of Logic," *Proceedings of the Cambridge Philosophical Society,* XIX (1916), 32–42.

Wittgenstein, L., *Tractatus Logico-philosophicus* (New York, 1922).

Lukasiewicz, J., "Philosophische Bemerkungen zu mehrwertigen Systemen des Aussagenkalküls," *Comptes Rendus des séances de la Société des Sciences et des Lettres de Varsovie*, XXIII (1930), Classe III, 51–77.

——, and Tarski, A., "Untersuchungen über den Aussagenkalkül," *ibid.*, 1–21.

Carnap, R., *Der logische Aufbau der Welt* (Berlin, 1928).

也好, 逻辑, 当然; 是在它自身之中, 而不是在晴朗的天空里.

—— Arthur Hugh Clough (1819—1861) (Tober-na-vuolich 的茅屋)

3 符号表示法, 鳕鱼的眼睛和遛狗条例

Ernest Nagel

I. 表示法的解释

现代形式逻辑 (或数理逻辑) 的符号表示法是一种工具, 在它的帮助下, 通常语句的意义 —— 不论在平常的论述或是特定的科学中 —— 能够被分析、阐明和更精确地形式化. 这种表示法使我们能够比通常用语更加清楚明白地表述我们想要表述的事情以及复杂的概念, 从而避免日常用语难以规避的歧义. 然而, 这个好处也是必须付出代价的: 必须学习陌生的特性; 必须掌握新的表示法; 还要按照这个表示法更改许多明显的简单语句, 常常使其变得极其复杂而冗长. 正如显微镜那样, 现代逻辑的表示法有着极强的分解能力, 造就了我们论述的许多突出的功能, 而这些在日常生活中是不太令人感兴趣的; 如果我们在所有的场合都用它, 就容易显得我们很近视. 数理逻辑无疑促进了各种计算和分析模式的发展, 它有着巨大的数学意义, 而且在某些情况下对技术问题有着直接的影响. 然而, 人们发现现代形式逻辑的方法和表示法自身是关于纯逻辑和纯数学基础研究不可缺少的主要工具 —— 探讨何处必须做出和不做出微妙的区别, 语句中何处最清楚明白, 以及在备受重视的证明中何处最严格.

把现今逻辑特性和表示法用到日常话语的一些例子的分析中是十分有趣的, 也许甚至还有启发性. 这将在后面尝试一下, 虽然并不希望一定能揭

示出现代逻辑的全部功能和可能的价值. 为了准备分析并能以方便的形式
阐明许多平常语句的意义, 首先必须至少引进一个特性和记号的最小机制.

1. 语　句　式

对下列语句做一个简短的检查 (检查话语中那些显著提升了问题真假
性的单元)

帝国大厦是高的

埃菲尔铁塔是高的

沃尔华斯大楼是高的

容易看出每一句都是下述表达式的一个实例:

$$x \text{ 是高的}.$$

后面这个表达式显然不是一个语句; 它包含了一个变元 "x" (其他字母也可
用作变元), 如果把个别的名称代入变元, 得到的表达式就是一个语句.

再有, 语句:

巴黎比纽约更古老

太阳比牵牛星更古老

阿巴拉契亚山脉比落基山脉更古老

容易看出这些都是下述形式的实例:

$$x \text{ 比 } y \text{ 更古老}$$

它含有两个变元 "x" 和 "y".

上面形如 "x 是高的" 以及 "x 比 y 更古老" 的表达式, 它含有一个或多
个变元, 而把个别的名称代入变元所得的表达式就是一个语句, 这样的表达
式称为 "语句式" (或者 "语句函数" 或者 "命题函数").

2. 语句联结词

从一个给定的语句集借助某些逻辑联结词可以构成另外的语句, 这些
逻辑联结词称为 "语句联结词". 我们要谈的是五个这样的联结词和它们的
符号表示.

(i) 否定式. 给定一个语句 "玛丽在家", 它的否定式或矛盾式在联结词 "不是" 的帮助下构成: "玛丽不在家". 数理逻辑中联结词 "不是" 代以符号 "∼" (波浪线), 而一个语句的否定式就在语句前放置这个符号构成. 因此 "玛丽在家" 的否定式写成 "∼(玛丽在家)". 一般地, 如果 "S" 是一个语句, 它的否定式就是 "∼S".

(ii) 合取式. 两个语句 (例如 "玛丽在家" 和 "约翰高兴") 可以借助联结词 "并且" 联合起来构成一个合取式语句, 因此得到: "玛丽在家并且约翰高兴". 在现代逻辑中, 联结词代以点 ".", 放在语句中间来构成它们的合取式; 于是得到:

$$(玛丽在家). (约翰高兴)$$

引进括号是为了避免可能产生的混乱, 但是, 不太可能出现混乱的时候, 通常都被省略了. 在括号用于其他语句联结时也这样处理.

(iii) 择一式. 两个语句可以借助联结词 "或者 — 或者" 联合起来构成一个择一式语句; 例如 "或者玛丽在家或者约翰高兴". 数理逻辑中, 表达式 "或者 — 或者" 代以楔形 "∨" (来自最初的拉丁字母 *vel*), 放在语句中间来构成它们的择一式; 于是得到:

$$(玛丽在家) \vee (约翰高兴)$$

(iv) 条件式. 任何两个语句可以借助联结词 "如果 — 则" 联合起来构成一个条件式语句; 例如 "如果玛丽在家, 则约翰高兴". 现代逻辑符号把 "如果 — 则" 代以马蹄形 "⊃", 放在语句中间来构成条件式; 于是得到:

$$(玛丽在家) \supset (约翰高兴)$$

(v) 双条件式. 两个语句可以借助联结词 "当且仅当" 联合起来构成一个双条件式语句; 例如 "玛丽在家当且仅当约翰高兴". 数理逻辑中构造双条件式时, 短语 "当且仅当" 代以三杠 "≡"; 例如:

$$(玛丽在家) \equiv (约翰高兴)$$

3. 量词 —— 全称和存在

到现在为止, 引入的符号还不足以表达像 "所有人都会死的" 这样结构的语句. 然而, 这个一般语句的例子也可以写成:

$$对于每个 x, 如果 x 是人, 则 x 是会死的$$

在短语 "对于每个 x" 后面跟一个表达式, 这是一个语句式. "对于每个 x" 这样经常出现的短语, 把它们代以特殊的组合符号是方便的, 即: "(x)". 这个组合符号称为 "全称量词", 由在变元的两侧放上括号构成 (它不同于变元 "x"). 于是, 上面的一般语句改写为逻辑记号就有了下面的形式:

$$(x) \ (x \text{ 是人} \supset x \text{ 是会死的})$$

又, 语句 "有些人是会死的" 也可写作:

对于有些 x, x 是人并且 x 是会死的.

或者

至少有一个 x 使得 x 是人并且 x 是会死的.

短语 "至少有一个 x" (或者更简短地, "有一个 x") 也经常遇到, 在现代逻辑中被代换成组合符号: "$(\exists x)$". 这个组合符号称为 "存在量词", 是在括号中反向字母 "E" 后面跟一个变元. 于是, 语句 "有些人是会死的" 用逻辑记号法写为:

$$(\exists x) \ (x \text{ 是人 } . x \text{ 是会死的})$$

有时, 单独一个量词还不足以将语句转写成逻辑记号法. 因而, "每个人爱有些人" 实际上是说, 对于任何个体 x, 总有某些个体 y, 有 x 爱 y. 因此, 在逻辑记号法中写为:

$$(x)(\exists y) \ (x \text{ 爱 } y)$$

另一方面, 语句 "有人被所有人爱" 实际上是说, 至少有一个个体 y 使得对任何 x 总有 y 被 x 爱. 因此在逻辑记号法中, 这个语句写成:

$$(\exists y)(x) \ (x \text{ 爱 } y)$$

因此, 很明显地, 量词的顺序并不是无关紧要的.

4. 限定摹状词

考虑语句 "氩的发现者是 Rayleigh 勋爵". 它含有一个单数名字 "氩的发现者", 虽然用来描述唯一的一个人, 它不算是一个固有名字. 这样的名字有着 "的某某" 的形式, 被称为 "限定摹状词"; 包含它们的语句通常被解释为断言 (或假定) 存在唯一的一个人 (或 "对象") 满足规定的条件. 例如, 上述语句通常解释的意思是有一个而且只有一个人, 他发现了氩, 这个人与 Rayleigh 勋爵是同一个人.

有些时候分析限定摹状词是适当的, 甚至是必要的, 当今的作者大都追随 Bertrand Russell, 他是第一个做出这种分析的现代逻辑学家. 当把限定摹状词假定为一类简单的固有名字时, Russell 感到有些迷惑不解, 从而激发了他分析的积极性. 考虑句子 "Fermat 大定理的证明是不存在的". Russell 认为这实际上是说如果限定摹状词 "Fermat 大定理的证明" 是有着固有名字的逻辑状态, 这个表达式指的是某个假设是实在的或 "存在的". 但是, 如果那样的话, 上面这个句子就是自相矛盾的, 因为它的主词假定了唯一证明的存在, 而这个句子却否定了这样的证明的存在. 于是, Russell 提出了一种处理限定摹状词的方法, 这样, 相较于固有名字, 它们的重要用处不是做出表面上描述的任何事物实际存在的假设. 他的建议本质上是一个消除限定摹状词的一般规则, 将含有限定摹状词的句子转换成逻辑等价语句时不再出现限定摹状词.

Russell 的分析可简单地描述如下.

首先, 容易看到下面这些限定摹状词:

氩的发现者

氧的发现者

中子的发现者

都是

x 的发现者

的实例. 最后这个表达式显然不是一个限定摹状词, 因为它并没有描述唯一的个体, 而这样的表达式通常称为 "描述性函数" (或者 "描述形式").

其次, 可在特殊的 "摹状算子" 的帮助下, 在语句式之外构造限定摹状词. 例如, 我们把摹状算子 "$(\imath x)$" 加在前缀, 它是 "有一个且只有一个 x 使得" 的缩写, 对语句式 "x 发现了氩" 可得

$$(\imath x)\,(x \text{ 发现了氩}).$$

这个表达式读作: "有一个且只有一个 x 使得 x 发现了氩", 或者简单地说成 "氩的发现者". 摹状算子本身是在括号中写反向的希腊字母 $\imath$ 后面再跟一个变元构成的.

最后, 摹状算子和限定摹状词不能用本文中引入的概念明确地定义. 然而, 如果严格相等的概念理所当然地用通常的符号 "=" 来表示, 就能够把限定摹状词从它出现的任何句子中消除, 从而支持已经提供的表达方式. 例如, 语句 "氩的发现者是 Rayleigh 勋爵", 也可以用摹状算子表达为:

$$(\imath x) \ (x \ \text{发现了氩}) \ \text{是 Rayleigh 勋爵},$$

也能够转换成不再包含限定摹状词的句子:

$$(\exists x) \ (y) \ ((y \ \text{发现了氩} \equiv x \ \text{发现了氩}). \ (x=\text{Rayleigh 勋爵}))$$

从字面上看, 这个句子是说: 有一个个体 x 使得对任何的个体 y, y 发现了氩当且仅当 x 发现了氩, 而且 x 等同于 Rayleigh 勋爵. 翻译成通常的语言, 说的就是恰有一个人他发现了氩, 这个人就是 Rayleigh 勋爵.

5. 符号的应用和提及

通常人们在命名的时候不会把名字 (或者其他的语言表达式) 弄混乱. 因此, 大约不会有人觉得很难分辨下面两个句子:

George Eliot 是个女人

George Eliot 是个笔名

第一句的主语是指一个人, 而第二句的主语是指一个语言表达式. (按照广泛流传的说法, 表达式 "George Eliot" 在第一句中是被应用了而不是被提及, 因为它谈到的是某个确实的人; 另一方面, 第二句中表达式 "George Eliot" 是被提及的而不是被应用的, 因为它没有用来指定正常情况下表达式命名的人.) 不过, 在许多文本中这种区别并不那么容易看出, 因此, 有时就出现了严重混乱的结果.

下面这则趣闻中就有这种混乱的有点好玩的例子. 一位英语作文老师批评他的学生使用了低劣语言, 他特别指出有两个词希望学生们今后要避免使用. 他强调说: "这些词是 '糟糕的' 和 '可怕的'". 在责骂之后短暂的沉默突然被一个学生的问题打断了: "但是这些词是什么呢, 教授? " 当然, 这个故事的要点是指导教师只是提及而不是应用这些词, 而学生理解的是要应用而不是提及这些词. 下面这个谬误的论证阐明了更为严重的混乱. 既然 2/3=14/21 并且 7 大于 14/21, 于是 (等量代换) 有 7 大于 2/3. 类似地, 有人认为, 既然 2/3=14/21 并且 7 是 14/21 分子的因数, 于是 (等量代换) 有 7 是 2/3 分子的因数. 这里出现的错误是由于混淆了数和它们的名称, 特别地还把比与分数等同起来了 (分数通常是用作比的名称或身份). 因此, 在等式 "2/3=14/21" 中, 我们是应用而不是提及分数表达式 "14/21"; 而在语句 "7 是 14/21 分子的因数" 中, 我们是提及而不是应用分数 "14/21", 虽然我们是用短语 "14/21 的分子" 来指某个数 (也就是 "14"), 它也就是某个数 (即 14) 的名称. 尽管 2/3=14/21, 但显然并不是说分数 "2/3" 就等同于分数 "14/21"; 而论证中的错误就在于混淆了这两个句子. 许多更为严重的错误就来自于忽视我们正在讨论的这种区别, 这在逻辑基础和数学基础的著作中大多一笔带过, 正如在哲学家们的著作中那样.

为了防止这样的混乱, 通常是制定一个一般原则对应用和提及做出根本区别; 而引进一个能防止我们违反这个原则的记号法也很方便.

在一个有正确格式的关于任何事情的句子当中, 如果谈到的事情在句子中永远不出现, 那就必须代以它们的名称或者其他的身份表达式. 因此, 这个人她是一个小说家, 她住在英国, 等等, 都不是语句 "George Eliot 是个女人" 的成分, 尽管她的笔名是这样一个成分. 这个一般规则必须能够观察到是否我们谈到的是非语言的事情和事件, 或者是否我们在构作的语句是关于语言表达式的. 从而, 既然在语句 "George Eliot 是个笔名" 中我们断定了有关语言表达式的某些事, 这个语句应当包含一个成分, 它不是那个表达式而是表达式的名字. 现在有一种对写出和印出制造商名称广泛应用的现代方式: 把表达式放在单引号中, 而将表达式以及它的封闭引号作为表达式本身的名字. 若同意这个约定, 上面提到的语句必须有如下的形式:

‘George Eliot’ 是个笔名.

如果采用这个约定作为单引号的用法, 显然下列三个句子中只有第三个是正确的:

George Eliot 包含引号

‘George Eliot’ 包含引号

"George Eliot" 包含引号.

第一个显然是错误的, 即使不说它是荒谬的. 第二个也是错误的, 因为它的主语是指一个英国作家的名字, 并且这个名字没有包含引号. 而第三个句子是正确的, 既然它的主语是指一个表达式的名字, 而且这个名字确实包含着引号.

下面的习惯用语和记号, 在一定程度上体现了刚才解释的差别, 会在后

面的行文中经常用到. 我们将把摹状函数 'x 的名字' 当作 '(ıy) (y 命名 x)' 的
一个缩写, 并且解释形如 'y 命名 x' 的句子的意思是替换 'y' 的任何表达式
是替换 'x' 的表达式指定的 "对象" 的习惯用名. 因此, 下面的说法是正确的:

'Napoleon' 命名 Austerlitz 的胜利者

或者另一种说法:

Austerlitz 的胜利者的名字 ='Napoleon'

但是, 下面这种说法就是不正确的:

Napoleon 命名 Austerlitz 的胜利者

或者

Austerlitz 的胜利者的名字 = Napoleon

此外, 我们将把摹状函数 'x 的呼叫名' 当作 '(ıy) (y 的呼叫名是 x)' 的一
个缩写, 并且形如 'y 的呼叫名是 x' 的语句的意思是替换 'y' 的任何表达式
不是替换 'x' 的表达式指定的 "对象" 的习惯用名, 只是对象的一个称呼. 因
此, 下面的说法是正确的:

George Washington 的呼叫名 ='他的国家之父'

但是下面说法就不对了:

George Washington 的呼叫名 = 他的国家之父

或者这样说也不对:

George Washington 的呼叫名 ='George Washington'.

选自 Lewis Carroll 的《爱丽丝镜中奇遇记》

"你好像很伤心," 骑士不安地说, "让我唱支歌安慰你吧."

"很长吗?" 爱丽丝问, 因为这一天里她已经听了许多诗歌了.

"它虽然长," 骑士说, "但是非常, 非常精彩. 听了我唱的歌, 有的人流
泪, 有的人就 ……"

"就怎么样?" 爱丽丝问, 因为骑士突然不说了.

"有的人就不流泪, 你知道. 歌的名字被叫作 '鳕鱼的眼睛'."

"哦, 那是歌的名字吗?" 爱丽丝努力做出很感兴趣的样子问道.

"不, 你不明白," 骑士有点急躁地说, "那是别人叫的名字, 它的真正名字是 '上了年纪的人'."

"那么我就应该说 '这歌是别人叫的名字' 么?" 爱丽丝纠正自己说.

"不, 不应该; 这完全是另一回事儿! 这支歌还被叫作 '方法和手段'; 不过也是别人叫的, 你知道."

"好吧, 那么这歌到底叫什么呢? " 爱丽丝说, 她这时完全莫名其妙了.

"我正要说呢, " 骑士说. "这歌真正的名字是 '在门上歇一下'; 调子是我创作的."

说到这里, 他勒住了马, 让缰绳散落在马脖子上; 然后, 一只手慢慢地打着拍子, 在文雅而愚蠢的脸上, 露出淡淡的微笑, 好像开始欣赏自己的歌和音乐.

II. 鳕鱼的眼睛

上面的以及其他一些选段以一种有趣的方式阐明了在日常语言中经常遇到的两种类型的困难, 当然也很少有这样夸张的形式. 一般来说, 克服这些困难也不算太麻烦, 不过通常语言并不具备明确的技术手段来做这件事. 现代逻辑理论正好有解决这种困难的技术手段, 而且看看它怎样解决困难是有好处的. 然而, 必须强调指出, 现代逻辑手段用到这些十分初级的例子时, 还远不能充分展现它的力量和意义. 平时谈话的目的只要用日常语言这种十分有效的方式就能达到, 并不需要应用精细而烦琐的现代形式逻辑手段. 制作一张桌子的时候, 一个具有正常心态的人是不会推荐用干涉仪去量木头的. 反过来说, 既然物理学家的高精度测量技术对于木匠毫无意义, 那么把这种设备放在木匠铺里就是荒唐可笑的, 完全没有存在的理由.

选自 Lewis Carroll 书中的一段说明的是出于误解的这种类型, 它出现在对话语的片段 (如名字) 分不清, 以及对语言表达式指的是什么也不清楚的情形. 也许, 这种错误类型的最严重的例子来自教科书的谬误: 老虎吃肉, 肉是字, 因此老虎吃字. 要消除这样的误解, 只需严格区分符号的应用和提及, 并用习惯的引用标志对语言表达式造出名字就能做到, 而这两者已在上面解释过了.

　　选自 Robert Graves 书中的一段说明在日常语言的标准程序中, 缺少对事情发生的必要或充分条件的明确表达, 还缺少对事件的时间依赖性的明确说明. 例如, 这句 "玉米价格会上涨并且雨量会增加, 如果到处都继续刮风的话" 就不清楚, 是断定到处刮风的结果是玉米价格会上涨和雨量会增加两者都出现, 还是断定只是后者出现. 再有, 句子 "他脱下他的外套并且去睡觉" 通常被想象成第一分句中的动作是在第二分句动作之前. 但是这样写出的分句的顺序往往不足以确定事件发生的时间顺序, 正如从语句 "他的房子毁坏了并且他不见了" 中显然不能判断事情发生的先后. 这样的含糊不清只要应用现代逻辑的标准方法就能消除: 精确的标点符号规则 (即, 应用括号和一些其他记号的分组表达规则), 应用语句联结词的严格规定, 以及变元和量词算子的引入.

　　在爱丽丝和白骑士的对话中, 后者提议给她唱一首歌, 最后他才声称, 这首歌的曲调是他自己创作的. 因为句子形式: 'x 是一首歌, 它的曲调是骑士自己创作的' 既长又笨, 让我们把它缩写成较短的形式:

'x 是一个 KS.'

　　显然这样的歌只有一首, 因此, 限定摹状词

'$(\imath x)$ (x 是一个 KS)'

唯一地标识了它. 把这个限定摹状词的模式缩写成十分简单的短语有时是方便的: '这首歌'.

　　1. 在爱丽丝的询问下, 骑士承认, 它长, 但是非常, 非常精彩. 让我们看看用逻辑符号表示这个承认是个什么样子.

　　首先, 我们得到:

(这首歌长) . (这首歌非常, 非常精彩)

　　其次, 我们用限定摹状词的缩写形式替换初始陈述, 我们得到:

$((\imath x)$ (x 是一个 KS) 长) . $((\imath x)$ (x 是一个 KS) 非常, 非常精彩)

但是, 如果我们决定完全消除限定摹状词, 于是我们得到:

$(\exists x)(y)$ ((y 是一个 KS $\equiv$ x 是一个 KS). (x 长). (x 非常, 非常精彩))

　　2. 然而, 骑士又做了另外一个陈述: 听他唱这首歌的任何一个人都会流泪, 或者不流泪. 这个句子穿上逻辑外衣后会是什么样子呢? 首先, 我们得到:

$(z)(t)$ (z 在时刻 t 听骑士唱这首歌 $\supset$ ((这首歌使 z 在时刻 t 流泪) $\vee \sim$

(这首歌使 z 在时刻 t 流泪))).

但是, 如果我们用限定摹状词的缩写形式替换初始陈述, 结果就是:

$(z)(t)$ (z 在时刻 t 听骑士唱 $(\imath x)$ (x 是一个 KS) $\supset$ ($((\imath x)$ (x 是一个 KS) 使 z 在时刻 t 流泪) $\vee \sim ((\imath x)$ (x 是一个 KS) 使 z 在时刻 t 流泪))).

最后, 如果我们喜欢消除限定摹状词, 就会得到有点吓人的包含四个量词的语句:

$(\exists x)(y)(z)(t)$ ((y 是一个 KS$\equiv x$ 是一个 KS). (z 在时刻 t 听骑士唱 $x \supset$ ((x 使 z 在时刻 t 流泪) $\vee \sim$ (x 使 z 在时刻 t 流泪))).

3. 按照骑士的说法, 这首歌的名字被叫作 '鳕鱼的眼睛'. 如果我们还记得在第 I 节末尾解释过的用法和记号, 就能表达如下:

这首歌的名字的呼叫名 ='鳕鱼的眼睛'

作为一个练习, 我们把它转写成逻辑记号, 以包含在这个句子中各式各样限定摹状词的缩写形式替换原始写法. 我们得到:

$(\imath u)$ (u 的呼叫名是 $(\imath z)$ (z 的名字是 $(\imath x)$ (x 是一个 KS))) = '鳕鱼的眼睛'

而如果我们坚持消除限定摹状词, 就可得到:

$(\exists u)(w)(\exists z)(r)(\exists x)(y)$ ((w 的呼叫名是 $z \equiv u$ 的呼叫名是 z). (r 的名字是 $x \equiv z$ 的名字是 x) . (y 是一个 KS$\equiv x$ 是一个 KS). (u ='鳕鱼的眼睛'))

在任何情况下, 爱丽丝显然都是错误的, 因为她以为

这首歌的名字 ='鳕鱼的眼睛'

4. 那么, 这首歌的名字到底是什么呢? 骑士说, 它是 '上了年纪的人'. 于是,

这首歌的名字 ='上了年纪的人'

因此很明显, 当爱丽丝认为

这首歌的呼叫名 ='上了年纪的人'

她再一次犯了错误.

5. 因为骑士指出, 这首歌被叫作 '方法与手段'. 那就是说:

这首歌的呼叫名 ='方法与手段'

6. 最后, 骑士对这首歌真名的声明解除了爱丽丝的困惑: "这首歌实际上是 '在门上歇一下'." 但是在这里, 作者或者印刷者记录这句话的时候犯了严重的错误, 因为骑士说成了:

这首歌 = '在门上歇一下'

这是十分荒唐的. 因为恒等式左边表达式所指的 "对象" 不可能是右边表达式所指的 "对象", 前者是首歌, 它的曲调是骑士本人创作的, 而后者是某个语言表达式, 它的名字是由恒等式右边显示的. 显然骑士要说的意思是:

这首歌 = 在门上歇一下.

7. 现在我们可以把骑士提供的信息汇集成下列恒等式:

这首歌名的呼叫名 = '鳕鱼的眼睛'

这首歌的名字 = '上了年纪的人'

这首歌的呼叫名 = '方法与手段'

这首歌 = 在门上歇一下

8. Lewis Carroll 的文本, 现在可以部分地用现代逻辑符号改写如下:

"你好像很伤心," 骑士不安地说, "让我唱支歌安慰你吧."

"很长吗?" 爱丽丝问, 因为这一天里她已经听了许多诗歌了.

骑士:

$(\exists x)(y)$ ((y 是一个 KS $\equiv$ x 是一个KS).(x长).(x 非常, 非常精彩)).

"它虽然长," 骑士说, "但是非常, 非常精彩. 听了我唱的歌, 有的人流泪, 有的人就 ⋯⋯"

骑士:

$(\exists x)(y)(z)(t)$ ((y 是一个 KS $\equiv$ x 是一个KS).(z 在时刻 t 听骑士唱 x $\supset$ ((x 使 z 在时刻 t 流泪) $\vee \sim$ (x 使 z 在时刻 t 流泪))).

"就怎么样?" 爱丽丝问, 因为骑士突然不说了.

"有的人就不流泪, 你知道. 歌的名字被叫作 '鳕鱼的眼睛'."

"哦, 那是歌的名字吗?" 爱丽丝努力做出很感兴趣的样子问道.

骑士:

这首歌的名字的呼叫名= '鳕鱼的眼睛'.

爱丽丝:

这首歌的名字= '鳕鱼的眼睛'.

"不, 你不明白," 骑士有点急躁地说, "那是别人叫的名字, 它的真正名字是 '上了年纪的人'."

"那么我就应该说 '这歌是别人叫的名字' 么?" 爱丽丝纠正自己说.

"不, 不应该: 这完全是另一回事儿! 这支歌还被叫作 '方法和手段'; 不过也是别人叫的, 你知道."

"好吧, 那么这歌到底叫什么呢?" 爱丽丝说, 她这时完全莫名其妙了.

"我正要说呢," 骑士说. "这歌真正的名字是 '在门上歇一下'; 调子是我创作的."

说到这里, 他勒住了马, 让缰绳散落在马脖子上; 然后, 一只手慢慢地打着拍子, 在文雅而愚蠢的脸上, 露出淡淡的微笑, 好像开始欣赏自己的歌和音乐.

骑士:
这首歌的名字= '上了年纪的人'.

爱丽丝:
这首歌的呼叫名= '上了年纪的人'.

骑士:
这首歌的呼叫名= '方法与手段'.

骑士 (回答):
这首歌= '在门上歇一下'.
骑士 (毫无疑问要说的是): 这首歌= 在门上歇一下.

选自 Robert Graves 和 Alan Hodge 的《在你身后的读者》

摘录自治委员会的会议记录:

议员 Trafford 不赞成在南方公园入口处贴通告的建议: "除非有人牵着, 否则狗不能进入本公园." 他指出, 一旦牵着狗安全进入公园以后, 这个规定不能阻止狗的主人放开他的宠物, 或者宠物自己跑开.

主席 (Colonel Vine): 你有什么另外的措辞方面的建议吗, 议员?

议员 Trafford: "狗不允许在本公园里没有人牵着."

议员 Hogg: 主席先生, 我反对. 这个规定应该针对主人, 而不是狗.

议员 Trafford: 这个观点不错, 那好吧: "狗的主人不允许在本公园里, 除非他们一直牵着他们的狗."

议员 *Hogg*: 主席先生, 我反对. 严格地说这会限制作为狗的主人的我, 我把狗放在家里的后花园就不能和 Hogg 太太穿过公园散步了.

议员 *Trafford*: 主席先生, 我建议由我们这位墨守成规的朋友自己来起草一份通告.

议员 *Hogg*: 主席先生, 既然议员 Trafford 觉得按我先前的措辞很难改, 那么我接受. "任何人不牵着他的狗都不允许进入本公园."

议员 *Trafford*: 主席先生, 我反对. 严格地说这个通告限制了我, 作为一个自己没有狗的公民, 不先弄一条狗就不能进这个公园了.

议员 *Hogg* (有些激动) : 那么, 很简单: "狗必须被牵着在本公园中."

议员 *Trafford*: 主席先生, 我反对: 这读起来好像是对全镇下的命令, 要大家领着他们的狗进这个公园.

议员 Hogg 插入一个附注, 撤回被称为命令的那句话, 并立即从记录中删除.

主席: 议员 Trafford, 议员 Hogg 已经尝试了三次, 你才两次……

议员 *Trafford*: "所有的狗必须一直有人牵着在本公园中."

主席: 我看到议员 Hogg 十分肯定地强调了另一个反对意见. 也许我可以预见他的另一个修正案: "所有的狗在本公园中必须一直有人牵着."

这个草案付诸表决, 一致通过, 两票弃权。

III. 遛狗条例

1. 拟议中的通告的最初形式, 显然是议员 Hogg 努力的成果, 说的是: "除非有人牵着, 否则狗不能进入本公园." 那就是:

$$(x)(t) \, (\, (x \text{ 是狗}. \; x \text{ 在时刻 } t \text{ 被带入本公园}) \supset$$
$$(x \text{ 在时刻 } t \text{ 需要有人牵着}) \,)$$

但是议员 Trafford 注意到, 一旦狗进入公园, 这个规则允许不再牵着狗.

2. 议员 Trafford 首先提出了通告的修正版: "狗不允许在本公园里没有人牵着."

如果议员 Hogg 是正确的, 那么这个措辞的通告是写给狗的, 而不是写给它们的主人的, 翻译成逻辑记号就是:

(t) ((你是狗. 在时刻 t 你在本公园中) $\supset$

(在时刻 t 你需要有人牵着))

3. 议员 Trafford 的第二次尝试: "狗的主人不允许在本公园里, 除非他们一直牵着他们的狗"; 那就是:

$(x)(y)(t)$ ((x 是狗. y 是 x 的主人. 在时刻 t, y 在本公园中) $\supset$ (在时刻 t, y 需要一直牵着 x))

无论如何, 这个规则对于在公园中的狗主人来说是一样的, 即便狗不在身边, 仍然要求一直牵着他那条缺席的狗.

4. 议员 Hogg 的第二次尝试: "任何人不牵着他的狗都不允许进入本公园." 但是, 正如议员 Trafford 对此解释的那样, 它说的是:

$(x)(t)(\exists y)$ (在时刻 t, x 在本公园中 $\supset$

(y 是狗. x 是 y 的主人. 在时刻 t, x 需要一直牵着 y))

因此, 按照拟议中的通告的这个说法, 任何时候在公园中的人的必要条件是他得有一条狗, 还得牵着这条狗.

5. 议员 Hogg 的第三次尝试: "狗必须被牵着在本公园中." 然而, 按议员 Trafford 的解释, 这说的是:

$(x)(t)$ ((x 是狗. 在时刻 t, x 被牵着) $\supset$

(在时刻 t, x 需要被牵着在本公园中))

因此, 对于一条被牵着的狗的必要条件是这个动物在公园中被牵着.

6. 议员 Trafford 的第三次尝试: "所有的狗必须一直有人牵着在本公园中." 这十分自然地可解释成如下的断定:

$(x)(t)$ (x 是狗 $\supset$ 在时刻 t, x 需要一直被牵着在本公园中)

从而, 议员 Hogg 没有说出的反对意见必定是, 这个文本变成了一条狗的必要条件是这个动物任何时候都要一直牵着在公园里.

7. 主席的建议是: "所有的狗在本公园中必须一直有人牵着." 这个被采用的通告文本说的是:

$(x)(t)$ ((x 是狗. 在时刻 t, x 在本公园中) $\supset$

(在时刻 t, x 需要一直被牵着)

8. 比较通告的这些不同的版本, 我们注意到只有最后一个 (除了第二个, 它是由于不合文体才被舍弃的) 表述了对狗来说充分条件是在公园中任何时候都要有人牵着, 只要那时狗是在公园里的. 因此, 第一个版本完全忽视了这个条件, 因为它对狗列出的充分条件仅仅是在一个给定的时刻有人牵着, 即狗被带进公园的那个时刻. 第三个版本规定了狗的主人而不是狗存在于公园的充分条件; 而第四个版本也一样是对狗的主人. 第五和第六个版本失败于把狗存在的条件指定为在公园里被牵着.

9. 自治委员会讨论拟定通告的记录文本翻译成逻辑记号可展示如下:

议员 Trafford 不赞成在南方公园入口处贴通告的建议: "除非有人牵着, 否则狗不能进入本公园." 他指出, 一旦牵着狗安全进入公园以后, 这个规定不能阻止狗的主人放开他的宠物, 或者宠物自己跑开.

主席 (Colonel Vine): 你有什么另外的措辞方面的建议吗, 议员?

议员 Trafford: "狗不允许在本公园里没有人牵着."

议员 Hogg: 主席先生, 我反对. 这个规定应该针对主人, 而不是狗.

议员 Trafford: 这个观点不错, 那好吧: "狗的主人不允许在本公园里, 除非他们一直牵着他们的狗."

议员 Hogg: 主席先生, 我反对. 严格地说这会限制作为狗的主人的我, 我把狗放在家里的后花园就不能和 Hogg 太太穿过公园散步了.

议员 Trafford: 主席先生, 我建议由我们这位墨守成规的朋友自己来起草一份通告.

议员 Hogg:

$(x)(t)$ ((x 是狗. x 在时刻 t 被带入本公园) ⊃ (x 在时刻 t 需要有人牵着))

议员 Trafford:

(t) ((你是狗. 在时刻 t 你在本公园中) ⊃ (在时刻 t 你需要有人牵着))

议员 Trafford:

$(x)(y)(t)$ ((x 是狗. y 是 x 的主人. 在时刻 t, y 在本公园中) ⊃ (在时刻 t, y 需要一直牵着 x))

议员 *Hogg*: 主席先生 , 既然议员 Trafford 觉得按我先前的措辞很难改, 那么我接受. "任何人不牵着他的狗都不允许进入本公园."

议员 *Trafford*: 主席先生, 我反对. 严格地说这个通告限制了我, 作为一个自己没有狗的公民, 不先弄一条狗就不能进这个公园了.

议员 *Hogg* (有些激动): 那么, 很简单: "狗必须被牵着在本公园中."

议员 *Trafford*: 主席先生, 我反对: 这读起来好像是对全镇下的命令, 要大家领着他们的狗进这个公园.

议员 Hogg 插入一个附注, 撤回被称为命令的那句话, 并立即从记录中删除.

主席: 议员 Trafford, 议员 Hogg 已经尝试了三次, 你才两次……

议员 *Trafford*: "所有的狗必须一直有人牵着在本公园中."

主席: 我看到议员 Hogg 十分肯定地强调了另一个反对意见. 也许我可以预见他的另一个修正案: "所有的狗在本公园中必须一直有人牵着".

这个草案付诸表决, 一致通过, 两票弃权.

议员 *Hogg*:

$(x)(t)(\exists y)$ (在时刻 t, x 在本公园中 $\supset$ (y 是狗. x 是 y 的主人. 在时刻 t, x 需要一直牵着 y))

议员 *Hogg*:

$(x)(t)$ ((x 是狗. 在时刻 t, x 被牵着) $\supset$ (在时刻 t, x 需要被牵着在本公园中))

议员 *Trafford*:

$(x)(t)$ (x 是狗 $\supset$ 在时刻 t, x 需要一直被牵着在本公园中)

主席:

$(x)(t)$ ((x 是狗. 在时刻 t, x 在本公园中) $\supset$ (在时刻 t, x 需要一直被牵着)

IV. 壹加壹等于贰

Alfred North Whitehead 和 Bertrand Russell 的《数学原理》首次出现于 1910 年, 它印成三卷四开本出版. 它达到了一项研究任务的巅峰, 这就是 1847 年由 George Boole 成功开创的扩充传统 Aristotle 形式逻辑的范围, 并将现代代数的方法以及类似的记号与算法引入这门学科的工作. 自从《数学原理》出版以来, 形式逻辑的研究发生了革命性的变化, 这部著作就成了这个领域中的伟大经典之一. 因为 Whitehead 和 Russell 不仅对传统逻辑进行了广泛的扩展和系统化, 使它彻底改变了模样; 他们还通过 19 世纪关于 "算术化" 数学分析的顶级结果, 指出了算术本身就可以看作形式逻辑的一个简单的外延 (或者一个分支). 他们仅仅用了少量的纯粹逻辑概念 (例如那些由 "非", "或者 — 或者", "对于所有的 x" 表达的概念) 就能够定义算术中出现的所有概念 (例如那些由 "基数", "紧接后元" 和 "零" 所表达的 Peano[1]算术公理的基本概念). 此外, 他们还成功地论证了所有的算术命题都是少量纯粹逻辑公理 (例如那些由 "如果 p, 则 p 或 q", 以及 "如果任何 x 有性质 P, 则存在一个 x 使得 x 有性质 P" 表达的公理) 的逻辑结论. 于是, 既然 19 世纪的数学家们已经指出, 从所有要素来看, 数学分析是 "可化归" 到算术的, 这就使得 Whitehead 和 Russell 相对容易以迄今为止、几乎无可匹敌的细致和严谨来进一步论证所有的数学分析可划归到形式逻辑.

完成全部数学 "逻辑化" 的计划 ——《数学原理》的第 IV 卷本来计划写成关于几何学的论文, 却始终没有完成, 显然是因为作者们的生活状况有所改变 —— Whitehead 和 Russell 不得不引进大量的新特性和定义, 用它们来构建预备定理的证明, 这些定理动辄数以百计, 解起来又十分困难和费力, 甚至可以威胁到整个事业的成功.《数学原理》第 I 卷将近 700 页, 第 II 卷比这还要多, 而第 III 卷差不多有 500 页. 命题 $1 + 1 = 2$ 出现在定理 *110.643, 而它的证明直到第 II 卷 83 页才给出; 定理 *54.43 是一条重要的放在前面的引理, 直到第 I 卷 362 页才证明. 我们将重述这些定理及其证明; 并且加上每条定理的更为熟悉的文字译文, 虽然这些译文一点也不像口语.

然而, 在《数学原理》中这些定理出现相对较晚; 对一般读者来说, 在它的论证中, 它的证明结构不像前面的定理那样明白易懂. 因此, 我们也复制了三个很靠前的定理及其论证, 外加文字翻译和简短评论. 为了使这些论证完全可以理解, 对某些作为构成 Whitehead 和 Russell 分析的逻辑起点的 "原始" (无定义) 概念和 "原始" (无证明) 命题做一个简短的解释.

---

[1]Giuseppe Peano (1858—1932) 是意大利数学家, 特别著名的是他关于向量代数和形式逻辑的研究. 他的表意语言符号体系十分简单, 因而已被数理逻辑学者广泛采用.

《数学原理》中严格的数学逻辑讨论是从作者称为 "推理理论" 开始的. 它包含否定 (符号是波浪号 "~") 和交错 (符号是楔形 "∨") 概念; 初等命题函数[2] (用字母 "p", "q", "r" 和 "s" 来表示) 的概念; 以及断言的概念 (用符号 "↦" 表示, 于是 "↦ .p" 可以读作 "p 为真").

蕴含概念作为命题之间的关系现在定义如下:

$$*1.01 \quad p \supset q . = . \sim p \vee q \mathrm{Df}.$$

(语句: "如果 p, 则 q" 定义成等价于 "或者非 p 或者 q". "如果盛行风继续吹, 则降雨量就会上升" 可相应地缩写为 "或者盛行风不再继续吹, 或者降雨量会上升".)

接着是原始命题表. 其中有一些, Whitehead 和 Russell 承认不能用他们系统中的符号体系来表示 —— 这些原始命题实际上是推理规则, 这些规则指明了在什么条件下一个语句可从其他语句推出.《数学原理》中的推理规则表并没有给全, 作者在他们的定理论证中使用了一些表中并未列出的规则 (特别地, 使用了代换规则). 列出的一条重要规则是:

*1.1 真初等命题包含的所有内容都为真. 这个原则表达了演绎推理规则 (现在也叫作 "分离规则") 的传统认识, 它允许形如 S_1 和 $S_1 \supset S_2$ 的两个语句推出语句 S_2.

五个原始命题完全用系统中的符号体系来表示. Whitehead 和 Russell 约定采用点作为标点符号中的括号. 对于这个约定, 它的规则不算大事; 但是, 对于当前的目的来说, 也足以让我们注意到较多的点比较少的点有着更强的结合力或分组力. 五个 "符号化" 的原始命题如下:

*1.2 ↦ : $p \vee p . \supset . p$ (称为 "同义反复原理" 并且缩写为 "Taut".)

*1.3 ↦ : $q . \supset . p \vee q$ (称为 "加法原理" 并且缩写为 "Add".)

*1.4 ↦ : $p \vee q . \supset . q \vee p$ (称为 "置换原理" 并且缩写为 "Perm".)

*1.5 ↦ : $p \vee (q \vee r) . \supset . q \vee (p \vee r)$ (称为 "结合原理" 并且缩写为 "Assoc".)

*1.6 ↦ : .$q \supset r . \supset : p \vee q . \supset . p \vee r$ (称为 "求和原理" 并且缩写为 "Sum".)

普遍会感兴趣的是注意原始命题 *1.5, 现在我们已经知道它不是必要的, 因为它可由其余的 "符号化" 原始命题推出. 但是, 还可以指出其余的四

---

[2] Russell 把命题函数定义为 "含有一个或多个无定义组成成分的表达式, 当把值指派给这些成分后, 这个表达式就变成了命题." 例如, "所有 x 是 y" 是一个命题函数, 因而或为真或为假或为命题. 但是, "所有的人是会死的", 它是给 x 和 y 指派了值所得的语句, 这是一个命题, 并且一旦发生, 即为真.

个原始命题是相互独立的: 它们中任何一个都不能从其余三个推出. 然而,《数学原理》初版时, 显示逻辑原始命题独立性的方法却是不合适的.

现在, 我们转向定理及其证明.

$*2.05 \mapsto: .q \supset r. \supset: p \supset q. \supset .p \supset r$

证明 $\left[\mathrm{Sum} \dfrac{\sim p}{p} \right] \quad \mapsto: .q \supset r. \supset: p \vee q. \supset .p \vee r$ (1)

$[(1).(*1.01)] \quad \mapsto: .q \supset r. \supset: p \supset q. \supset .p \supset r$

这个定理是三段论原理的一种形式. 它断定下述为真: 如果 q 蕴含 r, 那么如果 p 蕴含 q 则 p 蕴含 r.

证明是直截了当的. 第一行断言由原始命题 Sum 代入而得, 将原始命题中的 p 统一地 (即对这个字母出现的每一处) 代换为 $\sim p$.

最后一行即证实了定理, 它是在定义 *1.01 的帮助下由行 (1) 得到的. (*1.01 允许用有定义的表达式替换在定义的表达式, 并且反之亦可).

$*2.07 \mapsto: p. \supset .p \vee p \left[*1.3 \dfrac{p}{q} \right]$

这里, 我们不需要再对 "$*1.3 \dfrac{p}{q}$" 添加什么, 因为只需将 *1.3 中的 q 都换成 p, 命题就得证了.

这个定理断言下述为真: 如果 p, 则 p 或 p. 没有比 Whitehead 和 Russell 提供的更多的评论了.

$*2.08 \mapsto: p \supset p$

证明

$\left[*2.05 \dfrac{p \vee p, p}{q, \quad r} \right] \mapsto :: p \vee p. \supset .p :\supset: .p. \supset .p \vee p :\supset .p \supset p$ (1)

$[\mathrm{Taut}] \quad \mapsto : p \vee p. \supset .p$ (2)

$[(1).(2).*1.11] \quad \mapsto : .p. \supset .p \vee p :\supset .p \supset p$ (3)

$[*2.07] \quad \mapsto : p. \supset .p \vee p$ (4)

$[(3).(4).*1.11] \quad \mapsto .p \supset p$

这个定理仅仅是断言: 如果 p 则 p. 它是有时称为 "恒等原理" 的一种形式.

证明开始对定理 *2.05 做了一个代换. 这个代换把定理中出现的 "q" 都换成 "$p \vee p$", 把 "r" 都换成 "p". 行 (1) 即为代换的结果.

第二行就是原始命题 Taut 的断言.

证明的第三行是在原始命题 *1.11 的帮助下由前两行得出的. 这个原始命题是演绎推理规则轻微的推广. 注意到证明的第二行与第一行中主蕴含符号左边的部分完全相同 —— 也就是两侧有最多点的马蹄形符号的左边. 因此, 依据演绎推理就能够断言主蕴含行的右边 —— 而这就是行 (3).

证明的第四行就是定理 *2.07.

证明的最后一行是行 (3) 和 (4) 在原始命题 *1.11 的帮助下得出的 —— 准确地说, 推出的方法与行 (3) 由行 (1) 和 (2) 推出的方法一样.

$*54.43 \mapsto : .\alpha, \beta \in 1. \supset : \alpha \cap \beta = \Lambda. \equiv .\alpha \cup \beta \in 2$

证明

$$\mapsto .^*54.26. \supset \mapsto : .\alpha = \iota`x.\beta = \iota`y. \supset : \alpha \cup \beta \in 2. \equiv .x \neq y.$$

$$[^*51.231] \qquad\qquad\qquad \equiv .\iota`x \cap \|\|\iota`y = \Lambda$$

$$[^*13.12] \qquad\qquad\qquad \equiv .\alpha \cap \|\|\beta = \Lambda \qquad\qquad (1)$$

$$\mapsto .(1).^*11.11.35. \supset$$

$$\mapsto : .(\exists x, y).\alpha = \iota`x.\beta = \iota`y. \supset : \alpha \cup \beta \in 2. \equiv .\alpha \cap \|\|\beta = \Lambda \qquad (2)$$

$$\mapsto .(2).^*11.54.^*52.1. \supset \mapsto .\text{Prop}$$

由本命题可知, 一旦定义了算术加法, 即可得 $1 + 1 = 2$.

要了解这里说的是什么, 必须解释一些新概念. 希腊字母 "$\in$" 表示类 – 元的关系, 于是一般来说 "$A \in B$" 读作 "A 是 (类) B 的一个元 (成员)", 而特别地, "Frege$\in$ 人" 要读作 "Frege 是人类的一员 (一个成员)". 如果 A 与 B 都是类, "$A \cap B$" 表示它们的逻辑积, 即, $A \cap \|B$ 是类, 它的元属于 A 与 B 两者; 因此, 男性 $\cap\|$ 父母是那些既是男性又是父母的个体的类, 也就是, 父亲的类. 如果 A 与 B 都是类, "$A \cup \|\|B$" 表示它们的逻辑和, 即, $A \cup \|\|\|B$ 是类, 它的元或者属于 A, 或者属于 B, 或者属于 A 与 B 两者; 因此, 男性 $\cup\|\|$ 父母是那些或者是男性, 或者是父母, 或者是两者的个体的类. "Λ" 表示空类, 即, 没有包含元的类; 因此, 既然方程 "$x^2 + 1 = 0$" 没有实根, 短语 "方程 '$x^2 + 1 = 0$' 的实根" 就表示空类. "$\iota`x$" 是单元类的名字, 它唯一的元是 x; 因此, ι 'Plato 是一个单元类, 它只有一个元就是 Plato. 符号 "1" 是表示所有单元类的类; 而符号 "2" 是表示所有偶元类的类, 就是其中每一个元都恰有两个元素.

定理 *54.43 断言如下: 如果类 α 和 β 是单元类的类的元, 那么 α 与 β 的逻辑积是空类当且仅当 α 与 β 的逻辑和是偶元类的类的一个元.

把证明译成文字, 如下述:

既然 *54.26 是定理而且可以断定, 于是就有 (并且因此也能断定) 如果 α 恒同于仅有一个元 x 的单元类, 并且 β 恒同于仅有一个元 y 的单元类, 那么 α 与 β 的逻辑和是偶元类的类的一个元当且仅当 x 和 y 不恒同.

但是, 由 *51.231, x 不恒同于 y 当且仅当分别以 x 和 y 为唯一元的单元类的逻辑积是空集. 于是, 由假设, α 与 β 的逻辑和是偶元类的类的一个元, 当且仅当分别以 x 和 y 为唯一元的单元类的逻辑积是空集.

由 *13.12, 分别以 x 和 y 为唯一元的单元类的逻辑积是空集, 当且仅当 α 与 β 的逻辑积是空集. 因此, 由所设, α 与 β 的逻辑和是偶元类的类的一个元, 当且仅当 α 与 β 的逻辑积是空集.　　　　(1)

但是, 既然 (1) 和 *11.11 以及 *11.35 是定理且可以断言, 于是可得 (因而也可以断言)

如果有一个 x 和一个 y, 使得 α 是以 x 为唯一元的单元类并且 β 是以 y 为唯一元的单元类, 那么 α 与 β 的逻辑和是偶元类的类的一个元, 当且仅当 α 与 β 的逻辑积是空集.　　　　(2)

但是, 既然 (2) 和 *11.54 以及 *52.1 是定理且可以断言, 因而 *54.43 (这需要证明) 也可以断言.

*110.643. $\mapsto .1 +_c 1 = 2$

证明

$$\mapsto .*110.632.*101.21.28. \supset$$

$$\mapsto .1 +_c 1 - \hat{\xi}\{(\exists y).y \in \xi.\xi - \iota`y \in 1\}$$

$$[*54.3] = 2. \supset \mapsto .\mathrm{Prop}$$

还有一些新概念现在必须解释. 表达式 "$+_c$" 表示算术 (或基数) 加. 表示变元的字母上加个 "帽子" (例如 $\hat{x}$) 用来指明一个类, 它的元必须满足加帽字母后面的表达式所指出的条件. 例如, $\hat{x}\{(x \in 素数).(x > 25).(x < 75)\}$ 是大于 25 并且小于 75 的素数的类. 如果 A 是一个类, $-A$ 就是 A 的否定, 它的元是由不是 A 的元的所有元素组成. 因此, $-\iota$ `Plato 是所有个体的类, 这些个体不是以 Plato 为唯一元的单元类的元. 如果 A 与 B 都是类, $B - A$ 就

是 B 与 A 的否定的逻辑积; 因此人 – 父母就是所有的人但不是父母的那些个体的类.

因此定理 *110.643 断言: 基数 1 和基数 1 的算术和是基数 2.

证明译成文字如下述:

既然 *110.632 和 *101.21 以及 *101.28 是定理且可以断言, 于是可得 (因而也可以断言)

基数 1 和 1 的算术和恒同于类 ξ 的类, 使得对于有些 y (或用其他字母), y 是 ξ 的一个元, 并且 ξ 与以 y 为唯一元的单元类的否定的逻辑积的类是单元类的一个元.

但是, 既然 *54.3 已证, 那么, 类 ξ 的类就恒同于偶元类的类 (这就是基数 2), 于是, 即证明了要证的命题.

4 符号逻辑

Alfred Tarski

变元的应用

常量和变量

每一种科学理论都是一个语句的系统, 这些语句被认可为真命题, 也可以称为法则或者断言, 或者就简单地叫作命题. 在数学里, 这些命题按照某些原则确定的顺序一个接着一个地出现, 作为一种规则, 伴随着各种考虑试图建立起它们的有效性. 这类考虑涉及证明, 由它们建立起来的命题称为定理.

对出现在数学定理及其证明中的术语和符号, 我们要区别常量和变量. 在算术中, 例如, 我们会遇到这样的常数, 如 "数", "零" ("0"), "一" ("1"), "和" ("+"), 以及许多其他的符号.[1] 其中, 每一项都有唯一确定的意义, 在整个讨论过程中保持不变.

作为一种规定, 我们用单个字母表示变量, 例如, 在算术里用英文小写字母表示: "a", "b", "c", $\cdots$, "x", "y", "z". 作为常量的对立面, 变量本身不具

---

[1] 这里, 我们把 "算术" 看作数学的一部分, 它研究数的一般性质, 数与数的运算之间的关系. 人们经常以术语 "代数" 来代替 "算术" 这个词, 特别在高中的数学中常用. 而我们偏好 "算术" 这个术语, 因为在高等数学里, "代数" 这个术语更多地留给了代数方程的特殊理论. (近年来, "代数" 一词有了更为广泛的意义, 但是无论如何, 仍然与 "算术" 不同.) —— "数" 这个术语这里通常用来表示数学中的 "实数"; 这就是说, 它包括整数和分数, 有理数和无理数, 正数和负数等, 但是不包括虚数或复数.

有任何意义. 因此, 问题:

零有这样一种属性吗?

例如:

零是整数吗?

能做出肯定或者否定的回答; 回答可以是真或者假, 但是, 无论如何它是有意义的. 另一方面, 有关 x 的问题, 例如问题:

x 是整数吗?

就不能做出有意义的回答.

有些初等数学的教材里, 特别是最近的一些, 偶尔会发现在整个陈述中传达出一种印象, 以为变量可能有着一种独立的意义. 因此就说符号 "x", "y", $\cdots$ 也表示某个数或量, 然而不是 "常数" (常数表示为 "0", "1", $\cdots$), 故而叫作 "变数" 或者就叫作 "变量". 这类语句来源于严重的误解. "变数" x 不可能有任何确定的性质, 例如, 它既不是正数, 也不是负数, 也不等于零; 或者, 甚至可以说这种数的性质随着情况的改变而改变, 也就是说, 这个数有时是正数, 有时是负数, 而有时就等于零. 然而, 这样的实体在我们的世界里是完全找不到的; 它们的存在违反了基本的思维规律. 因此, 常量和变量符号的分类与数的分类没有任何的相似性.

含有变量的表达式 —— 命题和描述函数

鉴于变量本身没有意义这个事实, 下述短语:

x 是一个整数

就不是命题, 尽管它们有着命题的语法形式; 它们不能表示一个确定的断言, 既不肯定也不否定. 从表达式:

x 是一个整数

我们只能在 "x" 代入表示一个确定数的常量后才得到一个命题; 因此, 例如, 如果 "x" 代换成符号 "1", 结果就是一个真命题, 而将 "x" 代以 "$\frac{1}{2}$", 就得到假命题. 这样的表达式, 它含有变量, 将这些变量代换成常量就变成一个命题, 我们称作命题函数. 顺便说说, 不过数学家们不怎么喜欢这种表达, 因为他们用 "函数" 这个术语表示了不同的意义. 他们更常用 "条件" 这个词来表示这种意思; 而完全用数学符号 (不用日常语言) 组成的命题函数和命题, 如:

$$x + y = 5,$$

通常被数学家称为公式. 有时我们会把 "命题函数" 简称为 "命题" —— 不过, 那只是在没有任何误解危险的情形下.

有时把变量在命题函数里的角色比作问卷调查中留下的空白是很巧妙的; 正如只有填满了空白处, 调查卷才得到了确定的内容一样, 只有用常量代替变量以后, 命题函数才会变成一个命题. 命题函数中的变量替换为常量的结果 —— 相等的常量替换相等的变量 —— 可能得到一个真命题; 这时, 就说那些常量满足给定的命题函数. 例如, 数 1, 2 和 $2\frac{1}{2}$ 满足命题函数:

$$x < 3,$$

而数 3, 4 和 $4\frac{1}{2}$ 就不满足.

在命题函数之外, 还有一些含有变量的表达式值得我们注意, 即, 被叫作描述函数或者摹状函数的表达式. 这些表达式在用常量替换变量后, 就转为事情的描述 ("摹状"). 例如, 表达式:

$$2x + 1$$

就是一个描述函数, 因为, 如果我们把变量 "x" 换成任意一个数值常量, 就是表示一个数的常量 (例如, "2"), 就会得到某个数的描述 (例如, 数 5).

在算术中出现的描述函数当中, 特别地, 我们把所有由变量、数值常量以及四种基本算术运算符号组成的表达式称为代数表达式, 如:

$$x - y, \quad \frac{x+1}{y+2}, \quad 2 \cdot (x + y - z).$$

另一方面, 代数方程, 即, 用符号 "=" 联结的两个代数表达式组成的公式, 是命题函数. 只要涉及方程, 数学中就习惯用一些特别的术语; 于是, 方程中出现的变量叫作未知数, 而满足方程的数叫作方程的根. 例如, 在方程:

$$x^2 + 6 = 5x$$

中, 变量 "x" 是未知数, 而数 2 和 3 是方程的根.

用于算术中的变量 "x", "y", $\cdots$ 是代表数的指派, 或者说数是这些变量的值. 从而近似于下面的意思: 含有符号 "x", "y", $\cdots$ 的命题函数, 如果这些符号被指派了数的常量所取代, 它就变成了一个命题 (而不是被指派了数的运算的表达式所取代, 也不是被数与数之间的关系, 或者算术之外如几何图形、动物、植物等所取代). 同样, 几何中出现的变量代表点和几何图形的指派. 在算术中我们遇到的描述函数也可以说是代表了数的指派. 有时, 这些生成描述函数的符号 "x", "y", $\cdots$ 本身就表示数, 或者是数的指派, 不过这仅仅是缩写的术语罢了.

依赖于变量的命题结构 —— 全称与存在命题

除了以常量代换变量之外, 还有另外一种方法可从命题函数得到命题. 我们来考虑公式:

$$x + y = y + x.$$

这是一个含有两个变量的命题函数, 任何一对数都能满足它; 如果我们用任意的数值常量取代 "x" 和 "y", 我们总能得到一个真公式. 我们可以简单地用下述方式来表示这个事实:

对任意的数 x 和 y, $x + y = y + x$.

刚刚得到的这个表达式是早已知道的真正的命题, 而且也是一个真命题; 我们确认它是算术的基本法则之一, 称为加法交换律. 大多数重要的数学定理都类似地公式化了, 换句话说, 所有称为全称命题, 或者全称性命题, 断言某个范畴 (例如, 算术中的任何数) 里的任何事物都有这样那样的性质. 必须记住, 在全称命题的公式中, 短语 "对任意的事物 (或数) $x, y, \cdots$" 常常省略, 而在心理上必须加进去; 于是, 例如, 加法交换律可以简单地写成下面的形式:

$$x + y = y + x.$$

这已经被广泛地接受了, 对此, 我们在后面的讨论中也将遵从.

现在我们来考虑命题函数:

$$x > y + 1.$$

这个式子并不是每对数都能满足; 例如, 如果把 "3" 代入 "x" 并且把 "4" 代入 "y", 就会得到假命题:

$$3 > 4 + 1.$$

因此, 如果有人说:

对任意的数 x 和 y, $x > y + 1$,

他就毫无疑问地陈述了一个有意义的命题, 尽管显然是个假命题. 另一方面, 也有数对满足这个讨论中的命题函数; 例如, 如果将 "x" 和 "y" 分别代以 "4" 和 "2", 结果就是一个真公式:

$$4 > 2 + 1.$$

这种情形可以简单地表示为下面的短语:

对有些数 x 和 y, $x > y + 1$,

或者, 采用更为常见的形式:

存在数 x 和 y 使得 $x > y + 1$.

刚才给出的这类表达式是个真命题; 它们是 *存在命题*, 或 *存在性命题* 的例子, 说明具有某种性质的事物 (譬如, 数) 的存在.

用上面描述的方法, 我们可以从任何给定的命题函数得到命题; 但是得到的是真命题还是假命题要依赖于命题函数的内容. 下面的例子也许可以更清楚地阐明这一点. 公式:

$$x = x + 1$$

是没有什么数能满足的; 因此, 不论在前面加不加上词语 "对任意的数 x" 或 "存在一个数 x 使得", 得到的命题都是假的.

对照全称或存在性命题, 我们来指出不含任何变量的命题, 例如:

$$3 + 2 = 2 + 3,$$

称为 *奇异命题*. 这样分类是不太全面的, 因为还有许多命题不能归为上面提到的三类中的任何一类. 下述命题就是这样一个例子:

对任意的数 x 和 y, 存在一个数 z 使得

$$x = y + z.$$

这类命题有时称作 *条件存在命题* (作为反面, 前面考虑的存在命题也可以称作 *绝对存在命题*); 它们说明了具有某种性质的数的存在, 而且指出了存在的条件.

全称与存在量词; 自由与约束变元

短语如:

$$对任意的\ x, y \cdots$$

和

$$存在\ x, y \cdots\ 使得$$

称作量词; 前者叫作全称量词, 后者叫作存在量词. 量词也叫作算子; 然而, 还有计算算子的表达式, 但它不同于量词. 在上节中, 我们曾试图解释两种量词的意义. 为了强调它们的重要性, 可以指出, 仅仅是由于算子的显式或隐式的应用, 含有变量的表达式可以作为命题出现, 即, 作为确定的断言的命题出现. 没有算子的帮助, 变量在数学定理的公式中的使用就会被排除.

　　在日常语言中不习惯 (虽然很有可能) 用变量, 因此也不用量词. 然而, 一般使用的某些词汇显得与量词很接近, 像 "每一个", "所有的", "某些", "有些" 这样的词汇. 当我们观察下列表达式时, 这种联系就变得明显了:

$$所有人都是会死的$$

或者

$$有些人是聪明的$$

分别与下列有量词的公式化命题有大致相同的意义:

$$对任意\ x, 如果\ x\ 是人, 那么\ x\ 会死的$$

以及

$$存在\ x, 使得\ x\ 既是人又是聪明的.$$

　　为简便起见, 有时量词采用符号表达式. 例如, 可以把:

$$对任意事物\ (或数)\ x, y, \cdots$$

和

$$存在事物\ (或数)\ x, y, \cdots\ 使得$$

分别写成下列符号表达式:

$$\mathop{A}_{x,y,\dots} \quad 和 \quad \mathop{E}_{x,y,\dots}$$

(并且约定量词后的命题函数放在括号里) . 按照这个协定, 例如, 上节末作为条件存在命题的例子给出那个命题可取下面的形式:

(I) $\mathop{A}_{x,y}[\mathop{E}_{z}(x = y + z)]$

　　一个含有变量 "x", "y", "z", $\cdots$ 的命题函数, 只要我们把包含所有那些变量的一个或几个算子作为它的前缀, 就会立即自动变成一个命题. 不过, 如

果有些变量没有出现在算子中, 那么这个表达式仍然是个命题函数, 而没有变成命题. 例如, 公式:

$$x = y + z$$

如果前面放上短语:

对任意数 x, y 和 z;

存在数 x, y 和 z 使得;

对任意数 x 和 y, 存在数 z 使得;

等等短语之一, 就变成了一个命题. 但是, 如果只有量词前缀:

存在数 z 使得 或者 $\underset{z}{\text{E}}$

我们仍然不能得到一个命题; 所得的表达式, 即:

(II) $\qquad\qquad \underset{z}{\text{E}}(x = y + z)$

毫无疑问, 是一个命题函数, 一旦我们将 "x" 和 "y" 换成某个常量而保持 "z" 不变, 或者加上适当的量词前缀, 例如:

对任意数 x 和 y 或 $\underset{x,y}{\text{A}}$

这个表达式立刻变成一个命题.

由此可知, 在命题函数中有两类不同的变量. 第一类变量 —— 称为自由变量或者实变量 —— 是判定该表达式是命题函数而不是命题的决定性因素; 为了实现从命题函数到命题的转变, 必须把这些变量换成常量, 或者将包含那些自由变量的算子置于命题函数之前. 余下的一类称为约束变量, 它在这样的变换中是不改变的. 例如, 在上面的命题函数 (II) 中, "x" 和 "y" 是自由变量, 而符号 "z" 作为一个约束变量出现了两次; 另一方面, 表达式 (I) 是一个命题, 因此只含有约束变量.

数学中变量的重要性

变量在数学定理的形式化中占有主导地位. 然而, 就像曾经说过的那样, 不能说不用变量原则上就不可能形式化数学定理. 但是, 实际上, 几乎没有可能做到这一点, 因为, 甚至比较简单的命题都会变得十分复杂难懂. 为了阐明这一点, 我们来考虑下面的算术定理:

对任意数 x 和 y, $x^3 - y^3 = (x - y) \cdot (x^2 + xy + y^2)$.

不用变量, 这个定理将是下面这个样子:

任意两个数三次方的差等于这些数的差与三项之和的积, 第一项是第一个数的平方, 第二项是两数之积, 而第三项是第二个数的平方.

从思维经济学的观点来看, 一旦关注数学的证明, 更本质的意义要归因于变量. 如果读者试图取消后面的任何证明中出现的变量, 他将随时会确认这个事实. 应当指出, 这些证明比高等数学各个领域中可以找到的要简单得多; 而不要变量的帮助就想引进这些证明将会遇到极大的困难. 还可以再加上一点, 变量的引进使我们发展了极其多样化的方法来解决数学问题, 如像方程的解法. 毫不夸张地说, 变量的发明成了数学史的转折点; 人们用这些符号取得了一种工具, 它为数学科学巨大的发展和加固它的逻辑基础铺平了道路.[2]

关于命题演算

逻辑常量; 旧逻辑和新逻辑

我们在每种科学理论中都必须处理的常量可以分为两大类. 第一类是专为一种给定的理论的常量. 例如, 在算术中, 它们或者表示个别的数, 或者表示整个数的类, 数与数之间的关系, 数的运算, 等等; 我们在第 1 节中作为例子用到的那些常量就属于这一类. 另一方面, 还有出现在大多数算术命题中更具普遍特性的项, 出现在日常生活关注的事情和每个可能的科学领域里的项, 它们在任何领域对于传达人们的思想和推理都有着不可缺少的意义; 像 "非"、"与"、"或"、"存在"、"每一个"、"有些" 以及许多其他的词语就属于这一类. 有一门特殊的学科, 称为逻辑, 作为所有其他科学的基础, 它关心的是建立这些术语的准确意义, 并且制定包含这些术语的最一般的定律.

很早以前逻辑就已发展为独立的科学了, 甚至比算术和几何学还要早. 然而, 只是到最近 —— 在差不多完全停滞了很长时期之后 —— 这门学科才有了集中的发展, 它的进程在类似于数学学科的特性的影响下经历了完全

---

[2] 古希腊的数学家和逻辑学家已经用到了变量, —— 虽然仅仅在特殊而罕见的情形下使用. 17 世纪初, 主要是在法国数学家 F. Vieta (1540—1603) 的研究工作的影响下, 人们开始系统地研究变量并在数学研究中一致地使用它们. 然而, 直到 19 世纪末, 由于量词概念的引进, 变量在科学语言、特别在数学定理的形式化中的地位才得以充分肯定; 这正是杰出的美国逻辑学家和哲学家 Ch. S. Peirce (1839—1914) 的极大优点.

的转变; 这个新形式称为数理逻辑或者演绎逻辑或者符号逻辑. 新逻辑在许多方面都胜过了旧逻辑, —— 不只是因为它的基础的可靠性以及发展中所用方法的完美, 而主要是由于建立了极其丰富的概念和定理. 从根本上说, 旧的传统逻辑形式只不过是新逻辑的一个分支, 而且, 从其他科学, 尤其是数学的需要来看, 还是一个无关紧要的分支.

命题演算; 命题的否定, 命题的合取与析取

在逻辑字符的术语中有一个著名的集合, 它由 "非"、"与"、"或"、"如果 ……, 则 ……" 这些词语组成. 所有这些词语都是我们在日常语言中熟悉的, 并且有助于由简单语句建立复合语句. 语法中它们被称为句子的联结词. 如果只是这个缘故, 这些术语的出现还不能表达任何科学的特性. 建立起这些术语的意义和用法是逻辑的最初级和基本的任务, 它被称为语句演算, 或者有时也称为命题演算, 或者 (不那么舒服的) 演绎理论.[3]

现在我们来讨论命题演算中最重要的术语的意义.

在词语 "非" 的帮助下, 我们得到任何命题的否定; 两个命题, 第一个是第二个的否定, 就称为矛盾命题. 在命题演算中, 词语 "非" 要放在整个命题之前, 而在日常语言中它习惯与动词放在一起; 或者应当放在句子开头才更合适, 那就必须换成短语 "不是这样的". 因此, 例如, 句子:

1 是一个正整数

的否定要读作:

1 不是一个正整数,

或者:

不是这样的, 1 是一个正整数.

每当我们说一个句子的否定时, 我们要表达的想法是这个命题是假的; 如果这个命题确实为假, 它的否定即为真, 否则它的否定即为假.

由词语 "与" 联结的两个 (或多个) 句子的结果称为它们的合取或逻辑积; 以这种方式联结的句子叫作合取的元或者逻辑积的因子. 例如, 如果句

---

[3]历史上第一个命题演算系统出现在德国逻辑学家 G. Frege (1848—1925) 的著作《概念文字》(Halle 1879) 中, 毫无疑问, 他是 19 世纪最伟大的逻辑学家. 当代杰出的波兰逻辑学家和逻辑史学家 J. Lukasiewicz 成功地给了命题演算一种特别简单而精确的形式, 从而导致对这种演算广泛的研究.

子:

$$2 是一个正整数$$

和

$$2 < 3$$

以这种方式联结, 我们就得到了合取:

$$2 是一个正整数与 2 < 3.$$

两个句子合取的情形相当于组成合取的两个句子都为真的情形. 如果确实是这样, 则合取为真, 但是如果它的元中至少有一个为假, 则整个合取为假.

　　由词语 "或" 联结句子可得到那些句子的析取, 也称为逻辑和; 构成析取的句子叫作析取的元或者逻辑和的被加数. 词语 "或" 在日常语言中有着两种不同的意义. 如果取非互斥的意义, 两个句子的析取仅仅表示这些句子中至少有一个为真, 而不讨论两个句子是否都为真; 若取另一种称为互斥的意义, 则两个句子的这个析取就是断言句子之一为真, 而另一个为假. 假如我们看到下面这个书店的通告:

　　　　教师或大学生顾客有特别的优惠.

这里的 "或" 毫无疑问用的是第一种意思, 因为并不打算对一个教师同时又是大学生的顾客取消优惠. 另一方面, 如果一个孩子请求早上去远足并且下午又去老师家, 而我们回答:

　　　　不, 我们去远足或者我们去老师家,

那么, 我们用的这个 "或" 显然是第二种意思, 因为我们只打算答应两个要求中的一个. 在逻辑和数学中, "或" 总是采用第一种, 即非互斥的意义; 如果两个命题均为真或者至少有一个元为真时, 它们的析取即为真, 否则为假. 于是, 例如, 可以断言:

　　　　每个数是正数或小于 3,

尽管已经知道存在着既是正数同时又小于 3 的数. 为了避免误解, 作为有效的权宜之计, 在日常语言中和科学语言一样只用 "或" 的第一种意义, 若要用到第二种意义的时候, 就换成复合表达方式 "或 ······, 或 ······".

　　即便我们把自己限制在 "或" 的第一种意义的情形之中, 仍然会发现日常语言与逻辑语言在 "或" 的用法上有明显的区别. 在日常语言中, 两个句子用 "或" 联结时, 它们的形式和内容总有某些联系. (同样适用于词语 "与" 的用法, 虽然也许少一些) 这些联系的特性并不十分清楚, 详细分析和描述会

遇到很大的困难. 无论如何, 不熟悉现代逻辑语言的任何人大概不会把下面
这个短语

$$2 \cdot 2 = 5 \quad 或 \quad 纽约是个大城市$$

看作是有意义的表达式, 并且更难接受它是个真命题. 再者, 在日常语言中,
"或" 的使用是会受到某些心理特性的因素影响的. 通常我们肯定两个句子
的析取只不过相信其中一个为真, 但不知道是哪一个. 例如, 我们在正常光
线下看一块草坪, 我们不会在心里想这草坪是绿色或蓝色, 因为, 我们能够相
当容易地断定草坪是绿色的. 甚至, 有的时候我们用析取的说话方式, 就是
说话的人承认不知道哪个析取元为真. 如果后来我们确认析取元之一 ——
特别地, 知道是哪一个 —— 为假, 我们总倾向于把整个析取看作假命题, 即
便另一个析取元毫无疑问是真命题也如此. 例如, 让我们想象一下, 我们的
一个朋友被问到他什么时候离开这个城市, 答案是他准备今天、明天或者后
天离开. 如果稍后我们查明, 就在那时他已经决定当天离开, 也许我们会得
到一个印象, 我们被耍弄了, 他对我们说了谎.

现代逻辑的创造者们把 "或" 引进来的时候, 也许是不自觉的, 需要简化
它的意义, 使它的意义显得更清晰一些, 并且独立于所有的心理因素, 特别
是独立于已有的或者还没有的知识. 结果, 他们扩大了词语 "或" 的用处, 并
且决定把任何两个命题的析取看作一个有意义的整体, 即便它们的内容或
者形式之间没有任何联系; 并且他们还决定析取的真 —— 正如否定或者合
取那样 —— 仅仅是唯一地依赖于它的元的真. 因此, 在现代逻辑意义下使
用 "或", 会把上面给出的这个表达式:

$$2 \cdot 2 = 5 \quad 或 \quad 纽约是个大城市$$

当作一个有意义的命题, 甚至是一个真命题, 因为它的第二部分无疑是真的.
类似地, 如果我们假定我们的朋友, 在被问及他离开的日子时, 是在严格的
逻辑意义下使用了 "或", 那么不管我们对他的意图有什么看法, 都得被迫承
认他的回答是真实的.

蕴含或条件命题; 实质蕴含

如果我们用 "如果 ......, 则 ......" 把两个命题组合起来, 就得到一个
复合命题, 它表示一个蕴含或者条件命题. 以 "如果" 为前缀的从句叫作前

件, 而由 "则" 引入的主句叫作后件. 断定一个蕴含, 就是断言不会出现前件
真而后件假这种情况. 因此, 一个蕴含为真只能是下述三种情形之一: (i) 前
件与后件均为真, (ii) 前件假而后件真, (iii) 前件与后件均为假; 只有第四种
可能的情形, 即前件真而后件假时, 整个蕴含才为假. 由此得出, 无论是谁只
要接受蕴含为真, 同时又接受前件为真, 就只能接受它的后件也为真; 而且,
无论是谁只要接受蕴含为真, 又接受后件为假, 就必须接受它的前件也为假.

　　在析取情形下, 能够看出逻辑蕴含与日常语言本身用法明显的区别. 此
外, 普通语言中, 只在两个语句的内容和形式上有着某种联系时, 我们才会
用 "如果 ……, 则 ……" 把两个句子联结起来. 这种联系很难用一般方式
来描述, 除非它们的性质相对清楚时才有可能. 我们常常由这种联系会确信
后件必然从前件导出, 这就是说, 如果我们假定前件为真, 就不得不假定后
件也为真 (也许, 我们甚至只用几个普通的定律就能从前件推出后件, 这些
定律通常不必明显地引用). 再者, 还有一个附加的心理因素; 通常我们只在
并不准确地知道前件和后件是否为真的时候明确表示并断定一个蕴含. 否
则, 蕴含的使用就显得不自然, 而它的意义和真实性就会有某些疑问了.

　　下面这个例子可以作为解释. 让我们来考察这个物理学定律:

　　　　　　　　　　每种金属都是可延展的,

我们来把它放入含变量的蕴含式:

　　　　　　　　如果 x 是金属, 则 x 是可延展的.

如果我们相信这个普遍定律的真实性, 那么我们也应该相信它所有特例的
真实性, 即, 将 x 代以任意材料的名称, 如铁、黏土或木头等, 所得到的所有
蕴含式的真实性. 事实上, 结果就是以这种方式得到的所有命题都满足上面
给出的对于真蕴含的条件; 绝不会发生前件真而后件假的情况. 我们还注意
到, 在这些蕴含式的任何一个当中都存在着前件与后件之间的紧密联系, 从
它们的主语的一致性发现了它的形式表达式. 我们也确信, 假设这些蕴含式
的任意一个的前件, 例如, "铁是金属", 为真, 由它就能推出 "铁是可延展的",
因为我们可以参照一般性定律, 即每种金属都是可延展的.

　　不过, 我们现在讨论的有些命题, 从平常语言的观点看来是虚构的并且
值得怀疑. 上面给定的普遍蕴含式是没有疑问的, 或者将 "x" 代以材料名称
而得的任何特例也是没有疑问的, 不论我们是否知道它是不是金属, 或者是
否知道它能不能延展. 但是, 如果将 "x" 换成 "铁", 我们面对的是前件和后

件都毫无疑问为真的情形; 这时我们会更喜欢用下面这种表达, 而不用蕴含式:

既然铁是金属, 它就是可延展的.

类似地, 如果我们将 "x" 代以 "黏土", 所得到的蕴含式就有了一个假前件和一个真后件, 而我们将倾向于把它换成表达式:

虽然黏土不是金属, 它仍是可延展的.

最后, 将 "x" 换成 "木头", 得到的蕴含式有一个假前件和一个假后件; 在这种情形下, 要想保留蕴含形式, 我们就必须改变动词的语法形式:

如果木头是金属, 则它将是可延展的.

逻辑学家考虑到科学语言的需要, 对短语 "如果 ……, 则 ……" 采取了与他们对 "或" 采取的一样的过程. 他们决定简化和澄清这个短语的意义, 并把它从心理因素中解放出来. 为此, 他们扩大了这个短语的使用范围, 甚至在两个成员之间完全没有联系的情形下还是把蕴含式看作有意义的命题, 而且它们构成的蕴含式是真是假仅仅依赖于它的前件与后件的真假. 为了简单地描述这种情况, 我们就说现代逻辑用了实际意义下的蕴含, 或者简单地说成, 实质蕴含; 这与形式意义下的蕴含, 或者形式蕴含的用法相反, 在后者的情形中, 前件与后件之间存在某种形式上的联系是这个蕴含式为真和有意义的不可缺少的条件. 也许, 形式蕴含的概念不是很清楚, 但是, 无论如何, 它比实质蕴含更狭窄; 每一个有意义且为真的形式蕴含同时也都是一个有意义且为真的实质蕴含, 但是, 反之不真.

为了阐明上述说法, 我们来考虑以下四个命题:

如果 $2 \cdot 2 = 4$, 则纽约是个大城市;

如果 $2 \cdot 2 = 5$, 则纽约是个大城市;

如果 $2 \cdot 2 = 4$, 则纽约是个小城市;

如果 $2 \cdot 2 = 5$, 则纽约是个小城市.

在日常语言中, 这些命题很难被看作有意义的, 并且甚至很少当作真命题. 另一方面, 从数理逻辑的观点来看, 它们全都有意义, 只有第三个命题为假, 其余三个均为真. 当然, 因此也不会断定这样的命题无论从什么观点来看都特别有意义, 或者把它们作为我们讨论的前提.

如果认为这里挑明了的日常语言和逻辑语言的区别是绝对的, 而且上面陈述的关于 "如果 ……, 则 ……" 的用法在日常语言中不允许有例外,那就是一个错误. 事实上, 这些词语的使用多少会有些波动, 而且调查一下就会发现有时它的用法并不遵循我们的规则. 让我们想象我们的一个朋友面对着一个很难的问题, 而且我们不相信他能解决. 我们表达这种怀疑可以用一种开玩笑的方式说:

如果你解决了这个问题, 我就吃了我的帽子.

这句话的倾向是十分清楚的. 这里, 我们断定了一个后件无疑为假的蕴含; 因此, 既然我们断定整个蕴含式为真, 于是, 在同时, 就断定了前件为假; 这就是说, 我们表示确信我们的朋友不能解决他感兴趣的问题. 但是, 很清楚, 我们的蕴含式的前件和后件没有任何联系, 这样, 我们就有了一个典型的实质而非形式的蕴含案例.

短语 "如果……, 则……" 在日常语言和数理逻辑中用法上的分歧由来已久, 并且有过激烈的讨论, —— 顺便说说, 参与其中的专业逻辑学家只占很小一部分.[4] (说来也奇怪, 人们对词语 "或" 类似的分歧给予的注意却相当少). 由于逻辑学家使用实质蕴含, 于是有人就反对说逻辑学家走进了悖论, 简直就是说废话. 结果引起了对逻辑学改造的强烈抗议, 这就影响了逻辑和日常语言之间关于蕴含的使用有深远意义的和解.

很难同意这些批评是有充分理由的. 在日常语言中没有一个短语有精确而确定的意义. 几乎不可能找到两个人他们用的每个词都有精确的相同的意义, 甚至一个人的语言中同一个词在他生活的不同时期意义也不相同. 再者, 日常语言中的词语的意义常常是很复杂的; 它不只依赖于词语的外部形式, 也依赖于说话时的环境, 有时甚至还受主观心理因素的影响. 如果一个科学家想要把日常生活中的一个观念引进科学, 通常他必须使它的内容更清晰、更精确和简单, 还要把它从非本质属性中解放出来; 不论他是不是一个逻辑学家, 在他引进短语 "如果……, 则……", 或者, 例如, 一个物理学家在建立词语 "金属" 的精确意义, 他们都得这样做. 一个科学家不论用何种方式进行工作, 在使用他建立的术语时, 或多或少都会与日常语言的实际情况有所不同. 无论如何, 如果他明确地表述了他应用的术语的意义, 如果他一贯的行为也符合他的决定, 那么就没有人会站在反对的立场上认为这个过程会导致荒谬的结果.

尽管如此, 讨论中也出现了一些逻辑学家试图修改蕴含理论. 一般来说, 他们并不否认实质蕴含在逻辑中的地位, 但是他们也急于给另外的蕴含概念找一个位置, 例如, 使得蕴含为真, 找出可以推出后件的那些构成前件的必要条件之类的; 看起来, 他们甚至想把新概念放在最显著的位置. 这些尝试是近来才出现的, 对它们的价值做出最终评价还为时尚早.[5] 但是, 它出现在今天差不多就可以认定, 实质蕴含理论远比所有其他理论简单, 而且, 在任何情况下都不能忘记, 建立在简单概念上的逻辑对于最复杂而微妙的数学推理来说, 正是一个令人满意的基础.

蕴含在数学中的应用

短语 "如果 ……, 则 ……" 属于那些在其他科学, 特别在数学中, 最常用的逻辑表达式. 数学定理, 特别是那些有着普遍性特点的, 往往具有蕴含形式; 在数学中把前件称为假设, 而后件叫作结论.

一个算术定理可以看作是具有蕴含形式的简单例子, 我们来引述下面的命题:

$$\text{如果 } x \text{ 是一个正数, 则 } 2x \text{ 是一个正数}$$

其中 "x 是一个正数" 是假设, 而 "$2x$ 是一个正数" 是结论.

可以这样说, 数学定理除了这个经典形式之外, 偶尔还有不同的形式, 其中假设和结论不用 "如果 ……, 则 ……", 而用其他方式联结. 例如, 上面这个定理就可以改写为下面任何一种形式:

由: x 是一个正数, 可得: $2x$ 是一个正数;

假设: x 是一个正数, 蕴含 (或者有) 结论: $2x$ 是一个正数;

条件: x 是一个正数, 对于 $2x$ 是一个正数是充分的;

$2x$ 是一个正数的充分条件是 x 是一个正数;

条件: $2x$ 是一个正数, 对于 x 是一个正数是必要的;

x 是一个正数的必要条件是 $2x$ 是一个正数.

因此, 人们在断定一个条件语句时, 通常可以说成假设蕴含这个结论或者以它为结论, 或者假设对于结论是充分条件; 或者可以表达成结论可由假设导

---

[5]这一类尝试是由当代美国哲学家和逻辑学家 C. I. Lewis 第一个做出的.

出, 或者结论是假设的必要条件. 逻辑学家可能有各种各样的意见来反对上述的一些形式, 但是, 在数学中它们确实普遍在用.

命题的等价

我们将再考虑一个来自命题演算领域的表达式. 它在日常语言中很少遇到, 这就是短语 "当且仅当". 如果两个命题用这个短语联结, 结果就得到一个复合命题, 称为等价式. 以这种方式联结的两个命题正如等价式的左边与右边. 断定两个命题等价, 就是为了排除一个为真而另一个为假的可能性; 因此, 如果一个等价式的左右两边都为真, 或者都为假, 则这个等价式即为真, 除此以外, 这个等价式即为假.

等价式的意义也可用其他方式刻画. 在一个条件命题中, 如果我们把前件与后件交换, 所得的新命题称为原命题的逆命题 (或称已给命题的逆). 例如, 我们可取下面的蕴含为原命题:

(I) 如果 x 是一个正数, 则 $2x$ 是一个正数;

这个命题的逆即为:

(II) 如果 $2x$ 是一个正数, 则 x 是一个正数.

如这个例子显示的, 真命题的逆也是真命题. 另一方面, 为了说明这并非一般性规律, 只要在 (I) 和 (II) 中把 "$2x$" 换成 "x^2" 就够了; 这时命题 (I) 仍为真, 而命题 (II) 却变为假了. 现在, 如果有两个条件命题, 其中一个是另一个的逆, 它们均为真, 那么它们同时为真这个事实, 也可以用 "当且仅当" 联结两个命题中任何一个的前件和后件来表达. 于是, 上面的两个蕴含式 —— 原命题 (I) 与逆命题 (II) —— 可以换成一个单独的命题:

$$x \text{ 是一个正数, 当且仅当, } 2x \text{ 是一个正数}$$

(其中等价式两边也可以交换).

顺便说一下, 可能还有一些形式来表达同样的理念, 例如:

从: x 是一个正数, 可得出: $2x$ 是一个正数, 反之亦真;

条件 x 是一个正数与 $2x$ 是一个正数是相互等价的;

条件 x 是一个正数对于 $2x$ 是一个正数既是充分的又是必要的;

对于 x 是一个正数来说 $2x$ 是一个正数既是充分的又是必要的.

因此, 一般地, 也可以把联结两个命题的短语 "当且仅当" 说成两个命题之间的结论关系双向成立, 或者说两个命题是等价的, 最后, 或者说两个命题中的每一个都是另一个的充分而且必要的条件.

定义的表述及其规则

在下定义时经常用到词组 "当且仅当", 这就是要约定在某个学科中迄今尚未出现的、可能没有立即被理解的表达式的意义. 试想一下, 例如, 还没有使用算术符号 "$\leqslant$", 而现在某人想要引进它 (通常把它看作词句 "小于或等于" 的缩写). 为此目的, 首先必须定义这个符号, 这就是要用有毋庸置疑意义的已知表达式来精确地阐明它的意义. 为了做到这一点, 我们给出下面的定义, —— 假定 "$>$" 是已知符号:

我们说 $x \leqslant y$, 当且仅当, 并非情形 $x > y$.

上述定义说明了两个命题函数的等价性:

$$x \leqslant y$$

和

并非情形 $x > y$;

因此, 可以说它允许把公式 "$x \leqslant y$" 转换成不含符号 "$\leqslant$" 的一个等价表达式, 而所用的术语完全是我们理解了的. 把 "$x \leqslant y$" 中的 "x" 和 "y" 换成任意的符号或者数字表达式所得到的任何公式同样成立. 例如, 公式:

$$3 + 2 \leqslant 5,$$

等价于命题:

并非情形 $3 + 2 > 5$;

既然后者是一个真断言, 那么前者也是. 类似地, 公式:

$$4 \leqslant 2 + 1$$

等价于命题:

并非情形 $4 > 2 + 1$,

两者均为假断言. 这个符号还可用到更为复杂的命题和命题函数中去; 例如, 转换下面这个命题:

如果 $x \leqslant y$ 并且 $y \leqslant z$, 则 $x \leqslant z$,

我们得到:

如果并非情形 $x > y$　并且　也并非情形 $y > z$,

则并非情形 $x > z$.

根据上面给出的定义的优越性, 可以简单地说, 我们是把包含符号 "$\leqslant$" 的简单或复杂的命题转换成等价的不再含有该符号的命题; 换言之, 可以这么说, 翻译成符号 "$\leqslant$" 不出现的语言了. 而这事实上就是定义在数学科学中所起的作用.

如果一个定义在履行它应有的任务, 它的形式化表述中一定可注意到有某些预防措施. 要达到这种效果, 就要订出特殊的规则, 称为定义的规则, 它指明应当如何构造出正确的定义. 我们不打算在此引入这些规则的精确形式, 仅仅提请注意, 以它们为基础的每个定义都可以假设成等价形式; 等价式的第一个成员, 被定义词语, 应当是简短的、语法简单的包含着被定义常项的命题函数; 第二个成员, 下定义词语, 可以是一个任意结构的命题函数, 然而, 只含有其意义显而易见或者预先已经解释过的常项. 特别地, 被定义常项或者先前在它帮助下定义的任意表达式, 必须不出现在下定义词语中; 否则, 这个定义就是不正确的, 因为它含有被称作定义中有恶性循环的错误 (如果论证中, 在某个定理自身或者在这个定理帮助下证明的其他定理的基础上来建立这个定理, 我们就说证明中有恶性循环). 为了强调定义的这个传统特点, 并且把它们从具有等价形式的其他语句中区分开, 在它前面加上词语 "我们说" 是适当的. 容易验证上面定义的符号 "$\leqslant$" 满足所有这些条件; 它有被定义词语:

$$x \leqslant y,$$

而下定义词语读作:

并非情形 $x > y$.

但是值得注意的是, 数学家们在下定义时, 总在 "当且仅当" 之前加上词语 "如果" 或者 "那种情形". 例如, 如果他们必须将符号 "$\leqslant$" 的定义形式化, 想必会给出下面的形式:

我们说 $x \leqslant y$, 如果并非情形 $x > y$.

看起来似乎这样的定义仅仅表述了被定义词语可由下定义词语得出, 并没有强调相反方向的结论关系也是成立的, 从而无法表达被定义词语与下定义词语的等价性. 但是, 事实上我们在这里对 "如果" 或者 "那种情形" 的作用已经有了一个心照不宣的约定, 如果用来联结被定义词语与下定义词语,那就与原先词组"当且仅当"所做的有着同样的意义.—— 还可以加上一句,等价式并不是下定义的唯一形式.

命题演算定律

在到达关于命题演算最重要的表达式讨论的终点之后,我们现在试图来阐明演算定律的性质.

让我们来考虑下面这个命题:

如果 1 是一个正数并且 1 < 2, 则 1 是一个正数.

这个命题显然是真的, 它包含的常项只属于逻辑和算术领域, 然而, 作为数学练习中一个特别的定理, 这个命题列出的概念任何人都没有遇到过. 如果有人反问为什么是这样, 从算术的观点来看这个命题对于结论是完全没有意义的; 它不能以任何方式丰富我们关于数的知识, 它的真完全不依赖于其中算术术语的内容, 仅仅依赖于词语 "并且"、"如果"、"则" 的意义. 为了确认这一点, 我们把这个命题的成分:

1 是一个正数

并且

1 < 2

换成任意领域的任何其他的命题; 结果得到一系列的命题, 它们中的每一个和原始命题一样, 都是真的; 例如:

如果给定的图是菱形并且如果这个图又是矩形, 则给定的图是菱形;

如果今天是星期天并且阳光灿烂, 则今天是星期天.

为了在更一般的形式下表达这个事实, 我们将引进变元 "p" 和 "q", 规定这些符号不表示数或任何其他东西, 只代表整个命题; 这类变元表示命题变元. 我们再把命题中的词组:

1 是一个正数

换成 "p", 而把公式

1 < 2

换成 "q"; 这样, 我们得到了一个命题函数:

$$如果\ p\ 并且\ q, 则\ p.$$

这个命题函数有这样的性质, 将任意的命题代入 "p" 和 "q", 只会得到真命题. 观察所得的这个事实可以给定一个通用的命题形式:

$$对于任意的\ p\ 和\ q, 如果\ p\ 并且\ q, 则\ p.$$

这里, 我们得到了命题演算定律的第一个例子, 我们把它归为逻辑乘的简化定律. 上述命题只是通用定律的特例 —— 例如, 正像公式:

$$2 \cdot 3 = 3 \cdot 2$$

只是通用算术定理

$$对于任意数\ x\ 和\ y, x \cdot y = y \cdot x$$

的特例一样.

另一个命题演算的定律可用类似的方法得到. 这里, 我们给出几个该定律的例子; 我们省略了公式中的全称量词 "对于任意的 $p, q, \cdots$" —— 按照早先谈到过的用法, 差不多在整个命题演算中都这样处理.

如果 p, 则 p.

如果 p, 则 q 或 p.

如果 p 蕴含 q 并且 q 蕴含 p, 则 p 当且仅当 q.

如果 p 蕴含 q 并且 q 蕴含 r, 则 p 蕴含 r.

四个定律中的第一个是熟知的同一律, 第二个是逻辑加的简化率, 而第四个是假言三段论定律.

正如采用通用字符的算术定理表述了任意数的某种性质, 可以说, 命题演算定律断言了任意命题的某些性质. 就因为这些变元代表完全任意的命题出现在这些定律之中, 这个事实刻画了命题演算的特性, 并且决定了它极大的普遍性和适用的范围.

命题演算的符号体系; 真值函数和真值表

有一种简单而普遍适用的方法, 叫作真值表法或真值矩阵法, 使我们能在任何特殊情况下确认一个命题演算领域给定的命题是否为真, 以及, 它是否会服从演算定律.[6]

用一个特定的符号体系来描述这个方法是很方便的. 我们将把表达式:

---

[6]这个方法来自 Charles S. Peirce.

非; 与; 或; 如果 ……, 则 ……; 当且仅当

分别换成符号:

$$\sim; \wedge; \vee; \to; \leftrightarrow .$$

要想得到某个表达式的否定, 就把第一个符号放在这个表达式的前面; 其他的符号通常放在两个表达式之间 (因此, "$\to$" 放在词语 "则" 的位置, 而略去 "如果"). 用这种方法, 我们就可以由一个或两个比较简单的表达式导出更为复杂的表达式; 并且, 如果我们想用它构建更加复杂的表达式, 就把它放在括号里面.

在上面列出的变元、括号以及常元符号的帮助下 (有时也会添加类似特性的常元), 我们就能够写出命题演算范围里的所有命题和命题函数. 除了单个的命题变元, 最简单的命题函数就是表达式:

$$\sim p, p \wedge q, p \vee q, p \to q, p \leftrightarrow q$$

(而与这些表达式不同的表达式只不过是所用的变元形状不同而已). 我们来考虑下面这个复杂的命题函数的例子:

$$(p \vee q) \to (p \wedge r),$$

把符号换成通常语言, 我们读作:

如果 p 或 q, 则 p 与 r.

上面给出的假言三段论定律就是一个更为复杂的表达式, 现在它可以写成下面的形式:

$$[(p \to q) \wedge (q \to r)] \to (p \to r).$$

我们容易确保演算中出现的每个命题函数都是所谓的真值函数. 意思是说, 将函数中的变元代以整个命题所得的任何命题的真假只依赖于代入的命题的真假. 对于最简单的命题函数 "$\sim p$", "$p \wedge q$", 等等, 这一点可以立刻由前面关于逻辑词语 "非", "与", 等等的意义的解释得出. 但是, 这同样可用于复合函数. 例如, 我们来考虑函数 "$(p \vee q) \to (p \wedge r)$". 这个命题是由蕴含式经代入而得的, 因此, 它的真假只依赖于它的前件和后件的真假; 前件是一个析取式 "$p \vee q$", 它的真假只依赖于代入 "p" 和 "q" 的命题的真假, 同样, 后件的真假只依赖于代入 "p" 和 "r" 的命题的真假. 因此, 最后, 从所考查的命题函数得到的整个命题的真假只依赖于代入 "p", "q" 和 "r" 的命题的真假.

为了很准确地看到一个给定的命题函数通过代换得到的命题的真或假, 是如何依赖于代换变元的命题的真或假, 我们来构建这个函数的真值表, 或称矩阵表. 我们从给出函数 "$\sim p$" 的真值表开始:

p	$\sim p$
T	F
F	T

以下是其他的基本函数 "$p \wedge q$", "$p \vee q$", 等等的联合真值表:

p	q	$p \wedge q$	$p \vee q$	$p \to q$	$p \leftrightarrow q$
T	T	T	T	T	T
F	T	F	T	T	F
T	F	F	T	F	F
F	F	F	F	T	T

如果我们把字母 "T" 和 "F" 分别当作 "真命题" 和 "假命题" 的缩写, 这些表格的意思就立刻变得可以理解了. 例如, 第二个表中, 我们在表头 "p", "q" 和 "$p \to q$" 下的第二行分别找到了字母 "F", "T" 和 "T". 如果 "p" 代以任意假命题, "q" 代以任意真命题, 那么自蕴含式 "$p \to q$" 的命题即为真; 显然, 这与书中的注释完全一致.—— 当然, 表中出现的变元 "p" 和 "q" 也可以换成其他的变元.

上面的两个表称作基本真值表, 在它们的帮助下我们就能够对任意复合命题函数构建导出真值表. 例如, 函数 "$(p \vee q) \to (p \wedge r)$" 的真值表如下:

p	q	r	$p \vee q$	$p \wedge r$	$(p \vee q) \to (p \wedge r)$
T	T	T	T	T	T
F	T	T	T	F	F
T	F	T	T	T	T
F	F	T	F	F	T
T	T	F	T	F	F
F	T	F	T	F	F
T	F	F	T	F	F
F	F	F	F	F	T

为了阐明这个表的结构, 比如说, 我们集中注意 (表头下的) 第五行. 对 "p" 和 "q" 代以真命题, 对 "r" 代以假命题. 按照第二个基本表, 我们从 "$p \vee q$" 得到一个真命题, 而从 "$p \wedge r$" 得到一个假命题. 这时从整个函数 "$(p \vee q) \to (p \wedge r)$"

得到一个有真前件和假后件的蕴含式; 因此, 再由第二个基本表 (这时我们想象 "p" 和 "q" 换成 "$p \vee q$" 和 "$p \wedge r$"), 我们得出这样的结论: 这个蕴含式是假命题.

由符号 "T" 和 "F" 组成的横线称作表的行, 而纵线称作表的列. 每一行, 或者说每行在竖线左边的部分表示给变元代入或真或假的命题. 在建立给定函数的矩阵时, 一定注意要用尽变元所有可能的符号 "T" 和 "F" 的组合; 而且, 当然, 在表的两行中不论在编号和符号 "T" 与 "F" 的顺序上都绝不能写成相同的. 很容易看到表的行数以一种简单的方式依赖于函数中出现的变元个数; 如果一个函数含有 $1, 2, 3, \cdots$ 个不同形状的变元, 那么它的矩阵就由 $2^1 = 2, 2^2 = 4, 2^3 = 8, \cdots$ 行组成. 而列数等于给定函数含有的不同形式的子命题函数的数量 (其中整个函数也是它的子函数).

我们现在可以讨论如何确定命题演算的一个命题是否为真了. 我们知道, 在命题演算中, 命题和命题函数之间并没有外形上的区别; 唯一的区别事实上常常只是对组成命题表达式的全称量词的心理上的不同. 为了确认给定的命题是否为真, 我们暂时把它作为命题函数来处理, 并对它构作真值表. 如果表的最后一列没有出现符号 "F", 那么由函数通过代换得到的每个命题均为真, 因此, 我们的原始全称命题 (由命题函数在心理上加了全称量词前缀而得) 也为真. 然而, 如果最后一列包含至少一个 "F", 我们的命题即为假.

例如, 我们已经看到对函数 "$(p \vee q) \to (p \wedge r)$" 构作的矩阵中, 最后一列出现了四个 "F". 因此, 如果我们把这个表达式当作一个命题 (即如果我们给它加上前缀词组 "对任何的 p, q 和 r"), 就会得到一个假命题. 换句话说, 在真值表法的帮助下, 我们容易验证所有上面列出的命题演算定律, 即简化律、同一律等, 都是真命题. 例如, 简化律:

$$(p \wedge q) \to p$$

的真值表如下:

p	q	$p \wedge q$	$(p \wedge q) \to p$
T	T	T	T
F	T	F	T
T	F	F	T
F	F	F	T

这里, 我们给出若干个命题演算的重要定律, 用同样的方法可以断定它们为真:

$$\sim [p \wedge (\sim p)], \qquad\qquad p \vee (\sim p),$$
$$(p \wedge p) \leftrightarrow p, \qquad\qquad (p \vee p) \leftrightarrow p,$$
$$(p \wedge q) \leftrightarrow (q \wedge p), \qquad\qquad (p \vee q) \leftrightarrow (q \vee p),$$
$$[p \wedge (q \wedge r)] \leftrightarrow [(p \wedge q) \wedge r], \quad [p \vee (q \vee r)] \leftrightarrow [(p \vee q) \vee r].$$

第一行中的两个定律称为矛盾律和排中律; 接下来是两个重言律 (对逻辑乘和逻辑加); 然后有两个交换律, 最后是两个结合律. 容易看到, 如果我们试图用普通语言来表达最后两个定律, 它们的意义将变得何等晦涩难懂. 这就很清楚地展示了符号体系作为表达更为复杂的思想的精准工具的价值.

矩阵方法引导我们接受那些在应用这个方法之前远远不是显然为真的命题为真命题. 这里是一些这类命题的例子:

$$p \rightarrow (q \rightarrow p),$$
$$(\sim p) \rightarrow (p \rightarrow q),$$
$$(p \rightarrow q) \vee (q \rightarrow p).$$

这些命题并不明显, 主要是由于它们正是现代逻辑蕴含特征具体用法的体现, 即, 实质意义蕴含的用法.

这些命题假设了一个特殊的悖论性质, 当我们用通常的语言来读的时候, 蕴含就要换成包含 "蕴含着" 或 "由 …… 推出" 的词组, 例如, 就会有下列形式:

如果 p 为真, 则 p 可由任意 q 推出 (换言之: 一个真命题可由每个命题推出);

如果 p 为假, 则 p 蕴含着任何 q (换言之: 一个假命题蕴含着每个命题);

对于任意的 p 和 q, 或者 p 蕴含 q 或者 q 蕴含 p (换言之: 任意两个命题中, 至少有一个命题蕴含着另一个命题).

在这样的表述中, 这些命题频繁地造成误解和多余的讨论 [来自对日常语言和数理逻辑词语意义的不同理解导致的错误].

推理中命题演算定律的应用

在任何科学领域中, 差不多所有的推理都是或明或暗地在命题演算定律的基础上进行的; 我们用一个例子试着来解释这是怎样做的.

给定一个蕴含形式的命题, 除了已经说过的它的逆之外, 我们还能够组成两个命题: 否命题 (或称给定命题的否) 以及逆否命题. 将给定命题的前件和后件换成它们的否定即得否命题. 将否命题的前件与后件交换位置即得逆否命题; 因此, 逆否命题就是否命题的逆命题, 也是逆命题的否命题. 逆命题、否命题以及逆否命题与原命题一起简称为共轭命题. 为了解释清楚, 我们来考虑下面的条件命题:

(I) 如果 x 是正数, 则 $2x$ 是正数,

并且构成它的三个共轭命题:

如果 $2x$ 是正数, 则 x 是正数;

如果 x 不是正数, 则 $2x$ 不是正数;

如果 $2x$ 不是正数, 则 x 不是正数.

在这个特例中, 所有的共轭命题都来自一个真命题, 它们也都是真命题. 但是, 一般来说并非如此; 尽管原命题为真, 然而不只是逆命题, 还有否命题都很可能为假, 为了明白这一点, 只要在上述的命题中将 "$2x$" 换成 "x^2" 就够了.

因此, 可以看到从一个蕴含的正确性不能明确地推断逆命题和否命题的正确性. 这与第四个共轭命题的情形完全不同; 一旦蕴含为真, 则它的逆否命题也必为真. 这个事实可由无数例子来保证, 而且被表达为命题演算的一般定律, 称为移项定律或换质换位律.

为了精确地形式化这个定律, 我们注意到每个蕴含都可以写成下述形式:

如果 p, 则 q;

它的逆命题、否命题以及逆否命题可分别写成:

如果 q, 则 p; 如果非 p, 则非 q; 如果非 q, 则非 p.

按照换质换位律, 任何条件命题都蕴含着对应的逆否命题, 因此可表述为:

如果: 如果 p, 则 q, 则: 如果非 q, 则非 p.

为了避免词语 "如果" 的堆积, 在表述中做一点小小的改变是有利的:

(II) 从: 如果 p, 则 q, 可推出: 如果非 q, 则非 p.

我们现在想要指出, 在这个定律的帮助下, 我们能从蕴含形式的命题 —— 例如, 形如命题 (I) —— 导出它的逆否命题.

(II) 可用于任意的命题 "p" 和 "q", 因此将 "p" 和 "q" 代换为表达式:

$$x \text{ 是正数}$$

和

$$2x \text{ 是正数}$$

仍然保持有效. 出于文体上的原因, 改变一下 "非" 的位置, 我们得到:

(III) 从: 如果 x 是正数, 则 $2x$ 是正数, 可推出: 如果 $2x$ 非正数, 则 x 非正数.

现在比较一下 (I) 和 (III): (III) 具有蕴含形式, 而 (I) 是它的假设. 既然整个蕴含与它的假设承认为真时, 它的结论就必须承认为真; 而这正是问题中的逆否命题:

(IV) 如果 $2x$ 非正数, 则 x 非正数.

这样, 任何人都明白换质换位律能够确认, 当他证明了原命题时, 逆否命题即为真. 再者, 容易证明, 否命题对原命题的逆命题来说, 正是它的逆否命题 (这就是说, 否命题可由逆命题将它的前项和后项换成它们的否定, 再交换位置而得); 于是, 如果给定命题的逆命题已经被证明了, 那么否命题也一样可当作有效的. 因此, 如果我们已经成功地证明了两个命题 —— 原命题与它的逆命题 —— 那么对其余两个共轭命题的证明就没有必要了.

可以提一下, 换质换位律还有几种已知的变体; 其中之一就是 (II) 的逆:

从: 如果非 q, 则非 p, 可推出: 如果 p, 则 q.

这个定律使我们可由逆否命题得到原命题, 也可由逆命题得到否命题.

推理规则, 完全证明

现在, 我们想稍微详细地讨论一下运用上节证明过的命题 (IV) 来进行证明的原理. 除了我们已经说过的定义规则外, 还有其他的类似特征的规则, 这就是, 推理规则或称证明规则. 这些规则绝对不能误认为是逻辑定律, 它们指明了如何从已知的真命题产生新的真命题. 在上面给出的证明中, 用到了两个证明规则: 代入规则和分离规则 (也称为假言推理规则).

代入规则的内容如下: 如果一个含有命题变元的全称性命题已承认为真, 而且如果这些变元被代以另外的命题变元, 或命题函数, 或命题 —— 通常在整个命题中同样的变元代以同样的表达式 ——, 那么, 以这种方式得到的命题也可以确认为真. 这里应用的正是我们由命题 (II) 所得的命题 (III)

的规则. 必须强调指出, 代入规则也可以用到其他类型的变元中去, 例如, 代表数字的变元 "x", "y", $\cdots$: 任何表示数的符号或者表达式也可以代入这些变元.

分离规则说的是, 如果两个命题都为真, 其中一个是蕴含式, 而另一个是这个蕴含的前项, 那么作为这个蕴含的后项的命题也被确认为真. (这就是说, 我们把整个蕴含式的前项 "分离" 出来了.) 运用这个规则, 才从命题 (III) 和 (I) 导出了命题 (IV).

由此可见, 在上面命题 (IV) 的证明中, 对命题运用推理规则组成的每个步骤都是预先承认或确认为真的. 这种类型的证明称为完全证明. 更精确一点, 完全证明也可以如下刻画. 它由具有下述性质的命题链构成: 最初的一个成员是预先承认为真的命题; 每个后继成员都是由前面的成员运用推理规则而得; 最后的成员正是所要证明的命题.

应当注意到所有的数学推理假设 —— 从心理学观点看 —— 都具有极其初等的形式. 由于逻辑定律和推理规则的知识和运用, 复杂的心理过程完全可以简化为这样一些简单的动作: 细心观察前面已承认为真的命题, 纯粹外在的认知结构, 这些命题之间的联系, 以及按照前面描述过的推理规则进行机械转换. 显然, 这样一个证明过程犯错误的可能性会降到极小.

《数学概览》(Panorama of Mathematics)

(主编: 严加安 季理真)

‖‖‖‖‖‖‖ 9787040351675 ›
1. Klein 数学讲座 (2013)
(F. 克莱因 著/陈光还、徐佩 译)

‖‖‖‖‖‖‖ 9787040351828 ›
2. Littlewood数学随笔集 (2014)
(J. E. 李特尔伍德 著, B. 博罗巴斯 编/李培廉 译)

‖‖‖‖‖‖‖ 9787040339956 ›
3. 直观几何 (上册) (2013)
(D. 希尔伯特, S. 康福森 著/王联芳 译, 江泽涵 校)

‖‖‖‖‖‖‖ 9787040339949 ›
4. 直观几何 (下册) 附亚历山德罗夫的《拓扑学基本概念》
(2013)
(D. 希尔伯特, S. 康福森 著/王联芳、齐民友 译)

‖‖‖‖‖‖‖ 9787040367591 ›
5. 惠更斯与巴罗, 牛顿与胡克:
数学分析与突变理论的起步, 从渐伸线到准晶体 (2013)
(B. И. 阿诺尔德 著/李培廉 译)

‖‖‖‖‖‖‖ 9787040351750 ›
6. 生命·艺术·几何 (2014)
(M. 吉卡 著/盛立人 译, 张小萍、刘建元 校)

‖‖‖‖‖‖‖ 9787040378207 ›
7. 关于概率的哲学随笔 (2013)
(P.-S. 拉普拉斯 著/龚光鲁、钱敏平 译)

‖‖‖‖‖‖‖ 9787040393606 ›
8. 代数基本概念 (2014)
(I. R. 沙法列维奇 著/李福安 译)

‖‖‖‖‖‖‖ 9787040416756 ›
9. 圆与球 (2015)
(W. 布拉施克 著/苏步青 译)

‖‖‖‖‖‖‖ 9787040432374 ›
10.1. 数学的世界 I (2015)
(J. R. 纽曼 编/王善平、李璐 译)

‖‖‖‖‖‖‖ 9787040446401 ›
10.2. 数学的世界 II (2016)
(J. R. 纽曼 编/李文林 等译)

‖‖‖‖‖‖‖ 9787040436990 ›
10.3. 数学的世界 III (2015)
(J. R. 纽曼 编/王耀东、李文林、袁向东、冯绪宁 译)

‖‖‖‖‖‖‖ 9787040498011 ›
10.4. 数学的世界 IV (2018)
(J. R. 纽曼 编/王作勤、陈光还 译)

‖‖‖‖‖‖‖ 9787040493641 ›
10.5 数学的世界 V (2018)
(J. R. 纽曼 编/李培廉 译)

‖‖‖‖‖‖‖ 9787040450705 ›
11. 对称的观念在 19 世纪的演变: Klein 和 Lie (2016)
(I. M. 亚格洛姆 著/赵振江 译)

‖‖‖‖‖‖‖ 9787040454949 ›
12. 泛函分析史 (2016)
(J. 迪厄多内 著/曲安京、李亚亚 等译)

‖‖‖‖‖‖‖ 9787040467468 ›
13. Milnor 眼中的数学和数学家 (2017)
(J. 米尔诺 著/赵学志、熊金城 译)

14. 数学简史 (2018)
(D. J. 斯特洛伊克 著/胡滨 译)

‖‖‖‖‖‖‖ 9787040477764 ›
15. 数学欣赏: 论数与形 (2017)
(H. 拉德马赫, O. 特普利茨 著/左平 译)

‖‖‖‖‖‖‖ 9787040488074 ›
16. 数学杂谈 (2018)
(高木贞治 著/高明芝 译)